高等院校“互联网+”系列精品教材

建筑电气消防工程

（第2版）

黄修力　叶德云　高影　孙景芝　主　编

魏士凤　刘小丽　副主编

曹龙飞　主　审

電子工業出版社

Publishing House of Electronics Industry

北京 • BEIJING

内 容 简 介

本书在第 1 版得到广泛使用（已重印 21 次）的基础上，根据教育部新的课程改革要求，基于作者多年的校企合作与工学结合人才培养经验进行修订。本书内容共分 5 个学习情境，包括建筑消防工程认知、火灾自动报警系统施工、消防灭火系统施工、消防通信指挥与防排烟系统的安装、建筑电气消防工程综合实训，同时提供练习题及国家消防资质考试模拟题，以增强学生对知识的理解能力和对职业资格考试的应试能力。本书根据职业岗位需求，结合实际工作过程，采用项目导向法、角色扮演法、引导法、设计步步深入法等开展教学。在教学过程中密切结合实际工程项目，针对工程项目的设计、安装、施工、运行及维护过程中所需要的技能展开分析，学习和实践相结合，注重实际操作和技能培养。

本书可作为高等职业本专科院校建筑电气工程、建筑设备工程、楼宇智能化工程、消防工程、建筑工程管理等专业的教材，也可作为成人教育、自学考试、开放大学、中职学校、岗位培训班的教材，以及建筑企业工程技术人员的参考用书。

本书配有微课视频、电子教学课件、练习题参考答案、典型案例 CAD 原图等数字化教学资源，详见前言。

图书在版编目（CIP）数据

建筑电气消防工程 / 黄修力等主编. —2 版. —北京：电子工业出版社，2023.12

高等院校“互联网+”系列精品教材

ISBN 978-7-121-39338-9

Ⅰ. ①建… Ⅱ. ①黄… Ⅲ. ①建筑物－电气设备－防火系统－高等学校－教材 Ⅳ. ①TU892

中国版本图书馆 CIP 数据核字（2024）第 022824 号

责任编辑：陈健德（E-mail：chenjd@phei.com.cn）

印　　刷：北京雁林吉兆印刷有限公司

装　　订：北京雁林吉兆印刷有限公司

出版发行：电子工业出版社

　　　　　北京市海淀区万寿路 173 信箱　邮编　100036

开　　本：787×1 092　1/16　印张：17　字数：436 千字

版　　次：2010 年 4 月第 1 版

　　　　　2023 年 12 月第 2 版

印　　次：2024 年 8 月第 2 次印刷

定　　价：62.00 元

凡所购买电子工业出版社图书有缺损问题，请向购买书店调换。若书店售缺，请与本社发行部联系，联系及邮购电话：（010）88254888，88258888。

质量投诉请发邮件至 zlts@phei.com.cn，盗版侵权举报请发邮件至 dbqq@phei.com.cn。

本书咨询联系方式：chenjd@phei.com.cn。

扫一扫看电气消防
技术课程介绍

扫一扫看电气消防
技术课程标准

前言

近年来，我国的各类建筑快速增多，行业企业对专业人才的岗位技能提出了新的要求，为适应行业技术发展和反映课程改革成果，由经历国家示范专业项目建设、国家专业教学资源库建设、国家重点专业建设、国家精品课及精品资源共享课建设的示范院校骨干教师及企业专家，在本书第1版得到广泛使用（已重印21次）的基础上，根据教育部新的课程改革要求，基于作者多年的校企合作与工学结合人才培养经验进行修订。

为满足现代社会发展对建筑电气工程技术等专业领域人才的大量需求，培养符合建筑电气职业标准的高技能职业人才，急需深化职业教育教学改革，推行工学结合项目导向+定岗实习的人才培养模式，创新任务驱动教学模式，构建以岗位能力为核心、以实践教学为主体的特色课程体系和人才培养方案。坚持走内涵发展道路，以校企结合为突破口，全面推行开放式办学，建设满足建筑企业职业岗位能力培养需要的校内“生产性”实训环境，进一步巩固学校和企业之间的紧密合作关系，建立一种互惠互利、双赢、可持续发展的合作机制，使行业主导、校企互动的思想贯穿人才培养模式及课程体系改革的全过程。

立德树人是高校立身之本，把做人做事的基本道理、社会主义核心价值观的要求、实现中华民族伟大复兴的理想和责任融入课堂教学中，激励学生自觉把个人的理想追求融入国家和民族的事业，只有这样，才能为中国特色社会主义事业培养大批可靠接班人。本课程结合思政教育，实现技能训练和素质培养的水乳交融。在实际的每一节课中都融入思政内容，由此激发学生的**“爱国情怀”**和**“工匠精神”**，以及**“社会责任”**和**“担当意识”**，也就是让我们的消防课程“闪耀着思想火花”，把正确价值引领、共同理想信念塑造作为消防课堂的鲜亮底色，将思政教育以春风化雨、润物无声的方式融入教学过程中。在课堂上做到“守好一段渠、种好责任田”。全书在每个学习情境中都有与课程相结合的专门思政内容侧重点，教师根据侧重点完成授课后，还要根据个人特点增加和创建更多的思政理念，从而提升课程的内涵。

全书共分5个学习情境。学习情境1主要介绍建筑消防工程基础知识，学习情境2主要介绍与火灾自动报警系统施工有关的知识与技能，学习情境3主要介绍与消防灭火系统施工有关的知识与技能，学习情境4主要介绍消防通信指挥与防排烟系统的安装方法，学习情境5通过实际案例综合实训项目，介绍消防系统的设计、安装与调试、验收等知识。

本书注重培养学生的职业岗位技能，以适应现代建筑行业的人才需求，内容与实际工程紧密结合，编写特色主要体现在以下几个方面。

(1) 根据国家示范专业项目建设、国家重点专业建设要求，结合校企合作人才培养经验，紧紧围绕职业能力的培养及思政建设安排书中内容。

(2) 结合两个典型工作项目——某省医院消防工程图及北方大学实训楼消防工程图，针对工程项目的实际设计、安装调试及运行维护中所需要的知识和技能展开分析，每个学习情境都结合工程图进行介绍，且均有识图训练，以使学生做到学一步会运用一步。例如，在火灾自动报警系统学习情境中，安排了对北方大学实训楼消防工程图中火灾自动报警系统的识

读训练；在消防灭火系统学习情境中，安排了对某省医院消防工程图中消防灭火系统的识读训练；在消防通信指挥与防排烟系统学习情境中，也安排了对某省医院消防工程图中该部分的识读训练；最后又通过对某市国土资源局办公楼的消防设计完成电气消防系统的综合训练，使学生学有目标，做有抓手，学以致用，做到学完本书，会进行消防工程的设计、施工、安装调试和维护运行。通过学习本书，学生应树立**“消防安全重如山”**的理念，培养自己的**“工匠精神”**。本书实用性强，有利于学生掌握职业技能和顺利就业。

(3) 采用步步深入、边讲边练法介绍课程内容，做到“学中有做、做中有学”，增强学生学习的积极性及提高学生对知识的理解与应用能力，增强学生的**“团队合作意识”**。

(4) 设置建筑消防工程综合训练，采用角色扮演法，使学生拥有企业工作者的体验。树立**“质量意识”**，提高**“岗位责任”**。

(5) 设置工程案例解析，采用师傅带徒弟的方法，拟全方位培养消防设计者的**“职业操守”**及**“家国情怀”**，并从选产品、定方案开始贯穿设计全过程。

(6) 配有丰富的数字化教学资源，包括微课视频、电子教学课件、动画、工程图纸、练习题参考答案等。

本书可作为高等职业本专科院校建筑电气工程、建筑设备工程、楼宇智能化工程、消防工程、建筑工程管理等专业的教材，也可作为成人教育、自学考试、开放大学、中职学校、岗位培训班的教材，以及建筑企业工程技术人员的参考用书。

本书由黄修力、叶德云、高影、孙景芝担任主编，并负责统一定稿；由魏士凤、刘小丽担任副主编。具体编写分工如下：学习情境1、学习情境4由黄修力编写，学习情境2的任务2.1、任务2.2和实训2由孙景芝编写，学习情境2的任务2.3～任务2.5由华东建筑设计研究院有限公司高级工程师刘小丽编写，学习情境3由叶德云编写，学习情境5的任务5.1、任务5.2、任务5.4和任务5.5由高影编写，学习情境5的任务5.3、任务5.6和实训7～实训10由魏士凤编写。本书由曹龙飞高级工程师担任主审，同时提供了实际工程调试技巧，并为本书的内容设计提出了宝贵的意见。普博（北京）消防技术有限责任公司对本书的编写提供了相应的技术支持。另外，编者在编写过程中参考了大量的书刊资料，并引用了部分内容，在此一并表示衷心的感谢！

由于消防技术不断发展，我们的专业水平有限，书中不当之处在所难免，恳请广大读者批评指正。

为方便教师教学，本书配有微课视频、电子教学课件、练习题参考答案、典型案例CAD原图等教学资源，请有此需要的教师扫一扫书中的二维码进行阅览或登录华信教育资源网(http://www.hxedu.com.cn) 注册后下载。如有疑问，请在网站留言或与电子工业出版社联系(E-mail:hxedu@phei.com.cn)。

扫一扫看参考文献

编者

目录

学习情境 1

建筑消防工程认知

教学导航

学习任务	任务 1.1　建筑消防系统认知 任务 1.2　火灾形成研究与分析 任务 1.3　高层建筑的特点及相关区域的划分 任务 1.4　消防系统设计、施工及维护技术依据	参考学时	4
学习目标	本学习情境是本书的基础内容，通过对本学习情境的学习，学生应能够明白建筑电气消防工程相关图纸中的基本内容；具有对消防工程、系统构成的认知；具有划分相关区域的能力；具备使用相关手册、法规和规范的能力		
知识点与思政融入点	明白建筑电气消防工程相关图纸中的基本内容；了解消防系统的形成与发展；培养学生的**爱国主义情怀**；掌握消防系统的组成；了解消防系统的分类；了解火灾形成的条件及发展阶段；提醒学生**提高防火意识**，确保用火安全；熟悉火灾的分类。了解高层建筑的特点，掌握相关区域的概念；掌握消防系统设计、施工及维护技术依据，融入**“标准化”“遵纪守法”**的思想		
技能点与思政融入点	具有划分相关区域的能力；具有识读工程图和使用相关规范的能力；**树立“消防从小处着手”的思想**		
教学重点	相关区域的划分、建筑电气消防工程图的识读		
教学难点	相关区域的划分		
教学环境、教学资源与载体	多媒体网络平台，教材、动画、PPT 和视频等，一体化消防实训室，消防系统工程图纸，作业单、工作页、评价表		
教学方法与策略	项目教学法、角色扮演法、参与型教学法、练习法、讨论法、讲授法、实物展示法等		
教学过程设计	演示消防事件联动案例→播放消防录像、动画→给出工程图纸→布置、查找各种元器件→引出消防系统结构→引发学生求知欲望，做好学前铺垫		
考核与评价内容	消防系统的认知，相关区域的划分，电气消防系统的构成，火灾的分类，建筑消防系统图的识读，沟通协作能力，工作态度，任务完成情况与效果		
评价方式	自我评价（10%）、小组评价（30%）、教师评价（60%）		
参考资料	《火灾自动报警系统设计规范》（GB 50116—2013）、《建筑设计防火规范（2018 年版）》（GB 50016—2014）、《建筑防烟排烟系统技术标准》（GB 51251—2017），本书 2.5.4 节二维码中的消防工程设计图（6 张）		

任务 1.1　建筑消防系统认知

《建筑电气消防工程》工作页

姓名：　　　　学号：　　　　班级：　　　　日期：

<table>
<tr><td>学习情境 1</td><td>建筑消防工程认知</td><td>学时</td><td></td></tr>
<tr><td>任务 1.1</td><td>建筑消防系统认知</td><td>课程名称</td><td>建筑电气消防工程</td></tr>
<tr><td colspan="4">任务描述：</td></tr>
<tr><td colspan="4">了解消防系统的形成与发展，掌握消防系统的组成；了解消防系统的分类</td></tr>
<tr><td colspan="4">工作任务流程图：</td></tr>
<tr><td colspan="4">播放录像、动画→结合本书 2.5.4 节二维码中的消防工程设计图（6 张）讲授→参观校内消防工程并现场教学→分组研讨→提交工作页→集中评价→提交认知训练报告</td></tr>
<tr><td colspan="4">1. 资讯（明确任务、资料准备）</td></tr>
<tr><td colspan="4">（1）消防系统是怎么分类的？
（2）建筑消防系统由哪几个部分构成？各个部分的作用是什么？
（3）消防联动控制装置主要有哪些？
（4）消防系统的类型，若按报警和消防方式可分为哪几类？各有什么特点？</td></tr>
<tr><td colspan="4">2. 决策（分析并确定工作方案）</td></tr>
<tr><td colspan="4">（1）分析采用什么样的方式、方法了解消防系统的组成、分类等，通过什么样的途径学会任务知识点，初步确定工作任务方案；
（2）小组讨论并完善工作任务方案</td></tr>
<tr><td colspan="4">3. 计划（制订计划）</td></tr>
<tr><td colspan="4">制订实施工作任务的计划书；小组成员分工合理。
需要通过实物、图片搜集、动画、查找资料、参观、课件及讲授等形式完成本次任务。
（1）通过查找资料和学习，明确建筑消防系统的组成、分类等；
（2）通过录像、动画，认识建筑消防系统的基本作用；
（3）通过对实训室设备或校区消防系统的参观，增强对建筑消防系统的感性认识，为后续课程的学习打好基础</td></tr>
<tr><td colspan="4">4. 实施（实施工作方案）</td></tr>
<tr><td colspan="4">（1）参观记录；　　　　　　（2）学习笔记；　　　　　　（3）研讨并填写工作页</td></tr>
<tr><td colspan="4">5. 检查</td></tr>
<tr><td colspan="4">（1）以小组为单位进行讲解演示，小组成员补充优化；
（2）学生自己独立检查或小组之间交叉检查；
（3）检查学习目标是否达到，任务是否完成</td></tr>
<tr><td colspan="4">6. 评估</td></tr>
<tr><td colspan="4">（1）填写学生自评和小组互评考核评价表；
（2）与教师一起评价认知过程；
（3）与教师进行深层次的交流；
（4）评估整个工作过程，是否有需要改进的方法</td></tr>
<tr><td colspan="4">指导教师评语：</td></tr>
<tr><td colspan="4">任务完成人签字：
日期：　　年　　月　　日</td></tr>
<tr><td colspan="4">指导教师签字：
日期：　　年　　月　　日</td></tr>
</table>

消防是防火和灭火的总称。随着我国建筑行业的飞速发展，“消防”作为一门专业学科，正伴随着现代电子技术、自动控制与检测技术、计算机技术及通信网络技术的发展进入高科技综合学科的行列。

人类文明的进步史，就是人类的用火史。火是人类生存的重要条件，它既可造福于人类，也会给人类带来巨大的灾难。因此，在使用火的同时一定要注意对火的控制，即对火的科学管理。“预防为主，防消结合”的消防方针是相关工程技术人员必须遵循并执行的。

扫一扫看火灾报警过程示意动画

扫一扫看任务 1.1 教学课件

◆教师活动

教师演示消防事件联动案例。消防事件联动案例框图如图 1.1 所示。请结合图 1.1 重新进行消防联动控制系统分析。

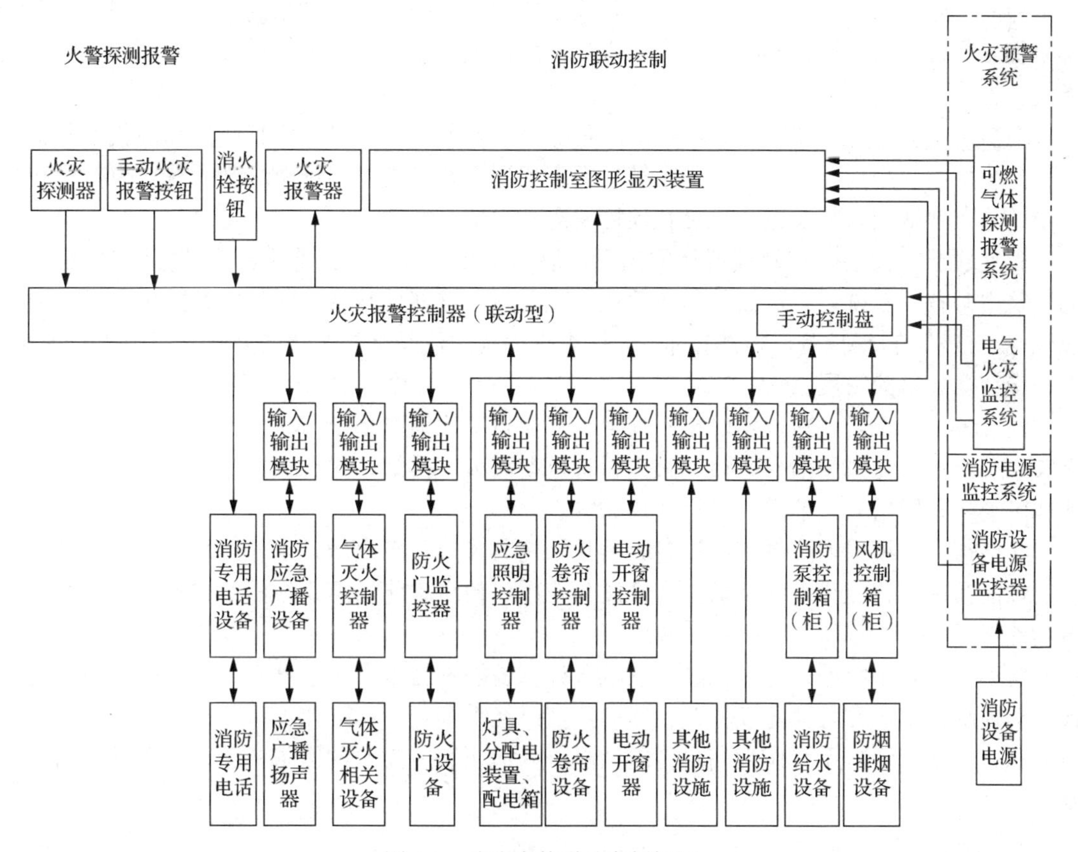

图 1.1　消防事件联动案例框图

给出消防工程图[见本书 2.5.4 节二维码中的消防工程设计图（6 张）]→布置、查找各种元器件→引出元器件构成原理及消防系统组成→引发学生求知欲望，做好学前铺垫。

◆学生活动

分组查看图纸→找器具名称、符号及在图中的位置→集中说出查找情况并提出问题→完

成作业单的填写。通过学习以下内容，完成如表 1.1 所示作业单的填写。

表 1.1　作业单

序号	消防系统组成	消防系统内容	消防系统分类
序号	图纸名称	设备名称	符号

1．消防系统的形成与发展

早期的防火、灭火都是人工实现的。当火灾发生时，立即组织人工在统一指挥下采取一切可能的措施迅速灭火。这便是早期消防系统的雏形。随着科学技术的发展，人们逐步学会使用仪器监视火情，用仪器发出火警信号，然后在人工统一指挥下，用灭火器械去灭火，这便是较为发达的消防系统。

消防系统无论是从消防器具、线制还是类型的发展上大体可分为传统型和现代型两种。

传统型主要是指开关量多线制系统，而现代型主要是指可寻址总线制系统、模拟量智能系统、分布智能型系统及无线遥控软地址编码技术型系统等。

智能建筑、高层建筑及其群体的出现，展示了高科技的巨大威力。“消防系统”作为智能建筑中必备子系统之一，必须与建筑业同步发展，这就使从事消防的工程技术人员努力将现代电子技术、自动控制与检测技术、计算机技术及通信网络技术等较好地运用于消防系统，以适应智能建筑的发展。

随着各种新工艺、新技术的不断涌现，目前自动化消防系统可实现自动检测现场、确认火灾、发出声或光报警信号、启动灭火设备自动灭火、排烟、封闭火区等功能，还能向城市或地区消防队发出救灾请求，进行通信联络。

在结构上，组成消防系统的设备、器具结构紧凑，反应灵敏，工作可靠，同时还具有良好的性能指标。智能化设备及器具的开发与应用，使自动化消防系统的结构趋向于微型化及多功能化。

自动化消防系统的设计，已经大量融入计算机控制技术、电子技术、通信网络技术及现代自动控制技术，并且消防设备及仪器的生产已经系列化、标准化。

总之，现代消防系统作为高科技的结晶，为适应智能建筑的需求，正以日新月异的速度发展。

2．消防系统的组成

建筑消防系统主要由 3 个部分构成：①感应机构，即火灾自动报警系统；②执行机构，即消防联动控制系统；③消防电源系统，包含主电源系统和备用电源系统。

火灾自动报警系统由火灾探测器、手动报警按钮、火灾报警控制器和声光报警器等构成，以完成检测火情并及时报警的任务。

消防联动控制系统设备种类繁多。它们从功能上可分为 3 类：第一类是灭火系统，包括各种介质，如液体、气体、干粉及喷洒装置，是直接用于扑火的；第二类是灭火辅助系统，是用于限制火势、防止灾害扩大的各种设备；第三类是信号指示系统，用于报警并通过灯光与声响来指挥现场人员的各种设备。对应于这些现场消防设备，需要有关的消防联动控制装置，主要有：

（1）室内消火栓灭火系统的控制装置；

（2）自动喷水灭火系统的控制装置；

（3）气体灭火系统的控制装置；

（4）电动防火门、防火卷帘等防火分割设备的控制装置；

（5）通风、空调、防烟、排烟设备及电动防火阀的控制装置；

（6）电梯的控制装置；

（7）断电控制装置；

（8）备用发电控制装置；

（9）火灾事故广播系统及其设备的控制装置；

（10）消防通信系统，火警警铃、火警灯等现场声光报警控制装备；

（11）事故应急照明装置等。

在建筑物防火工程中，消防联动系统可由上述部分或全部控制装置组成。

综上所述，消防系统的主要功能是：自动捕捉火灾探测区域内火灾发生时的烟雾或热气，从而发出声、光报警并控制自动灭火系统，同时联动其他设备的输出接点，控制事故照明及疏散标记、事故广播及通信、消防给水和防排烟设施，以实现监测、报警和灭火的自动化。

消防系统的组成如图 1.2 所示。

3．消防系统的分类

消防系统按报警和消防方式可分为以下两种类型。

1）自动报警、人工消防系统

自动报警、人工消防系统是半自动化的消防系统，适用于普通工业厂房、一般商店及中小型旅馆等建筑物。当系统中的火灾探测器探测到火情时，本区域的火灾报警控制器就会发出报警信号，同时火灾探测器输出信号到消防中心，消防中心的主机显示屏就能显示发生火灾的楼层或区域的代码，消防人员确认火灾情况，采取措施灭火。

2）自动报警、自动消防系统

自动报警、自动消防系统属于全自动化的消防系统，适用于重要办公楼、高级宾馆、变电所、电信机房、电视广播机房、图书馆、档案馆及易燃品仓库等建筑。目前的智能建筑中一般均采用这种系统。这种系统中设置了一套完整的火灾自动报警与自动灭火控制系统。当发生火灾时，火灾探测器立即将探测到的烟雾或温度变为电信号送给消防中心的火灾报警控制器，火灾报警控制器在输出报警信号的同时，输出控制信号，控制相关灭火设备联动，在发生火灾区域进行自动灭火。

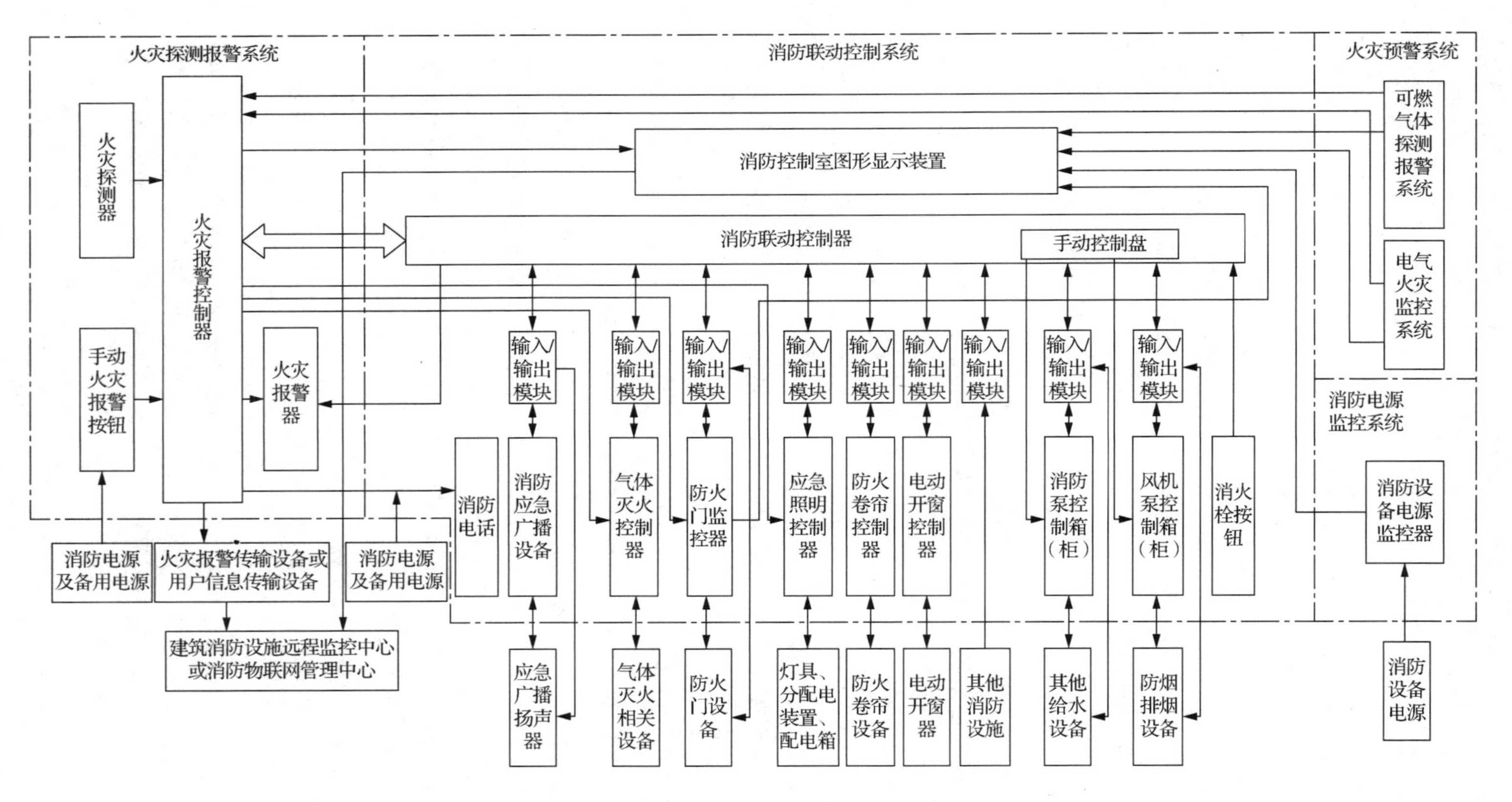

火灾探测报警系统
消防联动控制系统
火灾预警系统
火灾探测器
火灾报警控制器
手动火灾报警按钮
火灾报警器
消防控制室图形显示装置
消防联动控制器
手动控制盘
可燃气体探测报警系统
电气火灾监控系统
消防电源监控系统
消防设备电源监控器
消防设备电源
输入/输出模块
消防电话
消防应急广播设备
气体灭火控制器
防火门监控器
应急照明控制器
防火卷帘控制器
电动开窗控制器
消防泵控制箱（柜）
风机泵控制箱（柜）
消火栓按钮
应急广播扬声器
气体灭火相关设备
防火门设备
灯具、分配电装置、配电箱
防火卷帘设备
电动开窗器
其他消防设施
其他给水设备
防烟排烟设备
消防电源及备用电源
火灾报警传输设备或用户信息传输设备
建筑消防设施远程监控中心或消防物联网管理中心

图 1.2　消防系统的组成

任务 1.2　火灾形成研究与分析

扫一扫看任务 1.2 到任务 1.4 教学课件

◆教师活动

下达作业单，引导、讲解后，让学生填写如表 1.2 所示的作业单。

表 1.2　作业单

火灾形成条件	火灾的发展阶段	火灾发生的常见原因	火灾的分类

◆学生活动

接收作业单，学习、研讨后完成作业单的填写。

1.2.1　火灾形成的条件及发展阶段

1. 火灾形成的条件

火灾是指在时间或空间上失去控制的燃烧所造成的灾害。燃烧是一种放热、发光的复杂化学现象，在燃烧学上被称为链式反应。不难看出，存在能够燃烧的物质（可燃物），又存在可供燃烧的热源（着火源、引火源）及助燃的氧气或氧化剂（助燃物），便构成了火灾形成的充要条件，即火灾形成的三要素。

火灾的形成也就是三要素相互作用、不间断链式反应的过程。在燃烧过程中，随着燃烧的充分与否，形成火焰（光和热）和烟。

众所周知，烟是一种包含一氧化碳（CO）、二氧化碳（CO_2）、氢气（H_2）、水蒸气及许多有毒气体的混合物。由于烟是一种燃烧的重要产物，是伴随火焰同时存在的一种对人体十分有害的物质，所以人们在叙述火灾形成的过程时也总是提到烟。烟是火灾形成的初期象征，而火焰的形成，说明火灾就要发生。

2. 建筑室内火灾发展的阶段

根据一般火灾温度随时间的变化特点，火灾的发展过程分为火灾初期增长阶段、火灾全面发展（充分及猛烈燃烧）阶段、火灾衰减（熄灭）阶段。

1.2.2　火灾发生的常见原因

建筑物起火的原因多种多样，可归纳为电气原因、人为原因（吸烟、生活用火不慎、生产作业不慎、玩火、人为放火）、设备故障、雷电等。随着我国经济的飞速发展，人民生活水平日益提高，用电量剧增，电气火灾在建筑火灾中所占的比例越来越大。

1. 电气原因

在现代高层建筑中，用电设备复杂，用电量大，电气管线纵横交错，火灾隐患多。据有关资料显示，我国每年发生的电气火灾都在 10 万起以上，占全年火灾总数的 30%左右。电

气原因引起的火灾在我国火灾中居于首位。电气设备过负荷、电气线路接头接触不良、电气线路短路等是电气引起火灾的直接原因。其间接原因是电气设备故障或电气设备设置使用不当，如将功率较大的灯泡安装在木板、纸等可燃物附近，将荧光灯的镇流器安装在可燃基座上，以及用纸或布做灯罩紧贴在灯泡表面上等，在易燃易爆的车间内使用非防爆型的电动机、灯具、开关等。防雷接地不合要求，接地装置年久失修等也能造成火灾。

2．人为原因

工作中或生活中的疏忽是造成火灾的直接原因。

1）吸烟

烟蒂和点燃烟后未熄灭的火柴梗温度可达800℃，能引燃许多可燃物质，在起火原因中，占有相当大的比例。具体情况如将没有熄灭的烟头和火柴梗扔在可燃物中引起火灾；躺在床上，特别是醉酒后躺在床上吸烟，烟头掉在被褥上引起火灾；在禁止一切火种的地方吸烟引起火灾等的案例有很多。

2）生活用火不慎

生活用火不慎主要是指城乡居民家庭生活用火不慎，如炊事用火中炊事器具设置不当、安装不符合要求、在炉灶的使用中违反安全技术要求等引起火灾；家中烧香祭祀过程中无人看管，造成香灰散落引发火灾等。

3）生产作业不慎

生产作业不慎主要是指违反生产安全制度引起火灾。例如，在易燃易爆的车间内动用明火，引起爆炸起火；将性质相抵触的物品混存在一起，引起燃烧爆炸；在用气焊焊接和切割时，飞迸出的大量火星和熔渣，因未采取有效的防火措施，引燃周围可燃物；在机器运转过程中，不按时加油润滑，或没有清除附在机器轴承上面的杂质、废物，使机器这些部位摩擦发热，引起附着物起火；化工生产设备失修，出现可燃气体，易燃、可燃液体跑、冒、滴、漏现象，遇到明火燃烧或爆炸等。

4）玩火

因小孩玩火造成火灾，是生活中常见的火灾原因之一。尤其在农村里，未成年儿童缺乏看管，玩火取乐，这一现象尤为常见。

此外，每逢节日庆典，不少人喜爱燃放烟花爆竹来增加气氛。被点燃的烟花爆竹本身即是火源，稍有不慎，就易引发火灾，还会造成人员伤亡。我国每年春节期间火灾频繁，其中有70%～80%是由燃放烟花爆竹所引起的。

5）放火

放火主要是指人蓄意制造火灾的行为。一般是当事人以放火为手段而达到某种目的。这类火灾为当事人故意为之，通常经过一定的策划准备，因而往往缺乏初期救助，火灾发展迅速，后果严重。

3．设备故障

在生产或生活中，一些设施设备疏于维护保养，导致在使用过程中无法正常运行，因摩擦、过载、短路等原因造成局部过热，从而引发火灾。例如，一些电子设备长期处于工作或通电状态下，因散热不济，最终发生内部故障而引发火灾。

4．雷电

雷电导致的火灾原因，大体上有 3 种：一是雷电直接击在建筑物上发生的热效应、机械效应作用等；二是雷电产生的静电感应作用和电磁感应作用；三是高电位雷电波沿着电气线路或金属管道系统侵入建筑物内部。在雷击较多的地区，建筑物上如果没有设置可靠的防雷保护设施，便有可能发生雷击起火。

1.2.3 火灾的分类

扫一扫下载灭火游戏动画

根据不同的需要，火灾可以按照不同的方式进行分类。

1．按照燃烧对象的性质分类

按照燃烧对象的性质，火灾分为 A、B、C、D、E、F 六类。

A 类火灾：指固体物质火灾。这种物质通常具有有机物质性质，一般在燃烧时能产生灼热的余烬，如木材、煤、棉、毛、麻、纸张等火灾。

B 类火灾：指液体或可熔化的固体物质火灾，如煤油、柴油、原油、甲醇、乙醇、沥青、石蜡等火灾。

C 类火灾：指气体火灾，如煤气、天然气、甲烷、乙烷、丙烷、氢气等火灾。

D 类火灾：指金属火灾，如钾、钠、镁、铝镁合金等火灾。

E 类火灾：指带电火灾。物体带电燃烧的火灾，如发电机房、变压器室、配电间、仪器仪表间和电子计算机房等在燃烧时不能及时或不宜断电的电气设备带电燃烧的火灾。

F 类火灾：指烹饪器具内的烹饪物（如动植物油脂）火灾。

2．按照火灾事故所造成的灾害损失程度分类

根据生产安全事故等级标准，消防机构将火灾分为特别重大火灾、重大火灾、较大火灾和一般火灾 4 个等级。

特别重大火灾：指造成 30 人以上死亡，或者 100 人以上重伤，或者 1 亿元以上直接财产损失的火灾。

重大火灾：指造成 10 人以上 30 人以下死亡，或者 50 人以上 100 人以下重伤，或者 5000 万元以上 1 亿元以下直接财产损失的火灾。

较大火灾：指造成 3 人以上 10 人以下死亡，或者 10 人以上 50 人以下重伤，或者 1000 万元以上 5000 万元以下直接财产损失的火灾。

一般火灾：指造成 3 人以下死亡，或者 10 人以下重伤，或者 1000 万元以下直接财产损失的火灾。

注：上述分类中，“以上”包括本数，“以下”不包括本数。

任务 1.3 高层建筑的特点及相关区域的划分

◆教师活动

下达作业单，引导、讲解后，让学生填写如表 1.3 所示的作业单。

表 1.3　作业单

序号	名称	答案
1	高层建筑的分类	
2	高层建筑的特点	
3	民用建筑耐火等级的划分	
4	防火分区定义及划分	
5	防烟分区的划分	
6	报警区域的定义及划分	
7	探测区域的定义及划分	

◆学生活动

接收作业单，学习、研讨后完成作业单的填写。

1.3.1　建筑的分类及高层建筑的特点

1．建筑的分类

1）按使用性质分类

建筑按使用性质可分为民用建筑、工业建筑和农业建筑。

（1）民用建筑。根据火灾危险性和防火要求，《建筑设计防火规范（2018 年版）》（GB 50016—2014）将民用建筑分为住宅建筑和公共建筑两大类。根据其建筑高度和层数又可分为高层民用建筑和单、多层民用建筑。其中，高层民用建筑根据其建筑高度、使用功能和楼层的建筑面积可分为一类和二类。民用建筑的分类如表 1.4 所示。

表 1.4　民用建筑的分类

名称	高层民用建筑		单、多层民用建筑
	一类	二类	
住宅建筑	建筑高度大于 54m 的住宅建筑（包括设置商业服务网点的住宅建筑）	建筑高度大于 27m，但不大于 54m 的住宅建筑（包括设置商业服务网点的住宅建筑）	建筑高度不大于 27m 的住宅建筑（包括设置商业服务网点的住宅建筑）
公共建筑	1．建筑高度大于 50m 的公共建筑； 2．建筑高度 24m 以上部分任一楼层建筑面积大于 1000m^2 的商店、展览、电信、邮政、财贸金融建筑和其他多种功能组合的建筑； 3．医疗建筑、重要公共建筑、独立建造的老年人照料设施； 4．省级及以上的广播电视和防灾指挥调度建筑、网局级和省级电力调度建筑； 5．藏书超过 100 万册的图书馆、书库	除一类高层公共建筑外的其他高层公共建筑	1．建筑高度大于 24m 的单层公共建筑； 2．建筑高度不大于 24m 的其他公共建筑

（2）工业建筑。工业建筑是指工业生产性建筑，如主要生产厂房、辅助生产厂房等。工业建筑按照使用性质的不同，分为加工、生产类厂房和仓储类库房（简称仓库）两大类。厂房和仓库又按其生产或储存物质的性质进行分类。

（3）农业建筑。农业建筑是指农副产业生产建筑，主要有暖棚、牲畜饲养场、蚕房、烤烟房、粮仓等。

2）按结构形式分类

建筑按其结构形式可分为木结构、砖木结构、钢结构、钢筋混凝土结构建筑等。

2．高层建筑的特点

1）建筑结构特点

高层建筑由于其层数多，高度大，风荷载大，为了抗倾覆采用骨架承重体系，为了增加刚度均有剪力墙，梁板柱为现浇钢筋混凝土，为了方便必须设有客梯及消防电梯。

2）高层建筑的火灾危险性及特点

（1）火势蔓延快：高层建筑的楼梯间、电梯井、管道井、风道、电缆井、排气道等竖向井道，如果分隔不好，发生火灾时易形成烟囱效应，据测定，在火灾初始阶段，因空气对流，在水平方向造成的烟气扩散速度为0.3m/s，在火灾燃烧剧烈阶段，水平方向上的烟气扩散速度可达0.5～3m/s；烟气沿楼梯间或其他竖向管井扩散速度为3～4m/s，如一座高度为100m的高层建筑，在无阻挡的情况下，仅半分钟烟气就能扩散到顶层。另外，风速对高层建筑火势蔓延也有较大影响，据测定，在建筑物10m高处风速为5m/s，而在30m高处风速就为8.7m/s，在60m高处风速为12.3m/s，在90m高处风速可达15.0m/s。

（2）疏散困难：由于层数多，垂直距离大，疏散引入地面或其他安全场所的时间也会长些，再加上人员集中，烟气因竖井的拔气向上扩散快，都增加了疏散难度。

（3）扑救难度大：由于楼层过高，消防人员无法接近着火点，一般应立足自救。

3）高层建筑电气设备特点

（1）用电设备多，如弱电设备、空调制冷设备、厨房用电设备、锅炉房用电设备、电梯用电设备、电气安全防雷设备、电气照明设备、给水排水设备、洗衣房用电设备、客房用电设备及消防用电设备等。

（2）电气系统复杂，除电气子系统外，各子系统也相当复杂。

（3）电气线路多。根据高层系统情况，电气线路分为火灾自动报警与消防联动控制线路、音响广播线路、通信线路、高压供电线路及低压配电线路等。

（4）电气用房多。为确保变电所设置在负荷中心，除把变电所设置在地下室、底层外，有时也设置在大楼的顶部或中间层；而电话站、音控室、消防中心、监控中心等都要占用一定房间；另外，为了区分种类繁多的电气线路，在竖向上的敷设，以及干线至各层的分配，必须设置电气竖井和电气小室。

（5）供电可靠性要求高。由于高层建筑中大部分电力负荷为二级负荷，也有相当数量的负荷属一级负荷，所以高层建筑对供电可靠性要求高，一般均要求有两个及以上的高压供电电源，为了满足一级负荷的供电可靠性要求，很多情况下还需设置柴油发电机组（或燃气轮发电机组）作为备用电源。

（6）用电量大，负荷密度高。由上述可知，高层建筑的用电设备多，尤其空调负荷大，占总用电负荷的40%～50%，因此说高层建筑的用电量大，负荷密度高，如高层综合楼、高层商住楼、高层办公楼、高层旅游宾馆和酒店等，负荷密度都在60W/m^{2}以上，有的高达150W/m^2，即便是高层住宅或公寓，负荷密度也有10W/m^2，有的甚至达到50W/m^2。

（7）自动化程度高。根据高层建筑的实际情况，为了降低能量损耗、减少设备的维修和更新费用、延长设备的使用寿命、提高管理水平，要求对高层建筑的设备进行自动化管理，

对各类设备的运行、安全状况、能源使用状况及节能等实行综合自动监测、控制与管理，以实现对设备的最优化控制和最佳管理，特别是计算机与光纤通信技术的应用，以及人们对信息社会的需求，高层建筑正沿着自动化、节能化、信息化和智能化方向发展。高层建筑消防应"立足自防、自救，采用可靠的防火措施，做到安全适用、技术先进、经济合理。"

1.3.2 民用建筑耐火等级及相关区域的划分

1. 民用建筑耐火等级的划分

民用建筑的耐火等级可分为一、二、三、四级，不同耐火等级建筑相应构件的燃烧性能和耐火极限不应低于表1.5的规定。

表1.5 不同耐火等级建筑相应构件的燃烧性能和耐火极限 （单位：h）

构件名称		耐火等级			
		一级	二级	三级	四级
墙	防火墙	不燃性 3.00	不燃性 3.00	不燃性 3.00	不燃性 3.00
	承重墙	不燃性 3.00	不燃性 2.50	不燃性 2.00	不燃性 0.50
	非承重外墙	不燃性 1.00	不燃性 1.00	不燃性 0.50	可燃性
	楼梯间和前室的墙 电梯井的墙 住宅建筑单元之间的墙和分户墙	不燃性 2.00	不燃性 2.00	不燃性 2.00	难燃性 0.50
	疏散走道两侧的隔墙	不燃性 1.00	不燃性 1.00	不燃性 0.50	难燃性 0.25
	房间隔墙	不燃性 0.75	不燃性 0.50	难燃性 0.50	难燃性 0.25
柱		不燃性 3.00	不燃性 2.50	不燃性 2.00	难燃性 0.50
梁		不燃性 2.00	不燃性 1.50	不燃性 1.00	难燃性 0.50
楼板		不燃性 1.50	不燃性 1.00	不燃性 0.50	可燃性
屋顶承重构件		不燃性 1.50	不燃性 1.00	可燃性 0.50	可燃性
疏散楼梯		不燃性 1.50	不燃性 1.00	不燃性 0.50	可燃性
吊顶（包括吊顶格栅）		不燃性 0.25	难燃性 0.25	难燃性 0.15	可燃性

注：1. 除《建筑设计防火规范》另有规定外，以木柱承重且墙体采用不燃材料的建筑，其耐火等级应按四级确定。

2. 住宅建筑构件的耐火极限和燃烧性能可按国家现行标准《住宅建筑规范》（GB 50368—2005）的规定执行。

（1）民用建筑的耐火等级应根据其建筑高度、使用功能、重要性和火灾扑救难度等确定，并应符合下列规定：

① 地下或半地下建筑（室）和一类高层建筑的耐火等级不应低于一级；

② 单、多层重要公共建筑和二类高层建筑的耐火等级不应低于二级。

（2）除木结构建筑外，老年人照料设施的耐火等级不应低于三级。

（3）建筑高度大于100m的民用建筑，其楼板的耐火极限不应低于2.00h。

一、二级耐火等级建筑的上人平屋顶，其屋面板的耐火极限分别不应低于1.50h和1.00h。

（4）一、二级耐火等级建筑的屋面板应采用不燃材料。

屋面防水层宜采用不燃、难燃材料，当采用可燃防水材料且铺设在可燃、难燃保温材料上时，防水材料或可燃、难燃保温材料应采用不燃材料作防护层。

（5）二级耐火等级建筑内采用难燃性墙体的房间隔墙，其耐火极限不应低于0.75h；当房间的建筑面积不大于$100m^2$时，房间隔墙可采用耐火极限不低于0.50h的难燃性墙体或耐

火极限不低于 0.30h 的不燃性墙体。

二级耐火等级多层住宅建筑内采用预应力钢筋混凝土的楼板，其耐火极限不应低于 0.75h。

（6）建筑中的非承重外墙、房间隔墙和屋面板，当确需采用金属夹芯板材时，其芯材应为不燃材料，且耐火极限应符合《建筑设计防火规范（2018 年版）》（GB 50016—2014）的有关规定。

（7）二级耐火等级建筑内采用不燃材料的吊顶，其耐火极限不限。

三级耐火等级的医疗建筑、中小学校的教学建筑、老年人照料设施及托儿所、幼儿园的儿童用房和儿童游乐厅等儿童活动场所的吊顶，应采用不燃材料；当采用难燃材料时，其耐火极限不应低于 0.25h。

二级和三级耐火等级建筑内门厅、走道的吊顶应采用不燃材料。

（8）建筑内预制钢筋混凝土构件的节点外露部位，应采取防火保护措施，且节点的耐火极限不应低于相应构件的耐火极限。

2．防火分区的划分

扫一扫看防火分区的划分微课视频

扫一扫看小说明

防火分区是指在建筑内部采用防火墙、楼板及其他防火分隔设施分隔而成，能在一定时间内防止火灾向同一建筑的其余部分蔓延的局部空间。

不同场所民用建筑防火分区的划分原则如下。

在民用建筑中，需要根据建筑分类、不同耐火等级、允许建筑高度或层数及建筑功能等，确定防火分区的最大允许建筑面积，应符合表 1.6 的规定。

表 1.6　不同耐火等级建筑的允许建筑高度或层数、防火分区最大允许建筑面积

名称	耐火等级	允许建筑高度或层数	防火分区的最大允许建筑面积/m^2	备注
高层民用建筑	一、二级	符合高层建筑范围	1500	对于体育馆、剧场的观众厅，防火分区的最大允许建筑面积可适当增加
单、多层民用建筑	一、二级	符合单、多层建筑范围	2500	
	三级	5 层	1200	
	四级	2 层	600	
地下或半地下建筑（室）	一级		500	设备用房的防火分区最大允许建筑面积不大于 1000m^2

注：1．表中规定的防火分区最大允许建筑面积，当建筑内设置自动喷水灭火系统时，可按本表的规定增加 1.0 倍；局部设置时，防火分区的增加面积可按该局部面积的 1.0 倍计算。

2．裙房与高层建筑主体之间设置防火墙时，裙房的防火分区可按单、多层建筑的要求确定。

（1）建筑内设置自动扶梯、敞开楼梯等上、下层相连通的开口时，其防火分区的建筑面积应按上、下层相连通的建筑面积叠加计算；当叠加计算后的建筑面积大于表 1.6 的规定时，应划分防火分区。

建筑内设置中庭时，其防火分区的建筑面积应按上、下层相连通的建筑面积叠加计算；当叠加计算后的建筑面积大于表 1.6 的规定时，应符合下列规定：

① 与周围连通空间应进行防火分隔：采用防火隔墙时，其耐火极限不应低于 1.00h；采用防火玻璃墙时，其耐火隔热性和耐火完整性不应低于 1.00h，采用耐火完整性不低于 1.00h 的非隔热性防火玻璃墙时，应设置自动喷水灭火系统进行保护；采用防火卷帘时，其耐火极限不应低于 3.00h，并应符合《建筑设计防火规范》的有关规定；与中庭相连通的门、窗，应

采用火灾时能自行关闭的甲级防火门、窗。

② 高层建筑内的中庭回廊应设置自动喷水灭火系统和火灾自动报警系统。

③ 中庭应设置排烟设施。

④ 中庭内不应布置可燃物。

（2）防火分区之间应采用防火墙分隔，确有困难时，可采用防火卷帘等防火分隔设施分隔。采用防火卷帘分隔时，应符合《建筑设计防火规范》的有关规定。

（3）一、二级耐火等级建筑内的商店营业厅、展览厅，当设置自动喷水灭火系统和火灾自动报警系统并采用不燃或难燃装修材料时，其每个防火分区的最大允许建筑面积应符合下列规定：

① 设置在高层建筑内时，不应大于4000m^2；

② 设置在单层建筑或仅设置在多层建筑的首层内时，不应大于10 000m^2；

③ 设置在地下或半地下时，不应大于2000m^2。

（4）总建筑面积大于20 000m^{2}的地下或半地下商店，应采用无门、窗、洞口的防火墙，耐火极限不低于2.00h的楼板分隔为多个建筑面积不大于20 000m^{2}的区域。相邻区域确需局部连通时，应采用下沉式广场等室外开敞空间、防火隔间、避难走道、防烟楼梯间等方式进行连通，并应符合下列规定：

① 下沉式广场等室外开敞空间应能防止相邻区域的火灾蔓延和便于安全疏散，并应符合《建筑设计防火规范》的有关规定；

② 防火隔间的墙应为耐火极限不低于3.00h的防火隔墙，并应符合《建筑设计防火规范》的有关规定；

③ 避难走道应符合相关的规定；

④ 防烟楼梯间的门应采用甲级防火门。

不同场所工业建筑防火分区的划分原则如下。

在厂房和仓库中，需要根据火灾危险性类别、耐火等级、建筑高度和层数等，确定防火分区的最大允许建筑面积，厂房应按表1.7执行。

表1.7　厂房的层数和每个防火分区的最大允许建筑面积

生产的火灾危险性类别	厂房的耐火等级	最多允许层数	防火分区最大允许建筑面积/m^2			
			单层厂房	多层厂房	高层厂房	地下或半地下厂房（包含地下或半地下室）
甲	一级	宜采用单层	4000	3000	—	—
	二级		3000	2000	—	—
乙	一级	不限	5000	4000	2000	—
	二级	6	4000	3000	1500	—
丙	一级	不限	不限	6000	3000	500
	二级	不限	8000	4000	2000	500
	三级	2	3000	2000	—	—
丁	一、二级	不限	不限	不限	4000	1000
	三级	3	4000	2000	—	—
	四级	1	1000	—	—	—
戊	一、二级	不限	不限	不限	6000	1000
	三级	3	5000	3000	—	—
	四级	1	1500	—	—	—

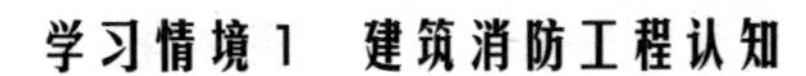

厂房内设置自动喷水灭火系统时，每个防火分区的最大允许建筑面积可按表1.7的规定增加1.0倍。当丁、戊类的地上厂房内设置自动喷水灭火系统时，每个防火分区的最大允许建筑面积不限。厂房内局部设置自动灭火系统时，其防火分区的增加面积可按该局部面积的1.0倍计算。

3．防烟分区的划分

防烟分区是指在建筑内部采用挡烟设施分隔而成能在一定时间内防止火灾烟气向同一建筑的其余部分蔓延的空间。挡烟设施包括挡烟垂壁、隔墙或从顶板下突出不小于50cm的梁等具有一定耐火性能的不燃烧体。

扫一扫看防烟分区的划分微课视频

防烟分区的划分原则如下。

（1）设置排烟系统的场所或部位应采用挡烟垂壁、结构梁及隔墙等划分防烟分区。防烟分区不应跨越防火分区。

（2）挡烟垂壁等挡烟分隔设施的深度不应小于《建筑防烟排烟系统技术标准》（GB 51251—2017）规定的储烟仓厚度。对于有吊顶的空间，当吊顶开孔不均匀或开孔率小于或等于 25%时，吊顶内空间高度不得计入储烟仓厚度。

扫一扫看小提示

（3）在设置排烟设施的建筑内，敞开楼梯和自动扶梯穿越楼板的开口部应设置挡烟垂壁等设施。

（4）公共建筑、工业建筑防烟分区的最大允许建筑面积及其长边最大允许长度应符合表1.8的规定；当工业建筑采用自然排烟系统时，其防烟分区的长边长度还不应大于建筑内空间净高的8倍。

表1.8　公共建筑、工业建筑防烟分区的最大允许建筑面积及其长边最大允许长度

空间净高 H/m	最大允许建筑面积/m^2	长边最大允许长度/m
$H \leqslant 3.0$	500	24
$3.0 < H \leqslant 6.0$	1000	36
$H > 6.0$	2000	60；具有自然对流条件时，不应大于75

注：1．公共建筑、工业建筑中的走道宽度不大于2.5m时，其防烟分区的长边长度不应大于60m。

2．当空间净高大于9m时，防烟分区之间可不设置挡烟设施。

3．汽车库防烟分区的划分及其排烟量应符合国家现行标准《汽车库、修车库、停车场设计防火规范》（GB 50067—2014）的相关规定。

4．报警区域的划分

将火灾自动报警系统的警戒范围按防火分区或楼层划分的单元称为报警区域。一个报警区域由一个或同层几个相邻防火分区组成。报警区域的划分主要是为了迅速确定报警及火灾发生部位，并解决消防系统的联动设计问题。

扫一扫看报警区域的划分微课视频

报警区域的划分应符合如下规定：

（1）报警区域应根据防火分区或楼层划分，可将一个防火分区或一个楼层划分为一个报警区域，也可将发生火灾时需要同时联动消防设备的相邻几个防火分区或楼层划分为一个报警区域。

（2）电缆隧道的一个报警区域宜由一个封闭长度区间组成，一个报警区域不应超过相连的3个封闭长度区间；道路隧道的报警区域应根据排烟系统或灭火系统的联动需要确定，且不宜超过150m。

（3）甲、乙、丙类液体储罐区的报警区域应由一个储罐区组成，每个50 000m^3及以上的

外浮顶储罐应单独划分为一个报警区域。

（4）列车的报警区域应按车厢划分，每节车厢应划分为一个报警区域。

（5）每个报警区域宜设置一台火灾显示盘（区域显示器），当一个报警区域包括多个楼层时，宜在每个楼层设置一台仅显示本楼层的区域显示器。火灾显示盘（区域显示器）用于显示楼层或分区内的火警信息，方便识别管理。

（6）每个报警区域内应均匀设置火灾报警器。其声压级不低于 60dB；在环境噪声大于 60dB 的场所，其声压级应高于背景噪声 15dB。

【小提示】除个别高层公寓和塔楼式住宅外，报警区域的划分不应跨越楼层。

5．探测区域的划分

将报警区域按探测火灾的部位划分的单元称为探测区域。为了迅速而准确地探测出被保护区内发生火灾的部位，需将被保护区按顺序划分成若干探测区域。

扫一扫看探测区域的划分微课视频

（1）探测区域的划分应符合如下规定：

① 探测区域应按独立房（套）间划分。一个探测区域的面积不宜超过 $500m^2$；从主要入口能看清其内部，且面积不超过 $1000m^2$ 的房间，也可划为一个探测区域。

② 红外光束感烟火灾探测器和缆式线型感温火灾探测器的探测区域的长度，不宜超过 100m；空气管差温火灾探测器的探测区域长度宜为 20～100m。

（2）下列场所应单独划分探测区域：

① 敞开或封闭楼梯间、防烟楼梯间。

② 防烟楼梯间前室、消防电梯前室、消防电梯与防烟楼梯间合用的前室、走道、坡道。

③ 电气管道井、通信管道井、电缆隧道。

④ 建筑物闷顶、夹层。

【小提示】探测区域是火灾探测部位编号的基本单元。它可以是一个火灾探测器所保护的区域，也可以是几个火灾探测器共同保护的区域，但一个探测区域在区域控制器上只能占有一个报警部位号。

【小经验】

（1）准确地划分区域是完成消防设计的前提。

（2）在实际工程应用中，每个火灾探测器都可以是独立的地址点，可以设置描述性注释，一般不再严格划分探测区域。

任务 1.4　消防系统设计、施工及维护技术依据

1.4.1　法律依据

消防系统的设计、施工及维护必须根据国家和地方颁布的有关消防法规及上级批准文件的具体要求进行。从事消防系统的设计、施工及维护的人员应具备国家公安消防监督部门规定的有关资质证书，在工程实施过程中还应具备建设单位提供的设计要求和工艺设备清单，以及在基建主管部门主持下由设计、建筑单位和公安消防部门协商确定的书面意见。对于必要的设计资料，建筑单位提供不了的，设计人员可以协助建筑单位调研，由建设单位确认为其提供设计资料。

1.4.2　设计依据

消防系统的设计，在公安消防部门的政策、法规的指导下，根据建筑单位给出的设计资

料及消防系统的有关规程、规范和标准进行，有关规范如下。

1．通用规范

《建筑设计防火规范（2018年版）》（GB 50016—2014）；
《自动喷水灭火系统设计规范》（GB 50084—2017）；
《火灾自动报警系统设计规范》（GB 50116—2013）；
《建筑防烟排烟系统技术标准》（GB 51251—2017）；
《民用建筑电气设计标准》（GB 51348—2019）。

2．专项规范

《汽车库、修车库、停车场设计防火规范》（GB 50067—2014）；
《汽车加油加气加氢站技术标准》（GB 50156—2021）；
《石油化工企业设计防火标准（2018年版）》（GB 50160—2008）；
《人民防空工程设计防火规范》（GB 50098—2009）；
《洁净厂房设计规范》（GB 50073—2013）。

1.4.3　施工依据

在消防系统施工过程中，除应按照设计图纸施工外，还应执行下列规则、规范。
（1）《火灾自动报警系统施工及验收标准》（GB 50166—2019）。
（2）《自动喷水灭火系统施工及验收规范》（GB 50261—2017）。
（3）《气体灭火系统施工及验收规范》（GB 50263—2007）。
（4）《建筑电气工程施工质量验收规范》（GB 50303—2015）。
（5）《防火卷帘、防火门、防火窗施工及验收规范》（GB 50877—2014）。
（6）《电气装置安装工程　接地装置施工及验收规范》（GB 50169—2016）。
（7）《电气装置安装工程　电缆线路施工及验收标准》（GB 50168—2018）。

实训1　参观消防工程

1．实训目的

（1）了解消防系统的内容。
（2）掌握消防系统的相互关系。
（3）明确消防系统在建筑物中的重要作用。
（4）对消防系统的设备有初步认识。

2．参观步骤

（1）教师联系当地消防工程，带学生实地参观，并讲解系统的基本内容。
（2）对学生提出参观要求。
（3）分系统参观并对设备进行讲解。
（4）操作演示各系统。
（5）学生参观完后写参观记录。
（6）学生编写参观报告。

3. 实训数据及其处理

完成如表 1.9 所示的参观记录。

表 1.9 参观记录

序号	系统名称	系统设备	系统基本原理	备注

4. 问题讨论

（1）消防系统的组成分为哪几个系统？

（2）简述各系统的作用。

（3）怎样才能学好建筑电气消防工程领域的内容？写出学习计划。

5. 技能考核

（1）参观的认真程度。

（2）对各系统的认知情况考核。

优________ 良________ 中________ 及格________ 不及格________

知识梳理与总结

本学习情境是消防系统的入门内容，主要任务是使读者对消防系统有一个综合的了解，以使后续课程的学习在明确的目标中进行。

本项目对建筑消防系统的形成、发展、组成及分类进行了概括说明，对火灾的形成条件、发展阶段及原因进行了阐述，对高层建筑的特点及本书后面用到的相关区域（如报警区域、探测区域、防火分区、防烟分区等）给出了较准确的定义，同时介绍了消防系统、施工及维护技术依据。

（1）消防系统的组成与分类。

（2）高层建筑的特点。

（3）各种区域的划分。

（4）消防方针及规范。

练习题 1

选择题

扫一扫看练习题 1 参考答案

1．根据国家现行标准《火灾自动报警系统设计规范》（GB 50116—2013）的规定，道路隧道的报警区域长度不宜大于（　　）。

A．150m　　B．200m　　C．250m　　D．300m

2．某商场地上一层至五层为商业营业厅，每层建筑面积为 4000m^2，室外设计地面至五层屋面面层的高度为 24m。屋面上设置有水箱间、电梯机房、风机机房、观光餐厅等用房，各类功能用房的高度均不超过 5m，总建筑面积为 900m^2。该商场的建筑分类为（　　）。

A．低层公共建筑　　B．多层公共建筑

C．二类高层公共建筑　　D．一类高层公共建筑

3．某建筑高度为 53m 的宾馆，其客房之间隔墙的耐火极限至少应为（　　）h。

A．1.50　　B．0.50　　C．0.75　　D．1.00

4．某单层建材商场，耐火等级为二级，建筑面积为 20 000m^2，商场营业厅采用不燃或难燃装修材料，该建材商场营业厅每个防火分区的最大允许建筑面积为（　　）m^2。

A．2500　　B．10 000　　C．5000　　D．4000

5．某建筑高度为 50m 的民用建筑，地下 1 层，地上 15 层，地下室、首层和第 2 层的建筑面积均为 1500m^2，其他楼层均为 1000m^2，地下室为车库，首层和第 2 层为商场，第 3～7 层为老年照料设施，第 8～15 层为宿舍，该建筑的防火设计应符合（　　）的规定。

A．一类公共建筑　　B．二类住宅

C．二类公共建筑　　D．一类老年人照料设施

6．在进行火灾自动报警系统设计时，根据国家现行标准《火灾自动报警系统设计规范》（GB 50116—2013），对于报警区域和探测区域的划分，下面说法中不正确的是（　　）。

A．报警区域可以按防火分区划分，也可以按楼层划分

B．报警区域既可以将一个防火分区划分为一个报警区域，也可以将两层数个防火分区划分为一个报警区域

C．探测区域应按独立房（套）间划分，一个探测区域的面积不宜超过 500m^2；从主要入口能看清其内部，且面积小于 1000m^2 的房间，也可划分为一个探测区域

D．防烟楼梯间应单独划分探测区域

7．某星级酒店建筑高度为 52m，层数为 12 层，每层面积为 2000m^2，设置火灾自动报警系统，根据国家现行标准《火灾自动报警系统设计规范》（GB 50116—2013）的规定，可划分为一个探测区域的是（　　）。

A．面积为 500m^2 的大堂

B．一个楼层为一个探测区

C．从主要出入口能看清其内部，面积为 1200m^2 的报告厅

D．一个防火分区为一个探测区

8．下列关于防烟分区划分的说法中，正确的是（　　）。

A．汽车库的防烟分区在设置自动喷水灭火系统时，可增加1倍

B．设置防烟设施的场所划分防烟分区

C．挡烟垂壁必须采用A级

D．防烟分区可采用在楼板下突出0.5m的木质隔板划分

9．某总建筑面积为1000m^{2}的办公建筑，地上2层，地下1层，地上部分为办公用房，地下1层为自行车库和设备用房，该建筑地下部分最低耐火等级为（　　）。

A．二级　　B．一级　　C．三级　　D．四级

10．防火分区是指在建筑内部采用防火墙和楼板及其他防火分隔设施分隔而成，能在一定时间内阻止火势向同一建筑的其他区域蔓延的防火单元。下列属于厂房防火分区主要划分因素的有（　　）。

A．生产的火灾危险性类别

B．厂房的层数

C．厂房的建筑面积

D．厂房设置自动灭火系统的情况

E．厂房的耐火等级

11．在规定的试验条件下，引起物质持续燃烧所需的最低温度被称为（　　）。

A．沸点　　B．闪点　　C．燃点　　D．自燃点

12．高层建筑是指（　　）。

A．27m以下的住宅建筑

B．建筑高度大于27m的住宅建筑

C．建筑高度不超过24m的公共建筑

D．建筑高度超过24m的单层建筑

学习情境 2

火灾自动报警系统施工

教学导航

<table>
<tr><td>学习任务</td><td>任务 2.1　火灾自动报警系统认知
任务 2.2　火灾探测器的选择与布置
任务 2.3　报警系统附件的选择与应用
任务 2.4　火灾报警控制器的选用
任务 2.5　火灾自动报警系统及工程图的识读</td><td>参考学时</td><td>16</td></tr>
<tr><td>学习目标</td><td colspan="3">本学习情境是本书的核心内容，通过对本学习情境的学习，学生应明白火灾报警系统的组成、分类；学会火灾报警设备的编码；能完成火灾报警设备的选择及布置；能独立操作火灾自动报警系统；掌握火灾自动报警系统的设计、消防联动控制的设计、可燃气体探测报警系统的组成与设计、电气火灾监控系统的组成与设计、消防控制室的设计等。具有火灾自动报警系统设计的初步能力</td></tr>
<tr><td>知识点与思政融入点</td><td colspan="3">明白火灾报警系统的组成、分类及原理；树立防患于未然的“安全责任意识”；学会报警设备的使用、选择和布置，确保设计布置无死角的“原则性”；懂得火灾自动报警系统的工作过程及相关设计知识</td></tr>
<tr><td>技能点与思政融入点</td><td colspan="3">具有报警设备的使用、选择和布置能力，学会具有“责任担当”；具有独立操作火灾自动报警系统的能力；具有识读工程图、设计火灾自动报警系统和使用相关规范的能力，具有“严谨的工作态度”</td></tr>
<tr><td>教学重点</td><td colspan="3">火灾自动报警系统工程图的识读</td></tr>
<tr><td>教学难点</td><td colspan="3">火灾自动报警系统的设计</td></tr>
<tr><td>教学环境
教学资源与载体</td><td colspan="3">多媒体网络平台，教材、动画、PPT 和视频等，一体化消防实训室，消防系统工程图纸，作业单、工作页、评价表</td></tr>
<tr><td>教学方法与策略</td><td colspan="3">项目教学法、角色扮演法、引导文法、演示法、参与型教学法、练习法、讨论法、讲授法、设计步步深入法等</td></tr>
<tr><td>教学过程设计</td><td colspan="3">给出工程图→采用设计步步深入法，边学边做</td></tr>
<tr><td>考核与评价内容</td><td colspan="3">火灾探测器的选择与布置，设备的编码、安装及控制操作能力，火灾自动报警系统图的识读，火灾自动报警系统的设计能力，沟通协作能力，工作态度，任务完成情况与效果</td></tr>
<tr><td>评价方式</td><td colspan="3">自我评价（10%）、小组评价（30%）、教师评价（60%）</td></tr>
<tr><td>参考资料</td><td colspan="3">《火灾自动报警系统设计规范》（GB 50116—2013）、《火灾自动报警系统施工及验收标准》（GB 50166—2019）、《民用建筑电气设计标准》（GB 51348—2019）、《建筑设计防火规范（2018 年版）》（GB 50016—2014）；消防系统工程图纸（扫本书 2.5.4 节二维码）</td></tr>
</table>

任务2.1 火灾自动报警系统认知

扫一扫看火灾报警系统认知教学课件　扫一扫下载火灾报警系统演示动画

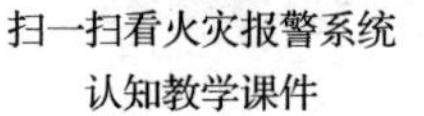

火灾自动报警系统（Automatic Fire Alarm System）是为了让人们早期发现火灾，并及时采取有效措施控制和扑灭火灾而设置在建筑物中或其他场所的一种自动消防设施。

火灾自动报警系统是由触发装置、火灾报警装置、联动输出装置及具有其他辅助功能的装置组成的，它能在火灾初期，将燃烧产生的烟雾、热量、火焰等物理量，通过火灾探测器转换为电信号，传输到火灾报警控制器，并同时以声或光的形式通知整个楼层人员疏散，控制器记录火灾发生的部位、时间等，使人们能够及时发现火灾，并及时采取有效措施，扑灭初期火灾，最大限度地减少因火灾造成的生命和财产损失，是人们同火灾做斗争的有力工具。

《建筑电气消防工程》工作页

姓名：　　学号：　　班级：　　日期：

学习情境2	火灾自动报警系统施工	学时	
任务2.1	火灾自动报警系统认知	课程名称	建筑电气消防工程
任务描述：			
认识火灾自动报警系统的组成、作用等，了解几个典型的系统，学会识别不同系统			
工作任务流程图：			
复习旧课→播放录像、动画→结合本书2.5.4节二维码中的消防工程设计图（图1～图6）讲授→参观校内消防工程并现场教学→分组研讨→提交工作页→集中评价→提交认知训练报告			
1．资讯（明确任务、资料准备）			
（1）火灾自动报警系统的发展经历了哪几个阶段？有何特点？ （2）火灾自动报警系统由哪些设备组成？各部分的作用是什么？ （3）区域报警系统由哪些设备组成？特点如何？ （4）集中报警系统由哪些设备组成？特点如何？ （5）控制中心报警系统由哪些设备组成？特点如何？			
2．决策（分析并确定工作方案）			
（1）分析采用什么样的方式方法了解火灾自动报警系统的组成、发展及分类等，通过什么样的途径学会任务知识点，初步确定工作任务方案； （2）小组讨论并完善工作任务方案			
3．计划（制订计划）			
制订实施工作任务的计划书；小组成员分工合理。 需要通过实物、图片搜集、动画、查找资料、参观、课件及讲授等形式完成本次任务。 （1）通过查找资料和学习，明确火灾自动报警系统的分类、特点等； （2）通过录像、动画，认识火灾自动报警系统的特点； （3）通过对实训室设备或校区消防系统的参观，增强对火灾自动报警系统的感性认识，为后续课程的学习打好基础			
4．实施（实施工作方案）			
（1）参观记录； （2）学习笔记； （3）研讨并填写工作页			
5．检查			
（1）以小组为单位进行讲解演示，小组成员补充优化； （2）学生自己独立检查或小组之间交叉检查； （3）检查学习目标是否达到，任务是否完成			

续表

6．评估
（1）填写学生自评和小组互评考核评价表； （2）与教师一起评价认识过程； （3）与教师进行深层次的交流； （4）评估整个工作过程，是否有需要改进的方法
指导教师评语：
任务完成人签字： 日期：　年　月　日
指导教师签字： 日期：　年　月　日

◆教师活动

下达任务：结合本书2.5.4节二维码中的消防工程设计图（图1～图6）找出火灾探测器、手动报警开关、消火栓报警开关、报警控制器等设备，进行如下研讨。

（1）火灾自动报警系统由哪些设备组成？各有什么作用？

（2）简述区域报警系统、集中报警系统、控制中心报警系统的区别。

结合实际引导讲授。

◆学生活动

分组学习、研讨→集中参与讲解。

2.1.1 火灾自动报警系统的形成和发展

扫一扫看火灾应对思路图片

1. 火灾自动报警系统的形成

1847年，美国牙科医生Channing和缅甸大学教授研究出世界上第一台城镇火灾报警发送装置，拉开了人类开发火灾自动报警系统的序幕。此阶段的火灾自动报警系统主要是感温火灾探测器。20世纪40年代末期，瑞士物理学家Ernst Meili博士研究的离子感烟火灾探测器问世；70年代末，光电感烟火灾探测器形成。到了20世纪80年代，随着电子技术、计算机应用及火灾自动报警技术的不断发展，各种类型的火灾探测器不断涌现，同时也在线制上有了很大的改观。

2. 火灾自动报警系统的发展

火灾自动报警系统的发展大体可分为5个阶段。

（1）第1代产品被称为传统的（多线制开关量式）火灾自动报警系统（出现于20世纪70年代以前）。其特点是简单、成本低。该产品有许多明显的不足：误报率高、性能差、功能少，无法满足火灾报警技术发展的需要。

（2）第2代产品被称为总线制可寻址开关量式火灾探测报警系统（在20世纪80年代初形成）。其优点是省钱、省工，能准确地确定火情部位，相对第1代产品其火灾探测能力或判断火灾发生的能力均有所增强，但对火灾的判断和处置改进不大。

（3）第3代产品被称为模拟量传输式智能型火灾报警系统（20世纪80年代后期出现）。其特点是误报率降低，系统的可靠性提高。

（4）第4代产品被称为分布智能型火灾报警系统（也被称为多功能智能型火灾自动报警系统）。火灾探测器具有部分智能化功能，相当于人的感觉器官，可对火灾信号进行分析和智能处理，做出恰当的判断，然后将这些判断信息传给控制器，使系统运行能力大大提高。此类系统分为3种，即智能侧重于探测部分、智能侧重于控制部分和双重智能型。

（5）第5代产品被称为无线火灾自动报警系统、空气样本分析系统（同时出现在20世纪90年代）和早期可视烟雾探测系统（Video Smoke Detection System，VSD）。该类系统具有节省布线费用及工时，安装、开通容易的优点。

总之，火灾自动报警产品不断更新换代，使火灾报警系统发生了一次次革命，为及时而准确地报警提供了重要保障。

2.1.2 火灾自动报警系统的组成

火灾自动报警系统由触发器件（火灾探测器、手动报警按钮）、火灾报警装置（火灾报警控制器）、火灾警报装置（声光报警器）、控制装置（包括各种控制模块、火灾报警联动一体机，自动灭火系统的控制装置，室内消火栓的控制装置，防烟排烟控制系统及空调通风系统的控制装置，常开防火门、防火卷帘的控制装置，电梯迫降控制装置及火灾应急广播、消防通信设备、火灾应急照明及疏散指示标志的控制装置等）、电源等组成。各部分的作用如下。

火灾探测器的作用：它是火灾自动探测系统的传感器，也是能在现场探测火灾信号同时向报警控制器和指示设备发出现场火灾状态信号的设备。它属于自动触发报警装置，被形象地称为“消防哨兵”，俗称“电鼻子”。

手动报警按钮的作用：向火灾报警控制器报告现场是否发生火情。火灾探测器是自动报警，但手动报警按钮的准确性更高。

声光报警器的作用：当发生火情时，它能发出区别于常规环境声光特点的特殊声或光报警信号。

控制装置的作用：在火灾自动报警系统中，当接收到来自触发器件的火灾信号或火灾报警控制器的控制信号后，该装置能通过模块等自动或手动启动相关消防设备并显示其工作状态。

电源的作用：火灾自动报警系统属于消防用电设备，其主电源应当采用消防电源，备用电源一般采用蓄电池组；系统电源除为火灾报警控制器供电外，还为与该系统相关的消防控制设备等供电。

火灾自动报警系统是火灾探测报警与消防联动控制系统的简称，是以实现火灾早期探测和报警，以及向各类消防设备发出控制信号并接收设备反馈信号，进而实现预定消防功能为基本任务的一种自动消防设施。火灾自动报警系统根据保护对象及设立的消防安全目标的不同分为以下3类。

1．区域报警系统

仅需要报警，不需要联动自动消防设备的保护对象宜采用区域报警系统（Local Alarm System）。

（1）区域报警系统的组成：火灾探测器、手动报警按钮、火灾声光报警器、火灾报警控制器，根据实际情况也可以设消防控制室图形显示装置和指示楼层的区域显示器。区域报警系统是功能简单的火灾自动报警系统，这种系统一般用于二级保护对象。其构成如图2.1所示。

序号	图例	名称	备注	序号	图例	名称	备注
1		感烟火灾探测器		10	FI	火灾显示盘	
2		感温火灾探测器		11	SFJ	送风机	
3		烟温复合探测器		12	XFB	消防泵	
4		火灾声光报警器		13		可燃气体探测器	
5		线型光束探测器		14	M	输入模块	GST-LD-8300
6		手动报警按钮		15	C	控制模块	GST-LD-8301
7		消火栓报警按钮		16	H	电话模块	GST-LD-8304
8		报警电话		17	G	广播模块	GST-LD-8305
9		吸顶式音箱					

火灾报警控制器

（a）图例及区域报警系统示意

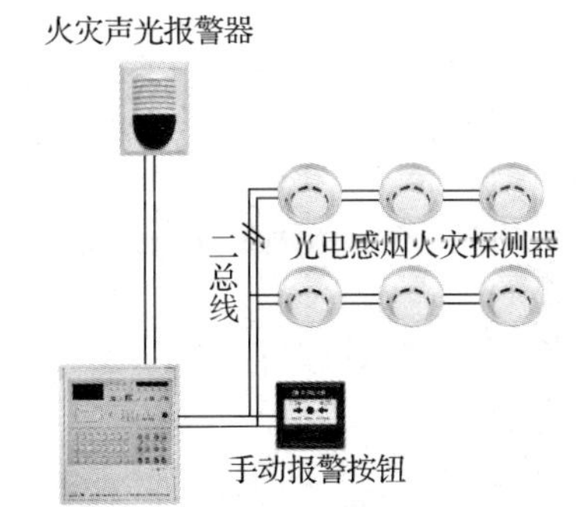

（b）区域报警系统的组成实物示意

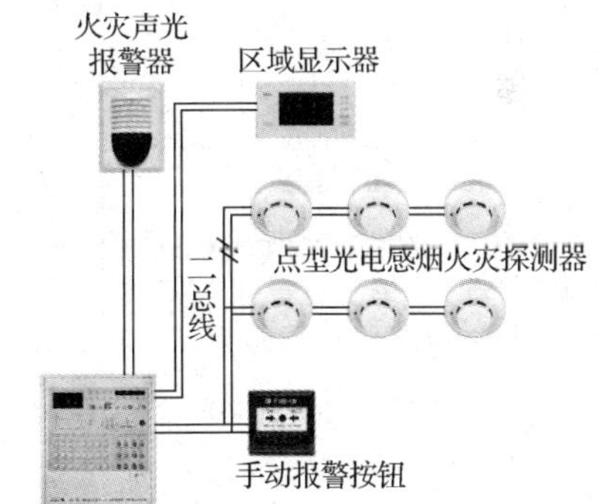

（c）带区域显示器的区域报警系统的组成实物示意

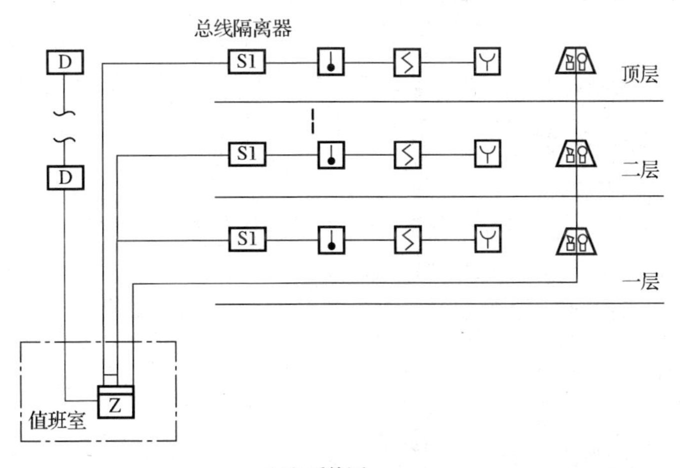

（d）系统图

图 2.1　区域报警系统

（2）区域报警系统的特征：

① 可以设消防控制室，也可以不设。

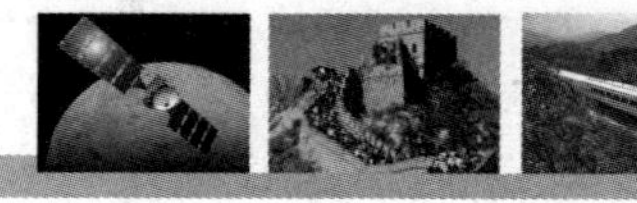

② 可以设消防控制室图形显示装置，但应设在消防控制室或平时有人值班的场所；也可以不设，但应设置火警传输设备。

③ 区域报警系统不具有消防联动功能，是指区域报警系统不能通过输入、输出模块对设备进行控制及接收反馈。

④ 区域火灾报警控制器可以具有部分联动控制功能，是指允许区域火灾报警控制器的输出节点不经过模块直接控制设备，如火灾声光报警器、火灾探测器、气体灭火控制器、应急照明控制器、防火门监控器、消防电话等。

2．集中报警系统

不仅需要报警，同时需要联动自动消防设备，且只设置一台具有集中控制功能的火灾报警控制器和消防联动控制器的保护对象，应采用集中报警系统（Remote Alarm System），并应设置一个消防控制室。集中报警系统是由集中火灾报警控制器、区域火灾报警控制器和火灾探测器等组成或由火灾报警控制器、区域显示器和火灾探测器等组成的功能较复杂的火灾自动报警系统，其构成如图2.2所示。

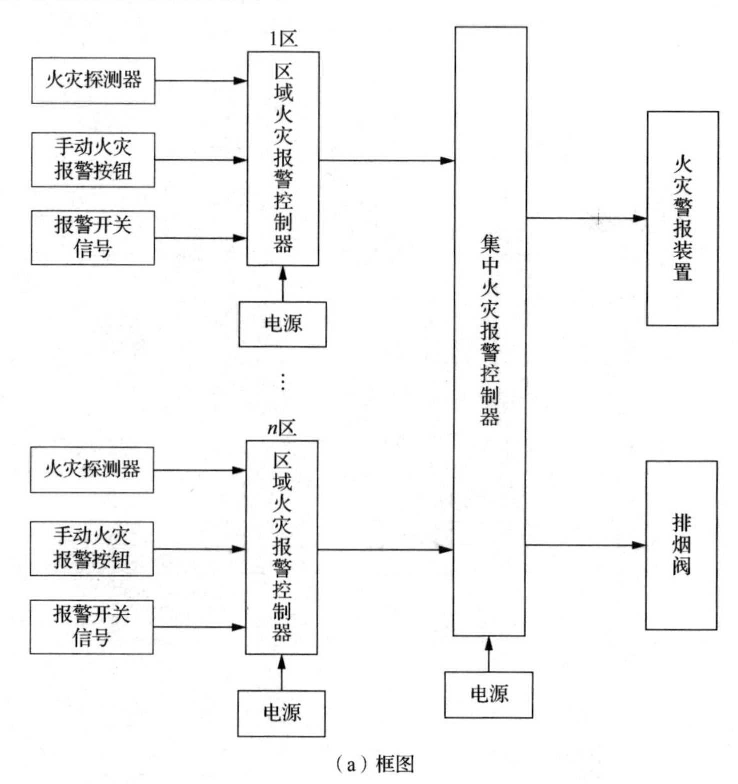

（a）框图

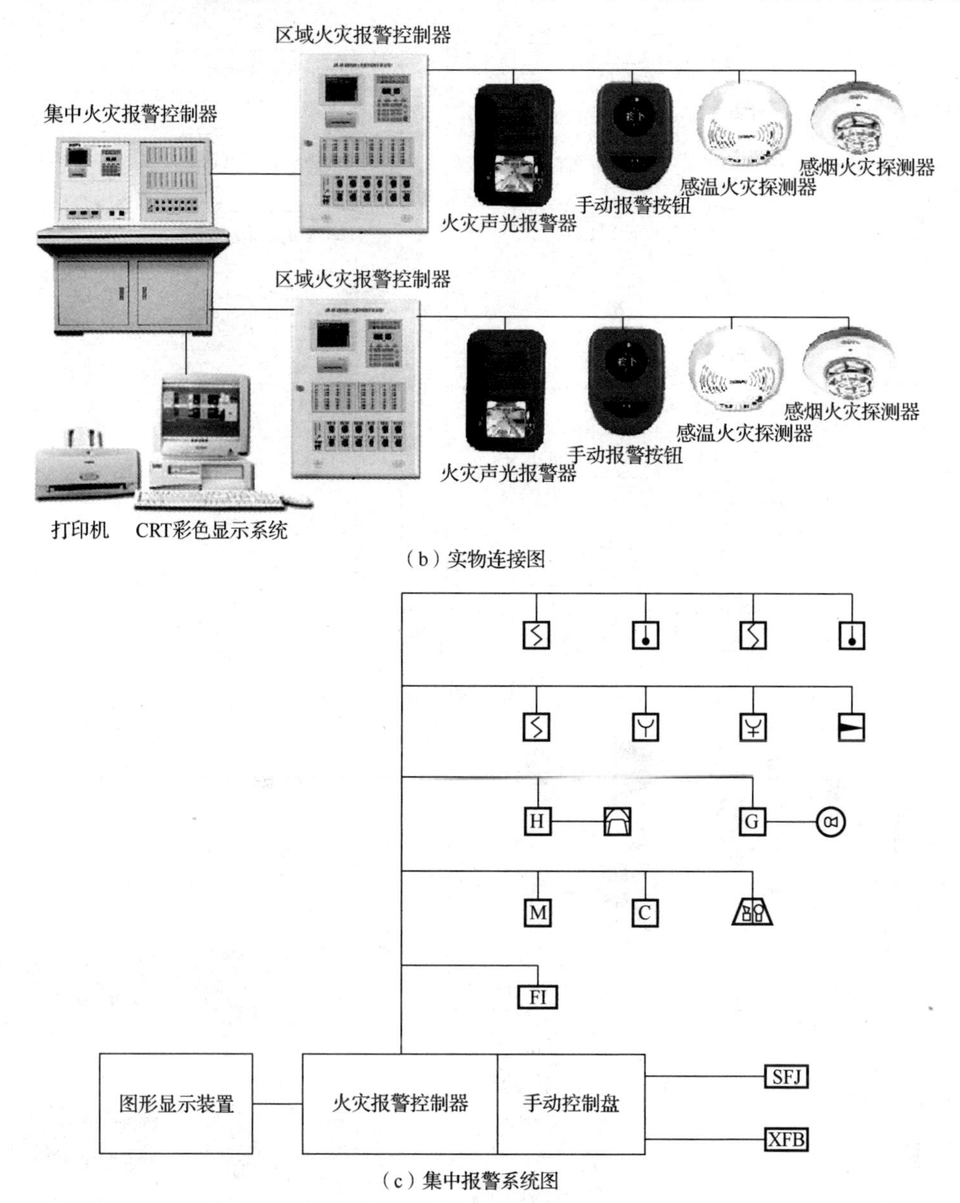

（b）实物连接图

（c）集中报警系统图

图 2.2　集中火灾报警系统

3. 控制中心报警系统

设置两个及以上消防控制室的保护对象，或已设置两个及以上集中报警系统的保护对象，应采用控制中心报警系统（Control Center Alarm System）。控制中心报警系统是由消防控制室的消防设备、集中火灾报警控制器、区域火灾报警控制器和火灾探测器等组成或由消防控制室的消防控制设备、火灾报警控制器、区域显示器和火灾探测器等组成的功能复杂的火灾自动报警系统，其构成如图 2.3 所示。

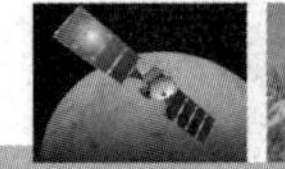

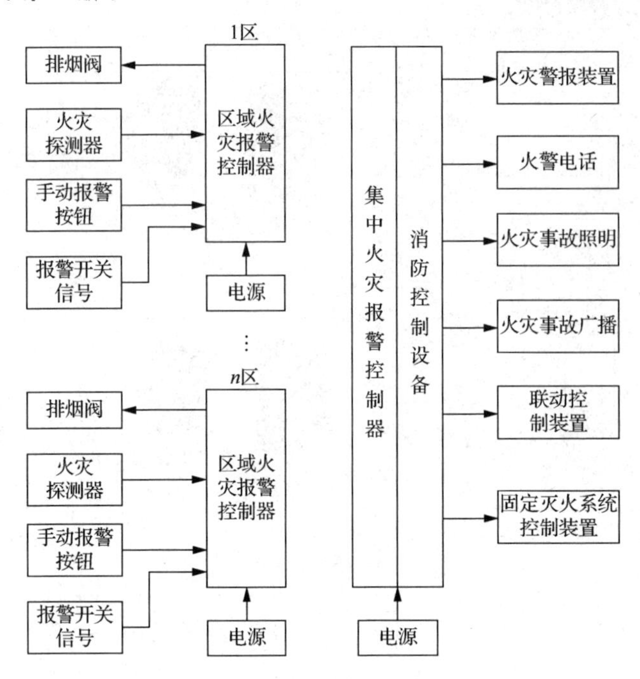
1区
排烟阀
火灾
探测器
手动报警
按钮
报警开关
信号
区域火
灾报警
控制器
电源
n区
排烟阀
火灾
探测器
手动报警
按钮
报警开关
信号
区域火
灾报警
控制器
电源
集中火灾报警控制器
消防控制设备
电源
火灾警报装置
火警电话
火灾事故照明
火灾事故广播
联动控
制装置
固定灭火系统
控制装置

（a）框图

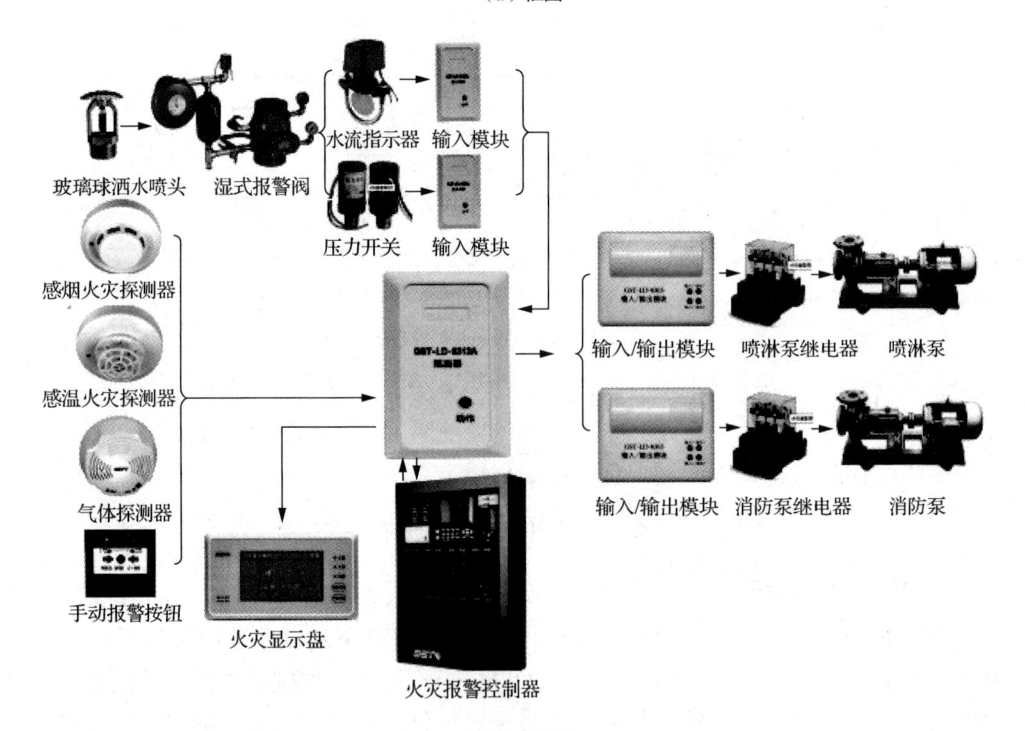
玻璃球洒水喷头
湿式报警阀
水流指示器
输入模块
压力开关
输入模块
感烟火灾探测器
感温火灾探测器
气体探测器
手动报警按钮
火灾显示盘
火灾报警控制器
输入/输出模块
喷淋泵继电器
喷淋泵
输入/输出模块
消防泵继电器
消防泵

（b）实物图

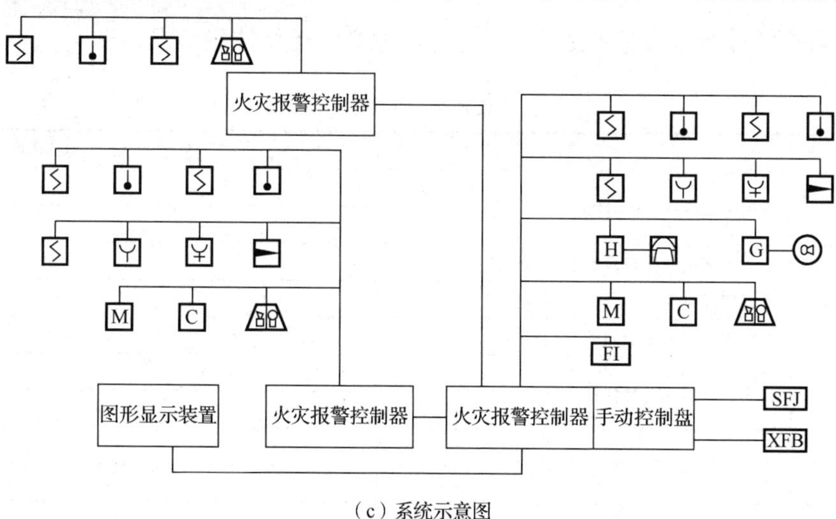

（c）系统示意图

图 2.3 控制中心报警系统

综上所述，火灾自动报警系统的作用是：能自动（手动）发现火情并及时报警，并不失时机地控制火情的发展，将火灾的损失减到最低限度。可见，火灾自动报警系统是消防系统的**核心部分**。在消防系统工程中，应根据建筑类别和防火等级，恰当地选取火灾自动报警系统。

任务 2.2 火灾探测器的选择与布置

火灾探测器是火灾自动报警系统的“感觉器官”。它能对火灾参数（如烟、温度、火焰辐射、气体浓度等）进行响应，并自动产生火灾报警信号，或向控制和指示设备发出现场火灾状态信号。火灾探测器是系统中的关键器件，它是以探测物质燃烧过程中产生的各种物理现象为机理，实现早期发现火灾这一目的的。火灾的早期发现，是充分利用灭火措施、减少火灾损失、保护生命财产的重要保障。火灾探测器是火灾自动报警系统中应用最多的器件，对于不同建筑的不同场所、不同高度如何选择火灾探测器的种类，怎样确定其数量，如何把火灾探测器布置在不同的场所，采用什么接线方式和编码，安装怎样进行，都是本任务中要解决的问题，因此，选择合适的火灾探测器来探测火情是一个首要问题。火灾探测器的选择和布置应该严格遵守规范。

扫一扫看火灾探测器实物图片展示

扫一扫看火灾探测器构造原理教学课件

◆教师活动

1. 任务导出

结合本书 2.5.4 节二维码消防工程设计图中的地下室和首层各房间和场所，查找火灾探测器的名称、数量、图例符号，完成火灾探测器的选择、计算、设计、布置、接线、编码与安装，具体见表 2.1。

2. 工作过程策划及流程

采用工程项目导向方法完成火灾探测器的认知，采用设计步步深入法，完成火灾探测器的选择、计算、设计、布置，采用实验训练法完成火灾探测器的安装、编码、接线与操控，

通过识读工程图的途径学会任务知识点，通过实验训练促使技能形成。

表 2.1　作业单

序号	问题	答案
1	常用火灾探测器的分类	
2	简述感烟火灾探测器的构造与原理	
3	简述感温火灾探测器的构造与原理	
4	简述感光火灾探测器的构造与原理	
5	火灾探测器的选择依据及小经验	
6	火灾探测器安装间距的确定方法	
7	梁对火灾探测器的影响	
8	火灾探测器在一些特殊场合安装的注意事项	
9	火灾探测器的线制	
10	火灾探测器的布置方法名称及小经验	

◆学生活动

分组识读图纸→找出火灾探测器的种类、数量→集中研讨。教师进行引导性讲解后，学生要完成作业单的填写。

2.2.1　火灾探测器的分类及型号

1. 火灾探测器的分类

火灾探测器可按探测火灾特征参数、监视范围、复位功能、可拆卸性等进行分类。

从本书工程图图纸上看到的火灾探测器只是有限的几种，实际上人们已研制出多种火灾探测器。目前研制出来的常用火灾探测器有感烟、感温、感光、复合式及可燃性气体探测器共 5 种常用系列，另外，火灾探测器根据警戒范围的不同又可分为点型和线型，具体分类如图 2.4 所示。

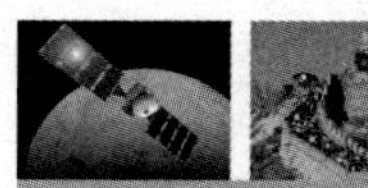

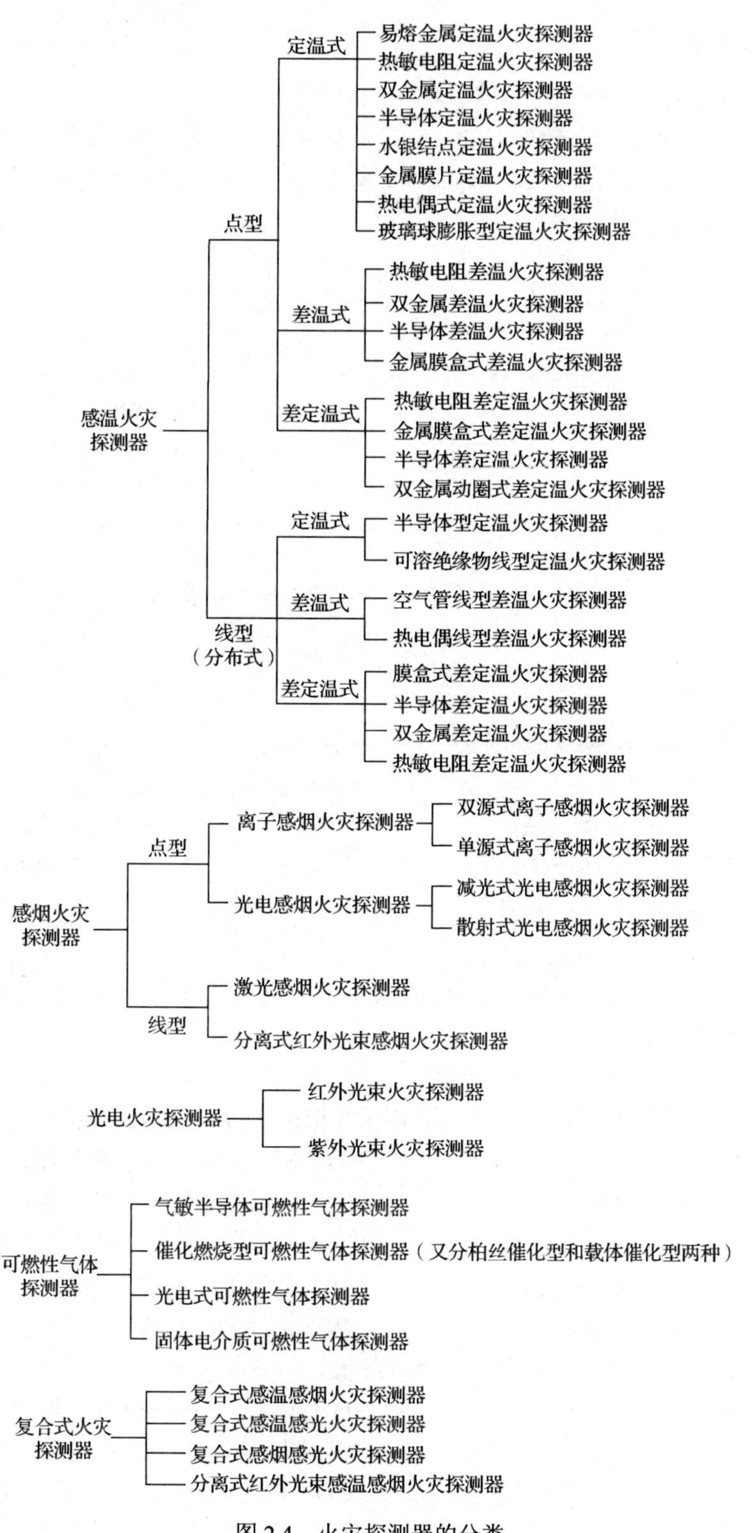

图 2.4　火灾探测器的分类

2. 火灾探测器的型号及图形符号

1）火灾探测器的型号命名

火灾报警产品种类较多，附件更多，但都是按照国家标准编制命名的。国标型号均是按汉语拼音字头的大写字母组合而成的，只要掌握规律，从名称就可以看出产品类型与特征。火灾探测器的型号意义如图 2.5 所示。

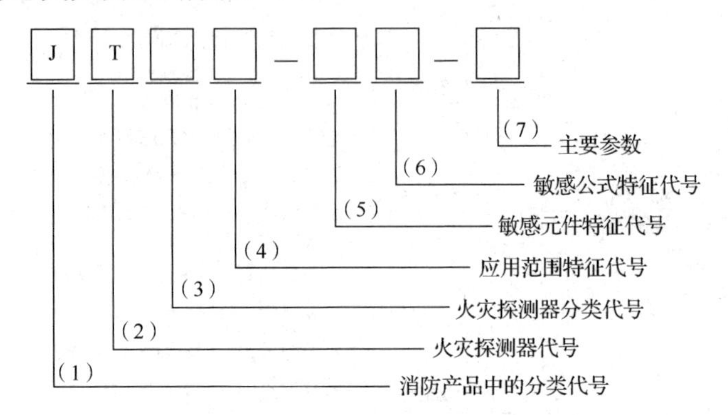

图 2.5　火灾探测器的型号意义

（1）J（警）——消防产品中的分类代号。

（2）T（探）——火灾探测器代号。

（3）火灾探测器分类代号，各种类型火灾探测器的具体表示方法如下：

Y（烟）——感烟火灾探测器；　G（光）——感光火灾探测器；

W（温）——感温火灾探测器；　Q（气）——可燃性气体探测器；

F（复）——复合式火灾探测器。

（4）应用范围特征代号表示方法如下：

B（爆）——防爆型（无“B”即为非防爆型，其名称无须指出“非防爆型”）；

C（船）——船用型。

非防爆或非船用型可省略，无须注明。

（5）、（6）火灾探测器特征表示法（敏感元件特征代号和敏感公式特征代号）：

LZ（离子）——离子；　MD（膜，定）——膜盒定温；

GD（光，电）——光电；　MC（膜，差）——膜盒差温；

SD（双，定）——双金属定温；　MCD（膜差定）——膜盒差定温；

SC（双，差）——双金属差温；　GW（光温）——感光感温；

GY（光烟）——感光感烟；　YW（烟温）——感烟感温；

YW-HS（烟温-红束）——红外光束感烟感温；

BD（半，定）——半导体定温；　ZD（阻，定）——热敏电阻定温；

BC（半，差）——半导体差定温；　ZC（阻，差）——热敏电阻差温；

BCD（半差定）——半导体差温；　ZCD（阻，差，定）——热敏电阻差定温；

HW（红，外）——红外感光；　ZW（紫，外）——紫外感光。

（7）主要参数：表示灵敏度等级（1、2、3 级），对感烟感温火灾探测器标注（灵敏度指对被测参数的敏感程度）。

【实例 1】JTY-GD-G3 表示智能光电感烟火灾探测器；
JTY-HS-1401 表示红外光束感烟火灾探测器；
JTW-ZD-2700/015 表示热敏电阻定温火灾探测器；
JTY-LZ-651 表示离子感烟火灾探测器。

2）火灾探测器的图形符号

在国家标准中火灾探测器的图形符号不全，目前在设计中图形符号的绘制有两种：一种按国家标准绘制，另一种根据所选厂家产品样本绘制。这里仅给出几种常用火灾探测器图形符号的国家标准画法，以供参考，如图 2.6 所示。

警卫信号探测器

感温火灾探测器

感烟火灾探测器

感光火灾探测器

图 2.6　火灾探测器的图形符号

2.2.2　火灾探测器的构造及原理

1. 感烟火灾探测器

常用的感烟火灾探测器有离子感烟火灾探测器、光电感烟火灾探测器及红外光束感烟火灾探测器。感烟火灾探测器对火灾前期及早期报警很有效，应用最广泛，用量居各类火灾探测器首位。

1）离子感烟火灾探测器

感烟火灾探测器是对探测区域内某一点或某一连续路线周围的烟参数响应敏感的火灾探测器。

离子感烟火灾探测器是对能影响火灾探测器内电离电流的燃烧物质敏感的火灾探测器，有双源双室和单源双室之分。它利用放射源制成敏感元件，并由内电离室 K_R、外电离室 K_M 及电子线路或编码线路构成。双源双室离子感烟火灾探测器是由两块性能一致的放射源片（配对）制成的相互串联的两个电离室及电子线路组成的火灾探测装置，实物如图 2.7（a）所示，构造如图 2.7（b）所示。一个电离室开孔被称为采样电离室（或外电离室），烟可以顺利进入；另一个是封闭电离室，被称为参考电离室（或内电离室），烟无法进入，仅能与外界温度相通，如图 2.7（c）所示。在串联的两个电离室两端直接接入 24V 直流电源，两个电离室形成一个分压器。两个电离室电压之和 U_M+U_R 等于工作电压 U_B（如 24V）。流过两个电离室的电流相等，同为 I_k。采用内、外电离室串联的方法，是为了减少环境温度、湿度、气压等自然条件对电离电流的影响，提高稳定性，防止误报。把采样电离室等效为烟敏电阻 R_M，参考电离室等效为固定或预调电阻 R_P，S 为电子线路，等效电路如图 2.7（d）所示。原理框图如图 2.7（e）所示。

放射源由物质镅 241（^{241}Am）α放射源构成。放射源产生的α射线使内、外电离室内的空气电离，形成正、负离子，在电离室电场作用下，形成通过两个电离室的电流。这样可以把两个电离室看成两个串联的等效电阻，两电阻交接点与“地”之间维持某一电压值。

当火灾发生时，烟雾进入外电离室后，镅 241 产生的α射线被阻挡，使其电离能力降低，因而电离电流减小。正、负离子被体积比其大得多的烟粒子吸附，外电离室等效电阻变大，而内电离室因无烟进入，电离室的等效电阻不变，因而引起两电阻交接点的电压变化。当交接点的电压变化到某一定值，即烟密度达到一定值时（由报警阈值确定），交接点的超阈部分经过处理，开关电路动作，发出报警信号。

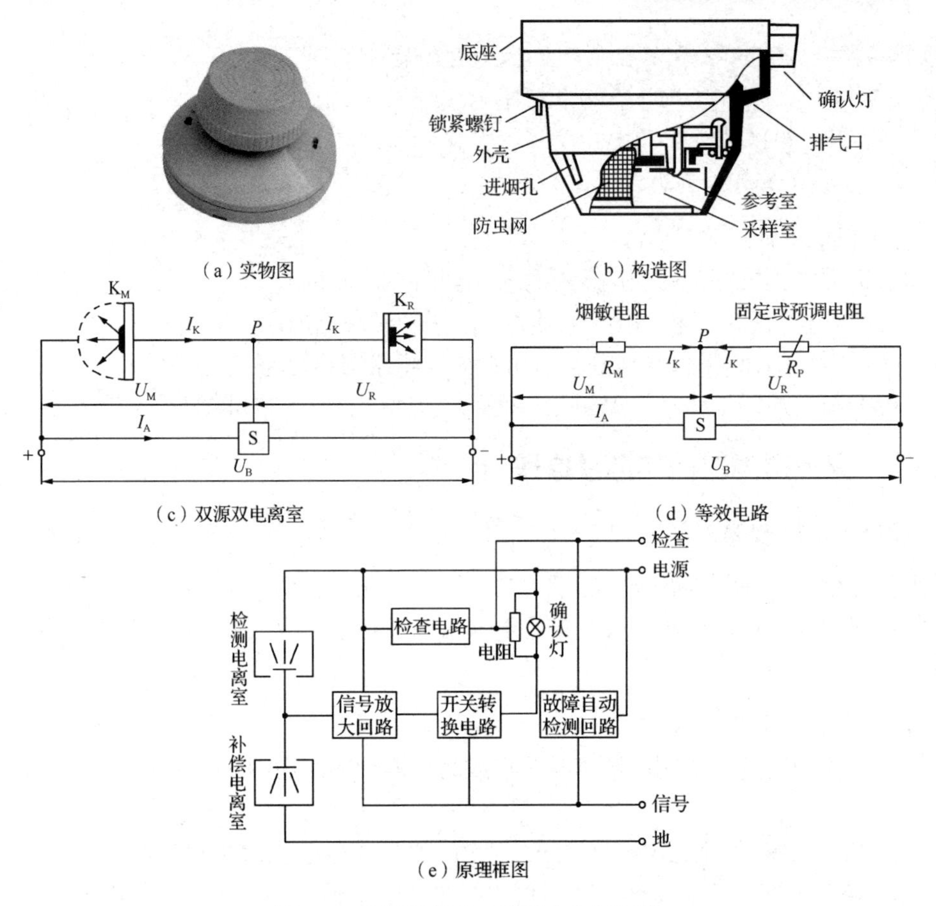

图 2.7　双源双室离子感烟火灾探测器

2）红外光束感烟火灾探测器

这种火灾探测器由发射器和接收器两部分组成，而 JTY-HM-GST102 智能线型红外光束感烟火灾探测器为编码型反射式线型红外光束感烟火灾探测器，该火灾探测器将发射部分和接收部分合二为一。红外光束感烟火灾探测器可直接与火灾报警控制器连接，通过总线完成两者间状态信息的传递。红外光束感烟火灾探测器必须与反射器配套使用，但需要根据两者间安装距离的不同决定使用反射器的块数，其外形如图 2.8 所示。将红外光束感烟火灾探测器与反射器相对安装在保护空间的两端且在同一水平直线上，安装方法如图 2.9 所示。

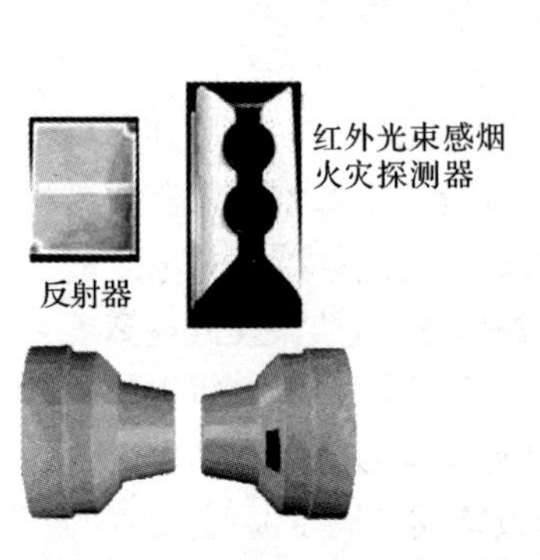

图 2.8　红外光束感烟火灾探测器的外形示意

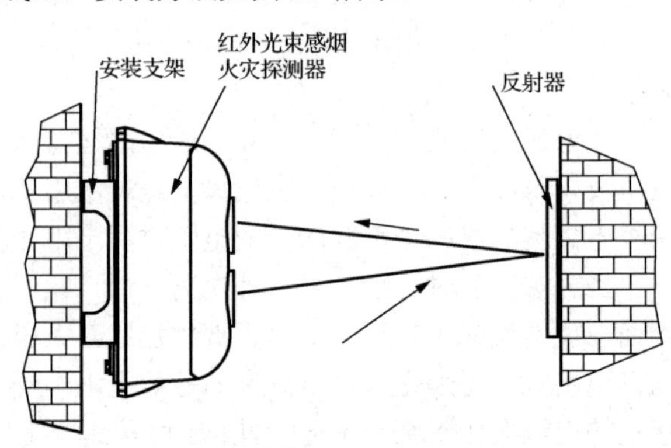

图 2.9　红外光束感烟火灾探测器的安装示意

在正常情况下，红外光束感烟火灾探测器的发射器发送一个不可见的波长为 940nm 的脉冲红外光束，它经过保护空间不受阻挡地射到接收器的光敏元件上。当发生火灾时，保护空间的烟雾气溶胶扩散到红外光束内，使到达接收器的红外光束衰减，接收器接收的红外光束辐通量减弱，当辐通量减弱到预定的感烟动作阈值（响应阈值，如有的厂家设定光束减弱超过 40% 且小于 93%）时，如果保持衰减 5s（或 10s）的时间，红外光束感烟火灾探测器立即动作，发出火灾报警信号。

3）火灾探测器的底座

一般光电感烟火灾探测器或离子感烟火灾探测器分为探头和底座两部分，其接线主要在底座上完成。底座上有 4 个导体片，导体片上带接线端子，底座上不设定位卡，便于调整火灾探测器报警指示灯的方向。预埋管内的火灾探测器总线分别接在任意对角的两个接线端子上（不分极性），另一对导体片用来辅助固定火灾探测器。待底座安装牢固，将火灾探测器底部正对底座顺时针旋转即可将火灾探测器安装到底座上。通用火灾探测器的底座外形如图 2.10 所示。

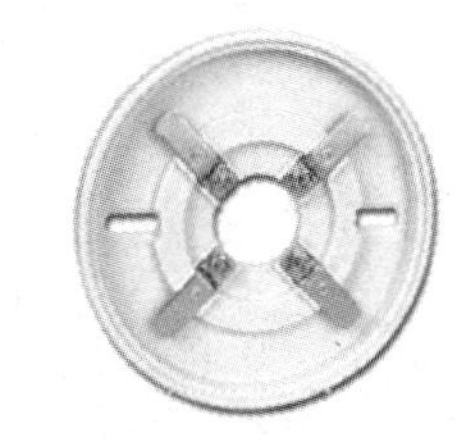

图 2.10　通用火灾探测器的底座外形

4）感烟火灾探测器的灵敏度

感烟火灾探测器的灵敏度（或被称为响应灵敏度）是探测器响应烟参数的敏感程度。感烟火灾探测器分为高、中、低（或Ⅰ、Ⅱ、Ⅲ级）灵敏度。在烟雾相同的情况下，高灵敏度意味着可对较低的烟雾粒子浓度进行响应。灵敏度等级上用标准烟（试验气溶胶）在烟箱中标定感烟探测器几个不同的响应阈值的范围。

感烟灵敏度等级的调整有两种方法：一种是电调整法，另一种是机械调整法。

电调整法：将双源双室或单源双室火灾探测器的触发电压按不同档次响应阈值的设定电压调准，从而得到相应等级的烟雾粒子质量分数。这种方法增加了电子元件，使探测器的可靠性下降。

机械调整法：这种方法是改变放射源片对中间电极的距离，电离室的初始阻抗 R_0 与极间距离 L 成正比。L 小时，R_0 小，灵敏度高；当 L 大时，R_0 大，灵敏度低。不同厂家根据产品具体情况确定的灵敏度等级所对应的烟雾粒子质量分数是不一致的。

一般来说，高灵敏度用于禁烟场所，中灵敏度用于卧室等少烟场所，低灵敏度用于多烟场所。高、中、低灵敏度的火灾探测器的感烟动作率为 10%、20%、30%。

2. 火焰探测器

1）火焰探测器的分类

根据火焰的光特性，使用的火焰探测器（flame detector）有 3 种：一种是对火焰中波长较短的紫外光辐射敏感的紫外火焰探测器；另一种是对火焰中波长较长的红外光辐射敏感的红外火焰探测器；第三种是同时探测火焰中波长较短的紫外线和波长较长的红外线的紫外/红外火焰探测器。

火焰探测器根据探测波段可分为单紫外、单红外、双红外、三重红外、紫外/红外、附加视频等火焰探测器。

火焰探测器还可以分为防爆和非防爆两种，防爆产品又分为隔爆型和本安型。火焰探测器的分类及特点如表 2.2 所示。

表 2.2　火焰探测器的分类及特点

序号	分类名称	特点
1	单通道红外火焰探测器	优点：对大多数含碳氢化合物的火灾响应较好；对电弧焊不敏感；透过烟雾及其他污染物的能力强；日光盲；对一般的电力照明、人工光源和电弧不响应；其他形式辐射对其影响很小。 缺点：透镜上结冰可造成探测器失灵，对受调制的黑体热源敏感；由于只能对具有闪烁特征的火灾响应，所以探测器对高压气体火焰的探测较为困难

续表

序号	分类名称	特点
2	双通道火焰探测器	优点：对大多数含碳氢化合物的火灾响应较好；对电弧焊不敏感；能够透过烟雾和其他污染物；日光盲；对一般的电力照明、人工光源和电弧不响应；其他形式辐射对其影响很小；对稳定或经调制的黑体辐射不敏感，误报率较低。 缺点：灵敏度低
3	紫外火焰探测器	优点：对绝大多数燃烧物质能够响应，但响应的快慢有所不同，最快响应时间可达12ms，可用于抑爆等特殊场合；不要求考虑火焰闪烁效应；在高达125℃的高温场合下，可采用特种型式的紫外火焰探测器；对固定或移动的黑体热源反应不灵敏，对日光辐射和绝大多数人工照明辐射不响应，可带自检机构，某些类型探测器可进行现场调整，调整探测器的灵敏度和响应时间，具有较大的灵活性。 缺点：易产生误报
4	紫外/红外火焰探测器	优点：对大多数含碳氢化合物的火灾响应较好；对电弧焊不敏感；比单通道红外火焰探测器响应稍快，但比紫外火焰探测器响应稍慢；对一般的电力照明、大多数人工光源和电弧不响应；其他形式辐射对其影响很小；日光盲；对黑体辐射不敏感；即使背景正在进行电弧焊，但经过简单的表决单元也能响应一个真实的火灾；同样，即使存在高的背景红外辐射源，也不能降低其响应真实火灾的灵敏度；带简单表决单元的紫外/红外火焰探测器的灵敏度可现场调整，以适合特殊安装场合的应用。 缺点：灵敏度可能受紫外和红外吸收物质沉积的影响

2）火焰探测器的应用场合

石油和天然气的勘探、生产、储存与卸料；海上钻井——固定平台、浮动生产储存与装卸；陆地钻井——精炼厂、天然气重装站、管道；石化产品——生产、储存和运输设施，油库，化学品；易燃材料储存仓库；汽车——制造、油漆喷雾房；飞机——工业和军事，炸药和军需品；医药业；粉房等高风险工业染料的生产、储存、运输等。

3）火焰探测器的基本工作原理

这里以紫外火焰探测器为例进行说明。紫外火焰探测器由圆柱形紫外充气光敏管、自检管、屏蔽套、反光环、石英窗口等组成，如图2.11（a）所示，外形如图2.11（b）所示，其工作原理如图2.11（c）所示。

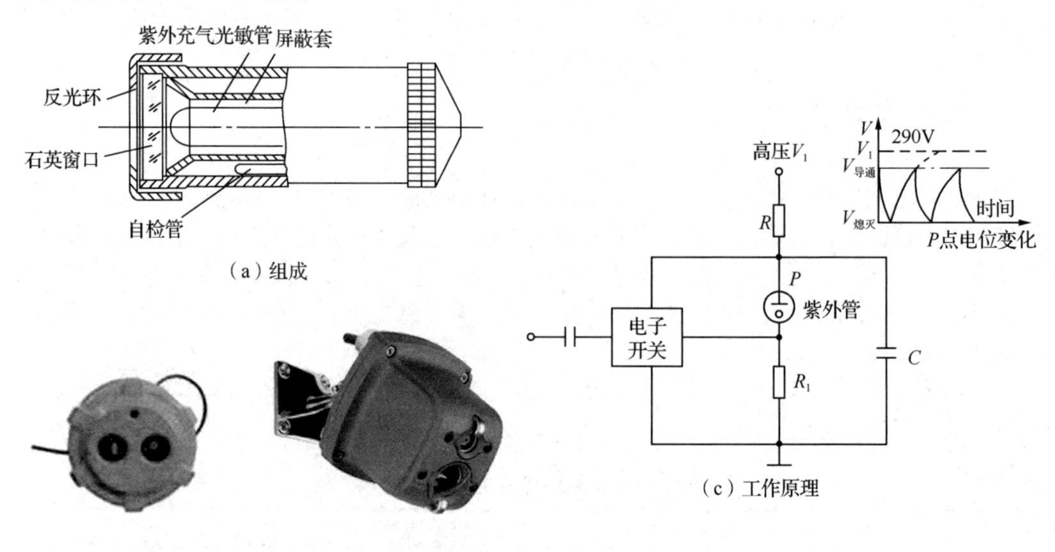

图2.11　紫外火焰探测器

当光敏管接收到 185～245nm 的紫外线时，产生电离作用而放电，其内阻变小，导电电流增加，电子开关导通，光敏管工作电压降低，当电压降低到$V_{熄灭}$时，光敏管停止放电，导电电流减小，电子开关断开，此时电源电压通过 RC 电路充电，又使光敏管的工作电压重新升高到$V_{导通}$，于是又重复上述过程，这样便产生了一串脉冲，脉冲的频率与紫外线的强度成正比，同时与电路参数有关。

【小经验】 需要特别注意的是，在火焰探测器的锥形探测范围内避免可能的错误警报源。

3. 感温火灾探测器

感温火灾探测器是响应异常温度、温升速度和温差等参数的探测器。

感温火灾探测器按其结构可分为电子式和机械式两种；按原理又分为定温、差温、差定温组合式 3 种。

1）定温火灾探测器

定温火灾探测器是随着环境温度的升高，当温度达到或超过预定值时响应的探测器。

双金属定温火灾探测器：以具有不同热膨胀系数的双金属片为敏感元件的一种定温火灾探测器，常用的结构形式有圆筒状和圆盘状两种。圆筒状定温火灾探测器的结构如图 2.12（a）、（b）所示，由不锈钢管、铜合金片及调节螺栓等组成。两个铜合金片上各装有一个电接点，其两端通过固定块分别固定在不锈钢管和调节螺栓上。由于不锈钢管的膨胀系数大于铜合金片的膨胀系数，当环境温度升高时，不锈钢外筒的伸长大于铜合金片，所以铜合金片被拉直。在图 2.12（a）中，两接点闭合发出火灾报警信号；在图 2.12（b）中，两接点打开发出火灾报警信号。如图 2.12（c）所示为双金属圆盘状定温火灾探测器的结构。定温火灾探测器实物如图 2.12（d）所示。

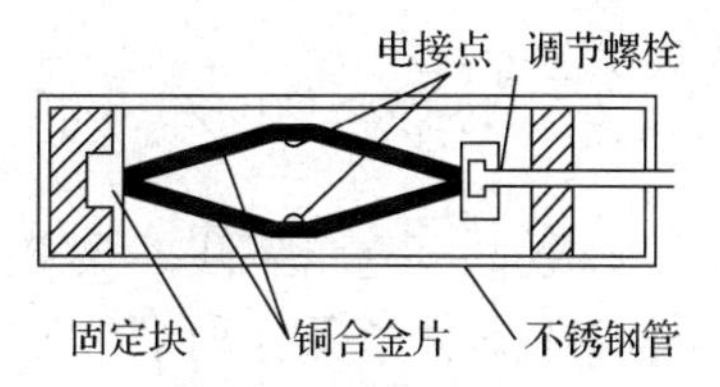

（a）圆筒状定温火灾探测器的结构（一）

固定块

（b）圆筒状定温火灾探测器的结构（二）

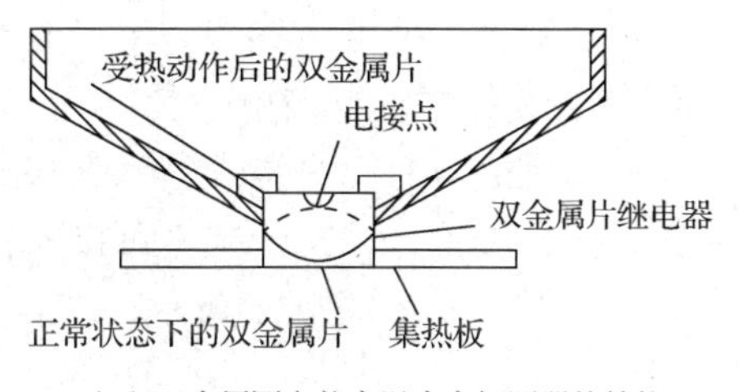

（c）双金属圆盘状定温火灾探测器的结构

（d）实物

图 2.12　定温火灾探测器

2）感温火灾探测器的灵敏度

感温火灾探测器在火灾条件下响应温度参数的敏感程度被称为感温火灾探测器的灵敏度。

感温火灾探测器分为Ⅰ、Ⅱ、Ⅲ级灵敏度。定温、差定温火灾探测器的灵敏度级别标志如下。

Ⅰ级灵敏度（62℃）：绿色；

Ⅱ级灵敏度（70℃）：黄色；

Ⅲ级灵敏度（78℃）：红色。

4．可燃性气体探测器(点型可燃性气体探测器)

1）特点

对探测区域内某一点周围的特殊气体参数响应敏感的探测器被称为点型可燃性气体探测器（又被称为可燃性气体探测器），其探测的主要气体种类有天然气、液化气、酒精、一氧化碳等。点型可燃性气体探测器采用半导体气敏元件，工作稳定；采用吸顶与底座旋接安装方式，安装简单，接线方便，可与多种火灾报警控制器配合应用，可用于家庭、宾馆、公寓等存在可燃性气体的场所进行安全监控。该系列探测器可以检测天然气（T）、人工煤气（R），采用DC 24V供电，可提供一对有源触点用于直接控制煤气管道电磁阀。可燃性气体探测器实物如图2.13所示。

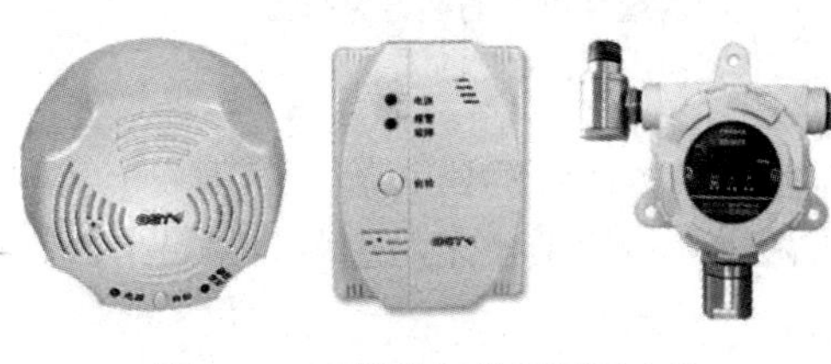

图2.13　可燃性气体探测器实物

2）原理及应用

可燃性气体探测器的应用如图2.14所示。催化燃烧式可燃性气体探测器的探头由一对催化燃烧式检测元件组成，其中一个元件对可燃性气体非常敏感（该元件上涂有多层催化剂）；另一个元件对可燃性气体不敏感，用于补偿环境温度的变化。这一对检测元件与另外一对高精度电阻构成惠斯通电桥。在催化剂的作用下敏感元件上发生催化燃烧（这种燃烧是阴燃，不会引爆外界可燃性气体），使其温度升高（可达到500℃），从而改变电阻，造成电桥失衡。该探测器的缺点是当检测气体中含有硫化氢和氯化物时，不宜选用。

5．复合式火灾探测器（点型复合式感烟感温火灾探测器）

1）特点

复合探测技术是目前国际上流行的新型多功能高可靠性的火灾探测技术。JTF-GOM-GST601点型复合式感烟感温火灾探测器是由烟雾传感器件和半导体温度传感器件从工艺结构和电路结构上共同构成的多元复合探测器。它不仅具有普通散射型光电感烟火灾探测器的性能，而且兼有定温、差定温感温火灾探测器的性能。感烟与感温的复合技术，使得该款复合式火灾探测器能够对国家标准试验火SH3（聚氨酯塑料火）和SH4（正庚烷火）的燃烧进行探测和报警。同时该款探测器也能对酒精燃烧等有明显温升的明火探测报警，扩大了光电感烟火灾探测器的应用范围。该探测器为无极性信号二总线制，可接入各类火灾报警控制器的报警总线。点型复合式感烟感温火灾探测器实物如图2.15所示。

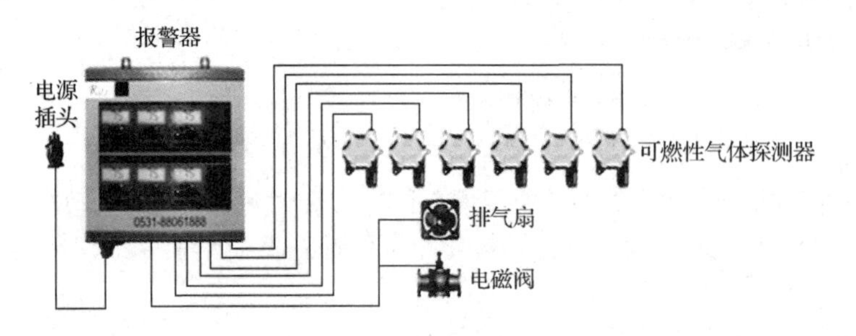

图2.14　可燃性气体探测器的应用

图2.15　点型复合式感烟感温火灾探测器实物

2）保护面积

建议参考点型感烟火灾探测器和点型感温火灾探测器的设置要求，具体参数应以《火灾自动报警系统设计规范》为准。

3）安装及布线

该探测器的安装及布线与点型光电感烟火灾探测器的安装及布线相同。

6. 智能型火灾探测器

1）智能型火灾探测器的分类与原理

（1）智能型火灾探测器的分类。智能型火灾探测器分为智能型定温火灾探测器、智能型差定温火灾探测器、智能型光电感烟火灾探测器等。智能型火灾探测器及其传输特性如图 2.16 所示。

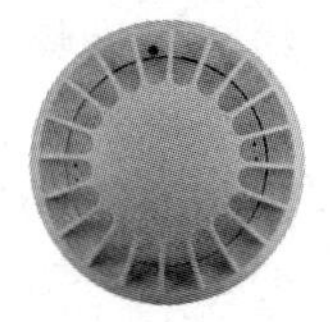

（a）智能型定温火灾探测器

（b）智能型差定温火灾探测器

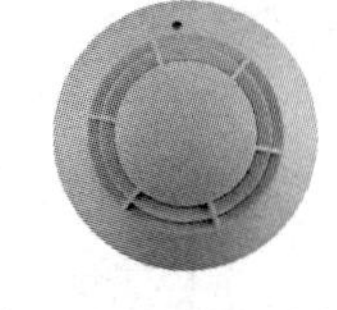

（c）智能型光电感烟火灾探测器

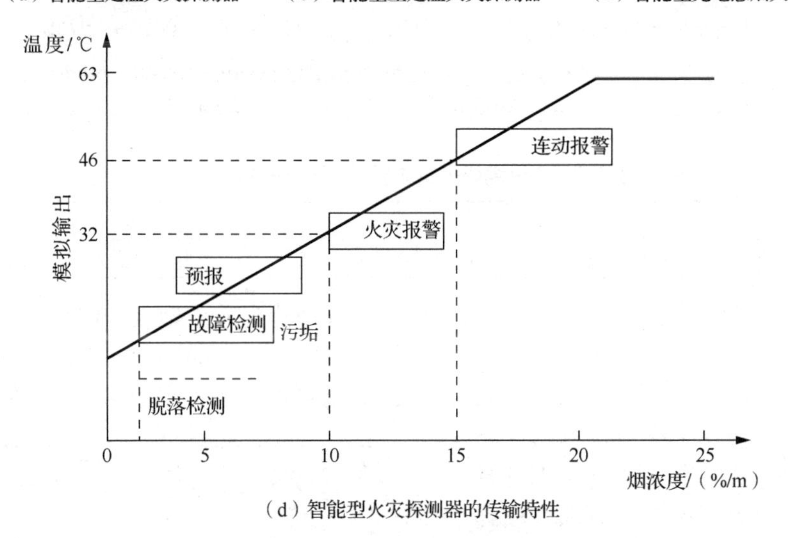

（d）智能型火灾探测器的传输特性

图 2.16　智能型火灾探测器及其传输特性

（2）智能型火灾探测器的工作原理。智能型火灾探测器为了防止误报，预设了针对常规及个别区域和用途的火情判定计算规则。智能型火灾探测器本身带有微处理信息功能，可以处理由环境所收到的信息，并针对这些信息进行计算处理，统计评估。结合火势很弱—弱—适中—强—很强的不同程度，再根据预设的有关规则，把这些不同程度的信息转换为适当的报警动作指标。例如，烟不多，但温度快速上升——发出警报；又如，烟不多且温度没有上升——发出预警报等。

智能型火灾探测器能自动检测和跟踪由灰尘积累而引起的工作状态的漂移，当这种漂移超出给定范围时，自动发出故障信号，同时这种探测器跟踪环境的变化，自动调节探测器的工作参数，因此可大大降低由灰尘积累和环境变化所造成的误报和漏报。

2）智能型火灾探测器的用途

智能型火灾探测器适用于火灾初期有阴燃阶段，产生大量的烟和少量的热，很少或没有火焰辐射的场所；饭店、旅馆、教学楼、办公楼的厅室、卧室、办公室等；计算机房、通信机房、电影或电视放映室等；楼梯、走道、电梯机房等；书库、档案库等；有电气火灾危险的场所。

7. 火灾探测器的编码

1）传统的编码方式

编码火灾探测器是最常用的火灾探测器。传统的编码火灾探测器由编码电路通过2条、3条或4条总线（P、S、T、G线）将信息传到区域报警器。这里以离子感烟火灾探测器为例进行说明，如图2.17所示为离子感烟火灾探测器编码电路框图。

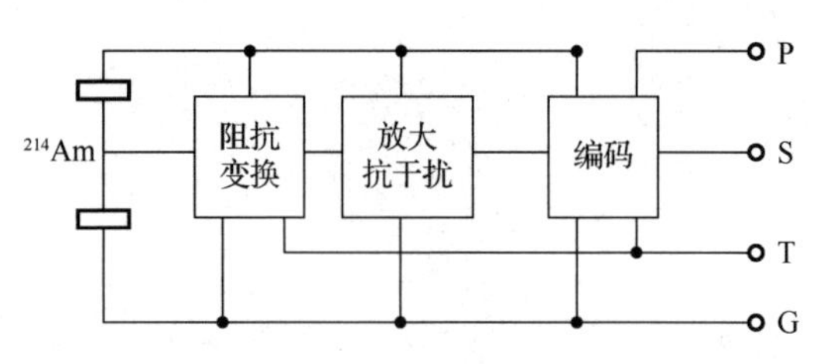

图2.17　离子感烟火灾探测器编码电路框图

4条总线为不同的颜色，其中P为红色电源线，S为绿色信号线，T为蓝色或黄色巡检线，G为黑色地线。火灾探测器的编码简单容易，一般可做到与房间号一致。编号是用火灾探测器上的一个7位微型开关来实现的，该微型开关每位所对应的数如表2.3所示。火灾探测器编成的号等于所有处于“ON”（接通）位置的开关所对应的数之和。例如，当第2、3、5、6位开关处于“ON”时，该火灾探测器的编号为54，火灾探测器可编码范围为1～127。

表2.3　7位编码开关位数及所对应的数

编码开关位 n	1	2	3	4	5	6	7
对应数 2^{n-1}	1	2	4	8	16	32	64

可寻址开关量报警系统比传统报警系统能够较准确地确定着火地点，增强了火灾探测或判断火灾发生的及时性，比传统的多线制系统更加节省安装导线的数量。在同一房间内的多个火灾探测器可用同一个地址编码，如图2.18所示，这样不影响火情的探测，方便控制器信号的处理。但是，在每个火灾探测器底座（编码底座）上单独装设地址编码（编码开关）的缺点是：编码开关本身要求有较高的可靠性，以防止受环境（潮湿、腐蚀、灰尘）影响；因为它需要进制换算，编码难度相对较大，所以以在安装和调试期间，要仔细检查每个探测器的地址，避免几个火灾探测器误装成同一地址编码（同一房间内除外）；在顶棚或不容易接近的地方，调整地址编码不方便、浪费时间，甚至不容易更换地址编码；同时因为任何人均可对编码进行改动，所以整个系统的编码可靠性较低。

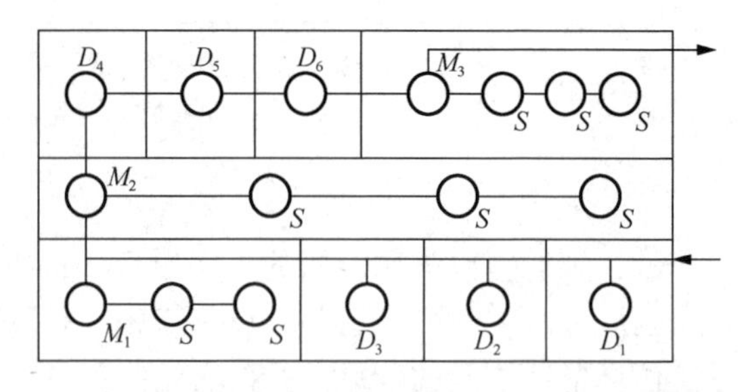

图2.18　可寻址开关量报警系统火灾探测器编码示意

2）多线路传输技术编码方式

为了克服传统地址编码的缺点，可采用多线路传输技术编码方式。多线路传输技术编码即不专门设址而采用链式结构，火灾探测器的寻址是使各个开关顺序动作，每个开关有一定延时，不同的延时电流脉动分别代表正常、故障和报警3种状态。其特点是不需要拨码开关，也就是不需要赋予地址，在现场把探测器一个接一个地串入回路即可。

首先将报警点进行回路划分，本着就近原则，一般150个左右的点被划分在一个回路里面，然后将每个探测设备的地址按照1～156进行编码。

3）电子编码器

通过电子编码器，可以读写火灾探测器的地址编码、读写火灾探测器剩余电流的报警值。可见，电子编码器是电气火灾监控探测器的设定工具。

（1）电子编码器的构造及功能。电子编码方式主要是通过电子编码器对与之配套的编码设备（如探头、模块等）进行十进制电子编码。该编码方式因为采用的是十进制电子编码，不用进行换算，所以编码简单快捷，又因为没有编码器任何人都无法随便改动编码，所以整个系统的编码可靠性非常高。

电子编码器利用键盘输入十进制数，简单易学。可以用电子编码器读写火灾探测器的地址和灵敏度，读写模块类产品的地址和工作方式；也可以用电子编码器浏览设备批次号；电子编码器还可以用来设置图形式火灾显示盘地址、灯的总数及每个灯所对应的用户编码，现场调试、维护十分方便。电子编码器如图2.19所示。

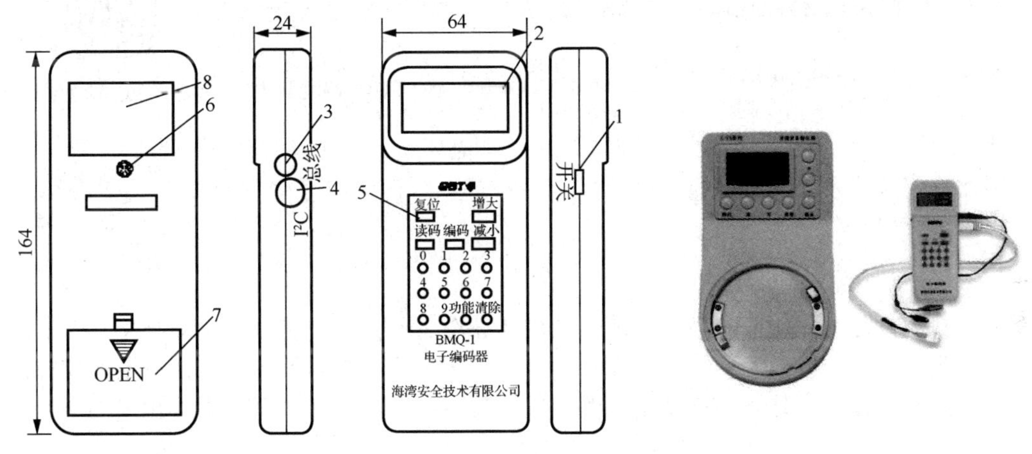

（a）外形示意（单位：mm）　　（b）实物图

1—电源开关；2—液晶屏；3—总线插口；4—火灾显示盘接口（I^2C）；5—复位键；6—固定螺钉；7—电池盒盖；8—铭牌。

图2.19　电子编码器

电子编码器部分功能说明如下：

① 电源开关：完成系统硬件开机和关机操作。

② 液晶屏：显示有关设备的一切信息和操作人员输入的相关信息，并且当电源欠电压时给出指示。

③ 总线插口：电子编码器通过总线插口与火灾探测器、现场模块或指示部件相连。

④ 火灾显示盘接口（I^2C）：电子编码器通过此接口与火灾显示盘相连，进行各指示灯的二次码的编写。

⑤ 复位键：当电子编码器由于长时间不使用而自动关机后，按下复位键可以使系统重新通电并进入工作状态。

（2）电子编码器的操作。将编码器的两根线（带线夹）夹在火灾探测器底座的两斜对角接点上，开机，按下所编号码对应的数字键后，再按“编码”键，出现“P”时即表示编码成功，编码成功后按下“读码”键，所编号码即显示出来。然后将编号写在火灾探测器底座上，再进行安装即可。

（3）编码操作案例。

所需设备：感烟火灾探测器1个，配套的底座1个，编码器1个，7号电池4节。

操作流程与步骤：编码器与底座连接→电池装入编码器→编码读数→检验。

将编码器红色的线接到底座的S+上，黑色的线接到底座的S−上，用一根线把S−和信号端子短接起来。

打开编码器的后背，装入4节7号电池。

把感烟火灾探测器卡在底座上，打开电子编码器的开关，在编码器的操作面板上按住编码。例如要编18号，按“18”，然后按“P”，此时会有一个小点，小点跳到最左边的时候，就表示编码成功。

检验编码是否成功：先按“复位”键，再按“读码”键，如果出现的数字是18，则表示编码成功；如果没有出现数字18，则表示没有编码成功，需要再操作一次。

编码训练：用电子编码器编出28、88号。

2.2.3　火灾探测器的选择及数量确定

扫一扫看火灾探测器选择与布置教学课件

在设计火灾自动报警系统时，火灾探测器的选择是否合理，关系到系统能否正常运行，因此火灾探测器种类及数量的确定十分重要。另外，火灾探测器选好后的合理布置是保证探测质量的关键环节。因此，在选择及布置时应符合《火灾自动报警系统设计规范》（GB 50116—2013）。

1．火灾探测器种类的选择

火灾探测器种类的选择应根据探测区域内的环境条件、火灾特点、房间高度、安装场所的气流状况等进行。根据保护场所可能发生火灾的部位和燃烧材料的分析，以及火灾探测器的类型、灵敏度和响应时间等选择相应的火灾探测器，对火灾形成特征不可预料的场所，可根据模拟试验的结果选择火灾探测器。

1）根据火灾特点、环境条件及安装场所确定火灾探测器的类型

火灾受可燃物质的类别、着火的性质、可燃物质的分布、着火场所的条件、火灾荷载、新鲜空气的供给程度及环境温度等因素的影响。一般把火灾的发生与发展分为4个阶段：前期→早期→中期→晚期。

前期：火灾尚未形成，只出现一定量的烟，基本上未造成损失。

早期：火灾开始形成，烟量大增，温度上升，已开始出现火，造成较小的损失。

中期：火灾已经形成，温度很高，燃烧加速，造成了较大的损失。

晚期：火灾已经扩散。

根据以上对火灾特点的分析，对火灾探测器的选择如下：

（1）对火灾初期有阴燃阶段，产生大量的烟和少量的热，很少或没有火焰辐射的场所，应选择感烟火灾探测器。对火灾初期有阴燃阶段，且需要早期探测的场所，宜增设一氧化碳火灾探测器。

感烟火灾探测器适用的场所：饭店、旅馆、教学楼、办公楼的厅堂、卧室、办公室；电

子计算机机房、通信机房、电影或电视放映室等；楼梯、走廊、电梯机房等。

无遮挡的大空间或有特殊要求的场所，宜选择红外光束感烟火灾探测器。

不适于选用感烟火灾探测器的场所有：正常情况下有烟的场所；经常有粉尘及水蒸气等固体、液体微粒出现的场所；发火迅速、产生烟极少、具有爆炸性的场所。

（2）感温火灾探测器在火灾形成早期（早期、中期）报警非常有效，因其工作稳定，不受非火灾性烟、雾、气、尘等干扰。凡无法应用感烟火灾探测器、允许产生一定物质损失的非爆炸性场合都可以采用感温火灾探测器。

感温火灾探测器特别适用于经常存在大量粉尘、烟雾、水蒸气的场所及相对湿度经常高于 95%的房间，但不宜用于有可能产生阴燃的场所。

定温火灾探测器允许温度有较大的变化，比较稳定，但火灾造成的损失较大。在 0℃以下的场所不宜选用。

差温火灾探测器适用于火灾早期报警，火灾造成损失较小，但因火灾温度升高过慢无反应而易造成漏报。

差定温火灾探测器具有差温火灾探测器的优点而又比差温火灾探测器可靠，所以最好选用差定温火灾探测器。

电缆隧道、电缆竖井、电缆夹层、电缆桥架等宜选择缆式线型定温火灾探测器。

（3）对于有强烈的火焰辐射而仅有少量烟和热产生的火灾，如轻金属及它们的化合物产生的火灾，应选用感光火灾探测器，但不宜在火焰出现前有浓烟扩散的场所及火灾探测器的镜头易被污染、遮挡，以及受电焊、X 射线等影响的场所中使用该火灾探测器。

（4）对火灾发展迅速，有强烈的火焰辐射和少量烟、热的场所，应选择火焰探测器。

火焰探测器的适用场所：发生火灾时有强烈火焰辐射的场所；液体燃烧火灾等无阴燃阶段的火灾；需要对火焰做出快速反应的场所。

（5）对火灾发展迅速，可产生大量的热、烟和火焰辐射的场所，可选择感温火灾探测器、感烟火灾探测器、火焰探测器或其组合。

（6）同一探测区域内设置多个火灾探测器时，可选择具有复合判断火灾功能的火灾探测器和火灾报警控制器。

（7）对使用、生产可燃性气体或可燃性蒸气的场所，应选择可燃性气体探测器。

在工程实际中，在危险性大又很重要的场所及需要设置自动灭火系统或设有联动装置的场所，均应采用感烟、感温、火焰探测器的组合（复合式火灾探测器）。

综上可知，感烟火灾探测器具有稳定性好、误报率低、寿命长、结构紧凑、保护面积大等优点，已得到广泛应用。其他类型的火灾探测器，只在某些特殊场合作为补充才用到。为选用方便，这里对火灾探测器的适用场所进行了归纳，如表 2.4 所示。

表 2.4 火灾探测器的适用场所

<table>
<tr><th rowspan="3">序号</th><th rowspan="3">适用场所</th><th colspan="7">火灾探测器类型</th><th rowspan="3">说明</th></tr>
<tr><th colspan="2">感烟</th><th colspan="3">感温</th><th colspan="2">火焰</th></tr>
<tr><th>离子</th><th>光电</th><th>定温</th><th>差温</th><th>差定温</th><th>红外</th><th>紫外</th></tr>
<tr><td>1</td><td>饭店、宾馆、教学楼、办公楼的厅堂、卧室、办公室等</td><td>○</td><td>○</td><td></td><td></td><td></td><td></td><td></td><td>厅堂、办公室、会议室、值班室、娱乐室、接待室等，灵敏度档次为中、低，可延时；卧室、病房、休息厅、衣帽室、展览室等，灵敏度档次为高</td></tr>
</table>

续表

序号	适用场所	火灾探测器类型							说明
		感烟		感温			火焰		
		离子	光电	定温	差温	差定温	红外	紫外	
2	计算机机房、通信机房、电影或电视放映室等	○	○						灵敏度高或高、中档次联合使用
3	楼梯、走廊、电梯、机房等	○	○						灵敏度档次为高、中
4	书库、档案库	○	○						灵敏度档次为高
5	有电气火灾危险的场所	○	○						早期热解产物，气溶胶微粒小，可用离子探测器；气溶胶微粒大，可用光电火灾探测器
6	气流速度大于5m/s的场所	×	○						
7	相对湿度经常高于95%的场所	×				○			根据不同要求可选用定温或差温火灾探测器
8	有大量粉尘、水雾滞留的场所	×	×	○	○	○			根据具体要求选用
9	有可能发生无烟火灾的场所	×	×	○	○	○			
10	在正常情况下有烟和蒸汽滞留的场所	×	×	○	○	○			
11	有可能产生蒸汽和油雾的场所		×						
12	厨房、锅炉房、发电机房、茶炉房、烘干车间等			○		○			在正常高温环境下，感温火灾探测器的额定动作温度值可定得高些，或选用高温感温火灾探测器
13	吸烟室、小会议室等				○	○			若选用感烟火灾探测器，则应选低灵敏度档次
14	汽车库				○	○			
15	其他不宜安装感烟探测器的厅堂和公共场所	×	×	○	○	○			
16	可能产生阴燃火或发生火灾，不及早报警将造成重大损失的场所	○	○	×	×	×			
17	温度在0℃以下的场所			×					
18	正常情况下，温度变化较大的场所				×				
19	可能产生腐蚀性气体的场所	×							
20	产生醇类、醚类、酮类等有机物质的场所	×							
21	可能产生黑烟的场所		×						
22	存在高频电磁干扰的场所		×						
23	银行、百货店、商场、仓库	○	○						
24	火灾时有强烈的火焰辐射的场所						○	○	例如，含有易燃材料的房间、飞机库、油库、海上石油钻井和开采平台；炼油裂化厂
25	需要对火焰做出快速反应的场所						○	○	例如，镁和金属粉末的生产车间、大型仓库、码头
26	无阴燃阶段和火灾的场所						○	○	
27	博物馆、美术馆、图书馆	○	○				○	○	
28	电站、变压器间、配电室	○	○				○	○	
29	可能发生无焰火灾的场所						×	×	
30	在火焰出现前有浓烟扩散的场所						×	×	

续表

序号	适用场所	火灾探测器类型							说明
		感烟		感温			火焰		
		离子	光电	定温	差温	差定温	红外	紫外	
31	火灾探测器的镜头易被污染的场所						×	×	
32	火灾探测器的“视线”易被遮挡的场所						×	×	
33	火灾探测器易受阳光或其他光源直接或间接照射的场所						×	×	
34	在正常情况下有明火作业及 X 射线、弧光等影响的场所						×	×	
35	电缆隧道、电缆竖井、电缆夹层							○	发电厂、发电站、化工厂、钢铁厂
36	原料堆垛							○	纸浆厂、造纸厂、卷烟厂及工业易燃堆垛
37	仓库堆垛							○	粮食、棉花仓库及易燃仓库堆垛
38	配电装置、开关设备、变压器、电控中心						○		
39	地铁、名胜古迹、市政设施					○			
40	耐碱、防潮、耐低温等恶劣环境					○			
41	传输带运输机生产流水线和滑道的易燃部位					○			
42	控制室、计算机机房的闷顶内、地板下及重要设施隐蔽处等					○			
43	其他环境恶劣、不适合点型感烟火灾探测器安装的场所					○			

注：1. 表中“○”表示适合的火灾探测器，应优先选用；“×”表示不适合的火灾探测器，不应选用；空白，即无符号表示的火灾探测器，须谨慎使用。

2. 在散发可燃性气体的场所宜选用可燃性气体探测器，实现早期报警。

3. 在可靠性要求高、需要有自动联动装置或安装自动喷水灭火系统时，采用感烟、感温、火焰探测器（同类型或不同类型）的组合。这些场所通常都是重要性很高、火灾危险性很大的场所。

4. 在实际使用时，如果在所列项目中找不到相应的火灾探测器，可以参照类似场所；如果没有把握或很难判定所选择的火灾探测器是否合适，最好做燃烧模拟试验最终确定。

5. 下列场所可不设火灾探测器：厕所、浴室等；不能有效探测火灾者；不便维修、使用（重点部位除外）的场所。

2）根据房间高度选择火灾探测器的类型

由于各种火灾探测器的特点各异，其适用的房间高度也不一致，为了使选择的火灾探测器能更有效地达到保护的目的，表 2.5 列举了几种常用的火灾探测器对房间高度的要求，仅供学习及设计参考。

表 2.5　对不同高度房间典型火灾探测器的选择

房间高度 h/m	点型感烟火灾探测器	感温火灾探测器			火焰探测器
		A1、A2	B	C、D、E、F、G	适合
$12<h\leq20$	不适合	不适合	不适合	不适合	适合
$8<h\leq12$	适合	不适合	不适合	不适合	适合
$6<h\leq8$	适合	适合	不适合	不适合	适合
$4<h\leq6$	适合	适合	适合	不适合	适合
$h\leq4$	适合	适合	适合	适合	适合

注：表中 A1、A2、B、C、D、E、F、G 为点型感温火灾探测器的不同类别，其具体参数应符合《火灾自动报警系统设计规范》（GB 50116—2013）附录 C 的规定。

当高出顶棚的面积小于整个顶棚面积的10%时，只要这一顶棚部分的面积不大于1个探测器的保护面积，则将该较高的顶棚部分同整个顶棚面积一样看待。否则，较高的顶棚部分应如同分隔开的房间一样进行处理。

在按房间高度选用火灾探测器时，应注意这仅仅是按房间高度对火灾探测器选用的大致划分，具体选用时还须结合火灾的危险程度和火灾探测器本身的灵敏度档次来进行。在判断不准时，须做模拟试验后确定。

（1）下列场所宜选择点型感烟火灾探测器：饭店、旅馆、教学楼、办公楼的厅堂、卧室、办公室、商场、列车载客车厢等；计算机房、通信机房、电影或电视放映室等；楼梯、走道、电梯机房、车库等。

（2）符合下列条件之一的场所，不宜选择点型离子感烟火灾探测器：相对湿度经常大于95%，气流速度大于5m/s；有大量粉尘、水雾滞留；可能产生腐蚀性气体；正常情况下有烟滞留；产生醇类、醚类、酮类等有机物质。

（3）符合下列条件之一的场所，宜选择点型感温火灾探测器，且应根据使用场所的典型应用温度和最高应用温度选择适当类别的感温火灾探测器：相对湿度经常大于 95% ；可能发生无烟火灾；有大量粉尘；吸烟室等在正常情况下有烟或蒸气滞留的场所；厨房、锅炉房、发电机房、烘干车间等不宜安装感烟火灾探测器的场所；需要联动熄灭“安全出口”标志灯的安全出口内侧；其他无人滞留且不适合安装感烟火灾探测器，但发生火灾时需要及时报警的场所。

（4）可能产生阴燃火或发生火灾不及时报警将造成重大损失的场所，不宜选择点型感温火灾探测器；温度在 0℃ 以下的场所，不宜选择定温火灾探测器；温度变化较大的场所，不宜选择具有差温特性的火灾探测器。

（5）符合下列条件之一的场所，宜选择点型火焰探测器或图像型火焰探测器：火灾时有强烈的火焰辐射；可能发生液体燃烧等无阴燃阶段的火灾；需要对火焰做出快速反应。

（6）符合下列条件之一的场所，不宜选择点型火焰探测器和图像型火焰探测器：在火焰出现前有浓烟扩散；火灾探测器的镜头易被污染；火灾探测器的“视线”易被油雾、烟雾、水雾和冰雪遮挡；探测区域内的可燃物是金属和无机物；火灾探测器易受阳光、白炽灯等光源直接或间接照射。

依据表2.6和表2.7确定的火灾探测器，若同时有两种以上火灾探测器符合条件，应选保护面积大的火灾探测器，减少火灾探测器的数量，经济性能好。

2．火灾探测器数量的确定

在实际工程中，房间功能及探测区域大小不一，房间高度和棚顶坡度也各异，应按规范规定确定火灾探测器的数量。规范规定每个探测区域内至少设置一个火灾探测器。一个探测区域内所设置火灾探测器的数量应按下式计算：

$$N \geqslant \frac{S}{kA} \tag{2.1}$$

式中 N——一个探测区域内所设置的火灾探测器的数量，单位用“个”表示，N应取整数（小数进位取整数）。

S——一个探测区域的地面面积（m^2）。

A——火灾探测器的保护面积（m^2），即一个火灾探测器能有效探测的地面面积。由于建筑物房间的地面通常为矩形，所以，所谓“有效”火灾探测器的地面面积实际上是指火灾探测器能探测到的矩形地面的面积。火灾探测器的保护半径R（m）

是指一个火灾探测器能有效探测的单向最大水平距离。

k——安全修正系数。对于特级保护对象，k 取值为 0.7～0.8；对于一级保护对象，k 取值为 0.8～0.9；对于二级保护对象，k 取值为 0.9～1.0。

选取火灾探测器的数量时，应根据设计者的实际经验，并考虑发生火灾后对人和财产的损失程度、火灾危险性大小、疏散、扑救火灾的难易程度及对社会的影响大小等多种因素。

对于一个火灾探测器，其保护面积和保护半径的大小与其类型、探测区域的面积、房间高度及屋顶坡度都有一定的关系。表 2.6 以两种常用的火灾探测器反映了保护面积、保护半径与其他参量的相互关系。

表 2.6　感烟、感温火灾探测器的保护面积和保护半径

火灾探测器的种类	地面面积 S/m²	房间高度 h/m	$\theta \leqslant 15°$		$15° < \theta \leqslant 30°$		$\theta > 30°$	
			A/m²	R/m	A/m²	R/m	A/m²	R/m
感烟火灾探测器	$S \leqslant 80$	$h \leqslant 12$	80	6.7	80	7.2	80	8.0
	$S > 80$	$6 < h \leqslant 12$	80	6.7	100	8.0	120	9.9
		$h \leqslant 6$	60	5.8	80	7.2	100	9.0
感温火灾探测器	$S \leqslant 30$	$h \leqslant 8$	30	4.4	30	4.9	30	5.5
	$S > 30$	$h \leqslant 8$	20	3.6	30	4.9	40	6.3

注：θ——房顶坡度。

另外，通风换气对感烟火灾探测器的面积有影响，在通风换气房间，烟的自然蔓延方式受到破坏。换气越频繁，燃烧产物（烟气体）的浓度越低，部分烟被空气带走，导致感烟火灾探测器接收烟量减少，或者说感烟火灾探测器感烟灵敏度相对降低。常用的补偿方法有两种：一是压缩每个感烟火灾探测器的保护面积；二是增大感烟火灾探测器的灵敏度，但要注意防误报。感烟火灾探测器保护面积的压缩系数如表 2.7 所示。可根据房间每小时换气次数（n），将感烟火灾探测器的保护面积乘以一个压缩系数。

表 2.7　感烟火灾探测器保护面积的压缩系数

每小时换气次数 n	保护面积的压缩系数	每小时换气次数 n	保护面积的压缩系数
$10 < n \leqslant 20$	9	$40 < n \leqslant 50$	6
$20 < n \leqslant 30$	8	$50 < n$	0.5
$30 < n \leqslant 40$	0.7		

【实例 2】设房间换气次数为 50 次/h，感烟火灾探测器的保护面积为 80m²，考虑换气影响后，探测器的保护面积为：A=80m²×6=480m²。

【实例 3】某高层教学楼中的一个阶梯教室，其地面面积为 30m × 40m，房顶坡度为 13°，房间高度为 8m，属于二级保护对象，请问：①应选用何种类型的火灾探测器？②火灾探测器的数量为多少个？

解：① 根据使用场所，从表 2.4 中可知选用感烟火灾探测器或感温火灾探测器均可，但由表 2.5 可知，仅能选用感烟火灾探测器。

② 由式(2.1)可知，因属于二级保护对象，故 k 取 1，地面面积 S=30m × 40m=1200m²>80m²；房间高度 h=8m，即 6m<h≤12m；房顶坡度 θ 为 13°，即 $\theta \leqslant 15°$；于是根据 S、h、θ 查表 2.6 得保护面积 A=80m²，保护半径 R=6.7m，所以

$$N=\frac{1200}{1\times 80}=15\text{（个）}$$

由实例 3 可知：火灾探测器类型的确定必须进行全面考虑。确定了类型，数量也就被确定了。那么数量确定之后如何布置及安装及在有梁等特殊情况下探测区域怎样划分则是我们下面要解决的问题。

【小经验】关于火灾探测器的类型选择，在感烟火灾探测器和感温火灾探测器都满足要求的情况下，果断选择感烟火灾探测器，这是为什么呢？

2.2.4 火灾探测器的布置

火灾探测器布置及安装得合理与否，直接影响其保护效果。一般火灾探测器应安装在屋内顶棚表面或顶棚内部（没有顶棚的场合，安装在室内天花板表面上）。考虑到维护管理的方便，其安装面的高度不宜超过 20 m。

在布置火灾探测器时，首先考虑安装间距如何确定，再考虑梁的影响及特殊场所火灾探测器的安装要求，下面分别予以介绍。

1. 安装间距的确定

相关规范：火灾探测器周围 0.5 m 内，不应有遮挡物（以确保探测效果）；火灾探测器至墙壁、梁边的水平距离，不应小于 0.5 m，如图 2.20 所示。

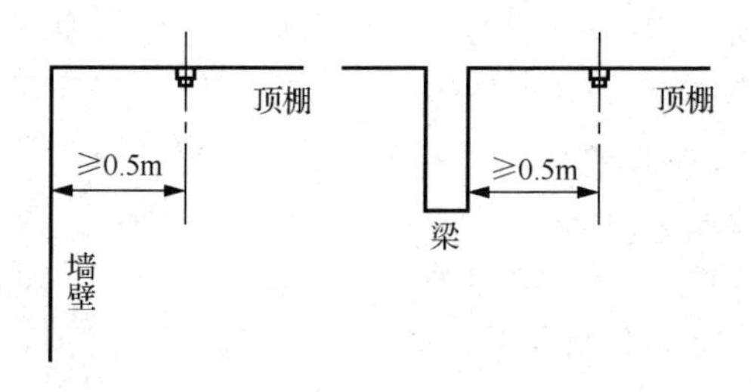

图 2.20 火灾探测器在顶棚上安装时与墙或梁的距离

安装间距的确定：火灾探测器在房间中布置时，如果有多个火灾探测器，那么两相邻火灾探测器的水平距离和垂直距离被称为安装间距，分别用 a 和 b 表示。安装间距 a、b 的确定方法有以下 5 种。

1）计算法

根据从表 2.6 中查得的保护面积 A 和保护半径 R，计算直径 $D=2R$，根据所算 D 值大小对应保护面积 A 在图 2.21 所示的粗实线上（由 D 值所包围部分）取一点，此点所对应的数即为安装间距 a、b 值。注意：实际值应不大于查得的 a、b 值。具体布置后，再检验火灾探测器到最远点的水平距离是否超过了火灾探测器的保护半径，若超过，则应重新布置或增加火灾探测器的数量。

图 2.21 曲线中的安装间距是以二维坐标的极限曲线的形式给出的，即给出感温火灾探测器的 3 种保护面积（$20m^2$、$30m^2$ 和 $40m^2$）及其 5 种保护半径（3.6m、4.4m、4.9m、5.5m 和 6.3m）所适宜的安装间距极限曲线 D_1～D_5，以及给出感烟火灾探测器的 4 种保护面积（$60m^2$、$80m^2$、$100m^2$ 和 $120m^2$）及其 6 种保护半径（5.8m、6.7m、7.2m、8.0m 和 9.9m）所适宜的安装间距极限曲线 D_6～D_{11}（含 D_9'）。

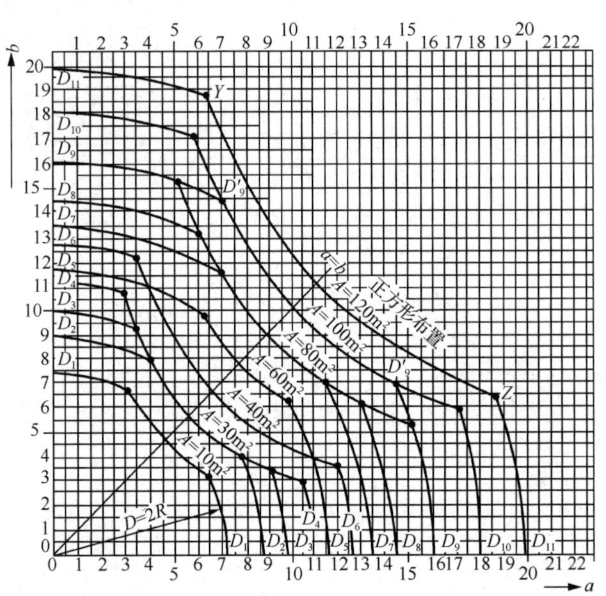

A—火灾探测器的保护面积（m^2）；a、b—火灾探测器的安装间距（m）；

D_1～D_{11}（含 D_9'）—在不同保护面积 A 和保护半径 R 下确定火灾探测器安装间距 a、b 的极限曲线；

Y、Z—极限曲线的端点（在 Y 和 Z 两点间的曲线范围内，保护面积可得到充分利用）。

图 2.21　火灾探测器安装间距的极限曲线

【实例 4】对实例 3 中确定的 15 个感烟火灾探测器进行布置。

由已查得的 A=80m² 和 R=6.7m 计算得

$$D=2R=2\times6.7\text{m}=13.4\text{m}$$

根据 D=13.4m，从图 2.21 所示的曲线 D_7 上查得的 Y、Z 线段上选取火灾探测器安装间距 a、b 的数值，并根据现场实际情况选取 a=8m、b=10m，其中布置方式如图 2.22 所示。

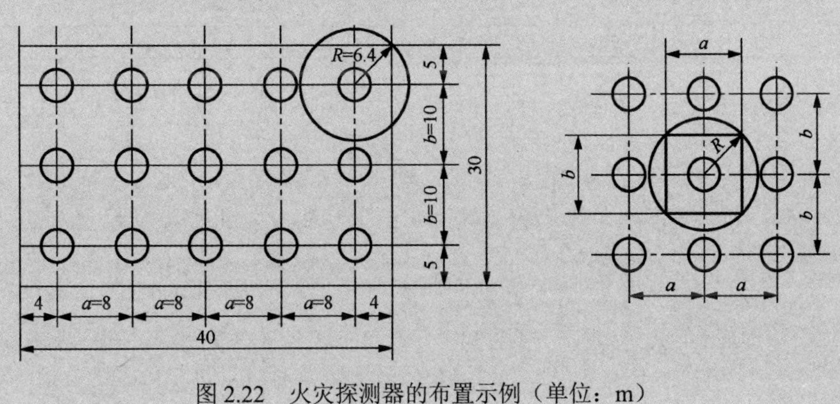

图 2.22　火灾探测器的布置示例（单位：m）

图 2.22 中火灾探测器的布置是否合理呢？回答是肯定的。因为只要是在极限曲线内取值一定是合理的。验证如下：

实例 4 中所采用的火灾探测器 R=6.7m，只要每个火灾探测器之间的半径都小于或等于 6.7m 即可有效地进行保护；在图 2.22 中，火灾探测器间距最远的半径 $R=\sqrt{4^2+5^2}\text{m}=6.4\text{m}$，小于 6.7m，距墙的最大值为 5m，不大于安装间距 10m 的一半。显然布置合理。

2）经验法

一般点型火灾探测器的布置方法为均匀布置法，根据工程实际进行总结，经验法的公式

如下：

$$横向间距a=\frac{该房间（该探测区域）的长度}{横向安装间距个数+1}=\frac{该房间的长度}{横向火灾探测器个数}$$

$$纵向间距b=\frac{该房间（该探测区域）的宽度}{纵向安装间距个数+1}=\frac{该房间的宽度}{纵向火灾探测器个数}$$

因为距墙的最大距离为安装间距的一半，两侧墙为1个安装间距。实例4中按经验法布置的结果为

$$a=\frac{40\text{m}}{4+1}=8\text{m}，\ b=\frac{30\text{m}}{2+1}=10\text{m}$$

由此可见，这种方法不需要查表即可非常方便地求出a、b的值。

另外，根据人们的实际工作经验，这里给出由保护面积和保护半径决定最佳安装间距的选择表，供设计使用，如表2.8所示。

表2.8　由保护面积和保护半径决定最佳安装间距的选择表

火灾探测器种类	保护面积A/m^2	保护半径R的极限值/m	参照的极限曲线	最佳安装间距a、b及其保护半径R值/m									
				$a_1\times b_1$	R_1	$a_2\times b_2$	R_2	$a_3\times b_3$	R_3	$a_4\times b_4$	R_4	$a_5\times b_5$	R_5
感温火灾探测器	20	3.6	D_1	4.5×4.5	3.2	5.0×4.0	3.2	5.5×3.6	3.3	6.0×3.3	3.4	6.5×3.1	3.6
	30	4.4	D_2	5.5×5.5	3.9	6.1×4.9	3.9	6.7×4.8	4.1	7.3×4.1	4.2	7.9×3.8	4.4
	30	4.9	D_3	5.5×5.5	3.9	6.5×4.6	4.0	7.4×4.1	4.2	8.4×3.6	4.6	9.2×3.2	4.9
	30	5.5	D_4	5.5×5.5	3.9	6.8×4.4	4.0	8.1×3.7	4.5	9.4×3.2	5.0	10.6×2.8	5.5
	40	6.3	D_6	6.5×6.5	4.6	8.0×5.0	4.7	9.4×4.3	5.2	10.9×3.7	5.8	12.2×3.3	6.3
感烟火灾探测器	60	5.8	D_5	7.7×7.7	5.4	8.3×7.2	5.5	8.8×6.8	5.6	9.4×6.4	5.7	9.9×6.1	5.8
	80	6.7	D_7	9.0×9.0	6.4	9.6×8.3	6.3	10.2×7.8	6.4	10.8×7.4	6.5	11.4×7.0	6.7
	80	7.2	D_8	9.0×9.0	6.4	10.0×8.0	6.4	11.0×7.3	6.6	12.0×6.7	6.9	13.0×6.1	7.2
	80	8.0	D_9	9.0×9.0	6.4	10.6×7.5	6.5	12.1×6.6	6.9	13.7×5.8	7.4	15.4×5.3	8.0
	100	8.0	D_9	10.0×10.0	7.1	11.1×9.0	7.1	12.2×8.2	7.3	13.3×7.5	7.6	14.4×6.9	8.0
	100	9.0	D_{10}	10.0×10.0	7.1	11.8×8.5	7.3	13.5×7.4	7.7	15.3×6.5	8.3	17.0×5.9	9.0
	120	9.9	D_{11}	11.0×11.0	7.8	13.0×9.2	8.0	14.9×8.1	8.5	16.9×7.1	9.2	18.7×6.4	9.9

在较小面积的场所（$S\leqslant 80\text{m}^2$），火灾探测器尽量居中布置，使保护半径较小，探测效果较好。

【实例5】某锅炉房地面长为20m，宽为10m，房间高度为3.5m，房顶坡度为12°，属于二级保护对象。试：①选择火灾探测器的类型；②确定火灾探测器的数量；③进行火灾探测器的布置。

解：① 由表2.4查得应选用感温火灾探测器。

② $N\geqslant\frac{S}{kA}=\frac{20\times10}{1\times20}$个=10个，由表2.6查得$A$=20m²，$R$=3.6m。

③ 布置。采用经验法布置：

横向间距$a=\frac{20\text{m}}{5}=4\text{m}$，$a_1=2\text{m}$

纵向间距$b=\frac{10\text{m}}{2}=5\text{m}$，$b_1=2.5\text{m}$

具体布置如图2.23所示，可见满足要求，布置合理。

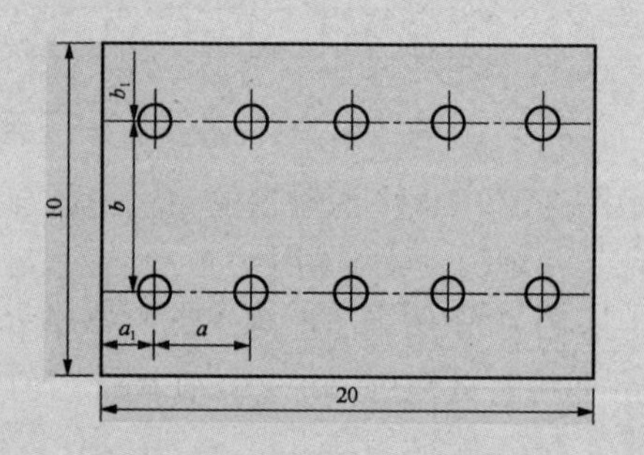

图2.23　锅炉房火灾探测器布置示意（单位：m）

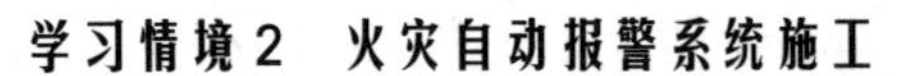

3）查表法

所谓查表法是指根据火灾探测器的类型和数量直接从表 2.8 中查得适当的安装间距 a 和 b 值布置即可。

4）正方形组合布置法

这种方法的安装间距 $a=b$，且完全无“死角”，但使用时受到房间尺寸及火灾探测器数量多少的约束，很难合适。

【实例 6】某学院吸烟室地面面积为 9m×13.5m，房间高度为 3m，平顶棚，属于二级保护对象，试：①确定火灾探测器类型；②求火灾探测器数量；③进行火灾探测器布置。

解：① 由表 2.4 查得应选感温火灾探测器。

② k 取 1，由表 2.6 查得 A=20m^2，R=3.6m。

$N=\dfrac{9\times13.5}{1\times20}$个$=6.075$个，取 6 个（因有些厂家产品 k 可取 1～1.2，为布置方便取 6 个）。

③ 布置。采用正方形组合布置法，从表 2.8 中查得 $a=b=4.5$m（基本符合本题各方面要求），布置如图 2.24 所示。

校检：$R=\sqrt{a^2+b^2}/2\approx3.18\text{m}$，小于 3.6m，合理。

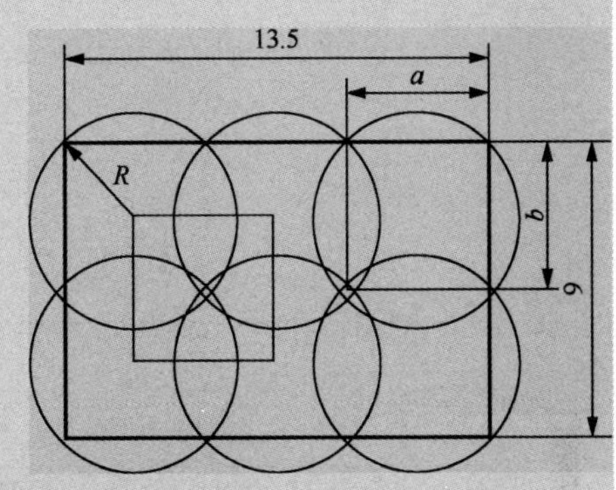

图 2.24　正方形组合布置法（单位：m）

本题是将查表法和正方形组合布置法混合使用的。如果不采用查表法将怎样得到 a 和 b 呢？

$$a=\frac{\text{房间长度}}{\text{横向火灾探测器个数}},\quad b=\frac{\text{房间宽度}}{\text{纵向火灾探测器个数}}$$

如果恰好 $a=b$，可以采用正方形组合布置法。

5）矩形组合布置法

具体做法是：当求得火灾探测器的数量后，用正方形组合布置法的 a、b 求法公式计算，若 $a\neq b$，则可以采用矩形组合布置法。

【实例 7】某茶炉房地面面积为 3m×8m，平顶棚，属于特级保护建筑，房间高度为 2.8m，试：①确定火灾探测器类型；②求火灾探测器数量；③布置火灾探测器。

解：① 由表 2.4 查得应选感温火灾探测器。

② 由表 2.6 查得 $A=30\text{m}^2$，$R=4.4\text{m}$。取 $k=0.7$，

$N=\dfrac{8\times3}{0.7\times30}$个$\approx1.1$个，取 2 个。

③ 采用矩形组合布置。$a=\dfrac{8\text{m}}{2}=4\text{ m}$，$b=\dfrac{3\text{m}}{1}=3\text{m}$，于是布置如图 2.25 所示。

校检：$R=\sqrt{a^2+b^2}/2=2.5\text{m}$，小于 4.4 m，满足要求。

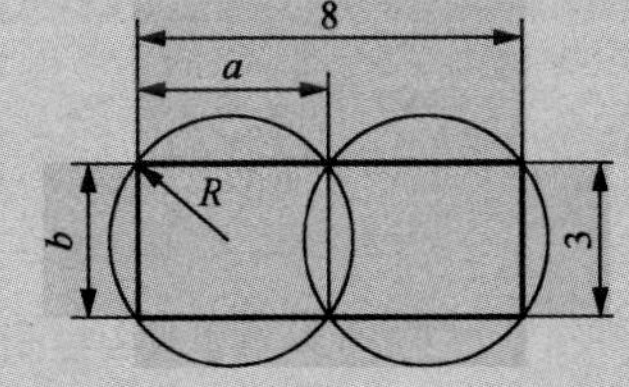

图 2.25　矩形组合布置法（单位：m）

经分析可知，正方形组合布置法和矩形组合布置法的优点是：可将保护区的各点完全保护起来，保护区内不存在得不到保护的“死角”，且布置均匀美观。经验法简单方便，设计时可根据实际情况选取不同的方法。

【实例 8】火灾探测器的选择和布置。

某工程地下一层一个柱网土建条件如图 2.26 所示，试布置火灾探测器。

方案 1：采用感温火灾探测器（如车库），4 个满足要求，如图 2.27 所示。

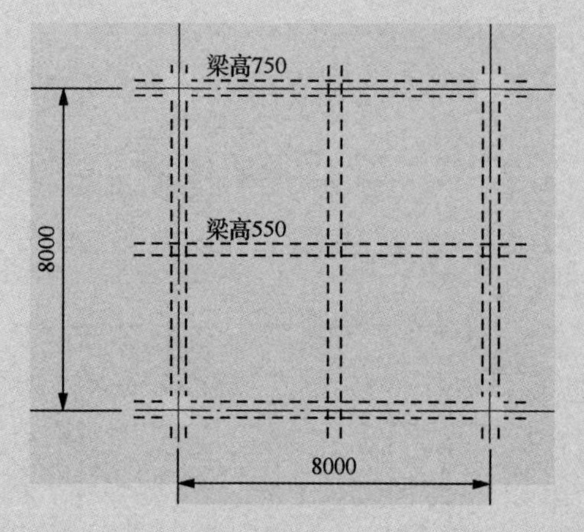

图 2.26　柱网土建条件（单位：mm）

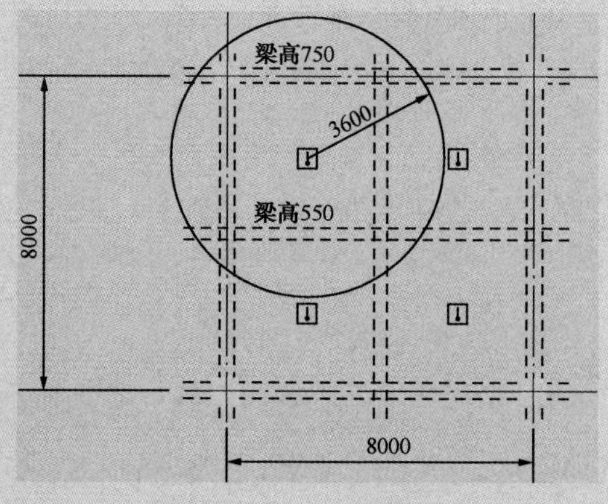

图 2.27　采用感温火灾探测器（如车库）（单位：mm）

方案 2：采用感烟火灾探测器（如风机房），1 个不满足要求，如图 2.28 所示。

方案 3：采用感烟火灾探测器（如风机房），2 个满足要求，如图 2.29 所示。

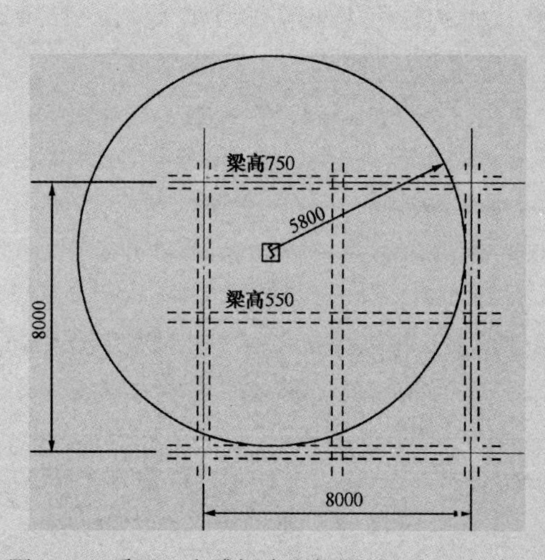

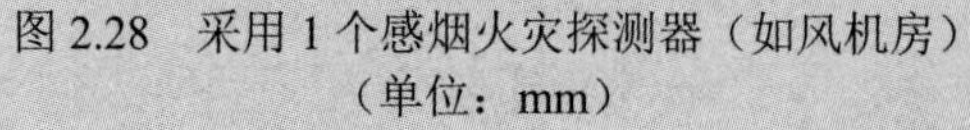

图 2.28　采用 1 个感烟火灾探测器（如风机房）（单位：mm）

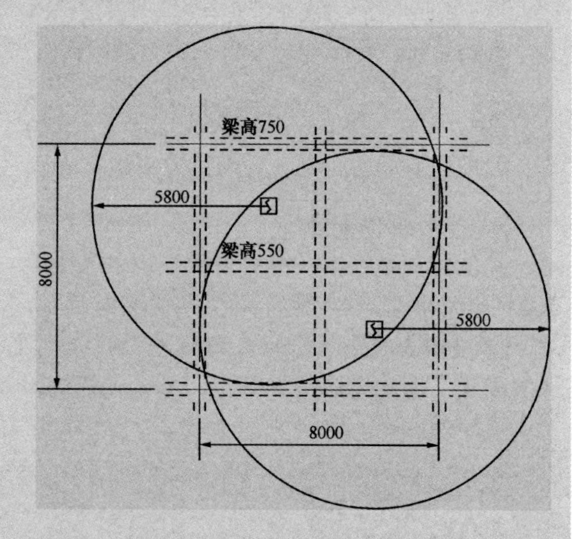

图 2.29　采用 2 个感烟火灾探测器（如风机房）（单位：mm）

※【小技巧】对于火灾探测器的多种布置方法，在实际工作中优选经验法，因为其方便可行。

2．梁对火灾探测器的影响

在顶棚有梁时，由于烟的蔓延受到梁的阻碍，火灾探测器的保护面积会受梁的影响。如果梁间区域的面积较小，梁对热气流（或烟气流）形成障碍，并吸收一部分热量，那么火灾探测器的保护面积必然下降。梁对火灾探测器的影响如图 2.30 所示。查表 2.9 可以决定 1 个火灾探测器能够保护的梁间区域的个数，这可减少计算的工作量。

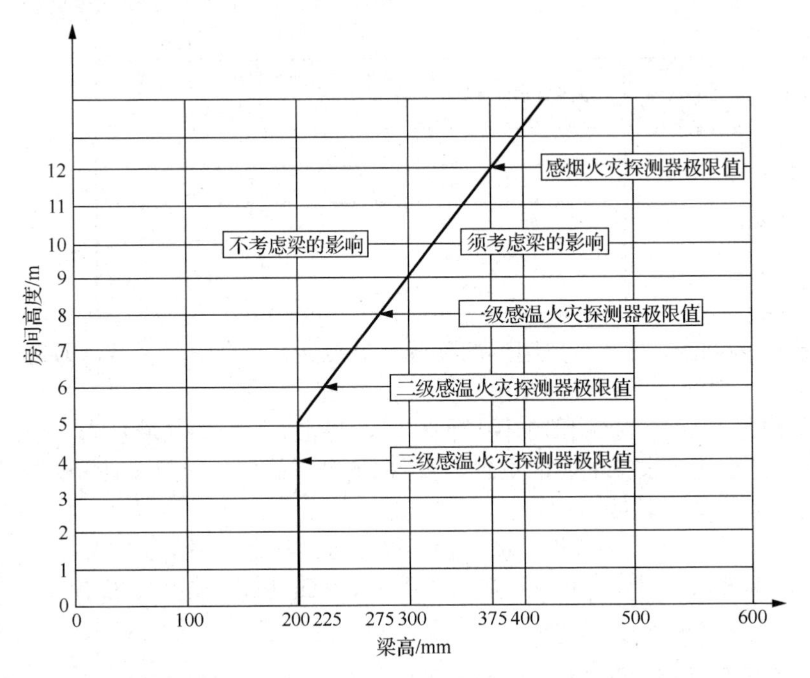

图 2.30　不同高度房间的梁对火灾探测器设置的影响

扫一扫看梁的影响及火灾探测器线制教学课件

扫一扫看火灾探测器 0.5m 内不许有遮挡的安装微课视频

扫一扫看火灾探测器应用与调试实训教学课件

由图 2.30 可知，三级感温火灾探测器的房间高度极限值为 4m，梁高限度为 200mm；二级感温火灾探测器的房间高度极限值为 6m，梁高限度为 225mm；一级感温火灾探测器的房间高度极限值为 8m，梁高限度为 275mm。感烟火灾探测器的房间高度极限值为 12m，梁高限度为 375mm。在线性曲线左侧部分均无须考虑梁的影响。

可见，当梁凸出顶棚的高度在 200～600mm 时，应按图 2.30 和表 2.9 确定梁的影响和 1 个火灾探测器能够保护的梁间区域的数目。

表 2.9　按梁间区域面积确定 1 个火灾探测器能够保护的梁间区域的个数

火灾探测器的种类	火灾探测器的保护面积 A/m^2	梁隔断的梁间区域面积 Q/m^2	1 个火灾探测器保护的梁间区域的个数
感温火灾探测器	20	$Q>12$	1
		$8<Q\leqslant 12$	2
		$6<Q\leqslant 8$	3
		$4<Q\leqslant 6$	4
		$Q\leqslant 4$	5
	30	$Q>18$	1
		$12<Q\leqslant 18$	2
		$9<Q\leqslant 12$	3
		$6<Q\leqslant 9$	4
		$Q\leqslant 6$	5
感烟火灾探测器	60	$Q>36$	1
		$24<Q\leqslant 36$	2
		$18<Q\leqslant 24$	3
		$12<Q\leqslant 18$	4
		$Q\leqslant 12$	5

续表

火灾探测器的种类	火灾探测器的保护面积 A/m^2	梁隔断的梁间区域面积 Q/m^2	1个火灾探测器保护的梁间区域的个数
感烟火灾探测器	80	$Q>48$	1
		$32<Q\leqslant 48$	2
		$24<Q\leqslant 32$	3
		$16<Q\leqslant 24$	4
		$Q\leqslant 10$	5

当梁凸出顶棚的高度超过 600mm 时，被梁阻断的部分须单独划为一个探测区域，即每个梁间区域应至少设置 1 个火灾探测器。

当被梁阻断的区域面积超过 1 个火灾探测器的保护面积时，应将被阻断的区域视为一个探测区域，并应按规范有关规定计算火灾探测器的设置数量。探测区域的划分如图 2.31 所示。

当梁间净距小于 1m 时，可视为平顶棚。

如果探测区域内有过梁，定温型感温火灾探测器安装在梁上时，其下端到安装面必须在 0.3m 以内；感烟火灾探测器安装在梁上时，其下端到安装面必须在 0.6m 以内，如图 2.32 所示。

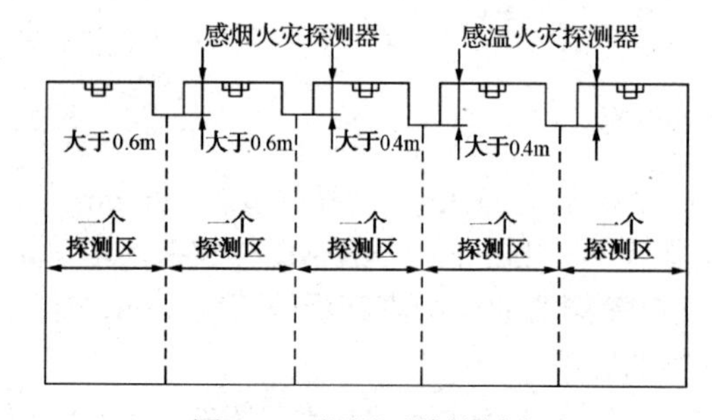

图 2.31　探测区域的划分

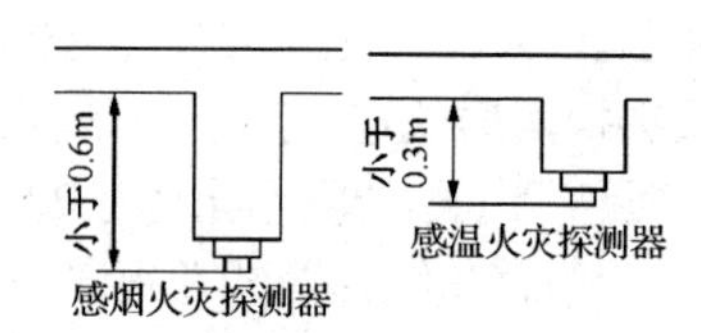

图 2.32　火灾探测器在梁下端安装时至顶棚的尺寸

3. 火灾探测器在一些特殊场合安装时的注意事项

（1）在宽度小于 3m 的内走廊的顶棚设置火灾探测器时，应居中布置火灾探测器，感温火灾探测器的安装间距应不超过 10m，感烟火灾探测器的安装间距应不超过 15m，火灾探测器至端墙的距离应不大于安装间距的一半，在内走廊的交叉和汇合区域必须安装 1 个火灾探测器，如图 2.33 所示。

（2）房间被书架、储藏架或设备等阻断分隔，其顶部至顶棚或梁的距离小于房间净高的 5%时，每个被隔开的部分至少安装 1 个火灾探测器，如图 2.34 所示。

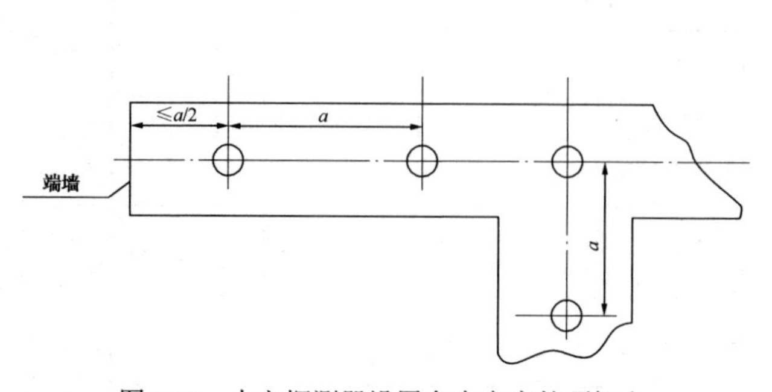

图 2.33　火灾探测器设置在内走廊的顶棚上

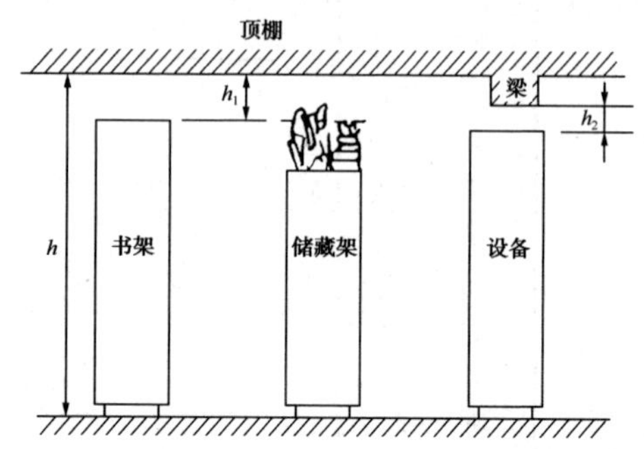

图 2.34　房间被书架、储藏架或设备分隔时，火灾探测器设置 $h_1\geqslant 5\%h$ 或 $h_2\geqslant 5\%h$

【实例 9】如果书库地面面积为 $36m^2$，房间高度为 3m，房间内有两个书架，书架高度为 2.9m，问应选用几个感烟火灾探测器？

解：房间高度减去书架高度等于 0.1m，为净高的 3.3%，可见书架顶部至顶棚的距离小于房间净高的 5%，所以应选用 3 个火灾探测器，即每个被隔开的部分均应安装 1 个火灾探测器，如图 2.35 所示。

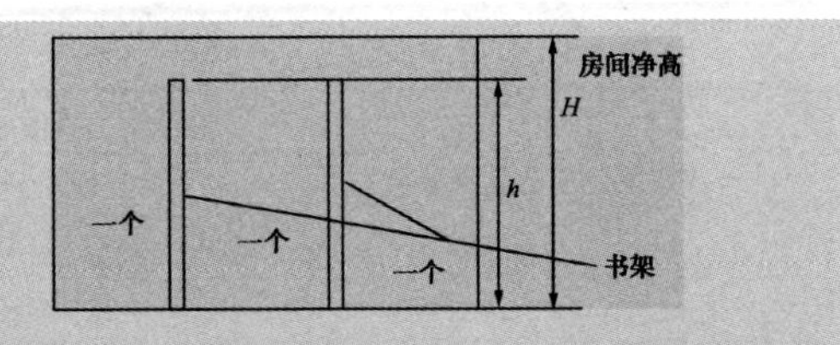

图 2.35　被两个书架隔开的房间中火灾探测器的布置

（3）在空调机房内，火灾探测器应安装在离送风口 1.5m 以上的地方，离多孔送风顶棚孔口的距离应不小于 0.5m，如图 2.36 所示。

（4）楼梯或斜坡道垂直距离至少为每 15m（Ⅲ级灵敏度的火灾探测器为 10m）安装 1 个火灾探测器。

训练题 1　15 层建筑，层高为 3m，应选几个火灾探测器？

（5）火灾探测器宜水平安装，如果倾斜安装，角度应不大于 45°；当屋顶坡度大于 45° 时，应加木台或用类似方法安装火灾探测器，如图 2.37 所示。

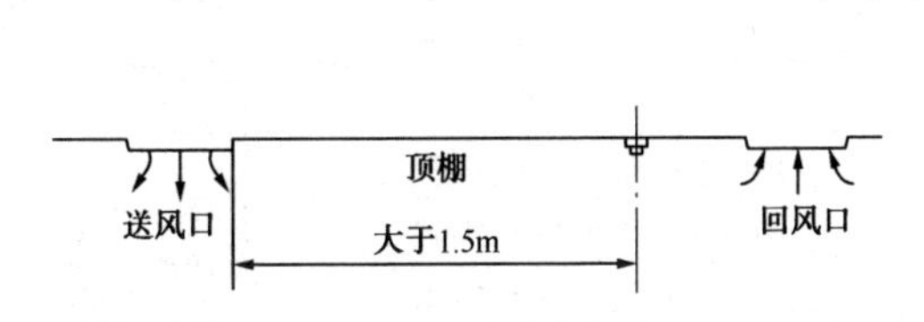

图 2.36　火灾探测器安装于有空调房间时的位置示意

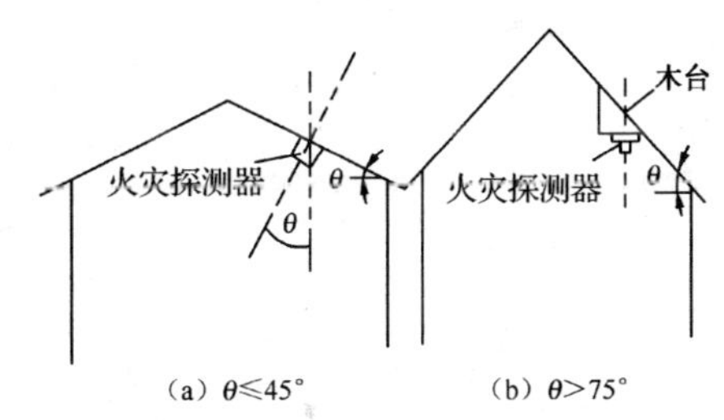

图 2.37　火灾探测器安装的角度 θ 为屋顶的法线与垂直方向的夹角

（6）在电梯井、升降机井设置火灾探测器时，其位置宜在井道上方的机房顶棚上，如图 2.38 所示。这种设置既有利于井道中火灾的探测，又便于日常检验维修。因为通常在电梯井、升降机井的提升井绳索的井道盖上有一定的开口，烟会顺着井绳索蔓延到机房内部。为了尽早探测火灾，规定用感烟火灾探测器保护，且在顶棚上安装。

（7）当房屋顶部有热屏障时，感烟火灾探测器下表面距顶棚的距离应符合表 2.10 的规定。

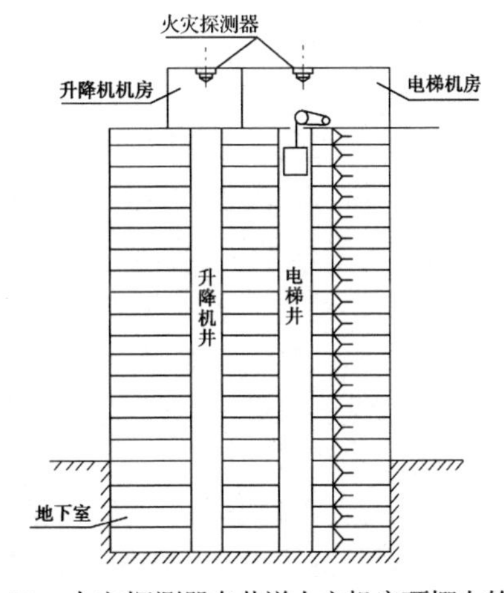

图 2.38　火灾探测器在井道上方机房顶棚上的设置

表 2.10　感烟火灾探测器下表面距顶棚（或屋顶）的距离

火灾探测器的安装高度 h/m	感烟火灾探测器下表面距顶棚（或屋顶）的距离 d/mm					
	$\theta \leqslant 15°$		$15° < \theta \leqslant 30°$		$\theta > 30°$	
	最小	最大	最小	最大	最小	最大
$h \leqslant 6$	30	200	200	300	300	500
$6 < h \leqslant 8$	70	250	250	400	400	600
$8 < h \leqslant 10$	100	300	300	500	500	700
$10 < h \leqslant 12$	150	350	350	600	600	800

（8）顶棚较低（小于 2.2m）、面积较小（不大于 10m^2）的房间，安装感烟火灾探测器时，宜设置在入口附近。

（9）在楼梯间、走廊等处安装感烟火灾探测器时，宜安装在不直接受外部风吹入的位置处。安装光电感烟火灾探测器时，应避开日光或强光的直射。

（10）在浴室、厨房、开水房等连接的走廊安装火灾探测器时，应距离其入口边缘 1.5m。

（11）安装在顶棚上的火灾探测器的边缘与其他设施边缘的水平间距应保持一定的距离，如表 2.11 所示。

表 2.11　安装在顶棚上的火灾探测器的边缘与其他设施边缘的水平间距　（单位：m）

间距	间距要求	间距	间距要求
走廊感温火灾探测器的间距	<10	距电风扇的净距	≥1.5
走廊内感烟火灾探测器的间距	<15	距不突出的扬声器的净距	≥0.1
火灾探测器至墙壁、梁边的水平距离	≥0.5	距多孔送风顶棚孔的净距	≥0.5
至调、送风口边的水平距离	≥1.5	与各种自动喷水灭火喷头的净距	≥0.3
与照明灯具的水平距离	≥0.2	与防火门、防火卷帘的间距	1～2
距高温光源灯具	≥0.5		

（12）《火灾自动报警系统设计规范》（GB 50116—2013）规定：对于煤气探测器，在墙上安装时，应距煤气灶 4m 以上，距地面 0.3m；在顶棚上安装时，应距煤气灶 8m 以上；屋内有排气口时，允许装在排气口附近，但应距煤气灶 8m 以上，当梁高大于 0.8m 时，应装在煤气灶一侧；在梁上安装时，与顶棚的距离小于 0.3m。还要注意经常检查煤气探测器是否被油烟封住。煤气探测器的安装如图 2.39（a）所示。

（13）火灾探测器在厨房中的设置。饭店的厨房常有大的煮锅、油炸锅等，发生火灾的可能性很大，如果过热或遇到高的火灾荷载更易引起火灾；定温式火灾探测器适宜在厨房中使用，但是应注意阻止煮锅喷出的一团团蒸汽，即在顶棚上使用隔板阻止热气流冲击火灾探测器，以减少或根除误报；而真正发生火灾时，热量足以跨越隔板使火灾探测器发出报警信号，如图 2.39（b）所示。

（14）火灾探测器在带有网格结构的吊装顶棚场所下的设置。在宾馆等较大空间的场所，有带网格或格条结构的轻质吊装顶棚，起到装饰或屏蔽作用，这种吊装顶棚允许烟进入其内部，并影响烟的蔓延，在此情况下火灾探测器的设置应谨慎处理。

① 如果至少有一半以上的网格面积是通风的，可把烟的进入看成开放式的；如果烟可以充分地进入顶棚内部，则只在吊装顶棚内部设置感烟火灾探测器，火灾探测器的保护面积除考虑火灾危险性外，仍按保护面积与房间高度的关系考虑，如图 2.40 所示。

② 如果网格结构的吊装顶棚开孔面积相当小（一半以上顶棚面积被覆盖），则可看成封闭式顶棚，顶棚上方和下方空间须被单独监视，尤其是在阴燃火发生时，产生热量极少，不能提供充足的热气流推动烟的蔓延，烟达不到顶棚中的火灾探测器，此时可采取二级探测方式，如图 2.41 所示。在吊装顶棚下方，光电感烟火灾探测器对阴燃火响应较好；在吊装顶棚上方，采用离子感烟火灾探测器，对明火响应较好。每个火灾探测器的保护面积仍按火灾危险程度及地板和顶棚之间的距离确定。

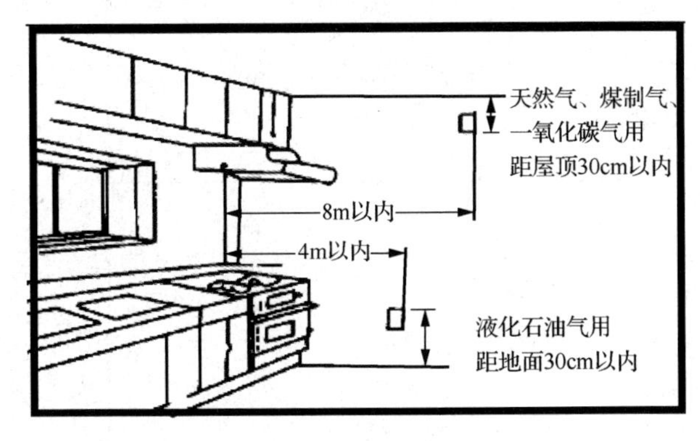

（a）煤气探测器的安装

感温火灾探测器
隔板用于防止
热气流冲击火
灾探测器
煮锅或
油炸锅

（b）感温火灾探测器在厨房中的布置

图 2.39　火灾探测器在厨房中的布置

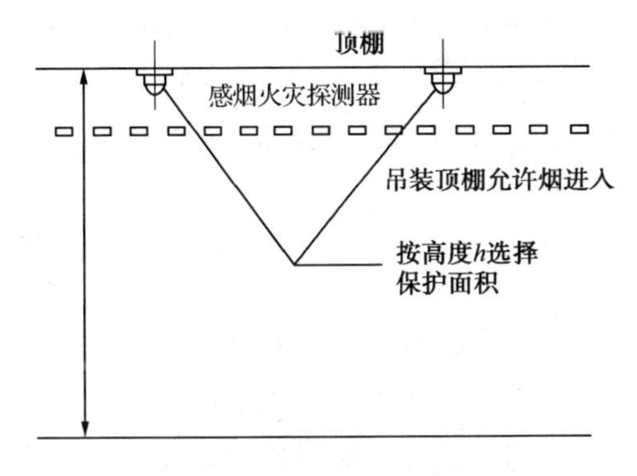

图 2.40　火灾探测器在吊装顶棚中的设置

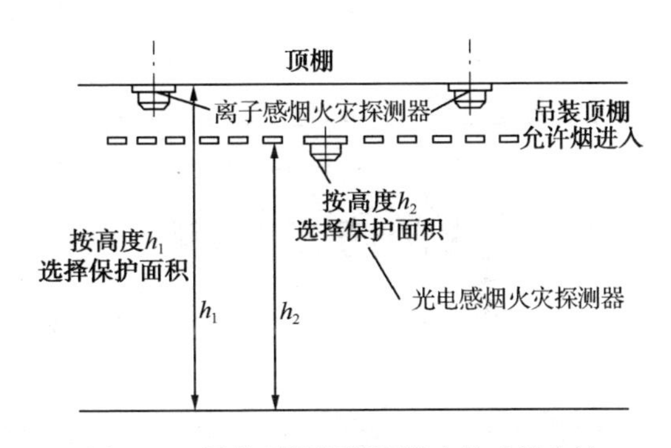

图 2.41　吊装顶棚探测阴燃火的改进方法

（15）下列场所可不设置火灾探测器。

① 厕所、浴室及其类似场所；

② 因气流影响，使火灾探测器不能有效地发现火灾的场所；

③ 不便维修、使用（重点部位除外）的场所。

④ 火灾探测器的安装高度距地面大于 12m（感烟）、大于 8m（感温）的场所。

⑤ 闷顶和夹层间距小于 0.5m 的场所；

⑥ 闷顶和相关吊顶内的构筑物壁装修材料是难燃型或已装有自动喷淋灭火系统的闷顶或吊顶的场所。常用火灾探测器不宜装设的场所如表 2.12 所示。

表 2.12　常用火灾探测器不宜装设的场所一览表

火灾探测器类型	不宜装设的场所
离子感烟火灾探测器	相对湿度长期大于 95 % 气流速度大于 5m/s 有大量粉尘、水雾滞留 正常情况下有烟滞留 产生严重腐蚀气体 产生醇类、醚类、酮类等有机物质
感温火灾探测器	有可能产生阴燃火灾或如发生火灾不及早报警可以造成重大损失的场所 温度常在 0℃以下的场所，不宜装设定温火灾探测器 正常情况下温度变化较大的场所，不宜装设差温火灾探测器
光电感烟火灾探测器	可能产生黑烟 可能产生蒸汽或油雾 大量积聚粉尘 在正常情况下有烟滞留 存在高频电磁干扰 在大量昆虫充斥的场合
火焰探测器	可能发生无焰火灾 火焰探测器易被污染 在火焰出现前有浓烟扩散 火焰探测器的“视线”被遮挡 火焰探测器易受阳光或其他光源直接或间接照射 在正常情况下有明火作业及有 X 射线、弧光等影响

【小经验】由规范及以上工程案例可知，布置火灾探测器时，必须进行认真计算、验算，确保无“死角”，保证可靠探测。

2.2.5　火灾探测器的线制

在消防业快速发展的今天，火灾探测器的接线形式变化很快，特别是火灾报警控制器由早期的多线制发展为总线制，又从四总线制发展为二总线制，大大节省了布线，技术更先进可靠。线制是指火灾探测器和控制器间的导线数量。更确切地说，线制是火灾自动报警系统运行机制的体现。按线制分，火灾自动报警系统有多线制和总线制之分，总线制又有有极性和无极性之分。总线制的好处是提高系统的可靠性，节约电缆，施工、检修、更换方便。不同厂家生产的不同型号的火灾探测器，其线制各异，从火灾探测器到区域报警器的线数也有很大差别。多线制是传统的控制模式，布线量庞大、结构复杂，已逐步退出市场。但已运行的工程大部分为多线制系统，因此以下分别叙述。

1．传统的多线制系统

多线制系统中的两线制（又被称为 n+1 线制），即一条公用地线，另一条则承担供电、选通信息与自检的功能，这种线制比四线制简化得多，但仍为多线制系统。

火灾探测器采用两线制时，可完成电源供电故障检查、火灾报警、断线报警（包括接触不良、火灾探测器被取走）等功能。

火灾探测器与区域报警器的最少接线是：$n+n/10$，其中 n 为占用部位号的线数，即火灾探测器信号线的数量；$n/10$（小数进位取整数）为正电源线数（采用红线导线），也就是每

10个部位合用一根正电源线。

另外，也可以用另一种算法，即 n+1，其中 n 为火灾探测器的数目（准确地说是房号数）。例如，火灾探测器数 n=50，则总线为51根。

前一种计算方法是50根+50根/10=55根，这是已进行了巡检分组的根数，与后一种分组是一致的。

1）单个火灾探测器的连接

假如有10个火灾探测器，占10个部位，无论采用哪种计算方法，其接线及线数均相同，如图2.42所示。

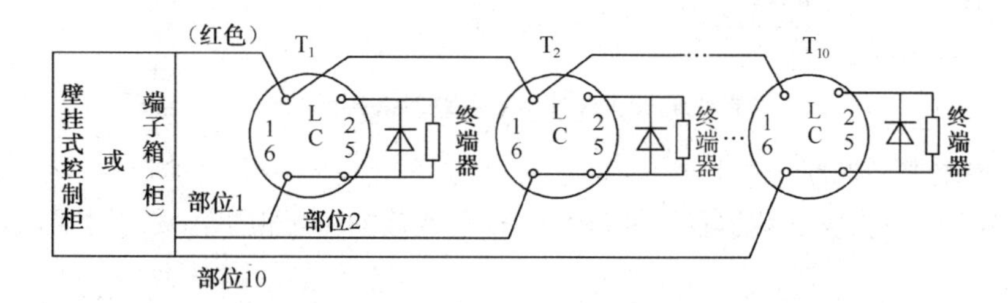

图2.42　火灾探测器各占1个部位时的接线方法

在施工中应注意以下几点。

（1）为保证区域控制器的自检功能正常，布线时每根连接底座L1的正电源红色导线，不能超过10个部位数的底座（并联底座时作为1个看待）。

（2）每台区域报警器容许引出的正电源线数为 n/10（小数进位取整数），n 为区域控制器的部位数。当管道较多时，要特别注意这一点，以使10个部位分成一组，有时某些管道要多放一根电源正线，以利于分组。

（3）火灾探测器底座安装好并确定接线无误后，将终端器接上；然后用小塑料袋包紧，防止损坏和污染，待装上探测器时再除去塑料袋。

（4）终端器为一个半导体硅二极管（2CK型或2CZ型）和一个电阻并联，安装时应注意二极管负极接+24V端子或底座L2端，其终端电阻值大小不一，一般取5～36kΩ。凡是没有接火灾探测器的区域控制器的空位，应在其相应接线端子上接上终端器。若设计时有特殊要求，可与厂家联系解决。

2）火灾探测器的并联

同一部位上，为增大保护面积，可以将火灾探测器并联使用，这些并联在一起的火灾探测器仅占用一个部位号，不同部位的火灾探测器不宜并联使用。

例如，在较大的会议室中，当使用1个火灾探测器保护面积不够时，假如使用3个火灾探测器并联才能满足要求，则这3个火灾探测器中的任何一个发出火灾信号时，区域报警器的相应部位信号灯都点亮，但无法知道哪一个火灾探测器报警，需要现场确认。

某些同一部位在特殊情况下，火灾探测器不应并联使用。例如大仓库，由于货物堆放较高，当火灾探测器发出火灾信号后，到现场确认困难，所以从使用方便、准确的角度看，应尽量不使用并联火灾探测器。不同的报警控制器所允许并联火灾探测器的个数也不一样，如JB-O_B^T-10～50-101报警控制器只允许并联3个感烟火灾探测器和7个感温火灾探测器；JB-Q_B^T-10～50-101A允许并联感烟、感温火灾探测器的个数分别为10个。

火灾探测器并联时，其底座配线是串联式配线连接，这样可以保证在取走任何一个火灾

探测器时，火灾报警控制器均能报出故障。当装上火灾探测器后，L1 和 L2 通过火灾探测器连接起来，这时对火灾探测器来说就是并联使用了。

火灾探测器并联时，其底座应依次接线，如图 2.43 所示，不应有分支线路，这样才能保证终端器接在最后一个底座的 L2、L5 两端，以保证火灾报警控制器的自检功能正常。

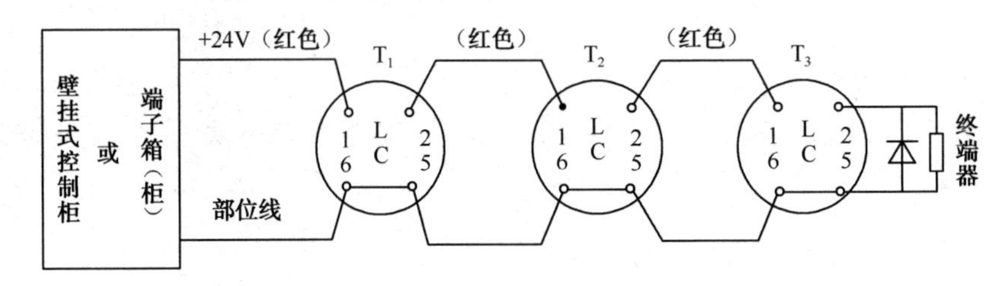

图 2.43　火灾探测器并联时的接线图

3）火灾探测器的混联

在实际工程中，火灾探测器仅用并联和仅单个连接的情况很少，大多是混联，如图 2.44 所示。

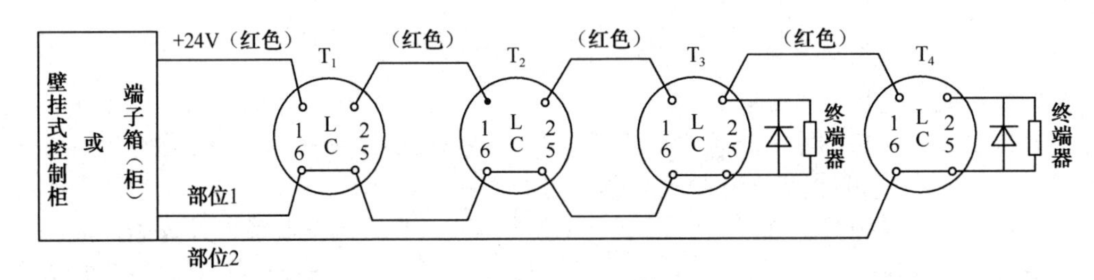

图 2.44　火灾探测器的混联

2. 总线制系统

总线制是指采用 2～4 条导线构成总线回路，所有的火灾探测器都并接在总线上，每个火灾探测器都有自己的独立地址码，入侵报警控制器采用串行通信的方式按不同的地址信号访问每个火灾探测器。总线制用线量少，设计施工方便，因此被广泛使用。

总线是火灾自动报警系统信号传输线路与消防联动系统合二为一，即在一个回路中既有火灾探测器、手动报警按钮，又有控制消防联动设施动作与接收动作回授信号的控制模块回路，也就是设备是并联在一根总线上的。采用地址编码技术，整个系统只用几根总线，建筑物内布线极其简单，给设计、施工及维护带来了极大的方便，因此被广泛采用。

1）四总线制

4 条总线为 P、T、S、G。P 线给出火灾探测器的电源、编码、选址信号；T 线给出自检信号，以判断探测部位传输线是否有故障；控制器从 S 线上获得探测部位的信息；G 为公共地线。P、T、S、G 均以并联方式连接，S 线上的信号对探测部位而言是分时的，如图 2.45 所示。

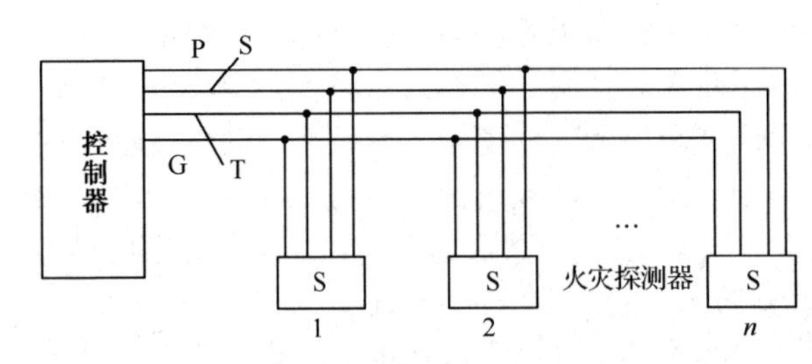

图 2.45　四总线制连接方式

由图 2.45 可知，从火灾探测器到区域报警器只用 4 根全总线，另外一根 V 线为 DC 24V，也以总线形式由区域报警控制器接出来，其他现场设备也可使用。这样，控制器与区域报警器的布线为5线，大大简化了系统，尤其是在大系统中，这种线制的优点尤为突出。

2）二总线制

二总线制是一种最简单的接线方法，用线数量更少，但技术的复杂性和难度也提高了。二总线中的G线为公共地线，P线则完成供电、选址、自检、获取信息等功能。目前，二总线制应用最多，新型智能型火灾报警系统也建立在二总线的运行机制上。二总线系统有树状、环状、链式及混合型几种方式，同时又有有极性和无极性之分，相比之下无极性二总线技术最先进。

树状接线：如图2.46所示为树状接线方式，这种方式应用较广泛，如果这种接线发生断线，可以报出断线故障点，但断点之后的火灾探测器不能工作。

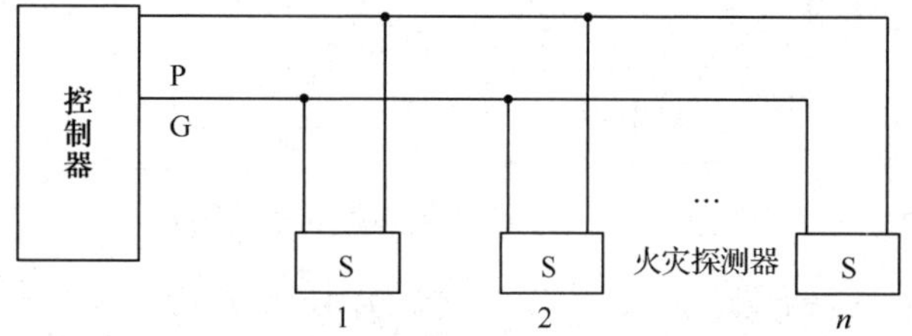

图2.46　树状接线方式（二总线制）

环状接线：如图2.47所示为环状接线方式。这种系统要求输出的两根总线返回控制器另两个输出端子，构成环形。这种接线方式如果中间发生断线，不影响系统的正常工作。

链式接线：这种系统的P线对各火灾探测器是串联的，对火灾探测器而言，变成了3根线，而对控制器还是2根线，如图2.48所示。

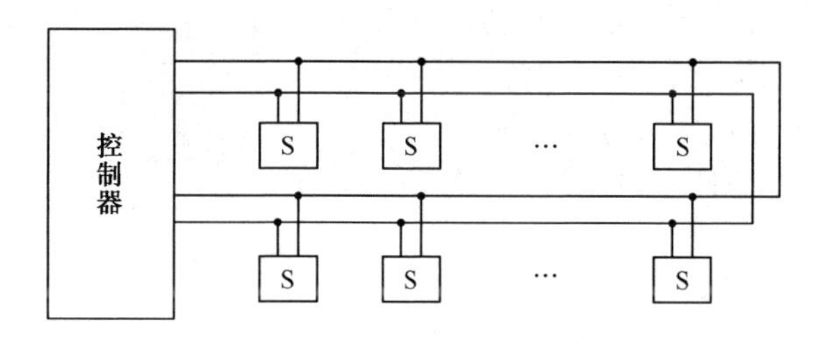

图2.47　环状接线方式（二总线制）

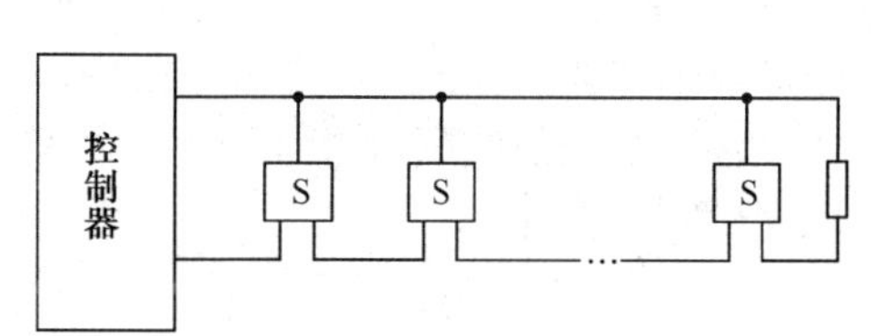

图2.48　链式接线方式

在实际工程设计中，应根据具体情况选用适当的线制。

3）火灾探测器工程图绘制

在工程图中，火灾探测器如何绘制是很重要的环节，主要包括系统图和平面图。根据经验把施工图的绘制总结为平面图设计步步深入法。设计步步深入法的步骤：设备选择布置→布线标注线条数→标注回路等→完善图面。示例如下。

（1）火灾探测器接线（系统图）的绘制。根据产品样本中的系统图，在确定每层火灾探测器数量、线制的基础上，每层设有接线端子箱，并应接短路隔离器，在二总线系统中，火灾探测器应接到报警总线上，如图2.49所示。

（2）火灾探测器接线（火灾探测器平面图绘制，以二总线为例）。绘制火灾探测器平面图时一般建议采用设计步步深入法，即选设备→确定数量→布置→选线制→确定回路→布线及敷设，采用软件辅助设计。具体内容见后续。二总线火灾探测器平面图布置如图2.50所示。图中采用环状及树状混合布线方式。

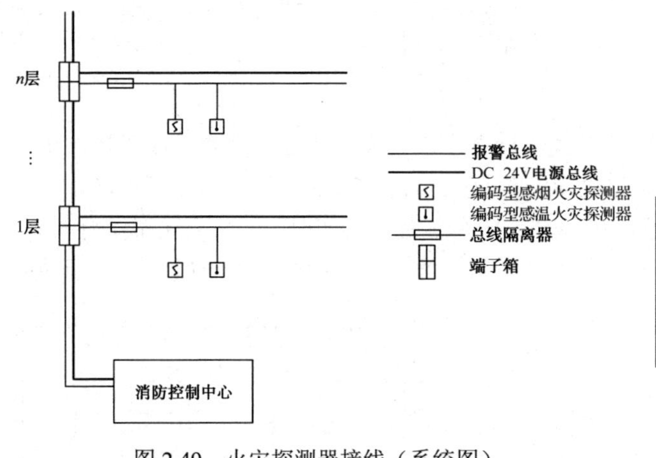

图 2.49　火灾探测器接线（系统图）

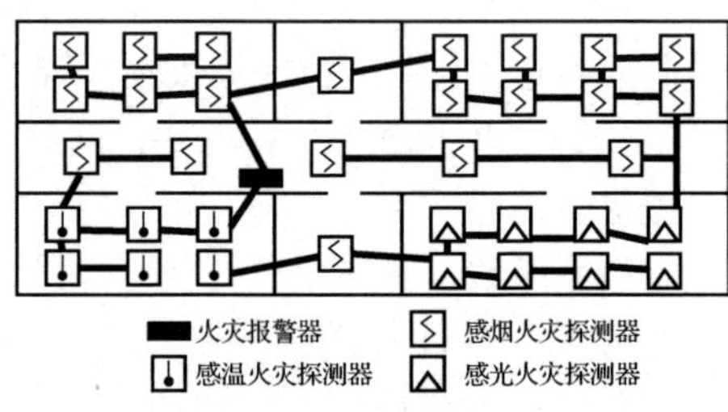

图 2.50　火灾探测器接线（平面图）

训练题 2　火灾探测器的选择与布置。

某小型会议室，地面面积为 25m×32m，房间高度为 3.5m，房顶坡度为 12°，属于二类保护建筑，试：①确定火灾探测器的类型；②计算火灾探测器的数量；③进行火灾探测器的布置。

任务 2.3　报警系统附件的选择与应用

在消防工程设计中，根据不同需求，会用到许多附件，如消火栓报警按钮、手动报警按钮、总线中继器、总线隔离器、总线驱动器、输入/输出模块、区域显示器、声光报警器、报警门灯及诱导灯、消防图形显示装置等，这些附件在系统中起着各自应有的作用，有的是必备设备，有的是选用设备（根据条件选用），下面分别阐述。

扫一扫看报警系统附件的选择与应用教学课件

◆教师活动

结合本书 2.5.4 节二维码中的消防工程设计图（图 1～图 6）和实训 7 二维码中的工程设计图（共 28 张），选择适合的工程图指出其中有几种报警附件，不同附件的作用如何，从而导出任务，下达任务（如表 2.13 所示的作业单）。

表 2.13　作业单

名称	用途	图中所在位置	布线与设计要求
消火栓报警按钮			
手动报警按钮			
总线中继器			
总线隔离器			
区域显示器			
声光报警器			
输入/输出模块			
切换模块			
消防图形显示装置			
总线驱动器			
报警门灯及诱导灯			

◆学生活动

将学生分组，每组分层识读图纸→找出报警附件种类、数量→集中研讨。教师进行引导性讲解后，学生要完成作业单的填写并进行相关设计训练。

2.3.1 手动报警按钮的选用

扫一扫看手动报警按钮安装微课视频

手动报警按钮（也被称为手动报警开关）是手动触发的报警装置。火灾报警系统中应设自动和手动两种触发装置。手动报警按钮是火灾报警系统中的一个设备类型，当人员发现火灾时，在火灾探测器没有探测到火灾的时候，人员手动按下手动报警按钮，报告火灾信号。在正常情况下，当采用手动报警按钮报警时，火灾发生的概率比火灾探测器要大得多，几乎没有误报的可能。因为手动报警按钮的报警触发条件是必须人工按下按钮启动。按下手动报警按钮后过 3～5s，手动报警按钮上的火警确认灯会点亮，这个状态灯表示火灾报警控制器已经收到火警信号，并且确认了现场位置。

1. 手动报警按钮的分类

编码手动报警按钮和编码火灾探测器一样，直接接入报警二总线，占用一个编码地址。编码手动报警按钮分成两种：一种为不带电话插孔，另一种为带电话插孔，其编码方式如前面所述分为微动开关编码（二、三进制）和电子编码器编码（十进制）。手动报警按钮编码示意如表 2.14 所示。不带电话插孔的手动报警按钮为红色全塑结构，分底盒与上盖两部分，如图 2.51 所示。带电话插孔的手动报警按钮如图 2.52 所示。

表 2.14 手动报警按钮编码示意

消防按钮编码	示意图
n 次幂数	0 1 2 3 4 5 6
拨码 ON=1 ↑ ↓ 状态 OFF=0	拨码开关状态：0 OFF，1 OFF，2 OFF，3 ON，4 ON，5 ON，6 OFF
2^n 值	1 2 4 8 16 32 64
真值表	0 0 0 1 1 1 0
二～十加权运算	$0\times2^0+0\times2^1+0\times2^2+1\times2^3+1\times2^4+1\times2^5+0\times2^6$
十进制地址码	0×1+0×2+0×4+1×8+1×16+1×32+0×64=56

图 2.51 不带电话插孔的手动报警按钮

图 2.52 带电话插孔的手动报警按钮

2. 手动报警按钮的作用原理

手动报警按钮安装在公共场所，当人工确认发生火灾时，按下按钮上的有机玻璃片，可向

控制器发出火灾报警信号，控制器接收到报警信号后，显示出报警按钮的编号或位置，并发出报警音响。手动报警按钮和前面介绍的各类编码火灾探测器一样，可直接接到控制器总线上。

J-SAP-8401 型不带电话插孔的手动报警按钮具有以下特点。

（1）采用无极性信号二总线，其地址编码可由手持电子编码器在 1～242 范围内任意设定。

（2）采用插拔式结构设计，安装简单方便；按钮上的有机玻璃片在被按下后可用专用工具复位。

（3）按下手动报警按钮玻璃片，可由按钮提供额定 DC 60V/100mA 无源输出触点信号，可直接控制其他外部设备。

3. 手动报警按钮的选择原则、设计要求、安装与布线

1）手动报警按钮的选择原则与设计要求

（1）选择原则。应考虑如下条件：①工作电压；②报警电流；③使用环境；④编码方式；⑤外形尺寸。这些技术参数均能从产品样本中获取。

（2）设置场所及设计要求。手动报警按钮宜设置在公共活动场所的出入口处，如走廊、楼梯口及人员密集的场所；每个防火分区应至少设置一个手动报警按钮。从一个防火分区内的任何位置到最邻近的一个手动报警按钮的距离不应大于 30m；手动报警按钮应设置在明显的和便于操作的部位，且应有明显的标志。

2）手动报警按钮的施工与安装要点

（1）手动报警按钮的安装应符合《火灾自动报警系统设计规范》（GB 50116—2013）和《火灾自动报警系统施工及验收标准》（GB 50166—2019）及产品说明书的要求。

（2）手动报警按钮的安装应参考国家建筑标准设计图集《火灾报警及消防控制》（04X501）的相关内容。

（3）当将手动报警按钮安装在墙上时，其底边距地高度宜为 1.3～1.5m，且应有明显标志。

（4）应安装牢固，不应倾斜。

（5）外接导线应留不小于 150mm 的余量。

3）手动报警按钮的布线要求

手动报警按钮的接线端子如图 2.53 所示。

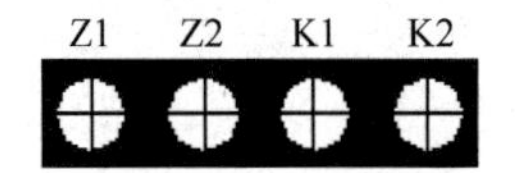

（a）不带电话插孔的接线端子

（b）带电话插孔的接线端子

图 2.53　手动报警按钮的接线端子

图 2.53（a）中各端子的意义如下：

Z1、Z2：无极性信号二总线端子。

K1、K2：无源常开输出端子。

布线要求： Z1、Z2 外接线采用 RVS 双绞线，导线截面面积不小于 1.0mm^2。

图 2.53（b）中各端子的意义如下：

Z1、Z2：与控制器信号二总线连接的端子。

K1、K2：DC 24V 进线端子及控制线输出端子，用于提供直流 24V 开关信号。

TL1、TL2：与总线制编码电话插孔或多线制电话主机连接的音频接线端子。

AL、G：与总线制编码电话插孔连接的报警请求线端子。

布线要求：Z1、Z2 外接的信号总线采用 RVS 双绞线，截面面积不小于 $1.0mm^2$；TL1、TL2 外接的消防电话线采用 RVVP 屏蔽线，截面面积不小于 $1.0mm^2$；AL、G 外接的报警请求线采用 BV 线，截面面积不小于 $1.0mm^2$。

4）手动报警按钮的应用及工程设计

手动报警按钮直接接入报警总线，电话线接入电话系统，应用接线如图 2.54（a）所示。

手动报警按钮的工程设计案例。手动报警按钮直接接在报警总线上，无源常开输出端子用来接外部设备（或空置）。接外部设备时，报警按钮被按下，输出触点闭合信号，可直接控制外部设备，如图 2.54（b）所示。

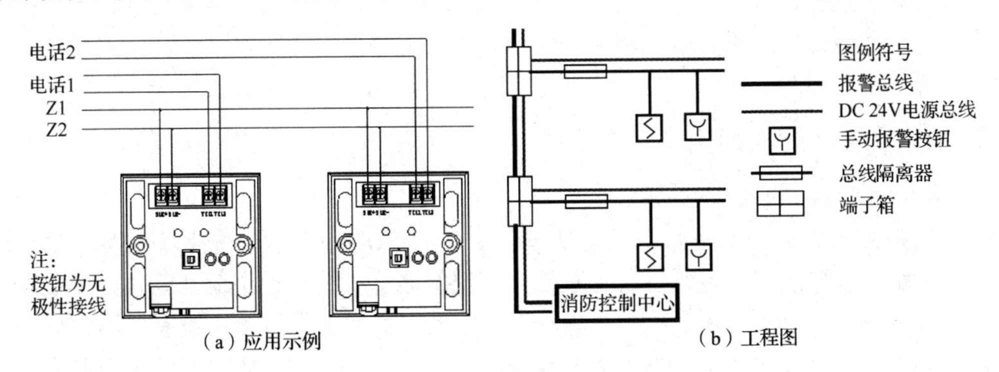

图 2.54　手动报警按钮应用案例

2.3.2　消火栓报警按钮的选用

消火栓报警按钮（俗称消报）已由普通型发展为编码型，具有启泵、报警、反馈显示等功能，在消火栓报警系统中起着主令的重要作用。

1. 消火栓报警按钮的分类及组成

1）消火栓报警按钮的分类

消火栓报警按钮按操作不同分为小锤敲击式和嵌按有机玻璃式两种，按有无电话插孔又分为有电话插孔和无电话插孔两种。小锤敲击式消火栓报警按钮，外带敲击小锤，内部有两对触点，如图 2.55（a）所示。嵌按有机玻璃式消火栓报警按钮，按钮表面装有一有机玻璃片，内部有两对触点，如图 2.55（b）所示。

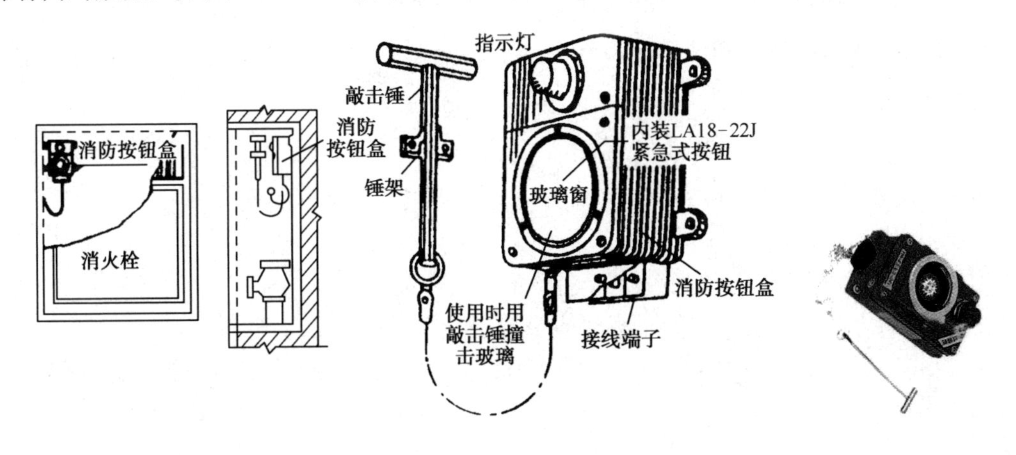

（a）带小锤的消火栓报警按钮

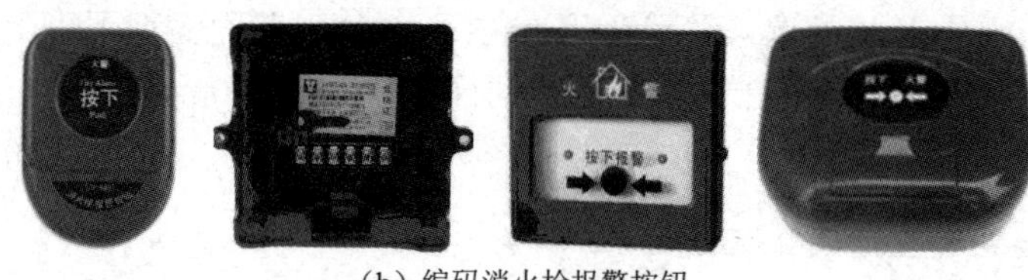

（b）编码消火栓报警按钮

图 2.55　消火栓报警按钮

2）消火栓报警按钮的组成

消火栓报警按钮由外壳、按钮、指示灯、启动件、电器等组成。通常每个按钮开关有两对触点。每对触点由一个常开触点和一个常闭触点组成。消火栓报警按钮的接线颜色有红、绿、黑、黄、蓝、白等。例如，红色表示停止按钮，绿色表示启动按钮等。

2．消火栓报警按钮的工作原理及编码

1）消火栓报警按钮的工作原理

消火栓报警按钮有总线制和多线制两种，这里以 LD-8403 型为例加以说明。LD-8403 型智能型消火栓报警按钮为编码型，可直接接入控制器总线，占一个地址编码。按钮表面装有一有机玻璃片，火灾发生后，在人员现场发现火灾，而火灾探测器还没有检测到火灾的情况下，现场人员可直接按下玻璃片，此时按钮的红色指示灯亮，表明已向消防控制室外发出了报警信息，控制器在确认了消防水泵已启动运行后，就向消火栓报警按钮发出命令信号，点亮泵运行指示灯。消火栓报警按钮上的泵运行指示灯，既可由控制器点亮，也可由泵控制箱引来的指示泵运行状态的开关信号点亮，可根据具体设计要求选用。

2）消火栓报警按钮的编码

消火栓报警按钮可电子编码，密封及防水性能优良，安装调试简单、方便。按钮还带有一对常开输出控制触点，可用来做直接启泵开关。

GST-LD-8404 型为智能编码消火栓报警按钮，编码采用电子编码方式，编码范围为 1～242，可通过电子编码器在现场进行设定。按钮有两个指示灯，红色指示灯为火警指示，当按钮被按下时点亮；绿色指示灯为动作指示灯，当现场设备动作后点亮。本按钮具有 DC 24V 有源输出和现场设备无源回答输入，采用三线制与设备连接，可完成对设备的直接启动及监视功能，此方式可独立于控制器。

3．消火栓报警按钮的布线及应用示例

这里仅介绍总线制与多线制的示例。

1）智能编码消火栓报警按钮的应用（总线制）

LD-8403 型智能消火栓报警按钮总线及接线端子示意如图 2.56（a）所示。

其中：

Z1、Z2：与控制器信号二总线连接的端子，不分极性。

K1、K2：无源常开触点，用于直接启泵控制时，需外接 24V 电源。

V+、SN：DC 24V 有源回答信号，接泵控制箱，连接此端子可实现泵控制箱动作直接点亮泵运行指示灯。

布线要求：Z1、Z2 外接的信号总线采用 RVS 型双绞线，截面面积不小于 1.0mm²；K1、K2 外接的控制线及 V+、SN 外接的回答信号线采用 BV 线，截面面积不小于 1.5mm²。

总线制启泵方式应用示例：如图 2.56（b）所示为消火栓报警按钮直接和信号二总线连接的总线方式。按下消火栓报警按钮，向报警器发出报警信号，控制器发出启泵命令并确认泵已启动后，点亮按钮上的信号运行灯。采用直接启泵方式需要向泵控制箱及报警按钮提供 DC 24V 电源。

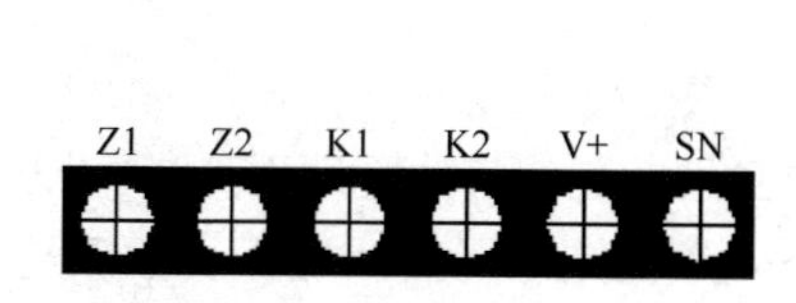

（a）接线端子示意

Z1
Z2
Z1 Z2
LD-8403

（b）消火栓报警按钮总线控制方式

图 2.56　LD-8403 型智能消火栓报警按钮总线及接线端子示意

2）智能编码消火栓报警按钮的应用（四线制）

GST-LD-8404 消火栓报警按钮接线端子示意如图 2.57 示。

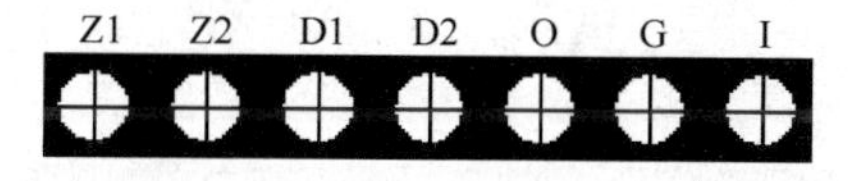

图 2.57　GST-LD-8404 消火栓报警按钮接线端子示意

其中：

Z1、Z2：接控制器二总线，无极性。

D1、D2：接 DC 24V，有极性。

O、G：有源 DC 24V 输出。

I、G：无源回答输入。

布线要求：Z1、Z2 外接的信号总线采用 RVS 型双绞线，截面面积不小于 1.0mm²；D1、D2 外接线采用 BV 线，截面面积不小于 1.5mm²。

GST-LD-8404 按钮可采用总线启泵方式，参见图 2.56（b），也可采用多线制直接启泵方式，如图 2.58 所示。

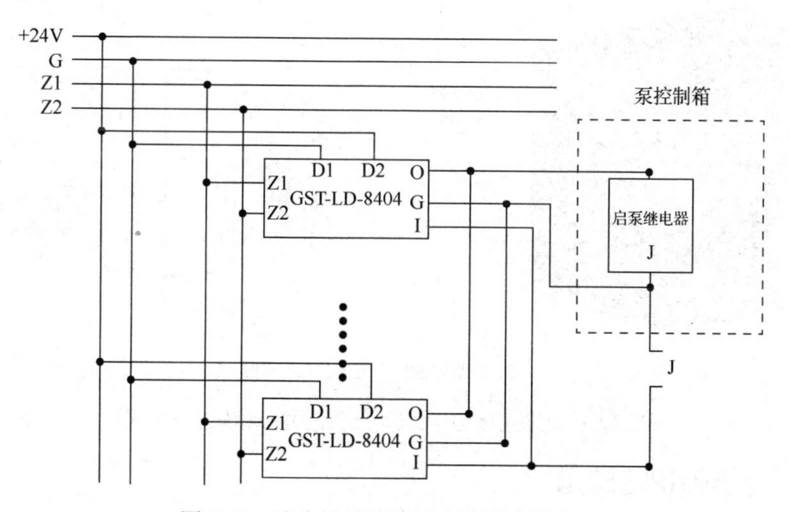

图 2.58　消火栓报警按钮多线制直接启泵

注：当设备启动电流较大时，应增加大电流切换模块（LD-8302）进行转换。

消火栓报警按钮的外形尺寸和安装方法与前面介绍的手动报警按钮相同。

4．消火栓报警按钮的工程设计与安装要求

1）消火栓报警按钮工程设计案例

消火栓报警按钮直接接在系统总线上，消火栓泵控制柜要通过强电切换模块和控制模块与系统连接，工程设计时，要考虑联动设计关系，消火栓报警按钮在工程设计时，设计案例如图2.59（a）所示。

2）消火栓报警按钮的安装要求

消火栓报警按钮应安装在距消火栓箱200mm处，底边距地面1.3～1.5m，留有150mm余量。安装前应首先检查消火栓报警按钮外壳是否完好无损，配件、标识是否齐全，确认消火栓报警按钮与设计图纸上所注类型及位置一致。布线施工后，通过预埋盒或膨胀螺栓将消火栓报警按钮底壳固定在墙上。按照总线接线要求接好消火栓报警按钮接线端子上的连线。将消火栓报警按钮上盖卡入消火栓报警按钮下外壳上的卡簧，即可完成安装。使用消火栓报警按钮时，其安装接线很重要，这里配上实物模拟端子与模拟接线图，如图2.59（b）所示。

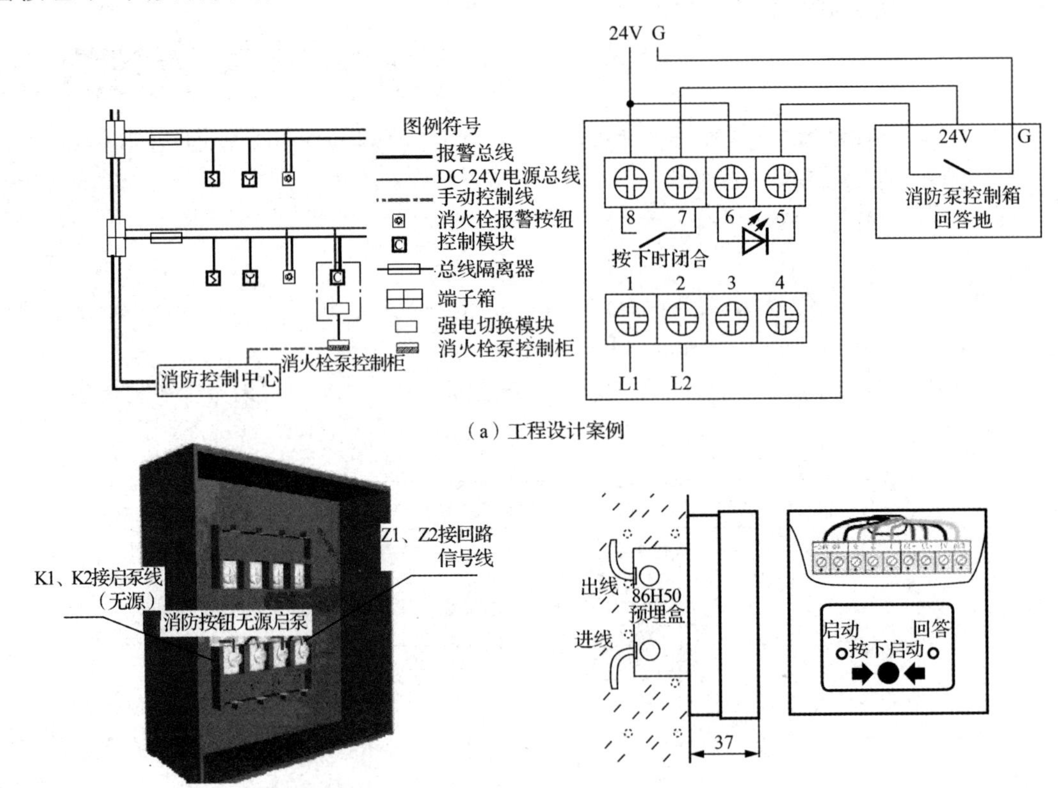

（a）工程设计案例

（b）实物模拟接线及安装示意图

图2.59　消防按钮工程设计案例与模拟接线及安装图

2.3.3　现场模块的选用

根据用途的不同，模块（又被称为接口）可分为许多种，下面分别予以介绍。

1. 输入模块

1）输入模块的作用及适用范围

输入模块（也被称为监视模块）的作用是接收现场装置的报警信号，实现信号向火灾报警控制器的传输。输入模块适用于老式消火栓报警按钮、水流指示器、压力开关、70℃或280℃防火阀等。输入模块可采用电子编码器完成编码设置。输入模块直接接入报警二总线。

GS-MOD8043输入模块用于接收消防联动设备输入的常开或常闭开关量信号，并将联动信息传回火灾报警控制器，主要用于配接现场各种主动型设备，如水流指示器、压力开关、位置开关、信号阀及能够送回开关信号的外部联动设备等。模块检测到设备动作后，通过信号二总线上传给控制器，并可通过控制器来联动其他相关设备。输入端具有检线功能，可现场设为常闭检线、常开检线输入，应与无源触点连接。

2）输入模块的结构、安装与布线

输入模块连接在控制器的回路总线上，采用电子编码，可以现场编程。LD-8300型输入模块的外形如图2.60所示。其接线端子如图2.61所示。

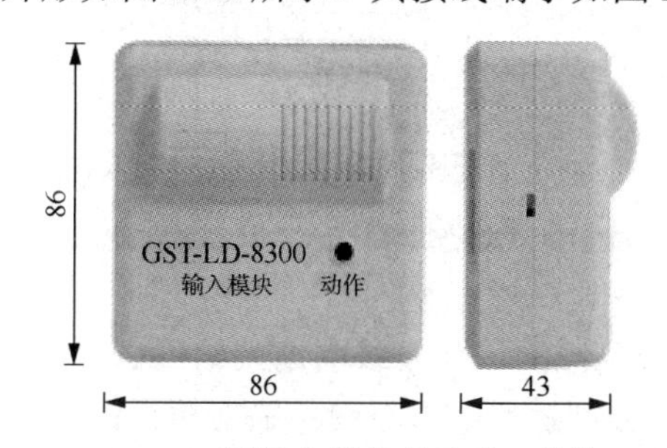

图2.60　LD-8300型输入模块的外形（单位：mm）

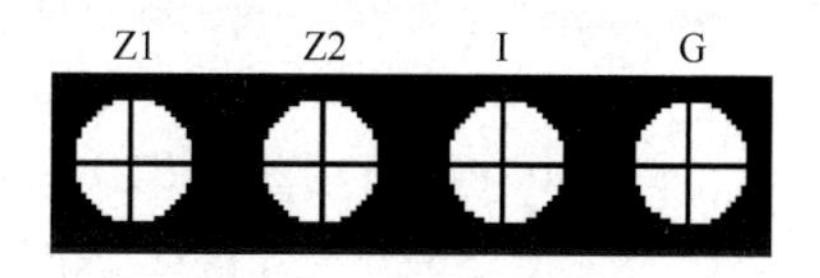

图2.61　输入模块接线端子

其中，Z1、Z2为与控制器信号二总线连接的端子；I、G为与设备的无源常开触点（设备动作闭合报警型）连接的端子，也可以通过电子编码器设置常闭输入。

模块的安装：可安在所控制设备附近，也可以安装在楼层端子模块箱内，采用明装，一般是墙上安装，当进线管预埋时，先用M4螺钉将底座固定在DH86型预埋盒上，接线完毕后，将模块扣合在底座上。底盒与盖间采用拔插式结构安装，拆卸简单方便，便于调试维修。具体安装示意如图2.62（a）所示，模块端子示意图如图2.62（b）所示。

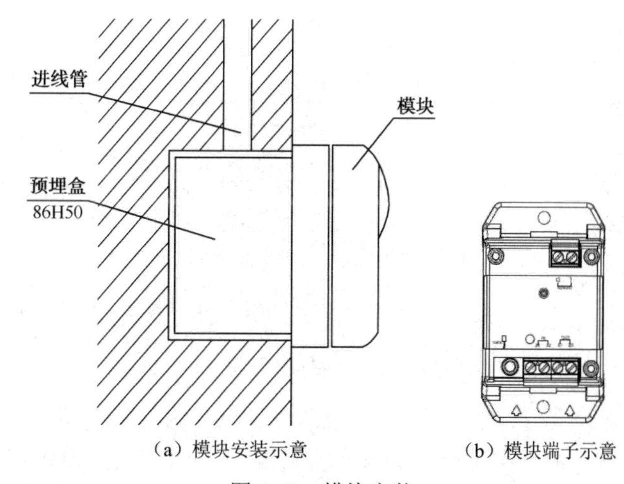

（a）模块安装示意　（b）模块端子示意

图2.62　模块安装

接线说明如下：

Z1、Z2：接控制器二总线，无极性。

I、G：与设备的无源常开触点（设备动作闭合报警型）连接；也可通过电子编码器设置为常闭输入。

布线要求：

Z1、Z2 外接的信号总线采用 RVS 型双绞线，截面面积不小于 1.0mm^2；I、G 外接线采用 RV 线，截面面积不小于 1.0mm^2。布线应与动力电缆、高低压配电电缆等不同电压等级的电缆分开布置，不能布设在同一穿线管或线槽内。

3）输入模块应用示例

（1）输入模块 LD-8300 与无须供电的现场设备的连接如图 2.63（a）所示，输入模块 LD-8300 与须供电的现场设备的连接如图 2.63（b）所示。

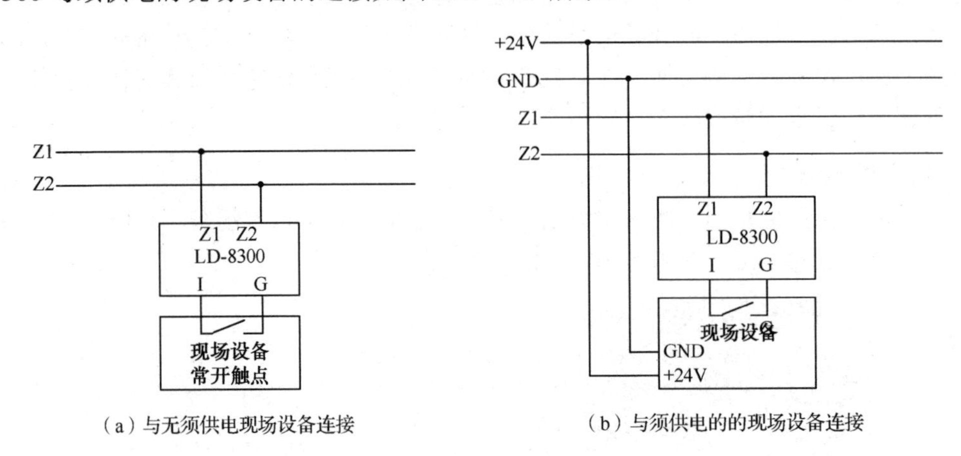

（a）与无须供电现场设备连接　（b）与须供电的的现场设备连接

图 2.63　单输入模块 LD-8300 接线

（2）GS-MOD8043 输入模块与具有常开无源触点的现场设备的连接如图 2.64（a）所示，模块输入检线方式为常开检线。模块与具有常闭无源触点的现场设备的连接如图 2.64（b）所示，模块输入检线方式为常闭检线。

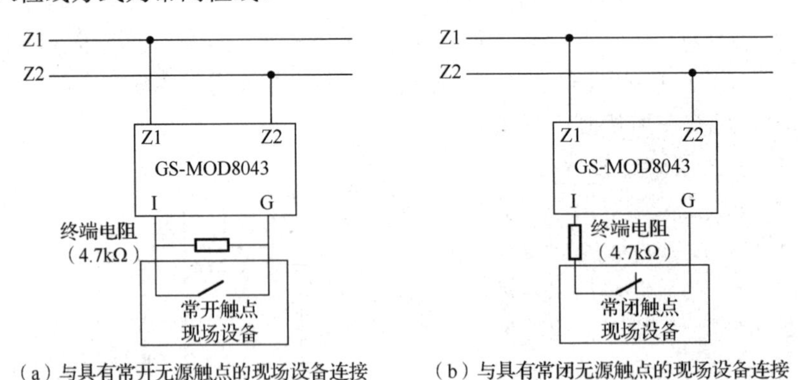

（a）与具有常开无源触点的现场设备连接　（b）与具有常闭无源触点的现场设备连接

图 2.64　GS-MOD8043 输入模块接线

2. 智能型编码输入/输出模块

输入/输出模块在有控制要求时可以输出信号，或者提供一个开关量信号，使被控设备动作，同时可以接收设备的反馈信号，以向主机报告，是火灾报警联动系统中重要的组成部分。市场上的输入/输出模块都可以提供一对无源常开/常闭触点，用以控制被控设备；部分厂家的模块可以通过参数设定，设置成有源输出。与单输入/输出模块相对应的还有双输入/双输出模块、多输入/输出模块等。

1）单输入/输出模块

此模块用于将现场各种一次动作并有动作信号输出的被动型设备（如排烟口、送风口、防火阀等）接到控制总线上。

本模块采用电子编码器进行十进制电子编码，模块内有一对常开、常闭触点，容量为 DC 24V、5A。模块具有 DC 24V 电压输出，用于与继电器触点接成有源输出，满足现场的不同需求。另外，模块还设有开关信号输入端，用来和现场设备的开、关触点连接，以便对现场设备是否动作进行确认。应当注意的是，不应将模块触点直接接入交流控制回路，以防强交流干扰信号损坏模块或控制设备。

结构特征、安装与布线：以 LD-8301 单输入/输出模块为例，其外形、尺寸及结构、安装方法均与 LD-8300 输入模块相同，其外形及接线端子如图 2.65 所示。

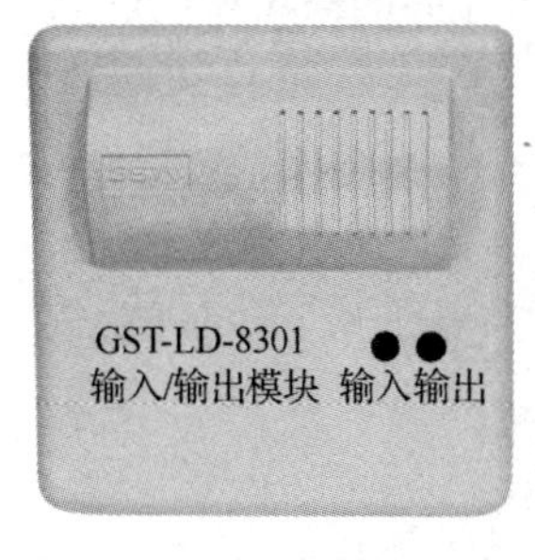

（a）外形

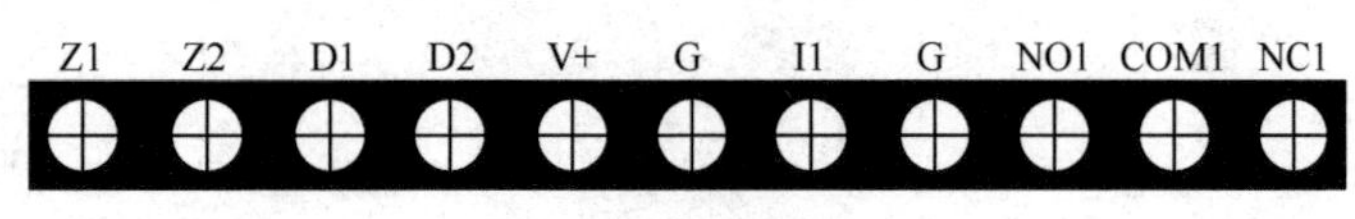

（b）接线端了

图 2.65　LD-8301 型单输入/输出模块

其中，Z1、Z2 为与无极性信号二总线连接的端子；D1、D2 为与控制器的 DC 24V 电源连接的端子，不分极性；V+、G 为 DC 24V 输出端子，用于向输出触点提供+24V 信号，以便实现有源 DC 24V 输出，输出触点容量为 5A、DC 24V；I1、G 为与被控制设备无源常开触点连接的端子，用于实现设备动作回答确认（可通过电子编码器设为常闭输入）；NO1、COM1、NC1 为模块的常开、常闭输出端子。

布线要求：Z1、Z2 外接的信号总线采用 RVS 型双绞线，截面面积不小于 1.0mm^2；D1、D2 外接电源线采用 BV 线，截面面积不小于 1.5mm^2；V+、I1、G、NO1、COM1、NC1 外接线采用 RV 线，截面面积不小于 1.0mm^2。

使用方法：该模块直接驱动排烟口或防火阀等（电动脱扣式）设备的接线示意如图 2.66 所示。

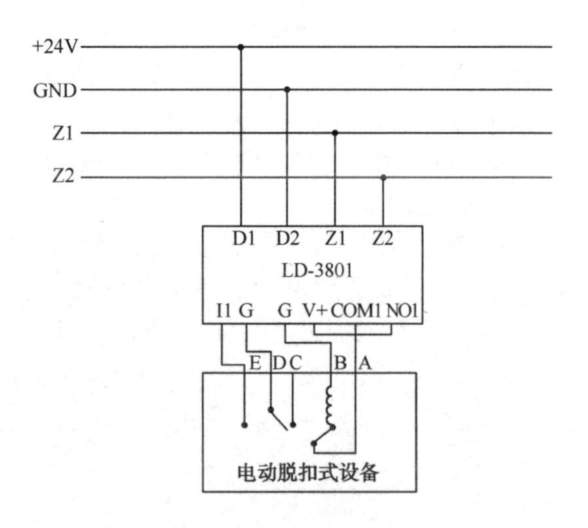

图 2.66　单输入/输出模块控制电动脱扣式设备接线示意

2）双输入/双输出模块

LD-8303 双输入/双输出模块是一种总线制控制接口，可用于完成对二步降防火卷帘、水泵、排烟风机等双动作设备的控制，主要用于防火卷帘的位置控

制，能控制其从上位到中位，也能控制其从中位到下位，同时也能确认防火卷帘是处于上、中、下的哪一位。该模块也可作为两个独立的单输入/输出模块使用。

双输入/双输出模块具有两个连续的编码地址，最大编码为 242，可接收来自控制器的两次不同动作的命令，具有控制两次不同输出和确认两个不同回答信号的功能。此模块所需输入信号为常开开关信号，一旦开关信号动作，模块将此开关信号通过联动总线送入控制器，联动控制器产生报警并显示出动作的地址号，当模块本身出现故障时，控制器也将产生报警并将模块编号显示出来。该模块具有两对常开、常闭触点，容量为 5A、DC 24V，有源输出时可输出 1A、DC 24V。

LD-8303 模块的编码方式为电子编码，在编入一个编码地址后，另一个编码地址自动生成为：编入地址+1。该编码方式简便、快捷，现场编码时使用电子编码器进行。

（1）**特征、安装与布线**：该模块的尺寸、结构及安装方法与前面的模块相同，它的外形及接线端子如图 2.67 所示。

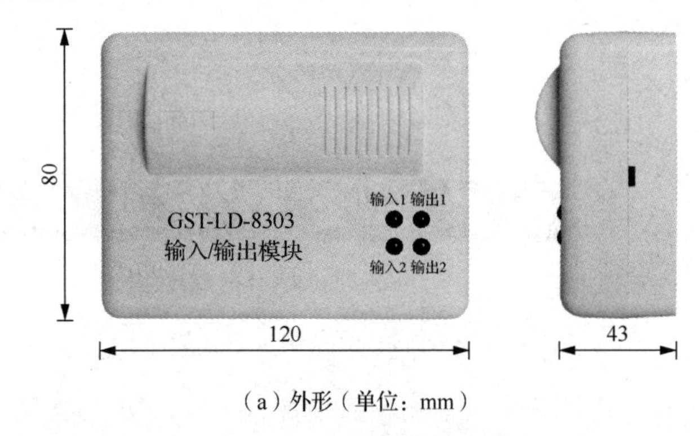

（a）外形（单位：mm）

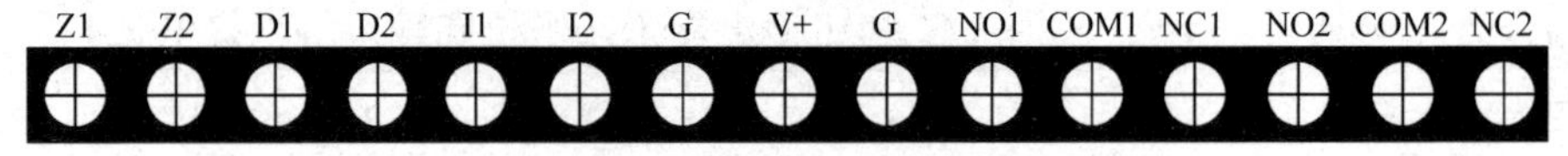

（b）接线端子

图 2.67 LD-8303 双输入/双输出模块

其中，Z1、Z2 为控制器来的信号总线，无极性；D1、D2 为 DC 24V 电源，无极性；I1、G 为第一路无源输入端；I2、G 为第二路无源输入端；V+、G 为 DC 24V 输出端子，用于向输出控制触点提供+24V 信号，以便实现 DC 24V 输出，有源输出时可输出 1A、DC 24V；NC1、COM1、NO1 为第一路常开、常闭无源输出端子；NC2、COM2、NO2 为第二路常开、常闭无源输出端子。

布线要求：Z1、Z2 外接的信号总线采用 RVS 双绞线，截面面积不小于 1.0mm^2；D1、D2 外接的电源线采用 BV 线，截面面积不小于 1.5mm^2。

（2）**双输入/双输出模块应用示例及工程设计案例**：该模块与防火卷帘电气控制箱（标准型）接线示意如图 2.68（a）所示，双输入/双输出模块工程设计案例如图 2.68（b）所示。

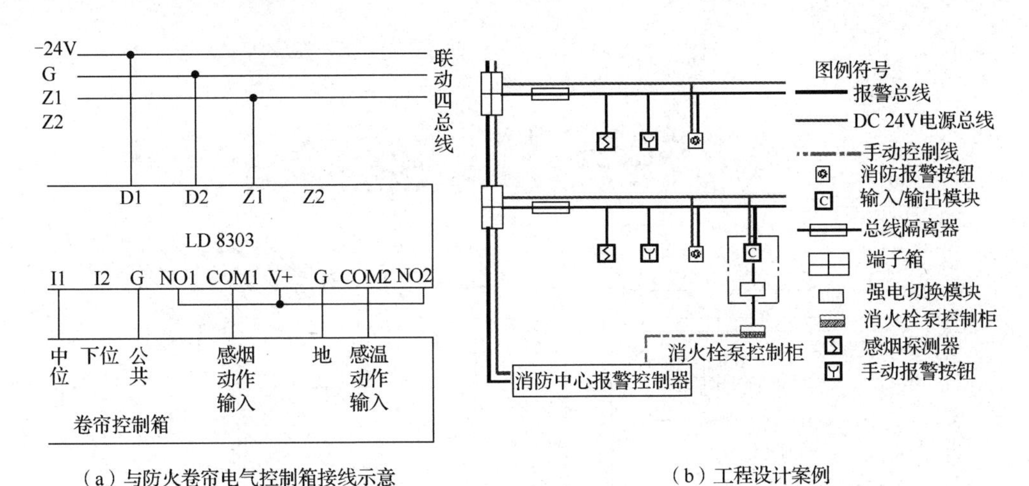

（a）与防火卷帘电气控制箱接线示意　　（b）工程设计案例

图 2.68　LD-8303 型编码双输入/双输出模块应用案例

当感烟火灾探测器探测到有火情时，传输信息给消防中心的报警控制器，报警控制器通过双输入/双输出模块的输出端，给消防泵信号，启动消防泵，消防泵启动后通过双输入/双输出模块的输入端将启动信息传送给报警控制器。

3．切换模块

1）切换模块的特点

GST-LD-8302 切换模块专门用来与 GST-LD-8301 型模块配合使用，实现对现场大电流（直流）启动设备的控制及交流 220V 设备的转换控制，以防由于使用 GST-LD-8301 型模块直接控制设备造成将交流电源引入控制系统总线的危险。

本模块为非编码模块，不可直接与控制器总线连接，只能由 GST-LD-8301 模块控制。模块具有一对常开、常闭输出触点。GST-LD-8302 切换模块如图 2.69 所示，外形如图 2.69（a）所示。

2）GST-LD-8302 切换模块的结构特征

本切换模块的外形尺寸及结构示意如图 2.69（b）所示。

本模块采用明装，当进线管预埋时，可将底盒安装在 86H50 型预埋盒上，安装方法如图 2.69（c）所示；当进线管明装时，采用 B-9310 型后备盒安装方式，底盒与上盖间采用拔插式结构安装，拆卸简单方便，便于调试维修。

底壳安装时应注意方向，底壳上标有安装向上标志，如图 2.69（d）所示。

切换模块端子示意如图 2.69（e）所示。

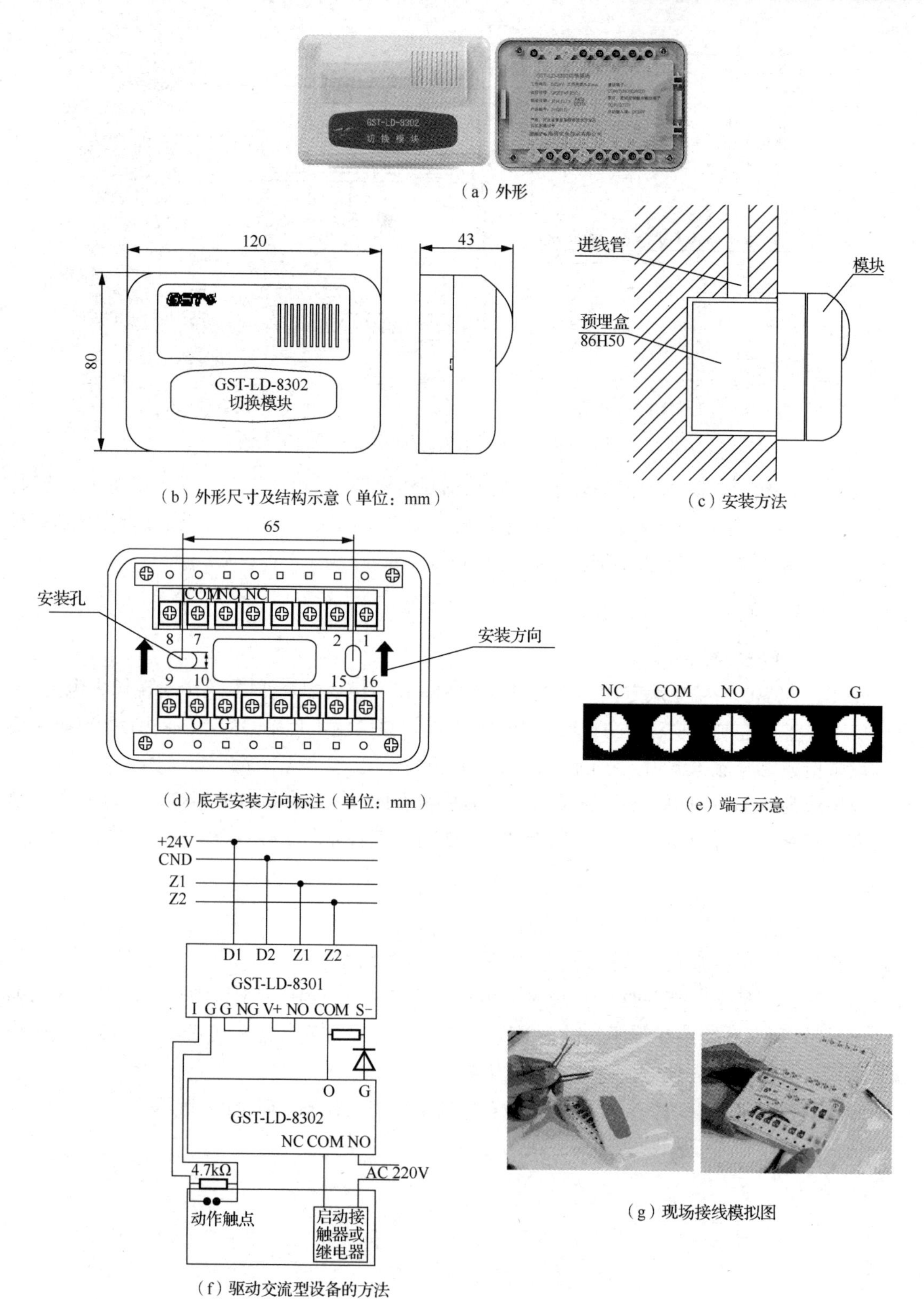

（a）外形

（b）外形尺寸及结构示意（单位：mm）

（c）安装方法

（d）底壳安装方向标注（单位：mm）

（e）端子示意

（f）驱动交流型设备的方法

（g）现场接线模拟图

图 2.69　GST-LD-8302 切换模块

其中：

NC、COM、NO：常闭、常开控制触点输出端子。

O、G：有源 DC 24V 控制信号输入端子，输入无极性。

布线要求：各端子外接线均采用阻燃 BV 线，截面面积不小于 $2.5mm^2$。

应用方法：该模块要直接与双输入/双输出模块连接使用。驱动交流型设备的方法如图 2.69（f）所示。

切换模块现场接线模拟图如图 2.69（g）所示。

第一步：可以当继电器使用。准备两组 BV2×2.5 的电源线。

第二步：将线从切换模块底座后面的穿线孔穿过。将输入/输出模块的输出端引出一组 24V 有源控制线到切换模块的 O 和 G 端；通过切换模块常开、常闭控制触点输出连接到被控设备；用于控制被控设备的启、停。检查现场接线，安装好模块，接线完成。

重点说明——设计安装注意按规范规定：

① 模块严禁设置在配电（控制）柜（箱）内。

② 本报警区域内的模块不应控制其他报警区域的设备。

根据以上几种模块的介绍可知，不同厂家的模块型号各异，但其共同点是具有信号传递及主动控制功能，是连接所有联动设备与报警主机的桥梁。在实际的工程设计中一定要注意模块的正确使用。

2.3.4　声光报警器的选用

扫一扫看报警器安装微课视频

1．声光讯响器的分类与作用

声光报警器（Audible and Visual Alarm）又被称为声光讯响器，一般分为非编码型与编码型两种。编码型可直接接入报警控制器的信号二总线（须由电源系统提供两根 DC 24V 电源线）；非编码型可直接由有源 24V 常开触点进行控制，如用手动报警按钮的输出触点控制等，其实物及外形尺寸如图 2.70 所示。

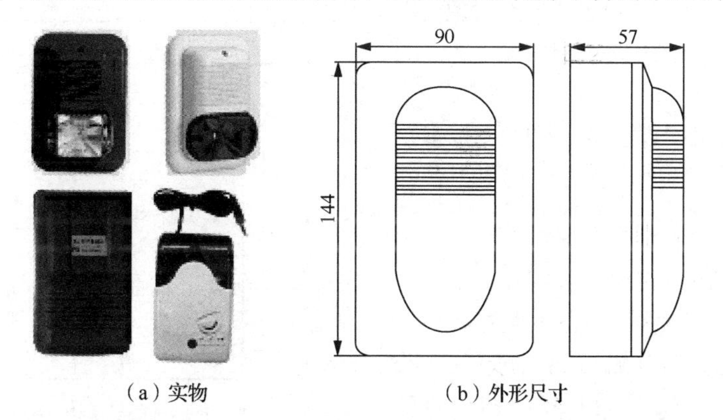

（a）实物　　（b）外形尺寸

图 2.70　声光讯响器实物及外形尺寸（单位：mm）

声光讯响器是为了满足客户对报警响度和安装位置的特殊要求而设置的，可同时发出声、光两种警报信号。产品专用领域：钢铁冶金、电信铁塔、起重机械、工程机械、港口码头、交通运输、风力发电、远洋船舶等行业；是工业报警系统中的一个配件产品。声光讯响器的作用是：当现场发生火灾并被确认后，安装在现场的声光讯响器可由消防控制中心的火灾

报警控制器启动，发出强烈的声光信号，以达到提醒人们注意的目的。

2. 声光讯响器的安装与布线要求

1）声光讯响器的安装

声光讯响器主要安装在公共走廊、楼梯间及气体灭火场所。采用壁挂式安装，在普通高度空间下，以距顶棚0.2m处为宜安装在现场。

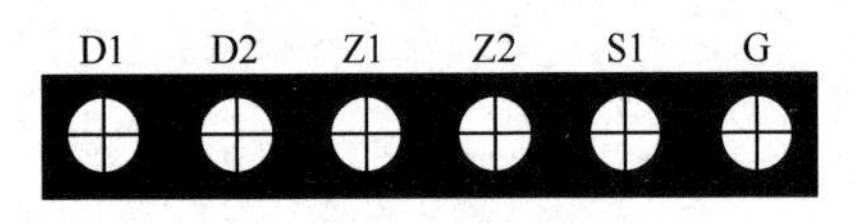

图2.71 声光讯响器的接线端子

2）声光讯响器的布线要求

声光讯响器的接线端子如图2.71所示。

其中，Z1、Z2为与火灾报警控制器信号二总线连接的端子，对于HX-100A型声光讯响器，此端子无效；D1、D2为与DC 24V电源线（HX-100B）或DC 24V常开控制触点（HX-100A）连接的端子，无极性；S1、G为外控输入端子。

布线要求：Z1、Z2外接的信号二总线采用RVS型双绞线，截面面积不小于1.0mm^2；D1、D2外接的电源线采用BV线，截面面积不小于1.5mm^2；S1、G外接线采用RV线，截面面积不小于0.5mm^2。

编码型火灾声光讯响器接入报警总线和DC 24V电源线，共四线。

3. 设置与安装要求

（1）未设置火灾应急广播的火灾自动报警系统，应设置火灾警报装置。

（2）每个防火分区至少应设置一个火灾警报装置，警报装置宜采用手动或自动控制方式。

（3）在环境噪声大于60dB的场所设置火灾警报装置时，其声警报的声压级应高于背景噪声15dB。

（4）火灾警报装置应安装在安全出口附近明显处，一般宜设置在各楼层走廊靠近楼梯出口处，距地面1.8m以上。光报警器与消防应急疏散标志不宜安装在同一面墙上；安装在同一面墙上时，彼此之间的距离应大于1m。

（5）具有多个报警区域的保护对象，宜选用带有语音提示的火灾声报警器，语音应同步。

（6）同一建筑中设置多个火灾声报警器时，应能同时启动和停止所有火灾声报警器的工作。

4. 应用示例

声光讯响器在使用过程中可直接与手动报警按钮的无源常开触点连接，如图2.72所示。当发生火灾时，手动报警按钮可直接启动声光讯响器。

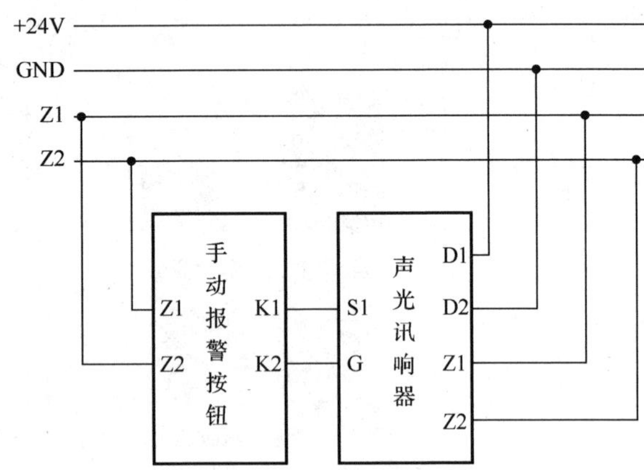

图2.72 手动报警按钮直接控制声光讯响器的示意

2.3.5 报警门灯及诱导灯的应用

1. 报警门灯

报警门灯一般安装在巡视观察方便的地方，如会议室、餐厅、房间等门口上方，便于从

外部了解内部的火灾探测器是否报警。

报警门灯可与对应的火灾探测器并联使用，并与该火灾探测器编码一致。当火灾探测器报警时，门灯上的指示灯闪亮，在不进入室内的情况下就可知道室内的火灾探测器已触发报警。

报警门灯中间部位有一红色高亮发光区，当对应的火灾探测器被触发时，该区域的红灯闪亮。报警门灯如图 2.73 所示。

其中，Z1、Z2 为对应火灾探测器信号二总线的接线端子。

布线要求：直接接入信号二总线，无须其他布线。

2. 诱导灯（引导灯）

引导灯（见图 2.74）安装在各疏散通道上，均与消防控制中心控制器连接。当发生火灾时，在消防中心手动操作打开有关的引导灯，指示人员疏散。

（a）外形

Z1　Z2

（b）接线端子

图 2.73　报警门灯

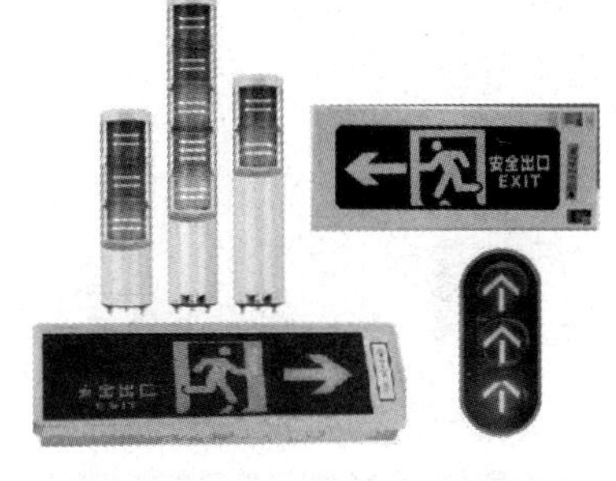

图 2.74　引导灯

2.3.6　总线中继器的使用

1. 中继器

中继器（亦称中继模块）实物如图 2.75 所示，可作为总线信号输入与输出间的电气隔离，用以完成火灾探测器总线的信号隔离传输，可增强整个系统的抗干扰能力，并具有扩展火灾探测器总线通信距离的功能。

中继器采用 DC 24V 供电，中继器主要用于总线处有比较强的电磁干扰的区域及总线长度超过 1000m 需要延长总线通信距离的场合。

各类接口卡系列 CAN100S CAN 总线中继器具有延长总线通信距离、增加通信稳定性及组成星形或环形网络拓扑结构的功能。

（1）当 CAN 总线（推荐屏蔽双绞线截面面积不小于 $1.0mm^2$）布线长度超过 3km 或通信不稳定时，可添加中继器以延长总线通信距离；

（2）当单个 CAN 回路内的节点数目过多，影响通信稳定性时，可添加中继器拓展总线节点数目；

（3）每台控制器配接 1 个中继器，可组建星形拓扑结构；

（4）每台控制器配接 2 个中继器，可组建环形拓扑结构。

2. 中继器的安装与布线

1）中继器的安装

中继器用于抗干扰使用时，应安装于存在干扰的现场以外，如直接安装于控制器内；中继器作为延长总线通信距离使用时，应安装于控制器总线距离小于或等于 1000m 处；采用

M4 螺钉固定，室内安装。

2）中继器的布线

LD-8321 中继器接线端子如图 2.76 所示。

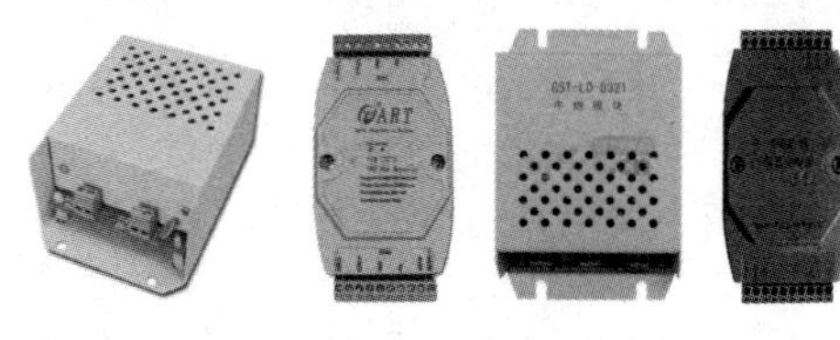

图 2.75　中继器实物

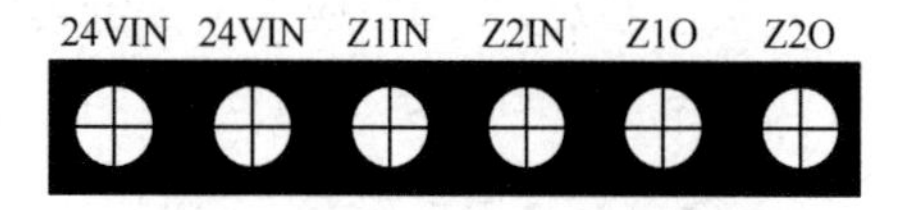

图 2.76　LD-8321 中继器接线端子

其中：

24VIN：DC 18V～DC 30V 电压输入端子。

Z1IN、Z2IN：无极性信号二总线输入端子，与控制器无极性信号二总线输出连接，距离应小于 1000m。

Z1O、Z2O：隔离无级性二总线输出端子。

布线要求：无极性信号二总线采用 RVS 双绞线，截面面积不小于 1.0mm^2；24V 电源线采用 BV 线，截面面积不小于 1.5mm^2。

3．编码中继器和终端

在消防系统中为了降低造价，偶尔会使用一些非编码设备，如非编码感烟火灾探测器、非编码感温火灾探测器等，但因为这些设备本身不带地址，无法直接与信号总线相连，所以需要加入编码中继器（编码中继器为编码设备）和终端，以便使非编码设备能正常接入信号总线中。下面以 LD-8319 编码中继器和 LD-8320 有源终端为例，对其接线方式和功能加以说明。

1）GST-LD-8320/GST-LD-8320A 型终端器

在非编码火灾自动报警系统中，传统方式都是通过在回路终端连接一个电阻来维持系统的正常工作，一旦匹配不当将使整个报警系统工作不正常，甚至会产生误报警等问题。GST-LD-8320/GST-LD-8320A 终端器与 GST-LD-8319 输入模块配套使用，取代了终端电阻，当报警系统输出回路中有现场设备被取下时，GST-LD-8319 中继器可向控制器报出故障，但不影响其他现场设备的正常工作，有效解决了上述问题，大大提高了非编码报警系统的可靠性。终端器如图 2.77（a）所示。

2）LD-8319 编码中继器

LD-8319 编码中继器是一种编码模块，只占用一个编码点，地址编码采用电子编码方式，用于连接非编码火灾探测器等现场设备，当接入编码中继器输出回路中的任何一个现场非编码设备报警后，编码中继器都会将报警信息传给报警控制器，控制器产生报警信号并显示出编码中继器的地址编号。编码中继器可配接 JTFB-GOF-GST601 非编码感烟感温复合火灾探测器、JTY-GF-GST104 非编码光电感烟火灾探测器及 JTWB-ZCD-G1(A)非编码电子差定温感温火灾探测器等。编码中继器具有输出回路断路检测功能，输出回路的末端连接 LD-8320 有源终端，当输出回路断路时，编码中继器将故障信息传送给报警控制器，控制器显示出编码中继器的编码地址；当输出回路中有现场设备被取下时，编码中继器会报故障，但不影响其他现场设备的正常工作。一个编码中继器可带多个非编码火灾探测器，也可多种火灾探测器混用，但混用数量不超过 15 个。具体接线方式如图 2.77（b）所示。

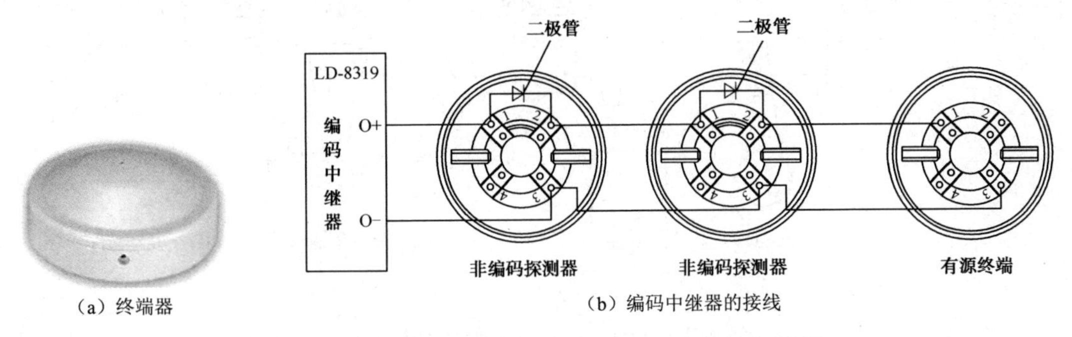

（a）终端器　　（b）编码中继器的接线

图 2.77 编码中继器和终端及非编码设备的接线示意

2.3.7 总线隔离器

本节以 GST-LD-8313 为例介绍总线隔离器。

1．总线隔离器的作用

总线隔离器又被称为短路隔离器，GST-LD-8313 总线隔离器如图 2.78 所示。它的作用是当总线发生故障时，将发生故障的总线部分与整个系统隔离开来，以保证系统的其他部分能够正常工作，同时便于确认发生故障的总线部位。当故障部分的总线被修复后，隔离器可自动恢复工作，将被隔离的部分重新纳入系统。

2．总线隔离器的设置和布线

系统总线上应设置总线隔离器，每个总线隔离器保护的火灾探测器、手动报警按钮和模块等消防设备的总数不应超过 32 点；总线穿越防火分区时，应在穿越处设置总线隔离器。

总线隔离器的接线端子如图 2.79 所示。

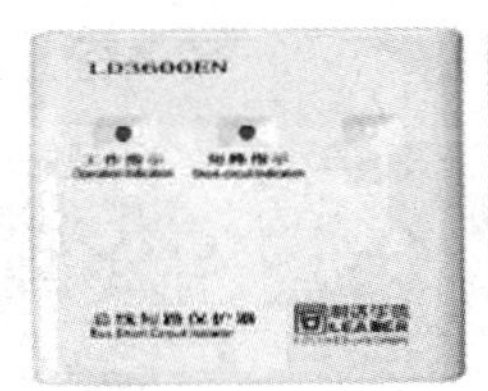
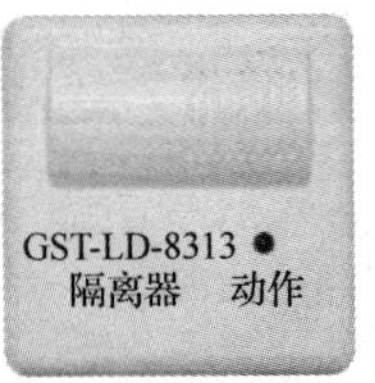

图 2.78 GST-LD-8313 总线隔离器

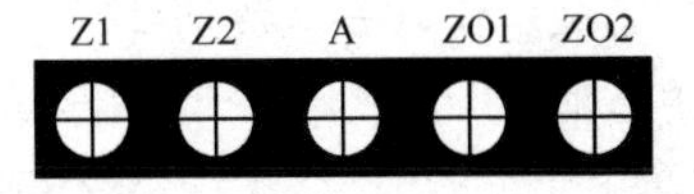

图 2.79 总线隔离器的接线端子

其中，Z1、Z2 为无极性信号二总线输入端子；ZO1、ZO2 为无极性信号二总线输出端子，最多可接入 50 个编码设备（含各类火灾探测器或编码模块）；A 为动作电流选择端子，与 ZO1 短接时，隔离器最多可接入 100 个编码设备（含各类火灾探测器或编码模块）。

布线要求：直接与信号二总线连接，无须其他布线，可选用截面面积不小于 1.0mm^2 的 RVS 双绞线。

3．总线隔离器的应用示例

总线隔离器应接在各分支回路中，以起到短路保护的作用，如图 2.80 所示。工程设计案例在前面图中均有所运用，可前往阅读。

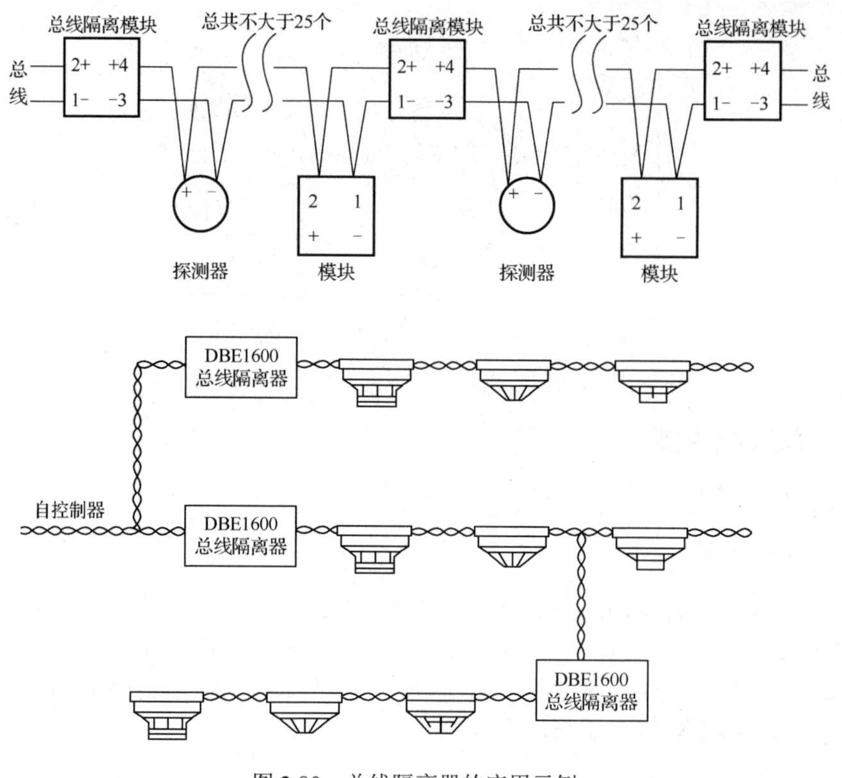

图 2.80　总线隔离器的应用示例

2.3.8　总线驱动器

1．总线驱动器的作用

计算机有地址、数据、控制3种总线。第一，由于总线上需要驱动的负荷多，中央处理器（Central Processing Unit，CPU）是大规模集成电路，不具备功率驱动能力，总线驱动器的作用是提供功率驱动；第二，CPU常常是分时复用总线，即在不同时段，引脚上出现的信号功能不同，需要锁存器存储并分离信号，起锁存器的作用。总之，总线驱动器的作用是增强线路的驱动能力，同时起锁存器的作用。总线驱动器实物如图2.81所示。

图 2.81　总线驱动器实物

2．总线驱动器的使用场所

（1）当一台报警控制器监控的部件超过200个时，约每200个部件用1个总线驱动器。

（2）如果所监控设备电流超过200 mA，约每200 mA用1个总线驱动器。

（3）如果总线传输距离太长、太密，超过500 m安装1个总线驱动器（也有厂家超过1000m安装1个总线驱动器，应结合厂家产品而定）。

2.3.9　区域显示器

1．作用及适用范围

当一个系统中不安装区域火灾报警控制器时，应在各报警区域安装区域显示器（又被称为火灾显示盘或层显），其作用是显示来自消防中心报警器的火警信息，适用于各防火监视分区或楼层。

2．功能及特点

图 2.82 所示为 ZF-500 型汉字液晶火灾显示盘的外形，它是用单片机设计开发的汉字式火灾显示盘，用来显示火灾探测器部位编号及其汉字信息，并同时发出声光报警信号，显示内容清晰、直观，便于消防人员确认。它通过总线与火灾报警控制器相连，处理并显示控制器传送过来的数据。当用一台报警器同时监控数个楼层或防火分区时，可在每个楼层或防火分区设置火灾显示盘，以取代区域火灾报警控制器。

3．布线

液晶火灾显示盘的接线端子如图 2.83 所示。其中，A、B 为连接火灾报警控制器的通信总线端子；+24V、GND 为 DC 24V 电源线端子。

布线要求：DC 24V 电源线采用 BV 线，截面面积不小于 $2.5mm^2$；A、B 外接的通信线采用 RVVP 屏蔽线，截面面积不小于 $1.0mm^2$。

图 2.82　ZF-500 型汉字液晶火灾显示盘的外形

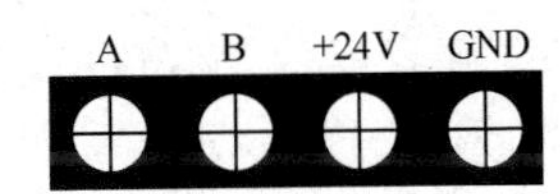

图 2.83　液晶火灾显示盘的接线端子

2.3.10　消防控制室图形显示装置的设置

在大型消防系统中必须采用微机显示系统，即 CRT 系统（现被称为消防控制室图形显示装置），它包括系统的接口板、计算机、彩色监视器、打印机，是一种高智能化的显示系统。该系统采用现代化手段、现代化工具及现代化的科学技术代替以往庞大的模拟显示屏，其先进性对造型复杂的建筑群体更加突出，它的外形如图 2.84 所示。

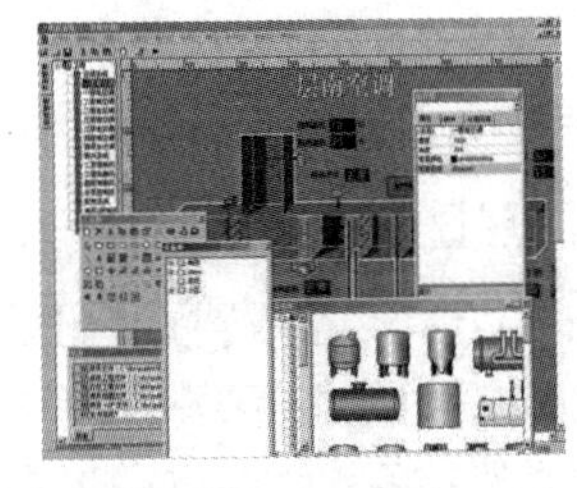

图 2.84　GSTCRT2001 彩色 CRT 显示系统示意

1．消防控制室图形显示装置的设置要求

（1）消防控制室图形显示装置应设置在消防控制室内，并应符合火灾报警控制器的安装设置要求。

（2）消防控制室图形显示装置与火灾报警控制器、消防联动控制器、电气火灾监控器、可燃气体报警控制器等消防设备之间，应采用专用线路连接。

（3）消防控制室图形显示装置可逐层显示区域平面图、设备分布情况，可以对消防信息进行实时反馈、及时处理、长期保存，消防控制室内要求 24h 有人值班，将消防控制室图形

显示装置设置在消防控制室，可更迅速地了解火情，指挥现场处理火情。

消防控制室图形显示装置可用于火灾报警及消防联动设备的管理与控制，以及设备的图形化显示，可与火灾报警控制器（联动型）组成功能完备的图形化消防中心监控系统，并且图形显示装置之间可以通过局域网、RS-232/RS-422 等方式进行联网，接收、发送、显示设备的异常信息及主机信息，从而实现火灾报警系统的远程中央监控。

2. CRT 报警显示系统的作用、组成及要求

1）CRT 报警显示系统的作用

把所有与消防系统有关的建筑物的平面图及报警区域和报警点存入计算机内，在发生火灾时，CRT 显示屏上能自动用声光显示部位，如用黄色（预警）和红色（火警）不断闪动，同时用不同的音响来反映火灾探测器、报警按钮、消火栓、水喷淋等各种灭火系统和送风口、排烟口等的具体位置。用汉字和图形来进一步说明发生火灾的部位、时间及报警类型，打印机自动打印，以便记忆着火时间，进行事故分析和存档，给消防值班人员更直观、更方便地提供火情和消防信息。

2）CRT 报警显示系统的主要组成

计算机主机为商用机或以上（工控机），液晶显示器为 19″（16∶9），CPU 为双核，内存为 2GB，硬盘容量为 160GB，独立显卡，有 1 个 RS-232 串行口，有源音响 3W，正版 Windows XP 操作系统，显卡分辨率为 1440×900；图形软件（按回路或防火分区配置）。

3）对 CRT 报警显示系统的要求

在消防系统的设计过程中，选择合适的 CRT 系统是保证系统正常监控的必要条件，因此要求所选用的 CRT 系统必须具备下列功能。

（1）报警时，自动显示及打印火灾监视平面中的火灾点位置、火灾探测器种类、火灾报警时间。

（2）所有消火栓报警开关、手动报警开关、水流指示器、火灾探测器等均应编码，且在 CRT 平面上建立相应的符号。利用不同的符号、不同的颜色代表不同的设备，在报警时有明显的不同音响。

（3）当火灾自动报警系统需要进行手动检查时，显示并打印检查结果。

（4）所具有的火警优先功能，应不受其他及按用户的要求所编制软件的影响。

3. 消防图形显示系统案例

GST-GM9000 图形显示装置是消防控制中心火警监控、管理系统，它用于火灾报警及消防联动设备的管理与控制及设备的图形化显示，可与火灾报警控制器（联动型）组成功能完备的图形化消防中心监控系统，并且图形显示装置之间可以通过局域网、RS-232/RS-422 等方式进行联网，接收、发送、显示设备的异常信息及主机信息，从而实现火灾报警系统的远程中央监控。

自动维护系统的数据通信，且用户可以通过通信测试功能随时测试系统的数据通信状态，保证系统可靠运行；简单、直观、完整的用户图形监控界面，可在不同监视区的设备布置图上切换显示，并通过不同的颜色显示现场设备的报警及动作、故障、隔离等异常信息，对于指挥现场灭火十分有益；可将报警信息通过局域网传送给远程监控中心；提供报警辅助处理方案，在紧急情况下提示值班人员完成必要的应急操作；完备的数据库管理功能，并具有数据备份功能，可将数据损失降到最低，保证系统安全；系统提供多级密码，便于系统安全管理，防止误操作。

1）系统配置要求

硬件最低配置：P4 1.8GHz 以上 CPU；512MB 内存；4GB 硬盘可用空间。硬件推荐配置：P4 1.8GHz 以上 CPU；512MB 以上内存；4GB 以上硬盘可用空间；Windows 2000、Windows XP 操作系统；依据现场情况选配局域网网卡或调制解调器。

2）系统安装及接线

图形显示装置由硬件和 GST-GM9000 消防控制室图形显示软件组成。装置通过 CRT 显示器显示监控图像，并可以实时显示火警信息及发生火警的区域。图形显示装置由单节琴台柜加计算机主机和 17″CRT 显示器组成。显示器安装在单节琴台上部，由专用的面板和托板固定；计算机主机安装在下部，结构和实物如图 2.85 所示，具体的内部连线如图 2.86 所示。

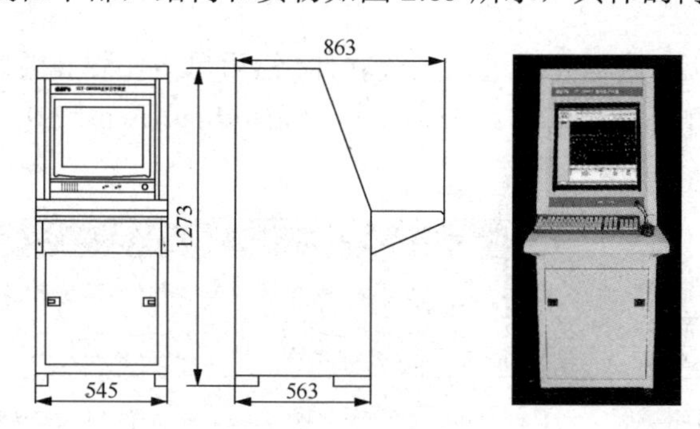

图 2.85　图形显示装置的结构和实物（单位：mm）

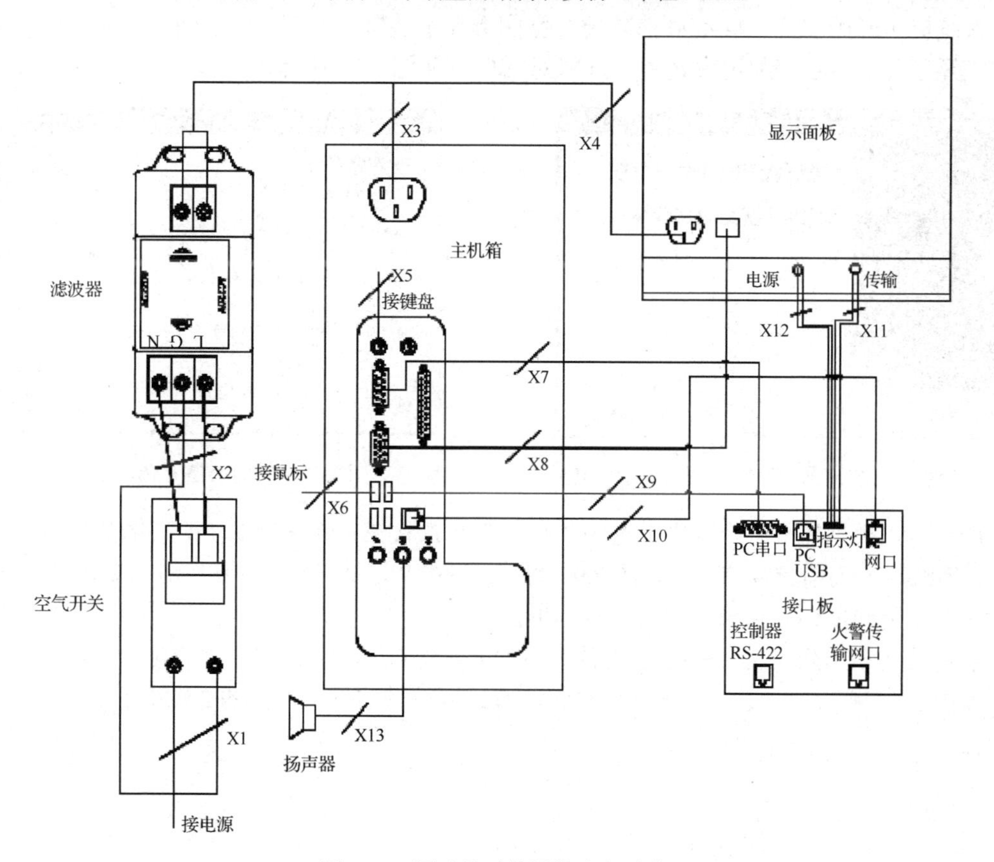

图 2.86　图形显示装置的内部连线

3）指示灯说明

电源灯：绿色，此灯亮表示图形显示装置主机已开机。主机关闭后，此灯熄灭。

传输灯：绿色，此灯闪亮表示图形显示装置正在与远程监控中心进行通信；此灯常亮表示与远程中心通信完毕，等待确认，确认完毕后，此灯熄灭。

4）对外接口说明

对外接口说明如图2.87所示。

控制器RS-422接口：连接火灾报警控制器（联动型）的RS-422通信板接口。

火警传输网口：连接远程监控中心控制室主机网口。

5）系统软件调试

系统硬件安装完毕后，通电源后进入系统软件，然后单击安装文件“GST-GM9000Vll.exe”即可安装。安装过程如下：如果此时系统未安装DotNetFramework2.0，在如图2.88所示界面中单击“是”按钮。

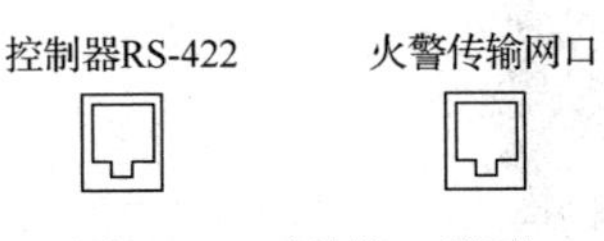

图2.87 对外接口说明

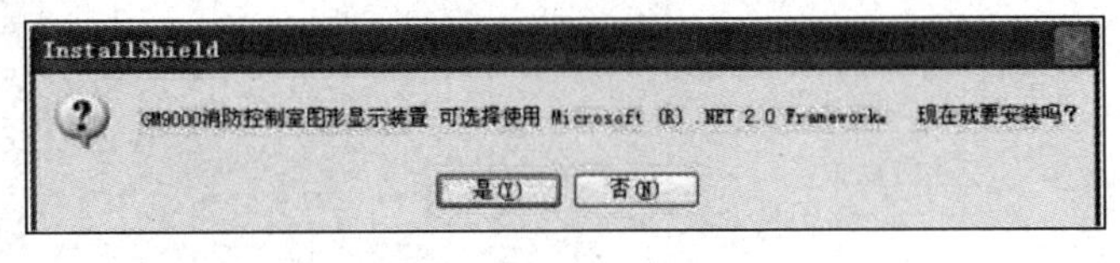

图2.88 提示信息对话框（一）

系统提示开始安装GM9000消防控制室图形显示装置，如图2.89所示。单击“下一步”按钮，经过几步后系统弹出安装类型选择对话框，如图2.90所示。

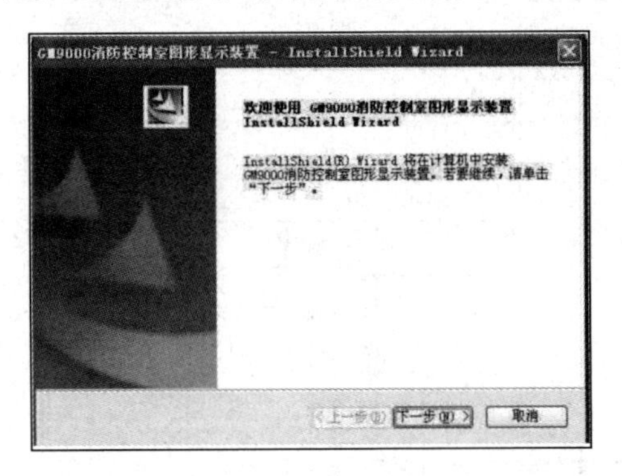

图2.89 系统提示开始安装图形显示装置

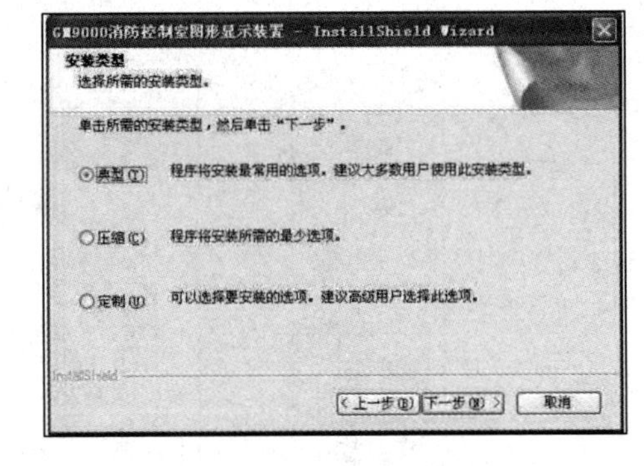

图2.90 安装类型选择对话框

用户可以根据需要进行选择，选中“典型”单选按钮，系统默认安装，单击“下一步”按钮，系统显示当前设置信息，如图2.91所示；选中“定制”单选按钮，然后单击“下一步”按钮，系统将弹出询问选择口的路径对话框。

系统默认安装到Program Files文件夹下的Gst Software文件夹，用户可以更改此安装路径，如图2.91所示。单击“下一步”按钮，系统开始安装软件，如图2.92所示。

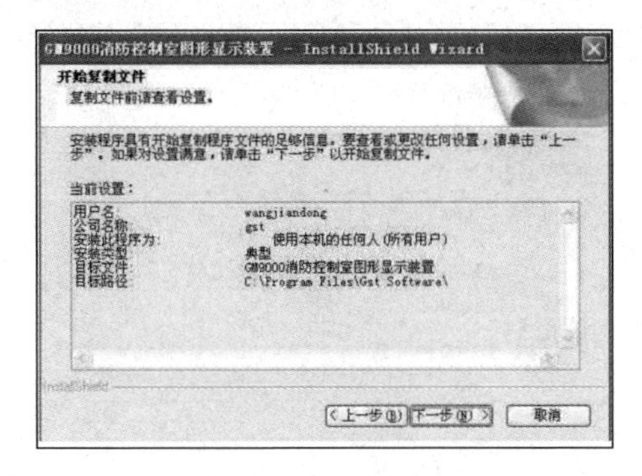

图 2.91　设置信息

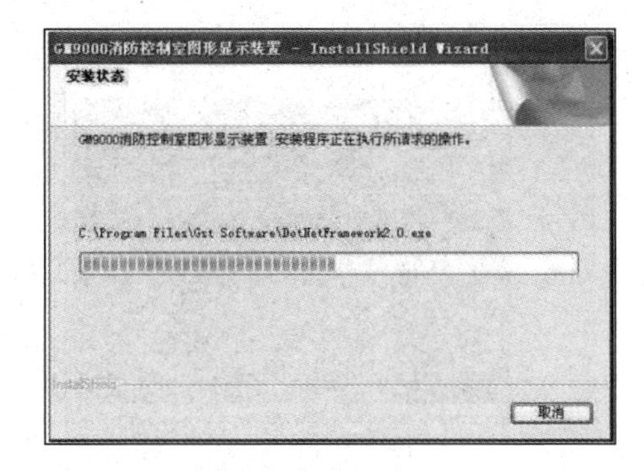

图 2.92　安装状态

软件安装完成后弹出如图 2.93 所示的提示信息。单击“完成”按钮后，系统将弹出“是否安装 232 通讯板 USB 驱动”的提示信息对话框，如图 2.94 所示。

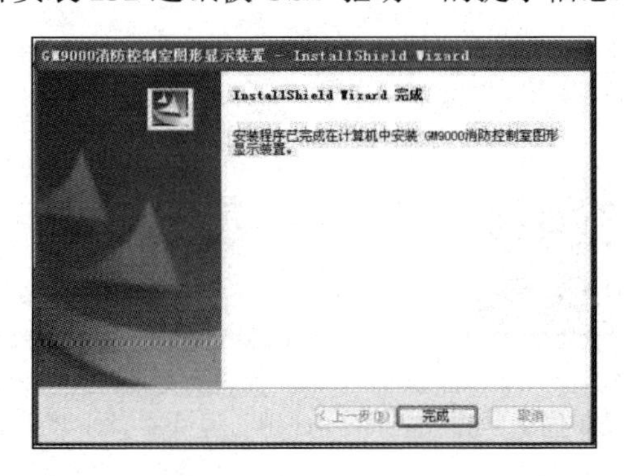

图 2.93　软件安装完成

图 2.94　提示信息对话框（二）

单击“是”按钮进行安装，单击“否”按钮取消安装，安装完毕后或单击“否”按钮后，安装完毕。

安装完毕后可以从“开始”菜单中运行本软件，选择“GM9000 消防控制室图形显示装置”选项中的各选项即可，如图 2.95 所示。

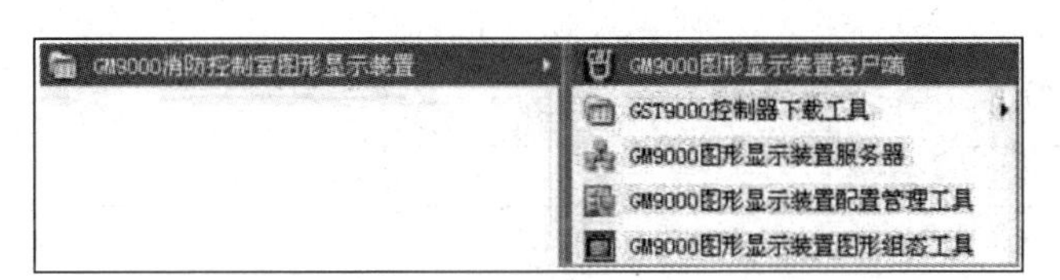

图 2.95　选择各选项

选择“GM9000 图形显示装置客户端”选项，系统将弹出客户端监控软件，如图 2.96 所示。用户如需卸载应用程序，可以再次运行安装程序，安装程序将自动完成卸载操作，如图 2.97 所示。

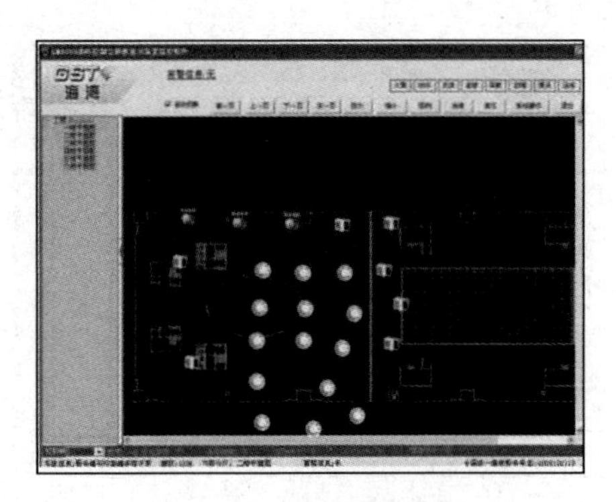

图2.96　客户端监控软件

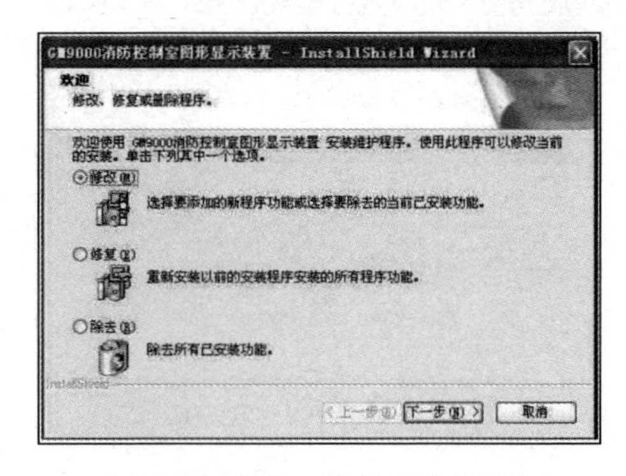

图2.97　修改、修复或删除程序

选中“除去”单选按钮，然后单击“下一步”按钮，就可以完全卸载上次安装的应用程序。软件使用方法详见图形显示装置用户手册。

任务2.4　火灾报警控制器的选用

火灾报警控制器是火灾自动报警系统的心脏，是消防系统的指挥中心，可为火灾探测器供电，接收、处理和传递探测点的火警信号和故障信号，并能发出声、光报警信号，显示和记录火灾发生的部位和时间，通过编程可以实现对各种现场设备的自动控制或手动控制。

扫一扫看火灾报警控制器的选用及识图教学课件

扫一扫看火灾报警控制器的应用与调试实训教学课件

◆教师活动

引导学生从图纸中查出火灾报警控制器，下达如表2.15所示的作业单，让学生对报警中心的火灾报警控制器进行操作与观察，播放动画课件并进行引导性讲解。

表2.15　作业单

名称	作用与功能	在图中位置
火灾报警控制器		
区域火灾报警控制器		
集中火灾报警控制器		

◆学生活动

分组学习研讨→学习下列内容→完成作业单的填写。

2.4.1　火灾报警控制器的分类、功能及型号

1．火灾报警控制器的分类

火灾报警控制器的种类很多，从不同角度有不同分类，具体分类如图2.98所示。其外形如图2.99所示。

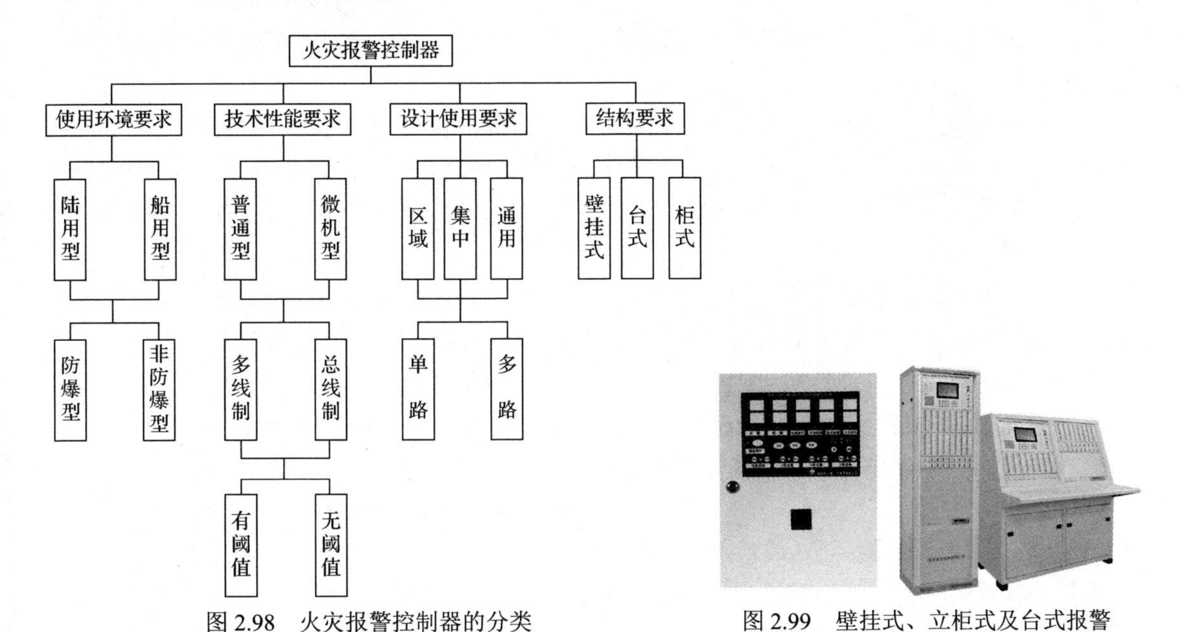

图 2.98　火灾报警控制器的分类

图 2.99　壁挂式、立柜式及台式报警控制器的外形

2．火灾报警控制器的基本功能

（1）主备电源。在控制器中备有浮充备用电池，在控制器投入使用时，应将电源盒上方的主、备电开关全部打开，当主电网有电时，控制器自动利用主电网供电，同时对电池充电；当主电网断电时，控制器会自动切换改用电池供电，以保证系统的正常运行。在主电网供电时，面板主电网指示灯亮，时钟口正常显示时、分值；在备电供电时，备电指示灯亮，时钟口只有秒点闪烁，无时、分显示，这是节省用电，其内部仍在正常走时，当有故障或火警时，时钟口又重新显示时、分值，且锁定首次报警时间。在备电供电期间，控制器报类型号 26 和主电网故障，此外，当电池电压下降到一定数值时，控制器还要报类型号 24 故障。当备电低于 20V 时关机，以防电池过度放电而损坏。

（2）火灾报警。当接收到火灾探测器、手动报警按钮、消火栓报警按钮及输入模块所配接的设备发来的火警信号时，均可在报警器中报警，火灾指示灯亮并发出火灾音响，同时显示首次报警地址号及总数。

（3）故障报警。系统在正常运行时，主控单元能对现场所有的设备（如火灾探测器、手动报警按钮、消火栓报警按钮等）、控制器内部的关键电路及电源进行监视，一有异常立即报警。报警时，故障灯亮并发出长音故障音响，同时显示报警地址号及类型号。

（4）时钟锁定，记录着火时间。系统中时钟走时是软件编程实现的，有年、月、日、时、分。当有火警或故障时，时钟显示锁定，但内部能正常走时，火警或故障一旦恢复，时钟将显示实际时间。

（5）火警优先。在系统存在故障的情况下出现火警，则报警器能由报故障自动转变为报火警，而当火警被清除后又自动恢复报原有故障。当系统存在某些故障而又未被修复时，会影响火警优先功能，如电源故障、当本部位火灾探测器损坏时本部位出现火警、总线部位故障（如信号线对地短路、总线开路与短路等）均会影响火警优先。

（6）调显火警。当火灾报警时，数码管显示首次火警地址，通过键盘操作可以调显其他的火警地址。

（7）自动巡检。报警系统长期处于监控状态，为提高报警的可靠性，控制器设置了检查键，供用户定期或不定期进行电模拟火警检查。处于检查状态时，凡是运行正常的部位均能向控制器发出火警信号，只要控制器能收到现场发回来的信号并有反应而报警，则说明系统处于正常的运行状态。

（8）自动打印。当有火警、部位故障或有联动时，打印机将自动打印记录火警、故障或联动的地址号，此地址号同显示地址号一致，并打印出故障，火警，联动的月、日、时、分。在对系统进行手动检查时，如果控制正常，则打印机自动打印“正常”（OK）。

（9）测试。控制器可以对现场设备信号电压、总线电压、内部电源电压进行测试。通过测量电压值，判断现场部件、总线、电源等是否正常。

（10）部位的开放及关闭。子系统中空置不用的部位（不装现场部件），在控制器软件制作中将被永久关闭。如果需要开放新部位，应与制造厂联系；系统中暂时空置不用的部位，在控制器第一次开机时需要手动关闭；在系统运行过程中，已被开放的部位的部件发生损坏后，在更新部件之前应暂时关闭，在更新部件之后将其开放。部位的暂时关闭及开放有以下几种方法。

① 逐点关闭及逐点开放。在控制器正常运行中，将要关闭（或开放）的部位的报警地址显示号用操作键输入控制器，逐个将其关闭或开放。被关闭的部位如果安装了现场部件，则该部件不起作用；被开放部位如果未安装现场部件，则将报出该部位故障。对于多部件部位（指编码不同的部件具有相同的显示号），进行逐点关闭（或开放），是将该部位中的全部部件实现了关闭（或开放）。

② 统一关闭及统一开放。统一关闭是在控制器报警（火警或故障）的情况下，通过操作键将当时存在的全部非正常部位进行关闭；统一开放是在控制器运行过程中，通过操作键将所有在运行中曾被关闭的部位进行开放。当部位是多部件部位时，统一关闭也只是关闭了该部位中的不正常部件。系统中只要有部位被关闭了，面板上的“隔离”灯就被点亮。

（11）显示被关闭的部位。在系统运行过程中，已开放的部位在其部件出现故障后，为了维持整个系统的正常运行，应将该部位关闭，但应能显示出被关闭的部位，以便人工监视部位的火情并及时更换部件。操作相应的功能键，控制器便顺序显示所有在运行中被关闭的部位。当部位是多部件部位时，这些部件中只要有一个是关闭的，它的部位号就能被显示出来。

（12）输出。控制器中有V端子和G端子，V、G端子间输出DC 24V、2A，向该控制器所监视的某些现场部件和控制接口提供24V电源；控制器有端子L1、L2，可用双绞线将多台控制器连通组成多区域集中报警系统，系统中有一台做集中火灾报警控制器，其他做区域火灾报警控制器；控制器有GTRC端子，用来同CRT联机，其输出信号是标准RS-232信号。

（13）联机控制。联机控制可分为“自动”联动和“手动”启动两种方式，但都是总线联动控制方式。在联动方式时，先按 E 键与自动键，“自动”灯亮，使系统处于自动联动状态。当现场主动型设备（包括火灾探测器）发生动作时，满足既定逻辑关系的被动型设备将自动被联动，联动逻辑因工程而异，出厂时已存储在控制器中。手动启动在“手动允许”时才能实施，手动启动操作应按操作顺序进行。

无论是自动联动还是手动启动，应该动作的设备编号均应在控制板上显示，同时启动灯亮。已经发生动作的设备的编号也在此显示，同时回答灯亮。启动与回答能交替显示。

（14）阈值设定。报警阈值（提前设定的报警动作值）对于不同类型的火灾探测器，其大小不一，目前报警阈值是在控制器的软件中设定的。这样控制器不仅具有智能化和高可靠的火灾报警能力，而且可以按各探测部位所在应用场所的实际情况不同，灵活、方便地设定其报警阈值，以便更加可靠地报警。

3．火灾报警控制器的型号

火灾报警产品的型号是按照中华人民共和国公共安全行业标准《火灾报警控制器产品型号编制方法》（GA/T 228—1999）编制的，其型号含义如图 2.100 所示。

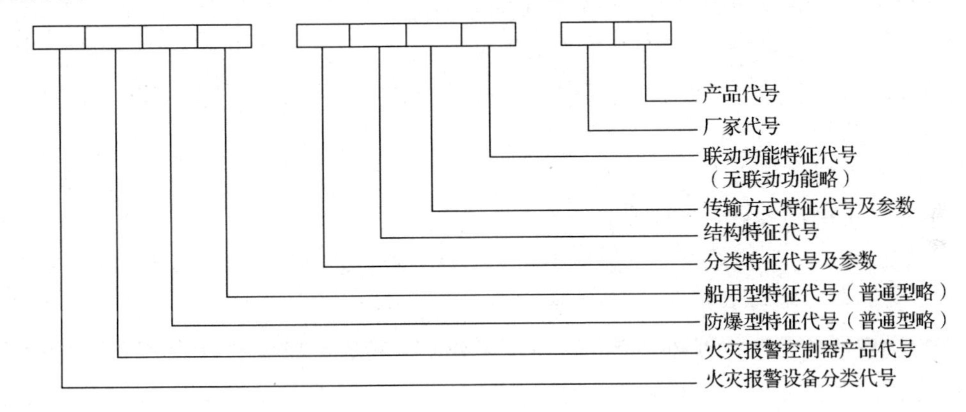

图 2.100　火灾报警控制器的型号含义

（1）类组型特征代号表示法。

① 消防产品中火灾报警设备分类代号。

② 火灾报警控制器产品代号。

③ 应用范围特征代号表示法。应用范围特征代号是指火灾报警控制器的适用场所。适用于爆炸危险场所的为防爆型，否则为非防爆型；适合于船上使用的为船用型，适合于陆上使用的为陆用型。其具体表示方法如下：

B（爆）——防爆型（型号中无“B”代号即为非防爆型，其名称中亦无须指出“非防爆型”）；

C（船）——船用型（型号中无“C”代号即为陆用型，其名称中亦无须指出“陆用型”）。

（2）分类特征代号及参数、结构特征代号、传输方式特征代号及参数、联动功能特征代号表示法。

① 分类特征代号表示法。

Q（区）——区域火灾报警控制器；

J（集）——集中火灾报警控制器；

T（通）——通用火灾报警控制器。

② 分类特征参数表示法。分类特征参数用 1 位或 2 位阿拉伯数字表示。集中或通用火灾报警控制器的分类特征参数表示其可连接的火灾报警控制器数。区域火灾报警控制器的分类特征参数可省略。

③ 结构特征代号表示法。

G（柜）——柜式；

T（台）——台式；

B（壁）——壁挂式。

④ 传输方式特征代号表示法。

D（多）——多线制；

Z（总）——总线制；

W（无）——无线制；

H（混）——总线无线混合制或多线无线混合制。

⑤ 传输方式特征参数表示法。传输方式特征参数用 1 位阿拉伯数字表示。对于传输方式特征代号为总线制或总线无线混合制的火灾报警控制器，传输方式特征参数表示其总线数。对于传输方式特征代号为多线制、无线制、多线无线混合制的火灾报警控制器，其传输方式特征参数可省略。

⑥ 联动功能特征代号表示法。

L（联）——火灾报警控制器（联动型）。

对于不具有联动功能的火灾报警控制器，其联动功能特征代号可省略。

（3）厂家及产品代号表示法。厂家及产品代号为 4～6 位，前 2 位或 3 位用厂家名称中具有代表性的汉语拼音字母或英文字母表示厂家代号，其后用阿拉伯数字表示产品系列号。

（4）分型产品型号。火灾报警控制器分型产品的型号用英文字母或罗马数字表示，加在产品型号尾部以示区别。

（5）型号举例：

① JB-QTD-XXYYY 表示 XX 厂区域台式多线制火灾报警控制器，产品系列号为 YYY。

② JBC-QBZ2L-XXYYYY 表示 XX 厂船用区域壁挂式两总线制火灾报警控制器（联动型），产品系列号为 YYYY。

2.4.2 火灾报警控制器的构造及工作原理

1．火灾报警控制器的构造

火灾报警控制器已完成了由模拟化向数字化的转变，下面以二总线火灾报警控制器为例介绍其构造。

二总线火灾报警控制器集先进的微电子技术、微处理技术于一体，性能完善，控制方便、灵活。硬件结构包括 CPU、电源、只读存储器（Read Only Memory，ROM）、随机存储器（Random Access Memory，RAM）及显示、音响、打印机、总线、扩展槽等接口电路。JB-QT-GST5000 型汉字液晶显示火灾报警控制器的外形结构为琴台式，如图 2.101（a）所示。火灾报警控制器由信息获取与传送电路、中央处理单元、输出电路三大部分组成，如图 2.101（b）所示，其内部构造如图 2.101（c）所示。

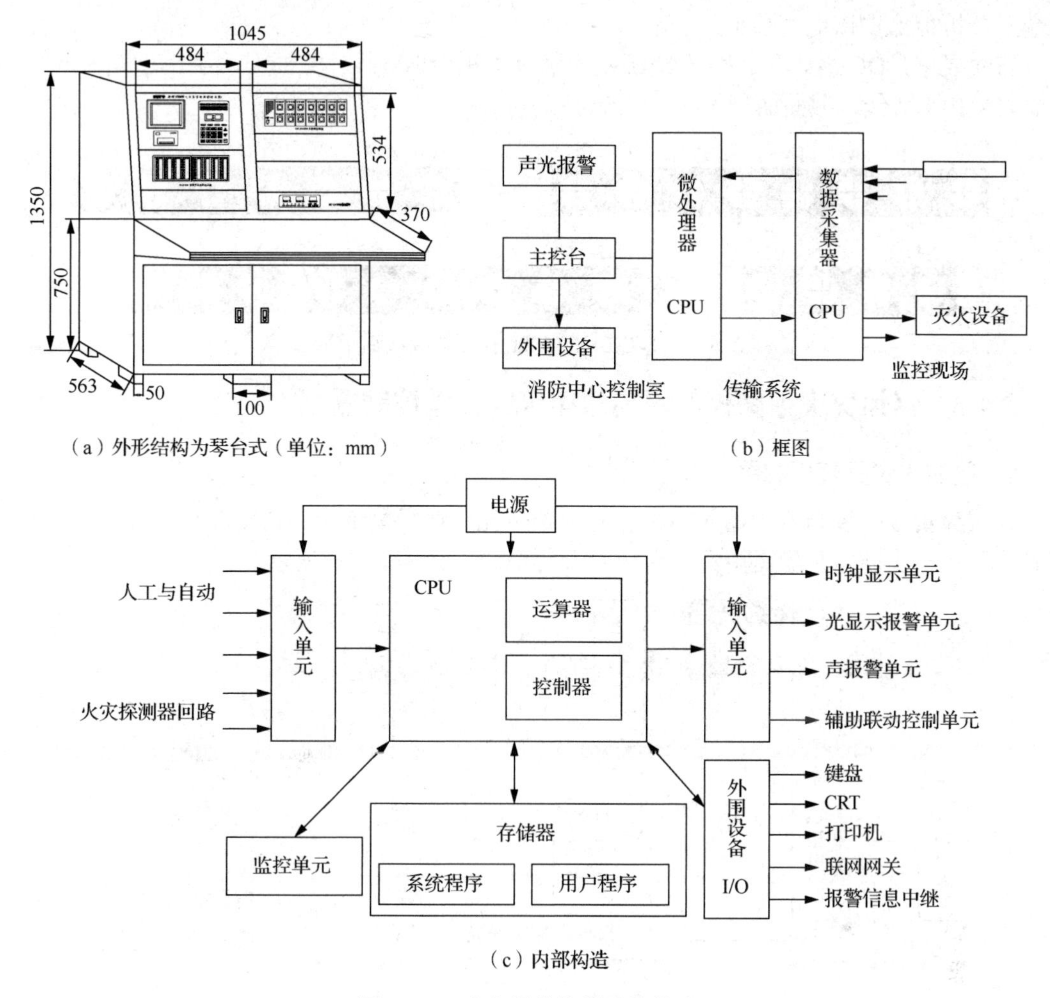

（a）外形结构为琴台式（单位：mm）　（b）框图

（c）内部构造

图 2.101　火灾报警控制器的构造

2．火灾报警控制器的工作原理

在正常无火灾状态下，液晶显示器显示 CPU 内部软件电子时钟的时间，控制器为火灾探测器提供 24V 直流电。火灾探测器二线并联是通过输出接口控制火灾探测器的电源电路发出火灾探测器编码信号和接收火灾探测器回答信号而实现的。

发生火灾时，控制器接收到火灾探测器发来的火警信号，液晶显示器显示火灾部位，电子时钟停在首次火灾发生的时刻，同时控制器发出声光报警信号，打印机打印出火灾发生的时间和部位。当火灾探测器编码电路有故障时，如短路、线路断路、探头脱落等，控制器发出声、光报警信号，显示故障部位并打印。

3．接线端子及布线要求

接线端子如图 2.102 所示。

其中，A、B 为连接其他各类控制器及火灾显示盘的通信总线端子；Z*N*-1、Z*N*-2（*N*=1～18）为无极性信号二总线；OUT1、OUT2 为火灾报警输出端子（无源常开控制点，报警时闭合）；RXD、TXD、GND 为连接彩色 CRT 系统的接线端子；C*N*+、C*N*−（*N*=1～14）为多线制控制输出端子；+24V、GND 为 DC 24V、6A 供电电源输出端子；L、G、N 为 AC 220V 接

线端子及机柜保护接地线端子。

布线要求：DC 24V、6A 供电电源线在竖井内采用 BV 线，截面面积不小于 4.0mm^2；在平面内采用 BV 线，截面面积不小于 2.5mm^2。

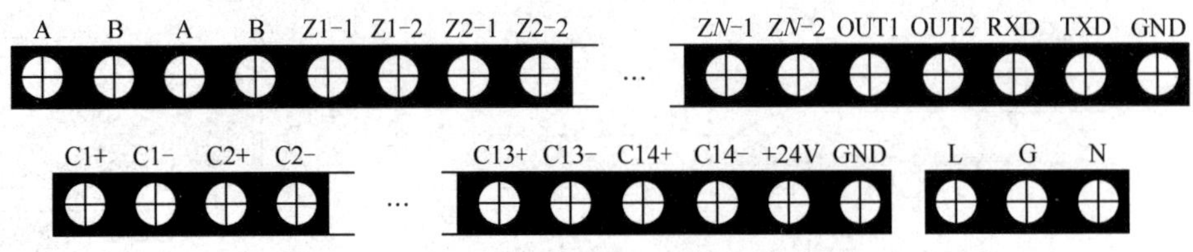

图 2.102　JB-QT-GST5000 控制器接线端子示意

2.4.3　区域火灾报警控制器与集中火灾报警控制器

1. 区域火灾报警控制器

区域火灾报警控制器由输入回路、光报警单元、声报警单元、自动监控单元、手动检查试验单元、输出回路和稳压电源及备用电源等组成，如图 2.103 所示。

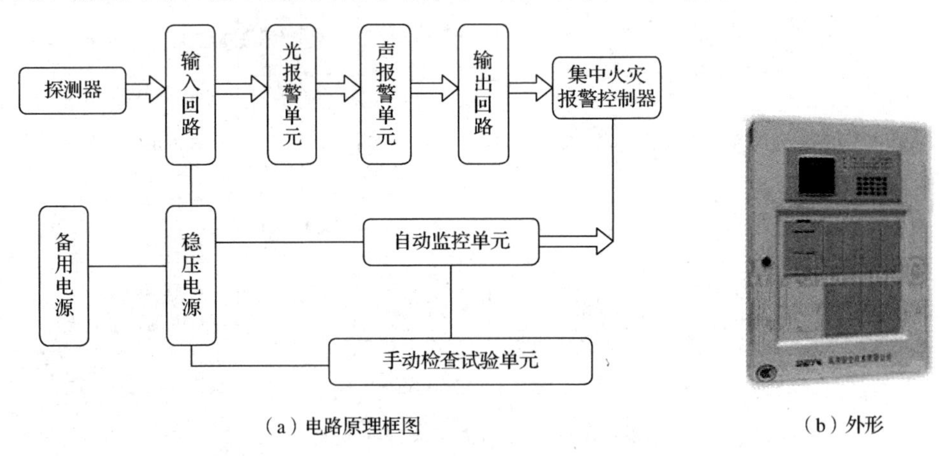

（a）电路原理框图　　（b）外形

图 2.103　区域火灾报警控制器电路原理框图及外形

从图 2.103 中可以看出，输入回路接收各火灾探测器送来的火灾报警信号或故障信号，由声、光报警单元发出声报警信号并显示其发生的部位，通过输出回路控制有关的消防设备，向集中火灾报警控制器传送报警信号。自动监控单元起着监控各类故障的作用。通过手动检查试验单元，可以检查整个火灾报警系统是否处于正常工作状态。

以下是区域火灾报警控制器的主要功能。

（1）供电功能。供给火灾探测器稳定的工作电源，一般为 DC 24V，以保证火灾探测器稳定、可靠地工作。

（2）火警记忆功能。接收火灾探测器测到火灾参数后发来的火灾报警信号，迅速、准确地进行转换处理，以声、光形式报警，指示火灾发生的具体部位，并满足下列要求：火灾报警控制器一接收到火灾探测器发出的火灾报警信号，应立即予以记忆或打印，以防止其随信号来源的消失（如感温火灾探测器自行复原、火势大后烧毁火灾探测器或烧断传输线等）而消失。在火灾探测器的供电电源线被烧坏短路时，也不应丢失已有的火灾信息，并能继续接收其他回路中的手动按钮或机械火灾探测器送来的火灾报警信号。

（3）消声后再次发出声、光报警信号功能。在接收某一回路火灾探测器发来的火灾报警

信号并发出声报警信号后，可通过火灾控制器上的消声按钮人为消声。如果火灾报警控制器此时又接收到其他回路火灾探测器发来的火灾报警信号，它仍能产生声、光报警，以及时引起值班人员的注意。

（4）输出控制功能。具有一对以上的输出控制接点，供火警时切断空调通风设备的电源，关闭防火门或启动自动消防施救设备，以阻止火灾进一步蔓延。

（5）监视传输线切断功能。监控连接火灾探测器的传输导线，一旦发生断线情况，立即以区别于火警的声、光形式发出故障报警信号，并指示故障发生的具体部位，以便及时维修。

（6）主备电源自动切换功能。火灾报警控制器使用的主电源是交流220 V市电，其直流备用电源一般为镍镉电池或铅酸维护电池。当市电停电或出现故障时能自动切换到备用直流电源工作。当备用直流电源电压偏低时，能及时发出电源故障报警信号。

（7）熔丝烧断报警功能。火灾报警控制器中任何一根熔丝烧断时，能及时以各种形式发出故障报警信号。

（8）火警优先功能。火灾报警控制器接收到火灾报警信号时，能自动切除原先可能存在的其他故障报警信号，只进行火灾报警，以免造成值班人员的混淆。只有当火情被排除后，人工将火灾报警控制器复位时，若故障仍存在，才再次发出故障报警信号。

（9）手动检查功能。自动火灾报警系统对火警和各类故障均进行自动监视。平时该系统处于监视状态，在无火警、无故障时，使用人员无法知道这些自动监视功能是否完好，所以在火灾报警控制器上都设置了手动检查试验装置，可随时或定期检查系统各部分、各环节的电路和元器件是否完好无损及系统各种自动监控功能是否正常，以保证自动火灾报警系统处于正常工作状态。手动检查试验后，能自动或手动复原。

2．集中火灾报警控制器

集中火灾报警控制器由输入回路、光报警单元、声报警单元、自动监控单元、手动检查试验单元和稳压电源、备用电源等组成，如图2.104所示。

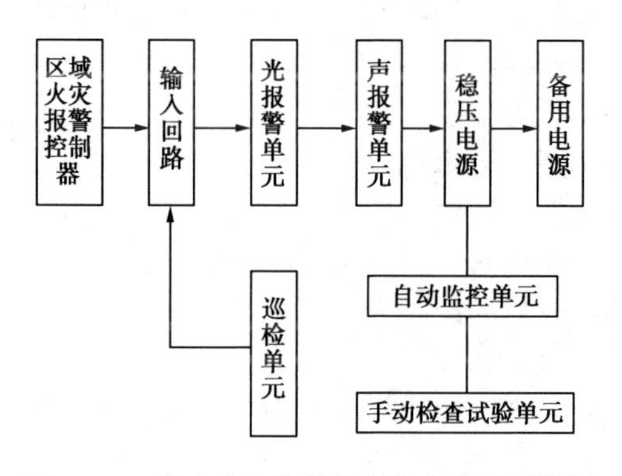

图2.104　集中火灾报警控制器电路原理框图

1）集中火灾报警控制器的信号传输方式

集中火灾报警控制器的电路除输入单元和显示单元的构成和要求与区域火灾报警控制器有所不同外，其基本组成部分与区域火灾报警控制器大同小异。

输入单元的构成和要求，是与信号采集与传递方式密切相关的。目前国内火灾报警控制器的信号传输方式主要有以下4种。

（1）对应的有线传输方式。这种方式简单、可靠。但在探测报警的回路数多时，传输线的数量也相应增多，这就带来了工程投资大、施工布线工程工作量大等问题，故只适用于范围较小的报警系统使用。当集中火灾报警控制器采用这种传输方式时，它只能显示区域号，而不能显示探测部位号。

（2）分时巡回检测方式。采用脉冲分配器，将振荡器产生的连续方波转换成有先后时序的选通信号，按顺序逐个选通每一报警回路的火灾探测器，选通信号的数量等于巡检的点数，从总的信号线上接收被选通火灾探测器送来的火警信号。这种方式减少了部分传输线路，但由于采用数码显示火警部位号，在几个火灾探测回路同时送来火警信号时，其部位的显示就

不能一目了然了，而且需要配接微型机或复示器来弥补无记忆功能的不足。

（3）混合传输方式。这种传输方式可分为两种形式：①区域火灾报警控制器采用一一对应的有线传输方式，所有区域火灾报警控制器的部位号与输出信号并联在一起，各区域火灾报警控制器的选通线全部连接到集中火灾报警控制器上，而集中火灾报警控制器采用分时巡回检测方式，逐个选通各区域火灾报警控制器的输出信号，这种形式，信号传输原理较为清晰，线路适中，在报警速度和可靠性方面能得到较好的保证；②区域火灾报警控制器采用分时巡回检测方式，采用区域选通线加几根总线的总线断续传输方法，这种形式使区域火灾报警控制器到集中火灾报警控制器的集中传输线大大减少。

（4）总线制编码传输方式。其信号传输方式的最大优点是大大减少了火灾报警控制器和各火灾探测器的传输线。区域火灾报警控制器到所有火灾探测器的连线总共有2～4根，连接上百个火灾探测器，能辨别是哪一个火灾探测器处于火灾报警状态或故障报警状态。

这种传输方式使火灾报警控制器在接收某个火灾探测器的状态信号前，先发出该火灾探测器的串行地址编码，该火灾探测器将当时所处的工作状态（正常监视、火灾报警或故障报警）信号发回，由火灾报警控制器进行判别、报警显示等。

在区域火灾报警控制器和集中火灾报警控制器信号传输上，采用数据总线方式或RS-232、RS-424等标准串行接口，用几根线就满足了所有区域火灾报警控制器到集中火灾报警控制器的信号传输。

这种传输方式使传输线数量大大减少，给整个火灾自动报警系统的施工和安装带来了方便，降低了传输线路的投资费用和安装费用。

2）集中火灾报警控制器的功能

集中火灾报警控制器的功能可分为主要功能和辅助功能。

（1）主要功能分为以下两类。

一类集中火灾报警控制器仅反映某一区域火灾报警控制器所监护的范围内有无火警或故障，具体是哪一个部位号不显示。这类集中火灾报警控制器的实际功能与区域火灾报警控制器相同，只是使用级别不同而已。采用这种集中火灾报警控制器构成的火灾自动报警系统，线路较少，维护方便，但不能知道具体是哪一个部位有火警。

另一类集中火灾报警控制器，不但能反映区域号，还能显示部位号。这类集中火灾报警控制器一般不能直接连接火灾探测器，不提供火灾探测器使用的工作电源，而只能与相应配套的区域火灾报警控制器连接。集中火灾报警控制器能对它与各区域火灾报警控制器之间的传输线进行断线故障监视。其他功能与区域火灾报警控制器相同。

（2）集中火灾报警控制器的辅助功能有以下4个方面。

① 记录时间。记录火灾探测器发来的第一个火灾报警信号的时间，为公安消防部门调查火因提供准确的时间依据。

② 打印。为了查阅文字记录，用打印机将火灾或故障发生的时间、部位及性质打印出来。

③ 事故广播。发生火灾时，为减少二次灾害，仅接通火灾层及上、下各一层，以便于指挥人员疏散和扑救。

④ 电话。火灾时，控制器能自动接通专用电话线路，以尽快组织扑救，减少损失。

3. 集中火灾报警控制器与区域火灾报警控制器的区别

集中火灾报警控制器与区域火灾报警控制器的区别如下：

（1）构造不同。两者的传输特性不同，响应接口单元的接口电路也不同。

（2）接收处理信号不同。区域火灾报警控制器处理的探测信号可以是各种火灾探测器、手动报警按钮或其他探测单元的输出信号，而集中火灾报警控制器处理的是区域火灾报警控制器输出的信号。

（3）原理不同。构造和接收信号不同，自然故障原理也有区别。

（4）用途与作用不同。区域火灾报警控制器用于各防火分区，起接收报警信息和传递给集中火灾报警控制器的作用。而集中火灾报警控制器用于消防控制中心，是消防系统的心脏。

4．火灾报警控制器的选择

1）火灾报警控制器容量的选择

（1）火灾报警控制器容量选择的原则。区域火灾报警控制器的容量应不小于报警区域的探测区域总数；集中火灾报警控制器的部位号（M）应不小于系统内最大容量的区域火灾报警控制器的容量。区域号（层号 N）应不小于系统内所连接区域火灾报警控制器的数量。

（2）火灾报警控制器容量选择的方法：划分报警区域。报警区域应按防火分区或楼层划分，一个报警区域宜由一个防火分区或同一楼层的几个防火分区组成；确定探测区域。一个探测区域宜由一个独立房（套）间组成。从主要出入口处能看清其内部的房间。当其最大面积不超过 $1000m^2$ 时，也可划为一个探测区域。非重点保护建筑，相邻的最多 5 个房间，总面积不超过 $400m^2$，并在门口附近设有灯光辅助显示装置；相邻的最多一个房间，总面积不超过 $1000m^2$，并在门口附近设有灯光辅助显示装置，均可划为一个探测区域。还有敞开楼梯间、防烟楼梯间前室、消防电梯前室、消防电梯与防烟楼梯间合用的前室，以及走廊、坡道、管道井、电缆隧道、建筑物闷顶、夹层等场所，应分别单独划分探测区域。

2）火灾报警控制器安装位置的选择

（1）区域火灾报警控制器安装位置的选择。区域火灾报警控制器宜安装在经常有人值班的房间或场所，如值班室、警卫室、楼层服务台等。其环境条件应清洁、干燥、凉爽、外界干扰少，同时应考虑管理、维修方便等条件。

（2）集中火灾报警控制器安装位置的选择。集中火灾报警控制器应设置在专用的房间或消防值班室内，并有直接通向户外的通道，门应向疏散方向开启，入口处要设有明显标志，房间要有较高的耐火等级。其环境条件与区域火灾报警控制器安装场所的要求类同。

2.4.4 火灾报警控制器的线制

接线方式根据产品不同有不同线制，如两线制、三线制、四线制、全总线制及二总线制等。

1．两线制（多线制）方式

两线制的接线计算方法因产品的厂家不同而有所区别，以下介绍的计算方法具有一般性。

（1）区域火灾报警控制器的输入线数为（N+1）根，N 为报警部位数（亦称房间数）。

（2）区域火灾报警控制器的输出线数为（$10+N/10+4$）根，其中，N 为区域火灾报警控制器所监视的部位数目，10 为部位显示器的个数，N/10 为巡检分组的线数，4 包括地线 1 根、层号线 1 根、故障线 1 根、总检线 1 根。

（3）集中火灾报警控制器的输入线数为（10+N/10+S+3），其中，S 为集中火灾报警控制器所控制区域报警器的台数，3 为故障线 1 根、总检线 1 根、地线 1 根。

【实例 10】某高层建筑的层数为 50 层，每层一台区域火灾报警控制器，每台区域火灾报警控制器带 50 个报警点，每个报警点有 1 个火灾探测器，试计算报警器的线数并画出布线图。

解：区域火灾报警控制器的输入线数为(50+1)根=51 根，区域火灾报警控制器的输出线数为(10+50/10+4)根=19 根；集中火灾报警控制器的输入线数为(10+50/10+50+3)根=68 根。

两线制接线如图 2.105 所示，这种接线方式大多在小系统中应用，目前已很少使用。

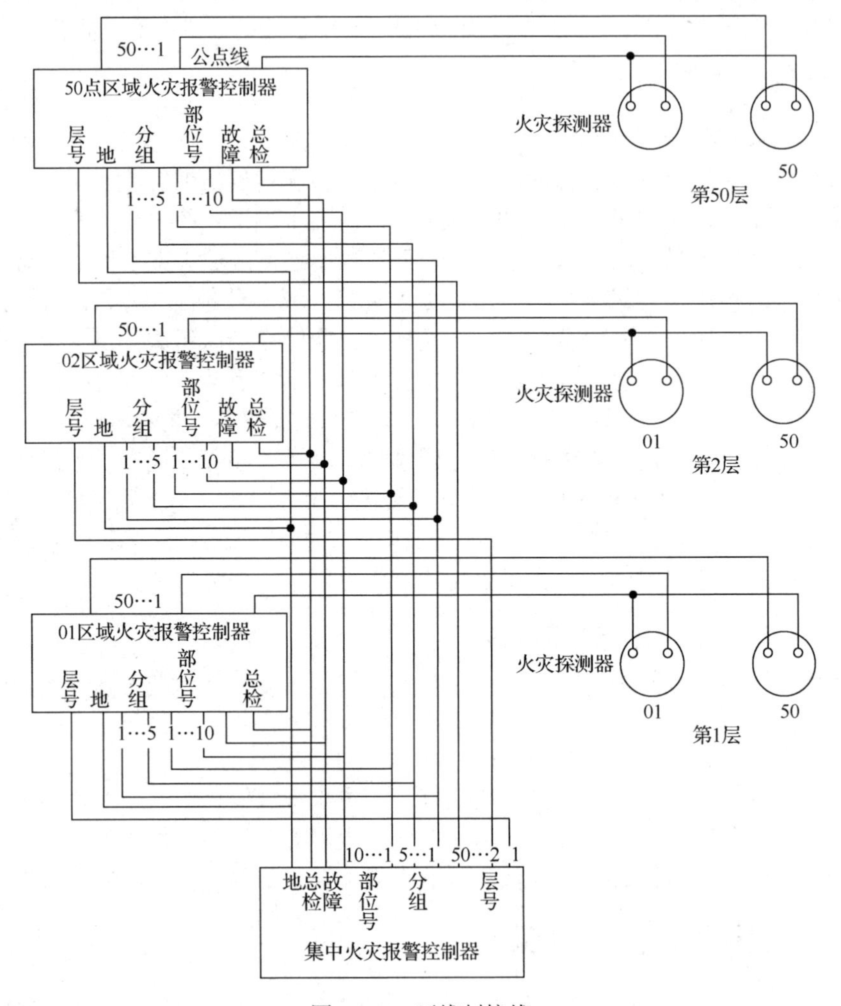

图 2.105　两线制接线

2. 全总线制

这种接线方式在大系统中显示出明显的优势，接线非常简单，给设计和施工带来了较大的方便，大大缩短了施工工期。

区域火灾报警控制器输入线为 5 根（P、S、T、G 及 V 线），即电源线、信号线、巡检控制线、回路地线及 DC 24V 线。

区域火灾报警控制器输出线数等于集中火灾报警控制器接出的 6 条总线，即 P_0、S_0、T_0、G_0、C_0、D_0，其中 C_0 为同步线，D_0 为数据线。之所以被称为四全总线（或总线），是因为该系统中所使用的火灾探测器、手动报警按钮等设备均采用 P、S、T、G 这 4 根线引出至区域火灾报警控制器上，其接线如图 2.106 所示。

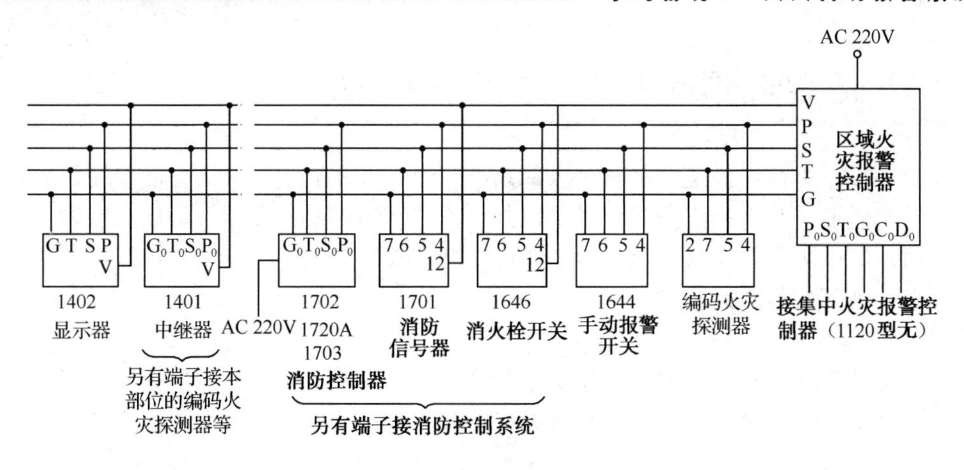

图 2.106　全总线制接线

3．二总线制

因为是无极性二总线安装接线，所以这种接线方式使用更加简便，需要 24V 电源的部位引入无极性 24V 电源总线，不需要 24V 电源的部位仅接入信号总线即可。因为整个火灾报警系统中主要以报警设备为主，所以在施工布线中一般只敷设一对电线，其布线大致如图 2.107 所示。

扫一扫看消防系统编码与报警操作训练指导书

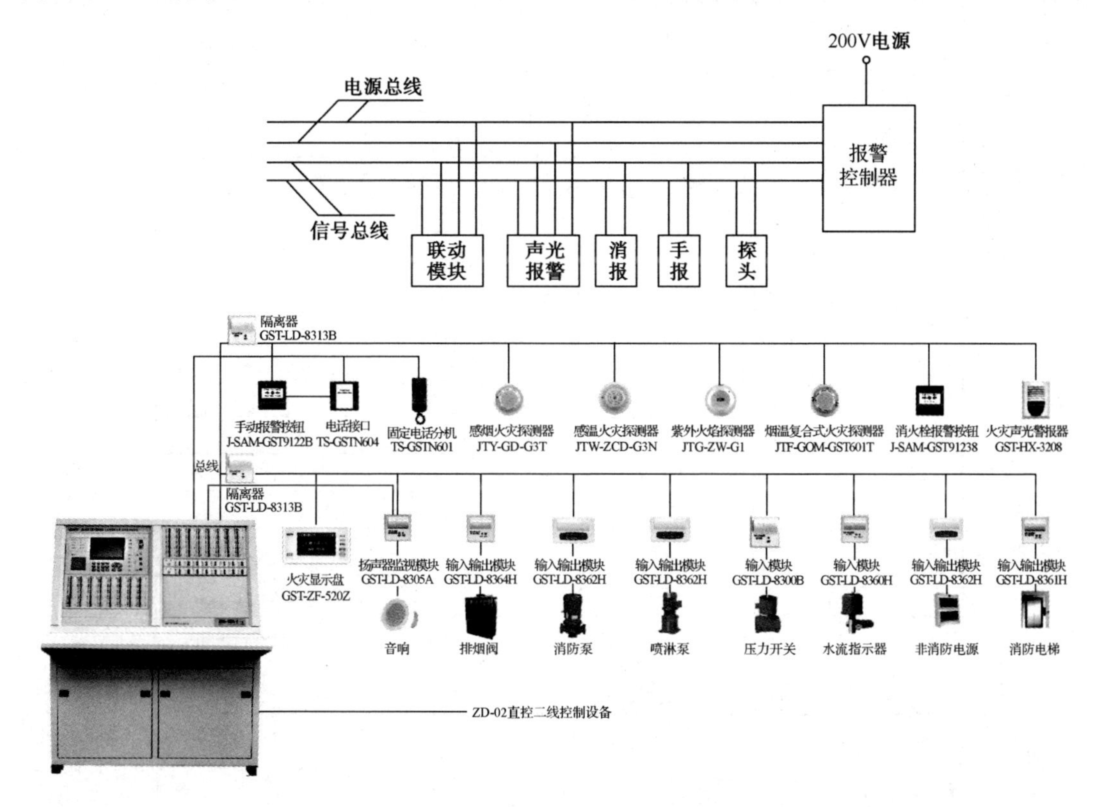

图 2.107　二总线制接线

任务 2.5 火灾自动报警系统及工程图的识读

火灾自动报警系统由传统火灾自动报警系统向现代（智能型）火灾自动报警系统发展。虽然生产厂家较多，其所能监控的范围随报警设备的不同而不同，但设备的基本功能日趋统一，并逐渐向总线制、智能化方向发展，使得系统误报率、漏报率降低。由于用线数大大减少，所以系统的施工和维护非常方便。

◆教师活动

任务引导及描述：从传统的火灾自动报警系统入手，引入智能型火灾自动报警系统；了解火灾自动报警系统的种类、构成特点及控制要求，会根据不同场所选择火灾自动报警系统方案，能够区分传统与智能型火灾自动报警系统，会运用规范，会确定线制。学会火灾自动报警系统识图方法，能够对火灾自动报警系统工程图进行识读，为图纸会审打好基础，通过识图了解规范的实际运用。讲授识图方法→结合本书 2.5.4 节二维码中的消防工程设计图进行识图训练→进行识图指导→采用任务驱动法完成教与学任务→下达如表 2.16 所示的作业单（识图训练）→讲解相关知识→指导识图训练。

表 2.16 作业单（识图训练）

名称	组成环节及特点	设计要求
区域报警系统		
集中报警系统		
控制中心报警系统		
智能型火灾报警系统		

◆学生活动

学习相关知识→分组识图→完成作业单的填写。

2.5.1　传统火灾自动报警系统

传统火灾自动报警系统包括：区域报警系统、集中报警系统和控制中心报警系统，仍是一种有效、实用的重要消防监控系统，下面给予详细阐述。

火灾自动报警系统形式的选择，规范规定：仅需要报警，不需要联动自动消防设备的保护对象，宜采用区域报警系统；不仅需要报警，同时还需要联动自动消防设备，且只设置一台具有集中控制功能的火灾报警控制器和消防联动控制器的保护对象，应采用集中报警系统，并应设置一个消防控制室；设置两个及以上消防控制室的保护对象，或已设置两个及以上集中报警系统的保护对象，应采用控制中心报警系统。

1. 区域报警系统

（1）系统的设计要求。系统应由火灾探测器、手动报警按钮、火灾声光报警器及火灾报警控制器等组成，系统中可包括消防控制室图形显示装置和指示楼层的区域显示器。一个报警区域宜设置一台区域火灾报警控制器；区域报警系统报警控制器台数不应超过两台；当一台区域火灾报警控制器垂直方向警戒多个楼层时，应在每个楼层的楼梯口或消防电梯前室等明显部位，设置识别楼层的灯光显示装置，以便发生火警时，能及时找到火警区域，并迅速采取相应措施；区域火灾报警控制器安装在墙上时，其底边距地面高度应为 1.3～1.5m，靠近其门轴的侧面距墙不应小于 0.5m，正面操作距离不应小于 1.2m；区域火灾报警控制器应设置在有人值班的房间或场所；区域火灾报警控制器的容量应大于所监控设备的总容量；系统中可设置功能简单的消防联动控制设备。

（2）区域报警系统的应用。区域报警系统简单且使用广泛，一般在工矿企业的计算机机房等重要场所和民用建筑的塔楼公寓、写字楼等场所采用。另外，区域报警系统还可作为集中报警系统和控制中心报警系统中最基本的组成设备。塔楼式公寓火灾自动报警系统如图 2.108 所示。目前区域报警系统多数由环状网络构成（如图 2.108 右侧所示），也可能由支状线路构成（如图 2.108 左侧所示），但必须加设楼层报警确认灯。

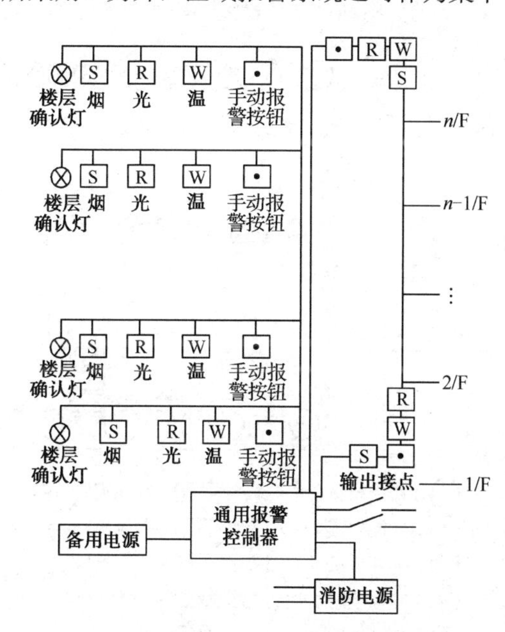

图 2.108　塔楼式公寓火灾自动报警系统

2. 集中报警系统

（1）系统的设计要求。系统应由火灾探测器、手动报警按钮、火灾声光报警器、消防应急广播、消防专用电话、消防控制室图形显示装置、火灾报警控制器、消防联动控制器等组成。系统中应设有一台集中火灾报警控制器和两台以上区域火灾报警控制器，或一台集中火灾报警控制器和两台以上区域显示器（或灯光显示装置）；系统中的火灾报警控制器、消防联动控制器和消防控制室图形显示装置、消防应急广播的控制装置、消防专用电话总机等起集中控制作用的消防设备，应设置在消防控制室内；集中火灾报警控制器应能显示火灾报警部位信号和控制信号，同时也可以进行联动控制；系统中应设置消防联动控制设备；集中火灾

报警控制器及消防联动设备等在消防控制室内的布置，应符合下列要求：

① 设备面盘前的操作距离，单列布置时不应小于1.5m，双列布置时不应小于2m。

② 在值班人员经常工作的一面，设备面盘至墙的距离应不小于3m。

③ 设备面盘的排列长度大于4m时，其两端应设置宽度不小于1m的通道。

④ 设备面盘后的维修距离不宜小于1m。

⑤ 集中火灾报警控制器安装在墙上时，其底边距地面的高度为1.3～1.5m，靠近其门轴的侧面距墙应不小于0.5m，正面操作距离不应小于1.2m。

（2）集中报警系统在一级中档宾馆、饭店中用得比较多。根据宾馆、饭店的管理情况，集中火灾报警控制器（或楼层显示器）设在各楼层服务台，管理比较方便。宾馆、饭店集中报警系统如图2.109（a）所示，集中报警系统的图例如图2.109（b）所示。

3．控制中心报警系统

控制中心报警系统主要用于大型宾馆、饭店、商场、办公楼等，还用在大型建筑群和大型综合楼工程中。控制中心报警系统应由火灾探测器、手动报警按钮、火灾声光报警器及火灾报警控制器等组成，系统中可包括消防控制室图形显示装置和指示楼层的区域显示器。火灾报警控制器应设置在有人值班的场所。系统设置消防控制室图形显示装置时，该装置应具有传输规范的有关信息的功能；系统未设置消防控制室图形显示装置时，应设置火警传输设备。

1）系统的设计要求

（1）系统中至少应设置一台集中火灾报警控制器、一台专用消防联动控制设备和两台及以上区域火灾报警控制器；或至少设置一台火灾报警控制器、一台消防联动控制设备和两台及以上区域显示器。

（2）系统应能集中显示火灾部位信号和联动状态控制信号。

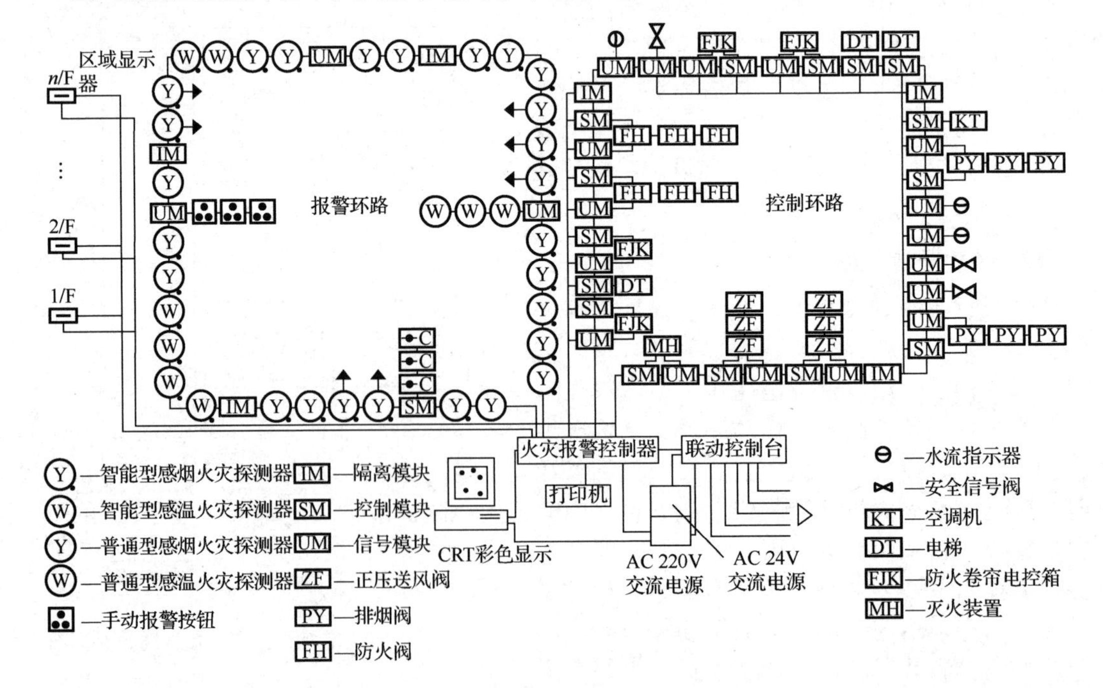

（a）宾馆、饭店集中报警系统

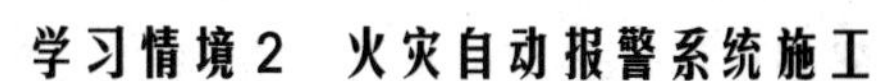

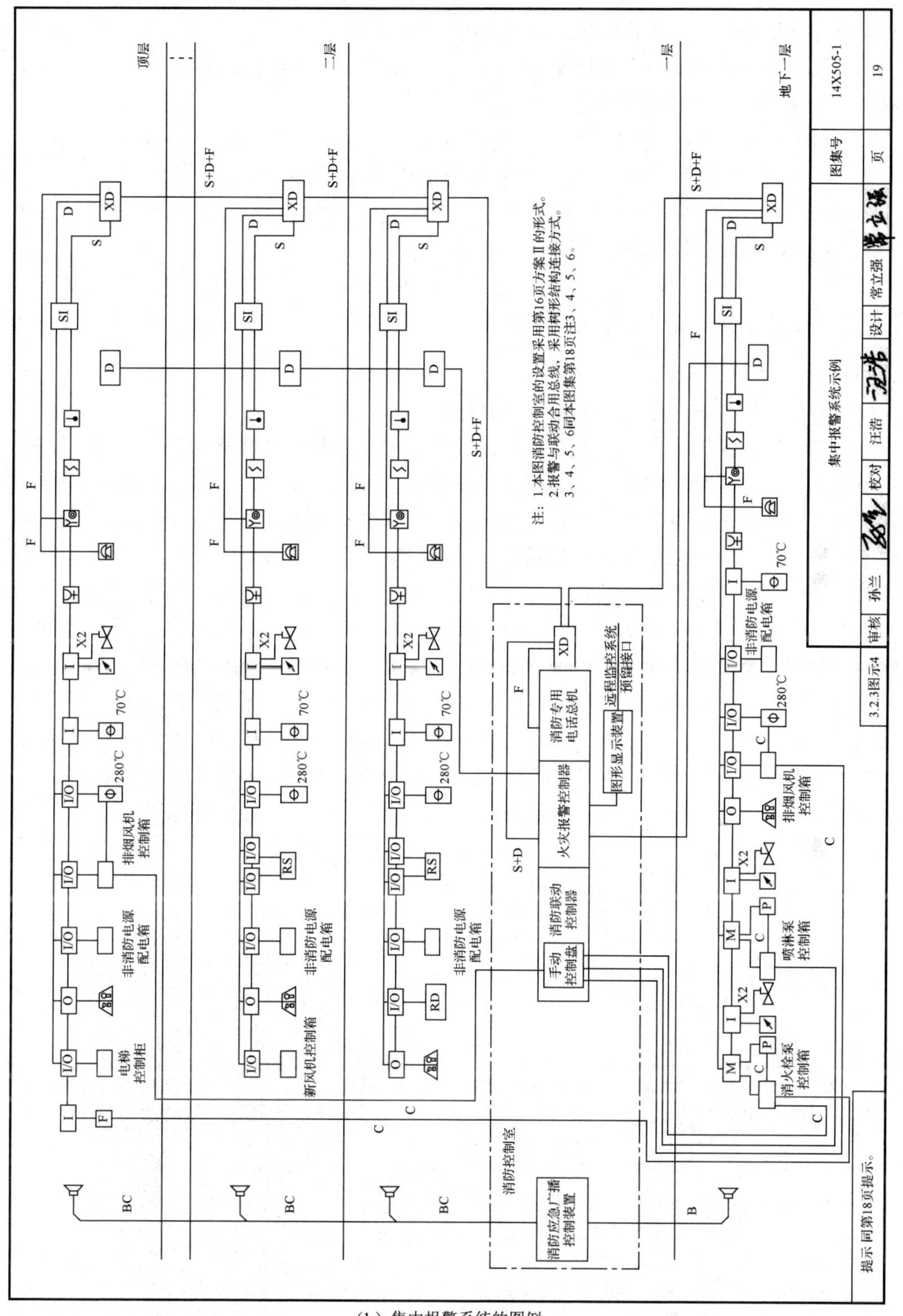

（b）集中报警系统的图例

图 2.109　集中报警系统

（3）有两个及以上消防控制室时，应确定一个主消防控制室；主消防控制室应能显示所有火灾报警信号和联动控制状态信号，并应能控制重要的消防设备；各分消防控制室内消防

设备之间可互相传输、显示状态信息，但不应互相控制。

（4）系统中设置的集中火灾报警控制器或火灾报警控制器和消防联动控制设备在消防控制室内的布置，应符合下列要求：

① 设备面盘前的操作距离，单列布置时不应小于 1.5m，双列布置时不应小于 2m。

② 在值班人员经常工作的一面，设备面盘至墙的距离不应小于 3m。

③ 设备面盘的排列长度大于 4m 时，其两端应设置宽度不小于 1m 的通道。

④ 设备面盘后的维修距离不宜小于 1m。

⑤ 集中火灾报警控制器安装在墙上时，其底边距地面的高度为 1.3～1.5m，靠近其门轴的侧面距墙不应小于 0.5m，正面操作距离不应小于 1.2m。

2）控制中心报警系统应用示例

控制中心报警系统应用示例如图 2.110 所示。

发生火灾后，区域火灾报警控制器将报警信号送到集中火灾报警控制器，集中火灾报警控制器发出声、光信号，同时向联动部分发出指令。每层的火灾探测器、手动报警按钮的报警信号送到同层区域火灾报警控制器，同层的防排烟阀门、防火卷帘等对火灾影响大，但误动作不会造成损失的设备由区域火灾报警控制器联动。联动的回授信号也进入区域火灾报警控制器，然后经母线送到集中火灾报警控制器。必须经过确认才能动作的设备信号，如水流指示器信号、分区断电、事故广播、电梯返底指令等，则由控制中心控制。控制中心配有 IBM-PC 系统，其将集中火灾报警控制器接口传送来的信号进行处理、加工、翻译，再在彩色 CRT 显示器上用平面模拟图形显示出来，便于正确判断和采取有效措施。火灾报警及其处理过程，经加密处理后被存入硬盘，同时由打印机打印输出，供分析、记录事故用。全部显示、操作设备集中安装在一个控制台上。控制台上除 CRT 显示器外，还有立面模拟盘和防火分区指示盘。

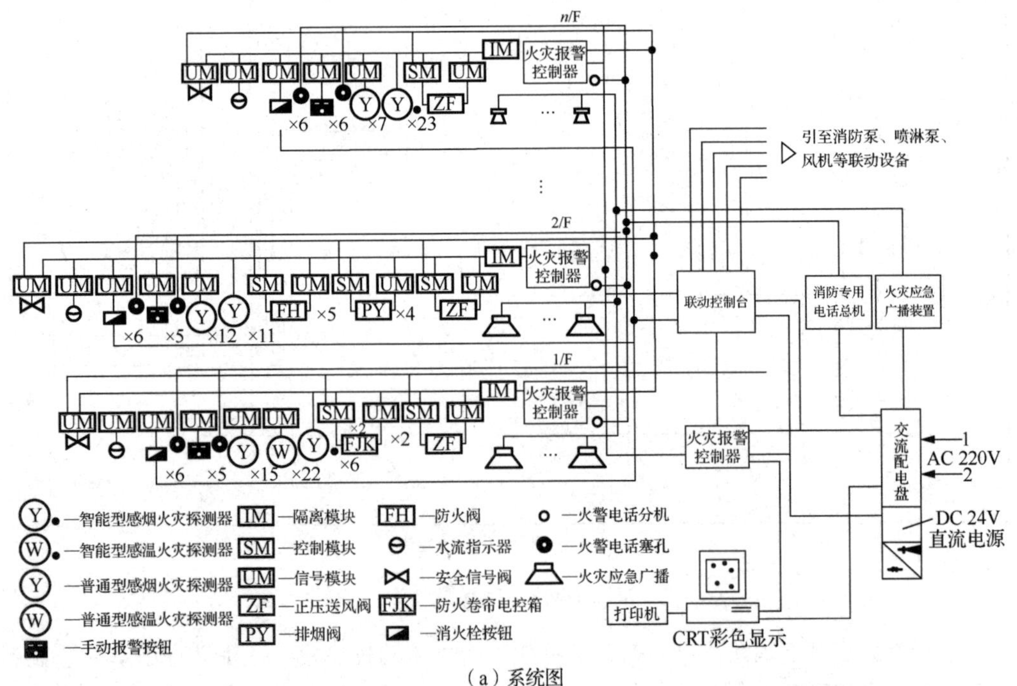

（a）系统图

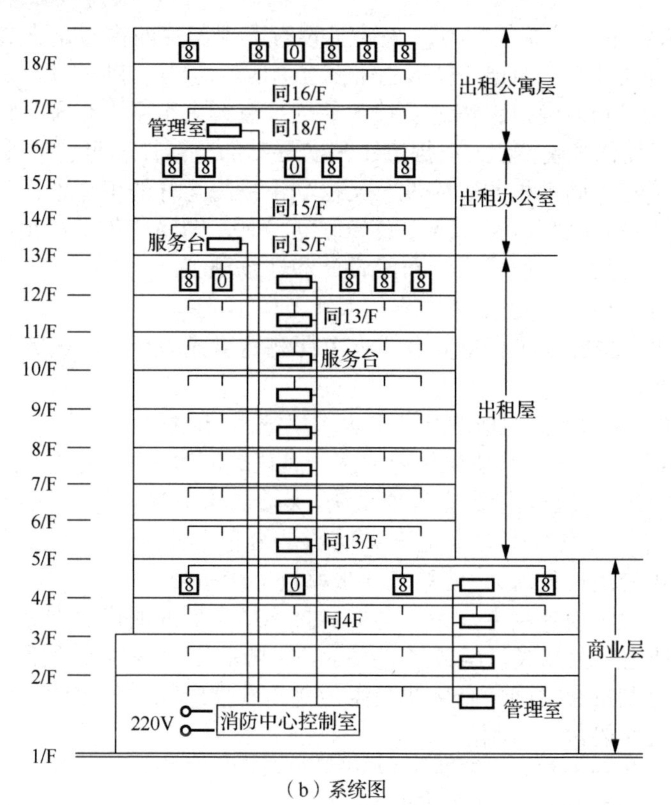

（b）系统图

图 2.110 控制中心报警系统应用示例

2.5.2 智能型火灾自动报警系统

1. 智能型火灾报警系统

（1）智能型火灾报警系统分为主机智能系统和分布式智能系统两种。

主机智能系统：该系统是将火灾探测器阈值比较电路取消，使火灾探测器成为火灾传感器，无论烟雾影响大小，火灾探测器本身不报警，而是将烟雾影响产生的电流、电压变化信号通过编码电路和总线传给主机，由主机内置软件将火灾探测器传回的信号与火警典型信号比较，根据其速度变化等因素判断出是火灾信号还是干扰信号，并增加速度变化、连续变化量、时间、阈值幅度等一系列参考量的修正，只有信号特征与计算机内置的典型火灾信号特征相符时才会报警，这样就减少了误报。

分布式智能系统：该系统是在保留智能模拟探测系统优点的基础上形成的，它将主机智能系统中对探测信号的处理、判断功能由主机返回每个火灾探测器，使火灾探测器真正有智能功能，而主机由于免去了大量的现场信号处理负担，可以从容不迫地实现多种管理功能，从根本上提高了系统的稳定性和可靠性。

智能防火系统布线可按其主机的线路方式分为多总线制和二总线制等。智能防火系统的特点是软件和硬件具有相同的重要性，并在早期报警功能、可靠性和总成本费用方面显示出明显的优势。

（2）智能型火灾报警系统的组成及特点。

① 智能型火灾报警系统的组成。智能型火灾报警系统由智能火灾探测器、智能手动按钮、智能模块、火灾探测器并联接口、总线隔离器、可编程继电器卡等组成。

② 智能型火灾报警系统的特点。采用了设有专用芯片的模拟量火灾探测器；对温度和灰尘等影响实施自动补偿，对电干扰及分布参数的影响进行自动处理，从而为实现各种智能特性，解决无灾误报和准确报警奠定了技术基础；系统采用了大容量的控制矩阵和交叉查寻软件包，以软件编程代替硬件组合，提高了消防联动的灵活性和可修改性；系统采用主-从式网络结构，解决了对不同工程的适应性，又提高了系统运行的可靠性；利用全总线计算机通信技术，既完成了总线报警，又实现了总线联动控制，彻底避免了控制输出与执行机构之间的长距离穿管布线，大大方便了系统布线设计和现场施工；具有丰富的自动诊断功能，为系统维护及正常运行提供了有利条件。

（3）智能型火灾报警系统有由复合式火灾探测器组成的智能型火灾报警系统和 Algo Rex 火灾探测系统两种。

① 由复合式火灾探测器组成的智能型火灾报警系统。据报道，日本已研制出由光电感烟、热敏电阻感温、高分子固体电解质电化电池感一氧化碳气体 3 种传感器制成一体的实用型复合式火灾探测器组成的现代智能型火灾报警系统。复合式火灾探测器的外形如图 2.111（a）所示。

该智能型火灾报警系统配有确定火灾现场是否有人的人体红外线传感器和电话自动应答系统（也可用电视监控系统），使系统误报率进一步下降。

判断火灾和非火灾现象用专家系统与模糊技术结合而成的模糊专家系统进行，如图 2.111（b）所示。判断结论用全部成员函数形式表示。判断的依据是各种现象（火焰、阴燃、吸烟、水蒸气）的确信度和持续时间。全部成员函数是用在建筑物中收集的现场数据和在实验室取得的火灾、非火灾实验数据编制的。

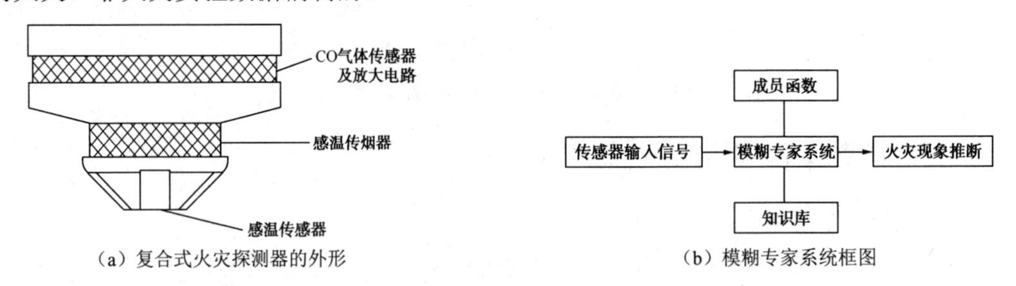

（a）复合式火灾探测器的外形　　（b）模糊专家系统框图

图 2.111　复合式火灾探测器的外形与模糊专家系统框图

复合式火灾探测器、人体红外线传感器用数字信号传输线与中继器连接。建筑物中每层设一个中继器，与中央报警控制器相连。在中继器推论、判断火灾、非火灾时，同时把信息输入中央报警控制器。如果是火灾，则要分析火灾状况。为了实用和小型化，中央报警控制器使用液晶显示器。在显示器上，中继器送来烟雾浓度、温度、一氧化碳浓度的变化，模糊专家系统推论计算出火灾、非火灾的确信度，用曲线和圆图分割形式显示，现场是否有人也一目了然。电话自动应答系统还可把情况准确地通知防灾中心。

② Algo Rex 火灾探测系统。该系统由火灾报警控制器和感温火灾探测器，光电感烟火灾探测器，光电、感温复合的多参数火灾探测器，显示器和操作终端机，手动报警按钮，输入和输出线性模块及其他现代系统所需的辅助装置组成。

火灾报警控制器是系统的中央数据库，负责内、外部通信，通过“拟真试验”确认来自火灾探测器的信号数据，并在必要时发出报警。

该系统的一个突出优点是设有中央数据库，可利用这些算法、神经网络和模糊逻辑的结合识别和解释火灾现象，同时排除环境特征。该系统的其他优点是：控制器体积小，控制器超薄、小口径、造型美观、自纠错，维修过程少，系统容量大，可扩展，即使主机处理器发生故障系统仍可继续工作等。

2．高灵敏度空气采样报警系统

1）高灵敏度空气采样报警系统在火灾预防中的重要作用

（1）在提前做出火灾预报过程中的重要作用。据火灾统计资料，着火后，发现火灾的时间与人员死亡率呈明显的倍数关系。例如，在5min内发现火灾，人员死亡率是0.31%；在5～30min内发现火灾，人员死亡率是0.81%；在30min以上发现火灾，人员死亡率高达2.65%。因此，着火后，尽量提前做出准确预报，对挽救人的生命和减少财产损失方面显得非常重要。

高灵敏度空气采样报警系统（High Sensitivity Air Sampling Alarm System，HSSD）可以提前一个多小时发出三级火警信号（一、二级为预警信号，三级为火警信号），使火灾事故及时消灭于萌芽之中。

（2）在限制哈龙灭火系统使用中的重要作用。采用HSSD与原有的哈龙灭火系统结合安装的方案。由于前者在可燃物质引燃之前就能很好地探测其过热程度，所以提供了充足的预警时间，可进行有效的人为干预，而不急于启动哈龙灭火系统。因此，使哈龙从第一线火灾防御的重要地位降格为火灾的备用设备。这样，就有效地限制和减少了哈龙灭火系统的使用，充分发挥了HSSD提前预报的重要作用。

2）高灵敏度空气采样报警系统示例

这里以海湾公司生产的GST-HSSD型空气采样式感烟火灾探测报警器为例进行详细介绍。该空气采样式感烟火灾探测报警器采用独特的激光技术和当代最先进的人工神经网络技术CLASSIFIRE，灵敏度是传统火灾探测器的1000倍，能根据不同的环境持续地调整系统的最高灵敏度设定和性能。因此，能够区别“肮脏”和“洁净”的工作环境，如白天和夜晚，自动根据环境使用合适的灵敏度和报警阈值。空气采样式感烟火灾探测报警系统的构成如图2.112所示。

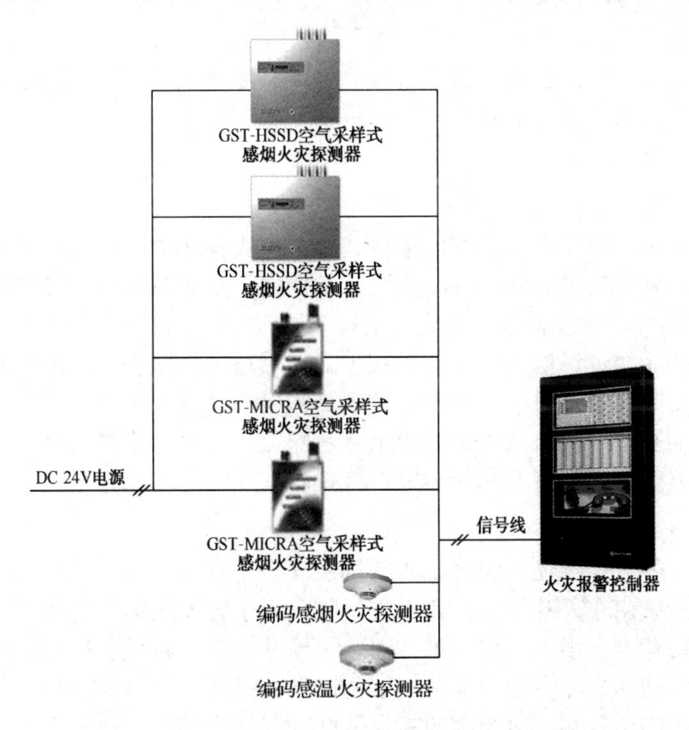

图2.112 空气采样式感烟火灾探测报警系统的构成

3. 采用吸气式火灾探测器对古建筑的保护示例

很多古建筑、展览馆、博物馆等场所需要及时探测和防止火情，但安装了普通点型感烟火灾探测器后可能会影响美观，甚至破坏建筑物的艺术价值，那么火灾探测器就应安装在看不见的地方。吸气式感烟火灾探测器（严苛环境的探测专家）安装灵活，可布置在保护区外，通过空气采样毛细管暗装，或隐藏于天花板的构架上或灯架上，进行隐蔽采样。通过隐藏的毛细管发挥探测作用，采样管路可明可暗，同时采用 DC 24V 低电压，无须在珍贵遗产遗迹中引入电源，完全无损建筑的内在结构和外在美观。

古建筑由于历史悠久，火灾隐患主要场所有：高空气流量的场所；大面积的空旷场合；恶劣环境；需进行隐蔽探测的场所；关键部门场所；人员高度密集、疏散难度大的场所；对电磁屏蔽要求严格的场所；设备难以维护的危险场所，要求火灾早期及时报警。而普通点型火灾探测器的电路容易产生电火花，在某些易燃场所也可能引起爆炸，反而带来无法预计的损失和灾难。吸气式感烟火灾探测器采样管路不带电，火灾探测器可以安装在保护区域之外，在危险环境外部实施维护，维护、维修非常方便，非常适合于线缆夹层、地板下、有害物质存储间、电缆隧道、发电厂、烟草、仓库等环境恶劣的地方，银行、档案馆、轨道交通等重要场所，通信机房、数据中心机房、无人值守室、会展中心等大面积、高气流、人员难以到达、不易接近的地方。

1）系统组成

将由极早期 GST 吸气式智能预警火灾探测器和 JB-QB-GST500 智能火灾报警控制器（联动型）构成的火灾自动报警系统应用在对古建筑的防火保护中。接线示意如图 2.113（a）所示。该方案由 1 台 JB-QB-GST500 智能火灾报警控制器（联动型）、极早期吸气式智能预警火灾探测器系列产品和少量点型感烟火灾探测器构成。由极早期吸气式智能预警火灾探测器系列产品实现报警分区和烟雾探测，可满足古建筑的特殊防火要求。古建筑火灾报警系统如图 2.113（b）所示。

古建筑的防火要求火灾自动报警系统能在火灾早期阶段第一时间报警。火灾探测器等现场设备的安装应符合古建筑的结构形式，尽量不影响古建筑的外观和风格，火灾报警分区灵活、简单，综合造价低。

2）吸气式感烟火灾探测器的基本构造

吸气式感烟火灾探测器等同于空气采样式感烟火灾探测器。吸气式感烟探测系统包括火灾探测器和采样网管。火灾探测器由吸气泵、过滤器、激光探测腔、控制电路、显示电路等组成。吸气泵通过 PVC 管或钢管所组成的采样管网，从被保护区内连续采集空气样品放入火灾探测器。空气样品经过过滤器组件滤去灰尘颗粒后进入探测腔，探测腔有一个稳定的激光光源。烟雾粒子使激光发生散射，散射光使高灵敏度的光接收器产生信号。经过系统分析，完成光电转换。烟雾浓度值及其报警等级由显示器显示出来。主机通过继电器或通信接口将电信号传送给火灾报警控制中心和集中显示装置。

3）系统的工作原理

发生火灾时，吸气式感烟探测系统与常规的（点型）烟雾探测器有所不同。很独特地，吸气式感烟探测系统由在天花板上方或下方每隔几米平行安装的管道组成。在每根管子的上面，每隔几米就钻有一个小孔，这些小孔很均匀地分布在天花板上，这样就形成了一组矩阵型的空气采样孔。利用探测主机内部抽气泵所产生的吸力，空气样品或烟雾通过这些小孔被吸入管道中并传送到达探测主机内部的高灵敏度烟雾探测腔检测空气样品中的烟雾颗粒浓度后，及早发出火灾报警信号给控制中心，于是消防中心即进入执行火警命令的系列工作，这里不再赘述。

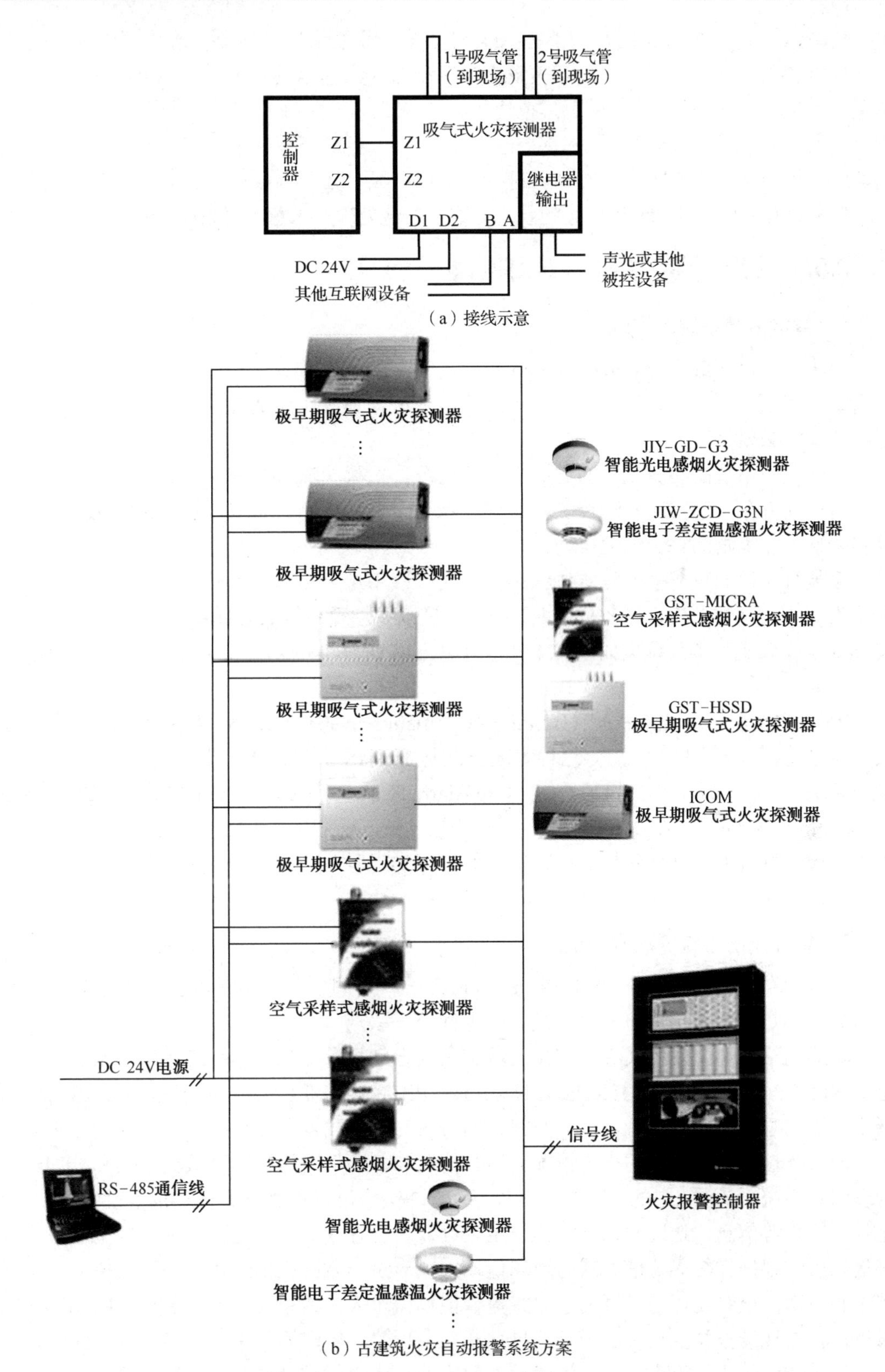

图 2.113　古建筑火灾自动报警系统方案示意

传统火灾自动报警系统与智能型火灾自动报警系统之间的区别主要在于火灾探测器本身的性能得到了较大的提升，由开关量火灾探测器改为模拟量传感器是一个质的飞跃，将烟浓度、上升速度或其他感烟参数以模拟值传给控制器，使系统确定火灾的数据处理能力和智能程度大为增加，减少了误报警的概率。区别还在于，信号处理方法做了彻底改进，即把火灾探测器中的模拟信号不断地送到控制器进行评估或判断，控制器用适当算法判别虚假或真实火警，判断其发展程度及探测受污染的状态。这一信号处理技术意味着系统具有较高的“智能”。

2.5.3 智能消防系统的集成和联网

1. 智能消防系统的集成

消防自动化（Fire Automation，FA）是楼宇自动化（Building Automation，BA）系统的子系统，其能否安全运行非常关键，对消防系统进行集成化控制是保证其安全运行、统一管理和监控的必要手段。

所谓消防系统的集成就是通过中央监控系统，把智能消防系统和供配电、音响广播、电梯等装置联系在一起实现联动控制，并进一步与整个建筑物的通信、办公和保安系统联网，以实现整个建筑物的综合管理自动化。

建筑智能化的集成模式有一体化集成模式、以 BA 和办公自动化（Office Automation，OA）为主的面向物业管理的集成电路模式、建筑设备管理系统（Building Management System，BMS）集成模式和子系统集成模式 4 种，这里仅以 BMS 集成模式为例进行说明。如图 2.114（a）所示。

BMS 实现楼宇自动化系统（Building Automation System，BAS）与火灾自动报警系统、安全检查防范系统之间的集成。这种集成一般基于 BAS 平台，增加信息通信协议转换和控制管理模块，主要实现对火灾报警系统（Fire Alarm System，FAS）和安全自动化系统（Security Automation System，SAS）的集中监视与联动。各子系统均以 BAS 为核心，运行在 BAS 的中央监控计算机上。这种系统简单、造价低，可实现联动功能。国内大部分智能建筑采用这种集成模式。

2. 智能消防系统的联网示例

智能消防系统的联网一般分为两种形式：一种是同一厂家消防报警主机之间内部的联网；另一种是不同厂家消防报警主机之间进行统一联网。

海湾网络公司研发的 GST-119Net 城市火灾自动报警监控管理网络系统，是利用公用电话交换网（Public Switched Telephone Network，PSTN）、GSM 网络（短消息、GPRS）/CDMA 网络（短信息、CDMA 1X）、以太网等通信方式对城市内部分散运行的、独立的、不同厂家生产的火灾自动报警系统的火警情况、运行情况和值班情况进行实时数据采集和处理的监控管理网络系统。该系统中的用户端传输设备可以快速、准确地将火灾自动报警设备中的火警、运行、值班等信息，通过通信网络传送至远程监控管理中心。当远程监控管理中心接收到火警信息后，根据详细火警信息或与现场值班人员对讲，判断火情真伪，确认后自动向 119 指挥中心传送。该系统可通过短消息方式提醒现场值班人员或单位领导，并自动联动相应的摄像机，将与现场报警点相关的视频信息切换到大屏幕。同时系统中显示出相应地区的详细火警信息、GIS 信息及灭火预案，为消防部门快速反应提供辅助决策。系统还可以对联网用户的消防设施和值班人员进行管理，实现对联网监控设备的自动巡检，将消防设施故障信息及人员值班情况及时传送给远程监控管理中心，通过消防管理部门督促相关人员及时处理，达到早期发现火警、及时报警、快速扑灭火灾的目的。

GST-119Net 城市火灾自动报警监控管理网络系统由城市消防网络监控管理中心、119 确认火警显示终端、远程信息显示终端、传输介质和用户端传输设备 5 个部分组成，系统结构如图 2.114（c）所示。

消防网络监控管理中心由数据服务器、通信服务器、多台接警席计算机、监控管理软件、不间断电源（Uninterrupted Power Supply，UPS）、光电模拟沙盘控制管理系统和打印机组成；119 确认火警显示终端设在 119 指挥中心，以文字和图形方式同时显示经确认的火警信息，并查询火警发生地点的详细资料；远程信息显示终端设在省市消防总队或消防管理部门，可在远端（异地）显示联网用户的所有报警信息，方便领导部门随时查阅、关注城市火灾报警网络的运行情况；传输介质主要包括 PSTN、无线网络（诺特网、GSM/GPRS）、计算机网络（LAN/WAN）、光纤等。

用户端传输设备是指网络监控器，就近安装在所监控的报警控制器旁边，并通过传输介质把所监控的报警控制器的各种情况传输到消防网络监控管理中心。它是不同厂家报警控制器与 GST-119Net 系统进行信息传输的主要桥梁，负责不同协议的翻译与不同接口的转换工作，同时还要负责信息的调制解调工作，是整个系统的关键环节，其外形如图 2.114（b）所示。

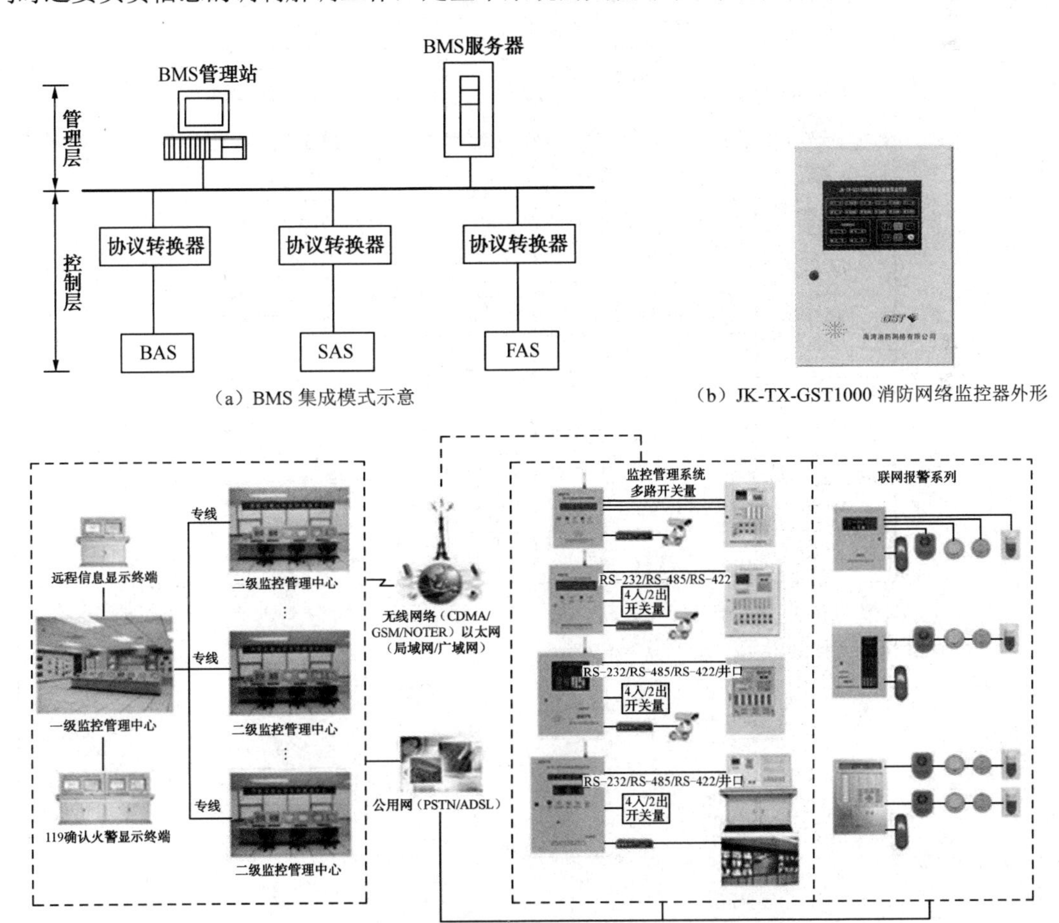

（a）BMS 集成模式示意　　（b）JK-TX-GST1000 消防网络监控器外形

（c）GST-119Net 城市火灾自动报警监控管理网络系统的结构

图 2.114　智能消防系统的集成和联网

训练题 3 火灾自动报警系统的设计。

（1）以本学院的某一建筑为题材，并假定为一类建筑，设计火灾自动报警系统。

（2）算出火灾探测器等设备的数量并进行布置。

（3）选择手动报警按钮、报警器及模块等并进行布置。

（4）绘制平面图及系统图。

为了便于学生对火灾自动报警系统的了解，便于课程设计，这里给出表 2.17 和图 2.115～图 2.117，以供参考。

表 2.17 常用符号

符号	名称	符号	名称
	编码感烟火灾探测器		消防泵、喷淋泵
	普通感烟火灾探测器		排烟机、送风机
!	编码感温火灾探测器		防火、排烟阀
!	普通感温火灾探测器		防火卷帘
	煤气探测器	∅	防火阀
	编码手动报警按钮	T	电梯迫降
	普通手动报警按钮		空调断电
	编码消火栓按钮		压力开关
	普通消火栓按钮		水流指示器
	短路隔离器		湿式报警阀
	电话插口		电源控制箱
	声光报警器		电话
	楼层显示器	3202	报警输入中继器
	警铃	3221	控制输出中继器
	气体释放灯、门灯	3203	红外光束中继器
	广播扬声器	3601	双切换盒

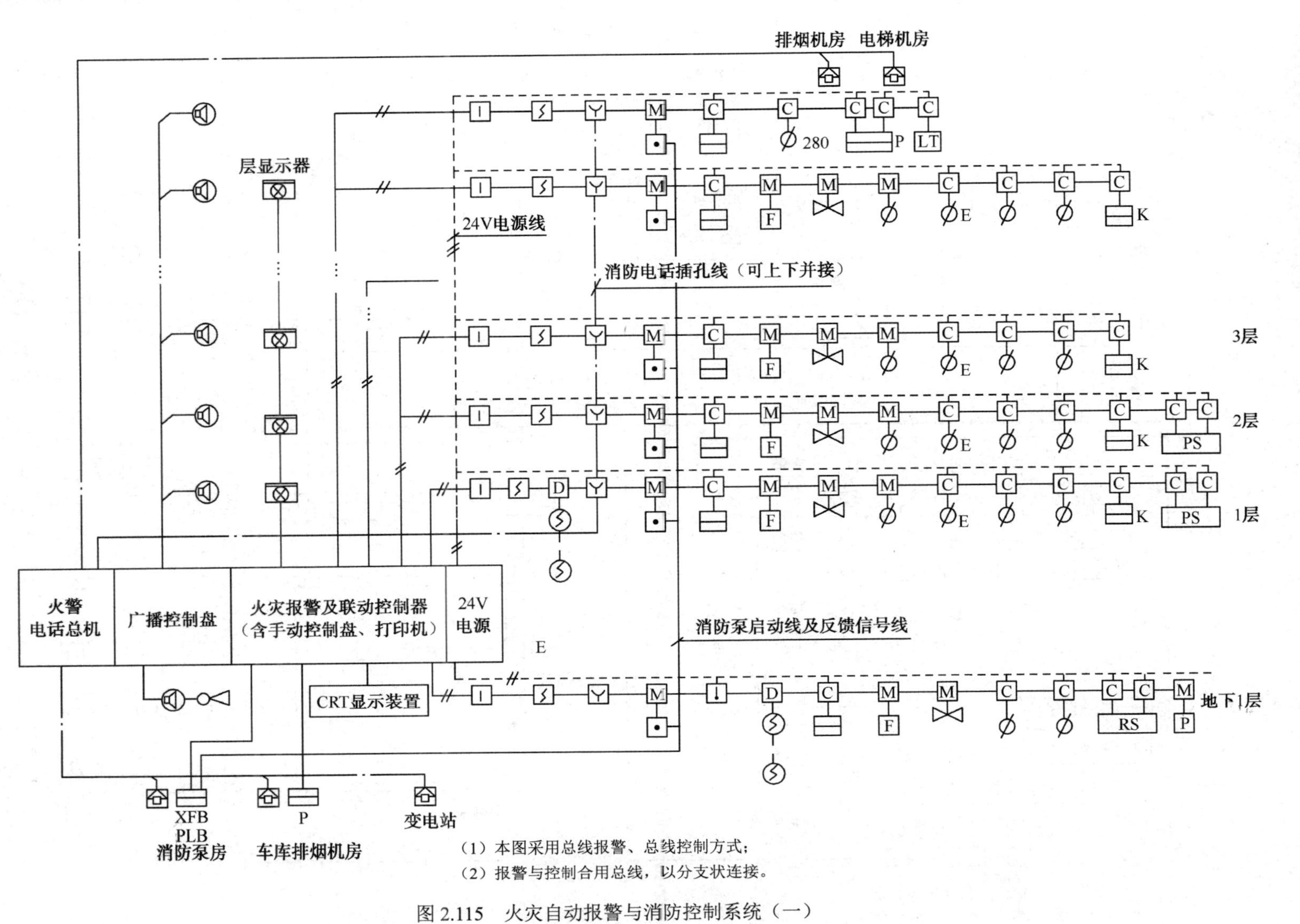

（1）本图采用总线报警、总线控制方式；

（2）报警与控制合用总线，以分支状连接。

图 2.115　火灾自动报警与消防控制系统（一）

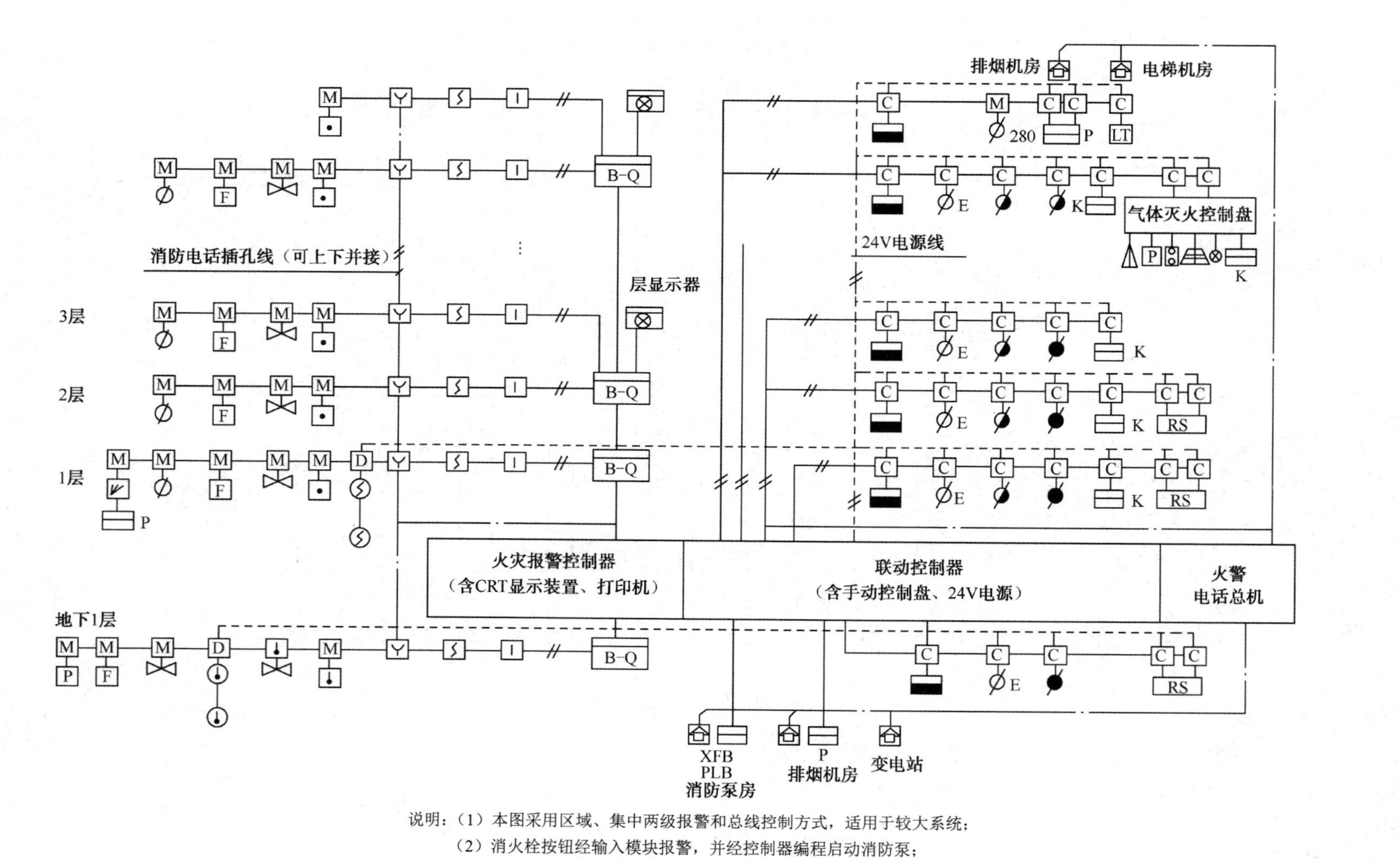

说明：（1）本图采用区域、集中两级报警和总线控制方式，适用于较大系统；

（2）消火栓按钮经输入模块报警，并经控制器编程启动消防泵；

（3）气体灭火采用集中控制方式，设可燃性气体报警及控制；

（4）此类建筑一般另设有广播系统，紧急广播见该系统。

图 2.116　火灾自动报警与消防控制系统（二）

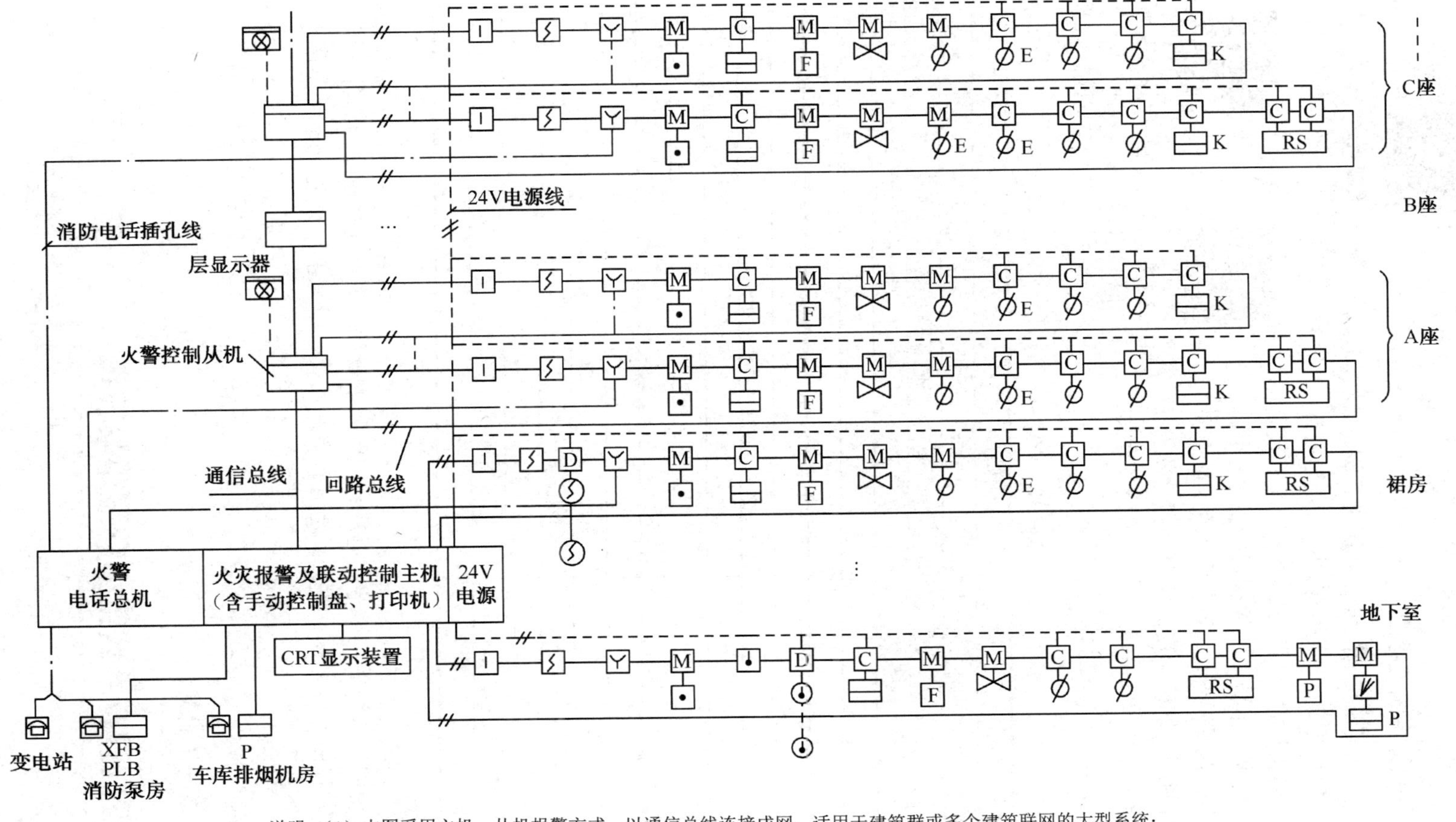

说明：（1）本图采用主机、从机报警方式，以通信总线连接成网，适用于建筑群或多个建筑联网的大型系统；

（2）根据产品不同，通信线可连成主干状或环状；

（3）各回路报警与控制全用总线，采用环状连接方式，可靠性较高；

（4）此类建筑一般另设有广播系统，紧急广播见该系统图。

图 2.117 火灾自动报警与消防控制系统（三）

2.5.4　火灾自动报警系统工程图识读训练

扫一扫看建筑火灾报警施工图识读微课视频

1．火灾自动报警系统工程图

本书以北方大学实训楼消防设计为例进行识读，工程设计图请扫二维码阅览，共6张图，分别为设计说明、图例符号及标注说明，消防系统图，地下室火灾报警平面及一层火灾报警，二层火灾报警平面图，三层火灾报警平面图，四层火灾报警平面图及顶层局部火灾报警平面图。这里仅识读火灾自动报警部分，其他内容在后续学习情境中识读，识读后请填写如表2.18所示的作业单。

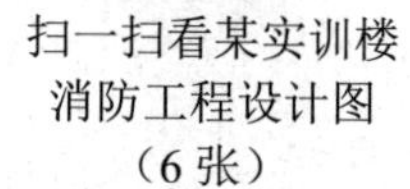

扫一扫看某实训楼消防工程设计图（6张）

扫一扫下载某实训楼消防工程设计CAD原图（6张）

表2.18　作业单

保护对象级别			设计内容	
应急电源及非消防电源切换				
各层火灾探测器、手动报警按钮及消防广播通信设备				
名称		数量	安装情况	
1层				
2层				
3层				
4层及顶层				
管线选择及敷设				
报警设备管线				
广播通信管线				
电源管线				

2．识图方法

先阅读设计说明，认识图例符号；再从系统图入手查找火灾自动报警系统的各层设备，并与平面图对应，找出设备名称、数量；然后看管线布置，研究工作原理；最后总结出设计特点并填写作业单。

3．提交成果

提交填写完成的作业单。

实训2　火灾自动报警系统编码及报警操作

1．实训目的

（1）熟悉火灾自动报警系统各种设备的安装位置。

（2）会对火灾报警设备编码。

（3）能进行火灾自动报警系统报警操作。

扫一扫看消防系统编码与报警操作训练指导书

2．实训内容及设备

（1）实训内容。

① 识别设备。

② 编码：12 号、33 号、58 号和 128 号。

③ 火灾自动报警系统报警操作训练。

（2）实训设备。

① 火灾探测器、手动报警按钮、声光报警器。

② 模块、总线隔离器等。

③ 区域火灾报警控制器、区域显示器、集中火灾报警控制器。

④ 电子手持编码器。

3．实训步骤

（1）检查各种设备状态是否良好。

（2）在断电情况下，查对接线，并经指导教师检查后方可进行操作。

4．报告内容

（1）描述所识别的各种设备的特点及用途。

（2）写出编码的详细过程。

5．实训记录与分析

填写如表 2.19 所示的实训记录。

表 2.19　火灾自动报警系统实训记录

序号	系统设备	编码	系统原理	设备作用

6．问题讨论

（1）编码有几种方式？哪种最便捷、最适用？

（2）假设 8 楼着火，简述火灾自动报警系统的工作状态。

7．技能考核

（1）编码技巧运用。

（2）火灾自动报警系统的应用能力。

优________ 良________ 中________ 及格________ 不及格________

知识梳理与总结

火灾自动报警系统是本书的核心部分。本学习情境共有5个任务。先概述火灾自动报警系统的形成、发展和组成；然后对火灾探测器的分类、型号及构造原理进行了说明，对火灾探测器的选择和布置及线制进行详细的阐述；通过实训验证不同布置方法的特点，确保读者设计时能够合理选用；同时对现场配套附件及模块[如手动报警按钮、消火栓报警按钮、报警中继器、楼层（区域）显示器、模块（接口）、总线驱动器、总线（短路）隔离器、声光报警器、CRT 彩色显示系统等]的构造及用途进行叙述，对火灾报警控制器的构造、功能、布线及区域火灾报警控制器和集中火灾报警控制器的区别进行了说明，通过火灾自动报警系统及应用示例，分别对区域报警系统、集中报警系统、控制中心报警系统进行了详细分析，并对智能报警系统及智能消防系统的集成和联网进行了概述；最后，通过工程图纸的识读训练将本学习情境的内容进行了全面总结。

（1）明白火灾报警系统的组成、分类及原理。

（2）具有报警设备的使用、选择和布置能力。

（3）具有火灾自动报警系统工作过程及相关设计知识。

（4）具有独立操作火灾自动报警系统工作过程的能力。

（5）具有识读工程图、设计火灾自动报警系统和使用相关规范的能力。

练习题2

扫一扫看练习题2
参考答案

选择题

1．某饭店的厨房采用液化石油气作为燃料，关于厨房内可燃性气体探测器的选型和设置，正确的是（　　）。

A．采用甲烷可燃性气体探测器　　B．采用一氧化碳可燃性气体探测器

C．设置在厨房的顶棚　　D．设置在厨房的下部

2．环境噪声为65dB的生产车间中，火灾声光报警器的最小声压级为（　　）dB。

A．70　　B．80　　C．75　　D．85

3．根据探测的火灾特征参数分类，火灾探测器不包括（　　）。

A．电气火灾监控探测器　　B．感烟感温复合式火灾探测器

C．气体火灾探测器　　D．感光火灾探测器

4．某商业建筑设置的火灾自动报警系统在投入使用后，3层餐厅厨房的某火灾探测器经

常误报火警，导致该火灾探测器误报火警的可能原因是（　　）。

A．火灾探测器与其底座接触不良　　B．火灾探测器底座与报警总线连线脱落

C．火灾探测器的选型不当　　D．火灾探测器所在报警总线短路

5．某商场设置火灾自动报警系统，首层 2 个防火分区共用火灾报警控制器的 2 号回路总线，其中防火分区一设置 30 个感烟火灾探测器，10 个手动报警按钮、10 个总线模块（2 输入 2 输出）；防火分区二设置 28 个感烟火灾探测器、8 个手动报警按钮、10 个总线模块（2 输入 2 输出），控制器 2 号回路总线设置短路隔离器的数量至少为（　　）。

A．3 个　　B．6 个　　C．4 个　　D．5 个

6．某住宅小区，建有 10 栋建筑高度为 110m 的住宅，在小区物业服务中心设置消防控制室，该小区的火灾自动报警系统（　　）。

A．应采用区域报警系统　　B．应采用区域集中报警系统

C．应采用集中报警系统　　D．应采用控制中心报警系统

7．根据国家现行标准《火灾自动报警系统设计规范》（GB 50116—2013），（　　）不属于区域火灾报警系统的组成部分。

A．火灾探测器　　B．消防联动控制器

C．手动报警按钮　　D．火灾报警控制器

8．根据国家现行标准《火灾自动报警系统设计规范》（GB 50116—2013）的规定，不仅需要报警，同时需要联动自动消防设备，且设置（　　）具有集中控制功能的火灾报警控制器和消防联动控制器的保护对象，应采用集中报警系统。

A．0 台　　B．1 台　　C．2 台　　D．2 台及以上

9．火灾探测器根据其监视范围不同可分为（　　）。

A．点型　　B．线型　　C．面型

D．复合型　　E．区域型

10．系统总线上应设置总线短路隔离器，每个总线短路隔离器保护的火灾探测器、手动火灾报警和模块等消防设备的总数不应超过（　　）。

A．24 点　　B．32 点　　C．36 点　　D．48 点

11．某高校图书馆，设置火灾自动报警系统，其中有一档案资料室，档案资料室净高为 3.5m，采用感烟火灾探测器探测火灾，现在在资料室内有一个高 3.3m 的资料架，将资料室分隔成两个部分，则分隔后房间内至少应增设（　　）个感烟火灾探测器。

A．0　　B．1　　C．2　　D．无法确定

12．某建筑高度为 98m 的大型商业综合体，设置了火灾自动报警系统，需要设置火灾探测器 2800 个，手动报警按钮 200 个，联动控制模块 1600 个，该办公楼至少需要设置（　　）台火灾报警控制器（联动型）。

A．1　　B．2　　C．3　　D．4

13．下列宜增设一氧化碳火灾探测器实现火灾的早期探测的区域是（　　）。

A．储藏室　　B．燃气供暖设备的机房　　C．地下停车库

D．商场、超市　　E．会议室

14．下列场所宜选择点型感烟火灾探测器的是（　　）。

A．厨房　　B．饭店　　C．楼梯

D．计算机房　　E．书库

15．某藏书80万册的图书馆，其条形疏散走道宽度为2.4m，长度为42m，该走道顶棚上至少应设置（　　）个点型感烟火灾探测器。

A．2　　B．3　　C．4　　D．5

16．某设置有中央空调送风系统的建筑，其火灾自动报警系统中的点型火灾探测器至多孔送风顶棚孔口边缘和空调送风口的水平距离，分别不应小于（　　）m。

A．1.2，1.0　　B．1.0，1.2　　C．1.5，0.5　　D．0.5，1.5

17．某地下车库设置点型感烟火灾探测器，车库未做吊顶。当梁突出顶棚的高度超过（　　）m时，被梁隔断的每个梁间区域应至少设置1个火灾探测器。当梁间净距小于（　　）m时，可不计梁对火灾探测器保护面积的影响。

A．0.2，0.6　　B．0.5，0.6　　C．0.5，1.0　　D．0.6，1.0

18．某高层建筑在电梯井、升降机井设置点型火灾探测器时，其位置宜在（　　）。

A．每隔一段距离在井道壁上　　B．井道基坑底板上

C．井道上方的机房顶棚上　　D．井道顶部井道壁上

19．在有梁的顶棚上设置点型感烟火灾探测器、感温火灾探测器时应符合规范的要求，下列设置中不正确的是（　　）。

A．当梁突出顶棚高度小于200mm时，可以不计梁对火灾探测器保护面积的影响

B．当梁突出顶棚高度超过200mm时，被梁隔断的每个梁间区域应至少设置1个火灾探测器

C．当梁净距小于1m时，可不计梁对火灾探测器保护面积的影响

D．当被隔断区域面积超过1个火灾探测器的保护面积时，被隔断的区域应按规定计算火灾探测器的设置数量

20．房间被书架、设备或隔断等分隔，其顶部至顶棚或梁的距离小于房间净高的（　　）时，每个被隔开的部分应至少安装1个点型火灾探测器。

A．1%　　B．5%　　C．10%　　D．15%

21．一个点型感烟或感温火灾探测器保护的梁间区域的个数，不应大于（　　）个。

A．2　　B．3　　C．4　　D．5

22．对火灾发展迅速、有强烈的火焰辐射和少量的烟热的场所，应选择（　　）火灾探测器。

A．感烟　　B．感温　　C．火焰　　D．可燃性气体

学习情境 3

消防灭火系统施工

教学导航

学习任务	任务 3.1　消防灭火系统认知 任务 3.2　室内消火栓灭火系统的安装与调试 任务 3.3　自动喷水灭火系统 任务 3.4　气体灭火系统的安装与调试 任务 3.5　消防灭火系统工程图的识读训练	参考学时	16
学习目标	明白自动灭火系统的分类及基本功能、灭火的基本方法；对消防灭火类型进行阐述，知道不同系统的应用场所；具有消火栓灭火系统的安装与调试能力；具有自动喷水灭火系统的安装与调试能力；具有维护运行能力；具有使用相关手册、法规和规范的能力		
知识点与思政融入点	认知消防灭火类型，知道不同系统的应用场所；学会消火栓灭火系统和自动喷水灭火系统的设计与安装方法；懂得消火栓灭火系统的检测与联动控制方法；明白气体灭火系统和消防水炮的类型及选择；树立安全灭火就是生死决战的**“责任意识”**		
技能点与思政融入点	具有消火栓灭火系统的设计与安装能力；具有自动喷水灭火系统的设计、编程及安装能力；具有气体灭火系统的操作、维护能力。具有灭火是挽救生命和保护国家财产不受损失的**“家国情怀”**		
教学重点	消火栓灭火系统的设计与安装		
教学难点	自动喷水灭火系统的设计与安装		
教学环境、教学资源与载体	一体化消防实训室，多媒体网络平台，教材、动画、PPT 和视频等，消防系统工程图纸，作业单、工作页、评价表		
教学方法与策略	项目教学法、角色扮演法、引导文法、演示法、参与型教学法、练习法、讨论法等		
教学过程设计	播放灭火案例动画和录像→阅览实训 7 二维码中的工程设计图（共 28 张），选择合适的工程图纸→布置、查找各种元器件→分组研讨构成与原理→指导学习设计图纸方法、灭火方法→指导安装训练		
考核与评价内容	安装及控制操作能力，工程图的识读，消火栓和自动喷水灭火系统的设计能力，沟通协作能力，工作态度，任务完成情况与效果		
评价方式	自我评价（10%）、小组评价（30%）、教师评价（60%）		
参考资料	《建筑防火及消防设施检测技术规程》（DBJ/T 15-110—2015）《自动喷水灭火系统设计规范》（GB 50084—2017）、《自动喷水灭火系统施工及验收规范》（GB 50261—2017）、《常用风机控制电路图》（16D303-2）、《常用水泵控制电路图》（16D303-3）、本书 2.5.4 节二维码中的集中报警系统工程图及实训 7 二维码中的工程设计图（共 28 张）		

任务 3.1　消防灭火系统认知

扫一扫看消火栓和喷水灭火系统教学课件

高层建筑或建筑群体着火后，主要应做好两方面的工作：一是有组织、有步骤地紧急疏散，二是进行灭火。为将火灾损失降到最低限度，必须采取最有效的灭火方法。灭火方法有两种：一种是人工灭火，动用消防无人机、消防车、消防水炮、云梯车、消火栓、灭火弹、灭火器等进行灭火。这种灭火方法具有直观、灵活及工程造价低等优点；缺点是消防车、云梯车等所能达到的高度十分有限，灭火人员接近火灾现场困难，灭火缓慢，危险性大。另一种是自动灭火。自动灭火又分为自动喷水灭火系统和固定式喷洒灭火剂系统两种。高层建筑发生火灾时由于人员疏散难度大、外部扑救困难，其内部设置的自动灭火设施起的“自救”功能更为重要。

◆教师活动

播放灭火案例动画和录像→阅览实训 7 二维码中的工程设计图（共 28 张），选择合适的工程图纸→认识并查找灭火系统设备→研讨灭火分类及功能→指导学习灭火方法。

◆学生活动

分组查看图纸→找出不同灭火系统的符号及在图中的位置→集中介绍查找情况并提出问题。

3.1.1　自动灭火系统的分类及基本功能

1. 自动灭火系统的分类

自动灭火系统的分类如表 3.1 所示。

表 3.1　自动灭火系统的分类

自动喷水灭火系统	闭式自动喷水灭火系统	湿式自动喷水灭火系统
		干式自动喷水灭火系统
		预作用自动喷水灭火系统
		循环启闭自动喷水灭火系统
		自动喷水防护冷却系统
	开式自动喷水灭火系统	雨淋灭火系统
		水幕灭火系统
		水喷雾灭火系统
固定式喷洒灭火剂系统		泡沫灭火系统
		干粉灭火系统
		二氧化碳灭火系统
		七氟丙烷、IG541 等其他灭火系统

2. 自动灭火系统的基本功能

（1）能在火灾发生后，自动进行喷水灭火。

（2）能在喷水灭火的同时发出警报。

3.1.2　灭火的基本方法

燃烧是一种发热、发光的化学反应。要达到燃烧，必须同时具备 3 个条件：①有可燃物（汽油、甲烷、木材、氢气、纸张等）；②有助燃物（如高锰酸钾、氯、氯化钾、溴、氧等）；③有火源（如高热、化学能、电火、明火等）。一般灭火有如表 3.2 所示的 3 种方法。

表 3.2　灭火方法

灭火方法	灭火剂或介质	灭火过程
化学抑制法	二氧化碳、卤代烷等	将灭火剂施放到燃烧区就可以起到中断燃烧的化学连锁反应，达到灭火的目的
冷却法	水	将灭火剂喷于燃烧物上，通过吸热使温度降低到燃点以下，火随之熄灭
窒息法	泡沫	阻止空气流入燃烧区域，即将泡沫喷射到燃烧液体上，将火窒息；或用不燃物质进行隔离（如用石棉布、浸水棉被覆盖在燃烧物上，使燃烧物因缺氧而窒息）

在实际工程设计中，应根据现场的实际情况来选择和确定灭火方法和灭火剂，以达到最理想的灭火效果。

任务 3.2　室内消火栓灭火系统的安装与调试

《建筑电气消防工程》工作页

姓名：　　　　学号：　　　　班级：　　　　日期：

<table>
<tr><td>学习情境 3</td><td>消防灭火系统施工</td><td>学时</td><td></td></tr>
<tr><td>任务 3.2</td><td>室内消火栓灭火系统的安装与调试</td><td>课程名称</td><td>建筑电气消防工程</td></tr>
<tr><td colspan="4">任务描述：</td></tr>
<tr><td colspan="4">通过视频录像、动画、讲授及现场实训等形式，认知消火栓灭火系统的组成、作用、联动控制、设计与安装等，使学生对系统有明确的了解，学会系统的应用</td></tr>
<tr><td colspan="4">工作任务流程图：</td></tr>
<tr><td colspan="4">播放录像、动画→阅览实训 7 二维码中的工程设计图（共 28 张），选择适合的工程图纸；课件讲授→分组查找灭火器件、研讨→操作训练→提交工作页→集中评价</td></tr>
<tr><td colspan="4">1．资讯（明确任务、资料准备）</td></tr>
<tr><td colspan="4">（1）消火栓灭火系统由哪些设备组成？各部分的作用是什么？
（2）室内消火栓灭火系统联动控制及原理。
（3）消防水泵联动控制的 3 种方法。
（4）对消火栓灭火系统的控制要求有哪些？
（5）室内消火栓灭火系统联动控制设备的设计选型。
（6）消火栓灭火系统的安装及控制操作要点。</td></tr>
<tr><td colspan="4">2．决策（分析并确定工作方案）</td></tr>
<tr><td colspan="4">（1）分析采用什么样的方式、方法了解消火栓灭火系统的组成、分类、联动控制、安装及设计等，通过什么样的途径学会任务知识点，初步确定工作任务方案；
（2）小组讨论并完善工作任务方案</td></tr>
<tr><td colspan="4">3．计划（制订计划）</td></tr>
<tr><td colspan="4">制订实施工作任务的计划书；小组成员分工合理。
需要通过实物、图片搜集、动画及视频播放、查找资料、训练等形式完成本次任务。
（1）通过查找资料和学习，明确消火栓灭火系统的分类、特点等；
（2）通过录像、动画，认知消火栓灭火系统的联动控制原理；
（3）通过实训，增强学生对消火栓灭火系统的感性认识</td></tr>
<tr><td colspan="4">4．实施（实施工作方案）</td></tr>
<tr><td colspan="4">（1）参观记录；
（2）学习笔记；
（3）研讨并填写工作页</td></tr>
<tr><td colspan="4">5．检查</td></tr>
<tr><td colspan="4">（1）以小组为单位进行讲解演示，小组成员补充优化；
（2）学生自己独立检查或小组之间交叉检查；
（3）检查学习目标是否达到，任务是否完成</td></tr>
<tr><td colspan="4">6．评估</td></tr>
<tr><td colspan="4">（1）填写学生自评和小组互评考核评价表；
（2）与教师一起评价认识过程；
（3）与教师进行深层次的交流；
（4）评估整个工作过程，是否有需要改进的方法</td></tr>
<tr><td colspan="4">指导教师评语：</td></tr>
<tr><td colspan="4">任务完成人签字：
日期：　年　月　日</td></tr>
<tr><td colspan="4">指导教师签字：
日期：　年　月　日</td></tr>
</table>

◆教师活动

任务引导给出实训7二维码中的工程设计图（共28张），选择合适的工程图→布置、查找各种元器件→分组研讨消火栓灭火系统的构成与工作原理→指导学生学习设计图纸方法、灭火方法→指导学生进行安装、调试训练。

◆学生活动

分组查看图纸→查找器件名称、符号及在图中的位置→集中介绍查找情况并提出问题。

3.2.1 消火栓灭火系统

扫一扫下载消火栓灭火系统工作原理动画

扫一扫下载消火栓泵控制电路动画

室内消火栓灭火系统是建筑物应用最广泛的一种消防设施，它由蓄水池、加压送水装置（水泵）及室内消火栓等主要设备构成，属于移动式灭火设施，如图3.1所示。消火栓设备的电气控制包括蓄水池的水位控制、消防用水和加压水泵的启动。水位控制应能显示出水位的变化情况和高、低水位报警及控制水泵的启、停。室内消火栓灭火系统由水枪、水龙带、消火栓、消防管道等组成。

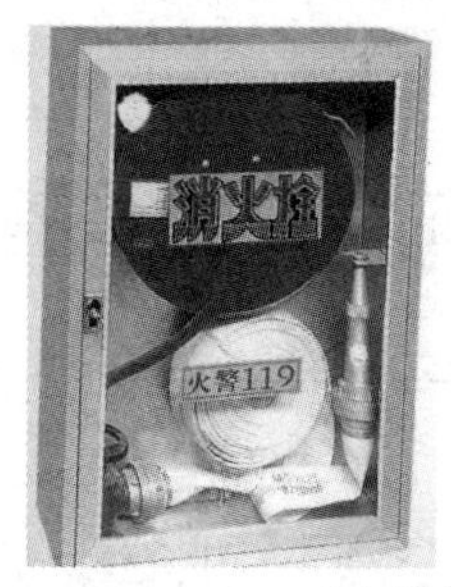

（a）消火栓实物图

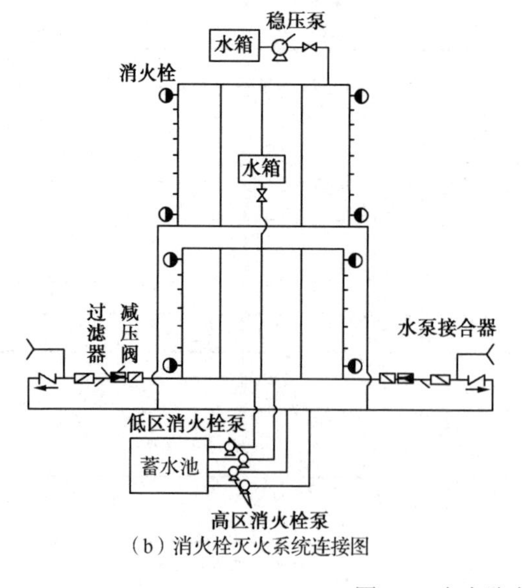

（b）消火栓灭火系统连接图

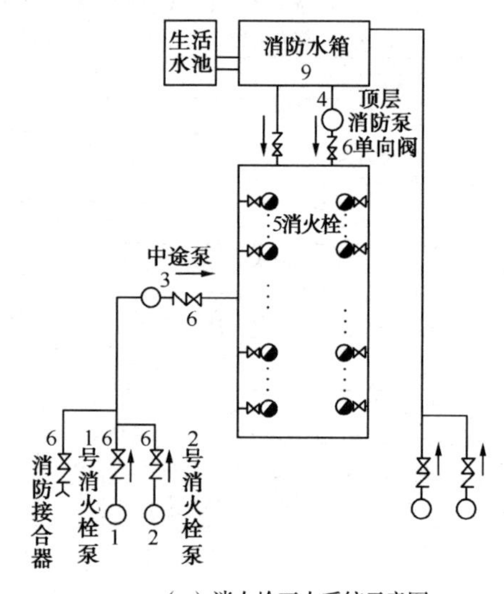

（c）消火栓灭火系统示意图

图3.1　室内消火栓灭火系统

3.2.2　室内消防水泵的电气控制

1．对室内消防水泵控制的要求

室内消火栓灭火系统框图如图 3.2 所示。从图 3.2 中可知，消火栓灭火系统属于闭环控制系统。当发生火灾时，控制电路接到消防水泵启动指令发出消防水泵启动的主令信号后，消防水泵电动机启动，向室内管网提供消防用水，压力传感器用于监视管网水压，并将监测到的水压信号送至控制电路，形成反馈的闭环控制。

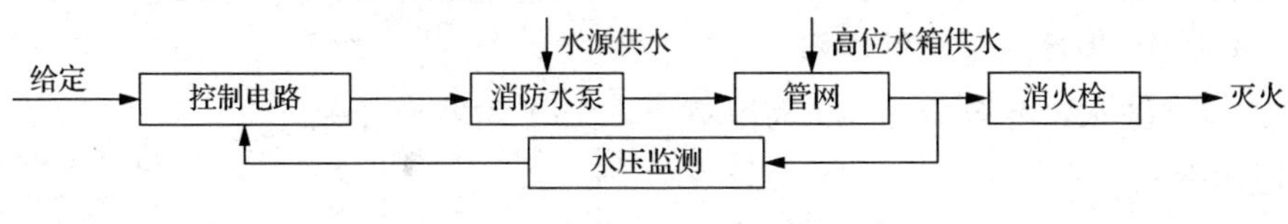

图 3.2　室内消火栓灭火系统框图

1）消火栓灭火系统的联动控制设计

依据《火灾自动报警系统设计规范》（GB 50116—2013），消火栓灭火系统的联动控制设计原则如下：

（1）使用消火栓时，系统内出水干管上的低压压力开关、高位水箱出水管上设置的流量开关或报警阀压力开关等均有相应的反应，这些信号可以作为触发信号，直接控制启动消防水泵，可以不受消防联动控制器是处于自动状态还是手动状态的影响。当建筑物内设有火灾自动报警系统时，消火栓按钮的动作信号作为火灾报警系统和消火栓灭火系统的联动触发信号，由消防联动控制器联动控制消防水泵启动，消防水泵的动作信号作为系统的联动反馈信号应反馈至消防控制室，并在消防联动控制器上显示。消火栓按钮经联动控制器启动消防水泵的优点是减少布线量和线缆使用量，提高整个消火栓灭火系统的可靠性。消火栓按钮与手动报警按钮的使用目的不同，不能互相替代。在稳高压系统中，虽然不需要用消火栓按钮启动消防水泵，但消火栓按钮给出的使用消火栓位置的报警信息是十分必要的，因此，在稳高压系统中，消火栓按钮也是不能省略的。当建筑物内无火灾自动报警系统时，消火栓按钮用导线直接引至消防水泵控制箱（柜），用于启动消防水泵。

（2）消火栓的手动控制方式，应将消防水泵控制箱（柜）的启动、停止按钮用专用线路直接连接至设置在消防控制室内的消防联动控制器的手动控制盘，通过手动控制盘直接控制消防水泵的启动、停止。

（3）消防水泵应将其动作的反馈信号发送至消防联动控制器进行显示。

2）对消火栓灭火系统控制的要求

（1）消防按钮必须选用打碎玻璃才能启动的按钮，为了便于平时对断线或接触不良进行监测和线路检测，消防按钮应采用串联（常开触点）接法或并联（常闭触点）接法。

（2）消防按钮启动后，消防水泵应自动投入运行，同时应在建筑物内部发出声光报警信号，通告住户。在控制室的信号盘上也应有声光显示，应能表明火灾地点和消防水泵的运行状态。

（3）为了防止消防水泵误启动使管网水压过高而导致管网爆裂，需加设管网压力监视保护，当水压达到一定压力时，压力继电器动作，使消防水泵自动停止运行。

（4）消防水泵的启、停，当采用总线编码模块控制时，还应在消防控制室设置手动直接控制装置。消防水泵发生故障需要强投时，应使备用泵自动投入运行，也可以手动强投。

（5）泵房应设有检修用开关和启动、停止按钮，检修时，将检修开关接通，切断消防水泵的控制回路以确保检修安全，并设有开关信号灯。

2. 消防水泵控制电路的工作原理分析

1）全电压启动的消防水泵的控制电路

消防水泵控制柜如图 3.3 所示。消防按钮串联全电压启动的消防水泵控制电路如图 3.4 所示。图 3.4 中 BP 为管网压力继电器，

SL 为低位水池水位继电器，QS3 为检修开关，SA 为转换开关，其工作原理如下。

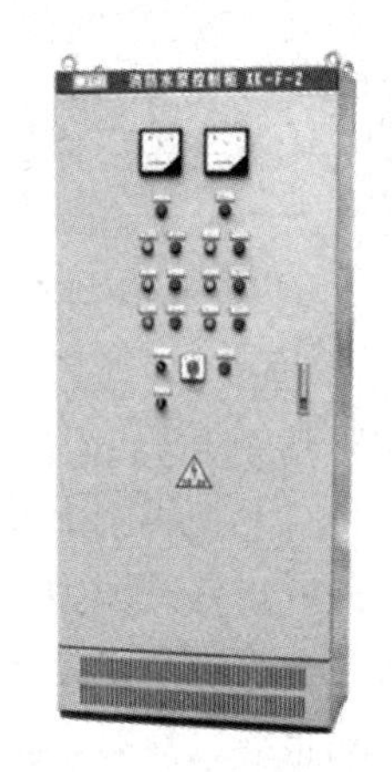

图 3.3 消防水泵控制柜

（1）1 号为工作泵，2 号为备用泵；将 QS4、QS5 合上，转换开关 SA 转至左位，即“1 自，2 备”，检修开关 QS3 放在右位，电源开关 QS1 合上，QS2 合上，为启动做好准备。

当某楼层出现火情时，用小锤将该楼层的消防按钮玻璃击碎，内部按钮因不受压而断开（SBXF1～SBXF*N* 中任一个断开），使中间继电器 KA1 线圈断电，时间继电器 KT3 线圈通电，经过延时 KT3 常开触点闭合，使中间继电器 KA2 线圈通电，接触器 KM1 线圈通电，消防水泵电动机 M1 启动运转，拿水枪进行移动式灭火，信号灯 H2 亮。需要停止时，按下消防中心控制屏上的总停止按钮 SB9 即可。

如果 1 号泵出现故障，2 号泵自动投入灭火过程。

出现火情时，设 KM1 机械卡住，其触点不动作，时间继电器 KT1 线圈通电，经延时后 KT1 触点闭合，接触器 KM2 线圈通电，2 号备用泵电动机启动运转，信号灯 H3 亮。

（2）其他状态下的工作情况。如果需要手动强投，则将 SA 转至“手动”位置，按下 SB3（SB4），KM1 通电动作，1 号泵电动机运转。如果需要 2 号泵运转，则按 SB7（SB8）即可。

当管网压力过高时，压力继电器 BP 闭合，使中间继电器 KA3 通电动作，信号灯 H4 亮，警铃 HA 响。同时，KT3 的触点使 KA2 线圈断电释放，切断电动机。

当低位水池水位低于设定水位时，水位继电器 SL 闭合，中间继电器 KA4 通电，同时信号灯 H5 亮，警铃 HA 响。

当需要检修时，将 QS3 置左位，切断电动机启动回路，中间继电器 KA5 通电动作，同时信号灯 H6 亮，警铃 HA 响。

2）消防按钮的连接方式

消防按钮因其内部存在一对常开触点、一对常闭触点，可采用按钮串联式（见图 3.4），也可采用按钮并联式（见图 3.5）。无论采用哪种方式都可构成“或”逻辑关系，但建议优选串联接法，原因是：消防按钮有长期不用也不检查的现象，串联接法可通过中间继电器的断电去发现按钮接触不良或断线故障的情况，以便及时处理。图 3.5 中 KA1 是压力开关，动作后由消防中心发指令闭合，可启动消防水泵，其他原理自行分析。

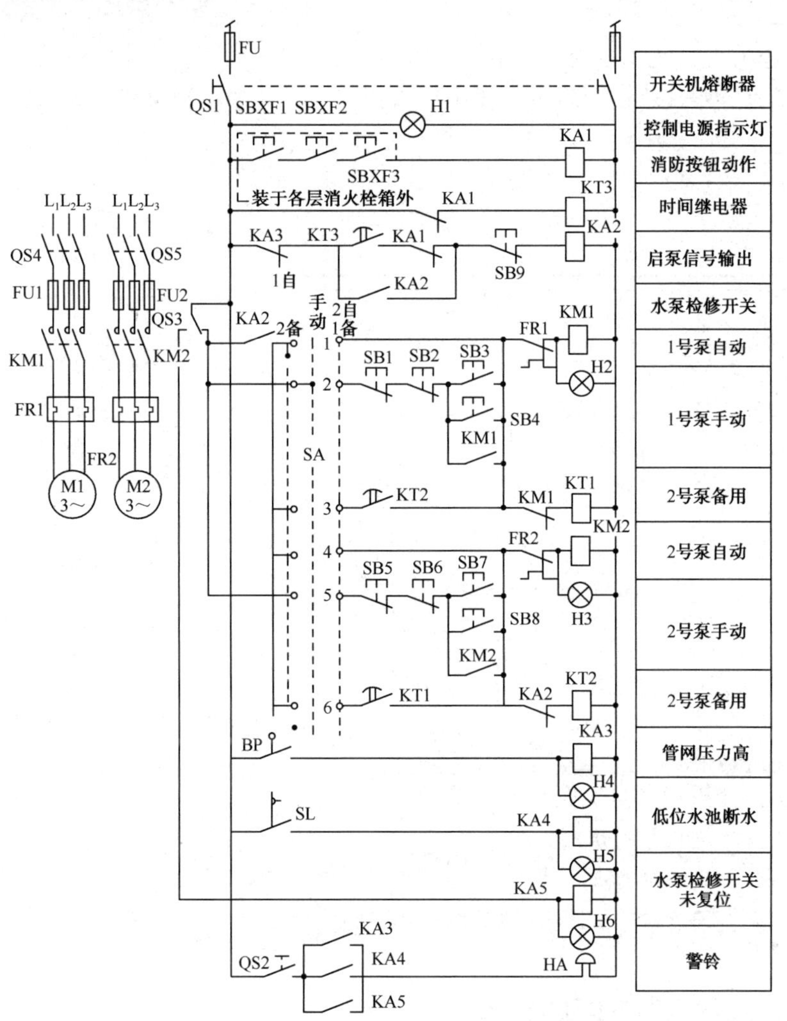

图 3.4 消防按钮串联全电压启动的消防水泵控制电路

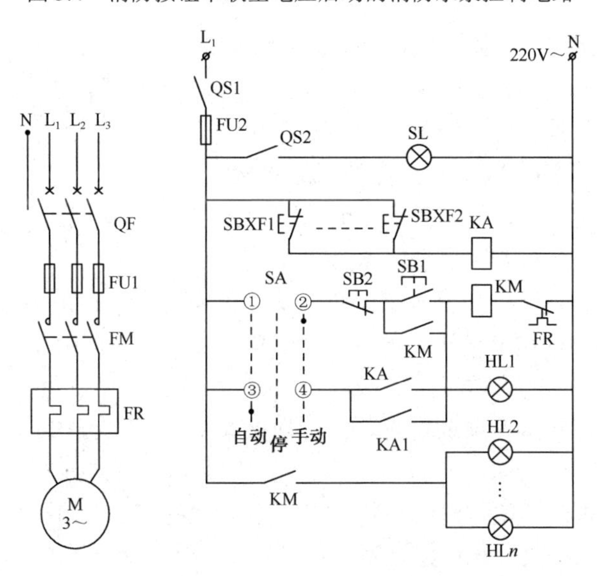

图 3.5 消防按钮并联的全电压启动消防水泵控制电路

3）消火栓灭火系统工程设计示例

在工程图设计中，将编码型消火栓报警按钮接在系统中，消火栓灭火系统工程设计示例如图3.6所示。

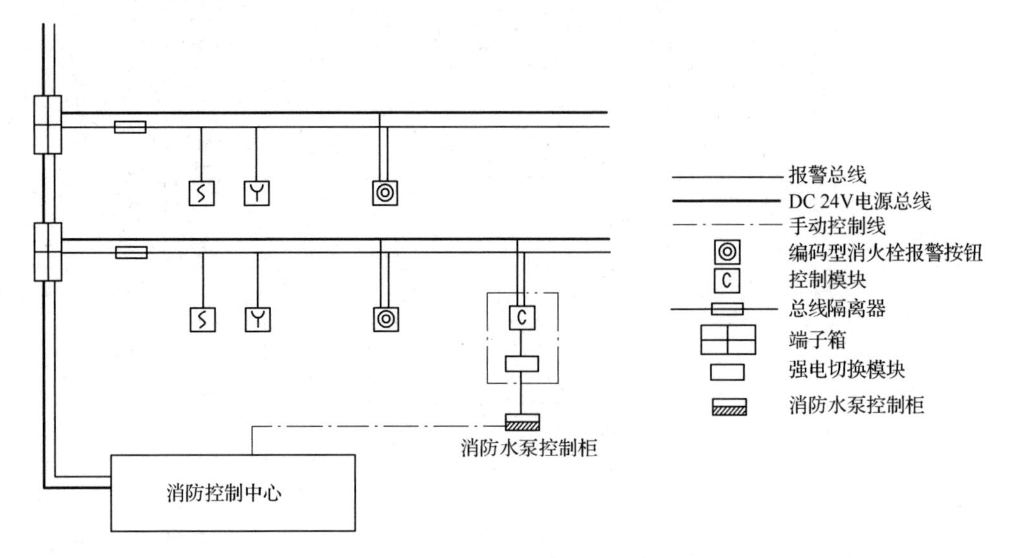

图3.6　消火栓灭火系统工程设计示例

课后案例：分析项目案例图纸的控制逻辑。

扫一扫看小经验

训练题4　灭火设备的识别。

（1）熟悉灭火设备的外形、安装位置。

（2）熟悉灭火设备在系统中的作用及使用方法。

任务3.3　自动喷水灭火系统

扫一扫下载湿式消防灭火系统动画

扫一扫下载灭火游戏动画

自动喷水灭火系统是目前世界上使用最广泛的一种固定式灭火设施。从19世纪中叶开始，至今已有100多年的历史，它具有价格低廉、灭火效率高的特点。据统计，灭火成功率在96%以上，有的已达99%。在一些发达国家（如美、英、日、德等）的消防规范中，几乎所有的建筑都要求安装自动喷水灭火系统。有的国家（如美、日等）已将其应用在住宅中了。我国随着工业和民用建筑的飞速发展，消防法规正逐步完善，依据《建筑设计防火规范（2018年版）》（GB 50016—2014），在规范规定的相关高层民用建筑、有关厂房或生产部位及仓库建筑电气消防工程等诸多场合均应设置自动灭火系统，并宜采用自动喷水灭火系统。

扫一扫下载湿式报警阀工作流程动画

设置消防水泵和消防传输泵时均应设置备用泵，其性能应与工作泵性能一致。自动喷水灭火系统可按“用一备一”或“用二备一”的比例设置备用泵。

3.3.1 自动喷水灭火系统的分类与组成

1．自动喷水灭火系统的分类

从不同的角度得到不同的分类，自动喷水灭火系统大致分类如下。

1）闭式系统

采用闭式喷洒水的自动喷水灭火系统可分为以下5个系统。

（1）湿式系统。准工作状态时管道内充满用于启动系统的有压水的闭式系统。

（2）干式系统。准工作状态时管道内充满用于启动系统的有压气体的闭式系统。

（3）预报用系统。准工作状态时配水管道内不充水，由火灾自动报警系统自动开启雨淋报警阀后，转换为湿式系统的闭式系统。

（4）重复启动预作用系统。能在扑灭火灾后自动关阀，复燃时再次开阀喷水的预作用系统。

（5）自动喷水防护冷却系统。发生火灾时用于冷却防火卷帘、防火玻璃墙等防火分隔设施。

2）开式系统

（1）雨淋系统：由火灾自动报警系统或传动管控制，自动开启雨淋报警阀和启动供水泵后，向开式洒水喷头供水的自动喷水灭火系统，也被称为开式系统。

（2）水幕系统：由开式洒水喷头或水幕喷头、雨淋报警阀组或感温雨淋阀及水流报警装置（水流指示器或压力开关）等组成，用于挡烟、防火和冷却分隔物的自动喷水灭火系统。

① 防火分隔水幕。密集喷洒形成水墙或水帘的水幕。

② 防护冷却水幕。冷却防火卷帘等分隔物的水幕。

（3）自动喷水-泡沫联用系统：配置供给泡沫混合液的设备后，组成既可喷水又可喷泡沫的自动喷水灭火系统。

2．自动喷水灭火系统的组成

【工程及规范要素提示】进行本部分工程设计及有关规范说明时应注意洒水喷头、报警阀、水流指示器、末端试水装置、水泵接合器、消防泵等关键重点部件。下面以湿式自动喷水灭火系统为例进行介绍。

1）主要部件

湿式喷水灭火系统由喷头、湿式报警阀、延迟器、水力警铃、压力开关（安装于管上）、水流指示器、管道系统、供水设施、报警装置及控制盘等组成，如图3.7和图3.8所示，主要部件如表3.3所示，其相互关系如图3.9所示。湿式报警阀前后的管道内充满压力水。

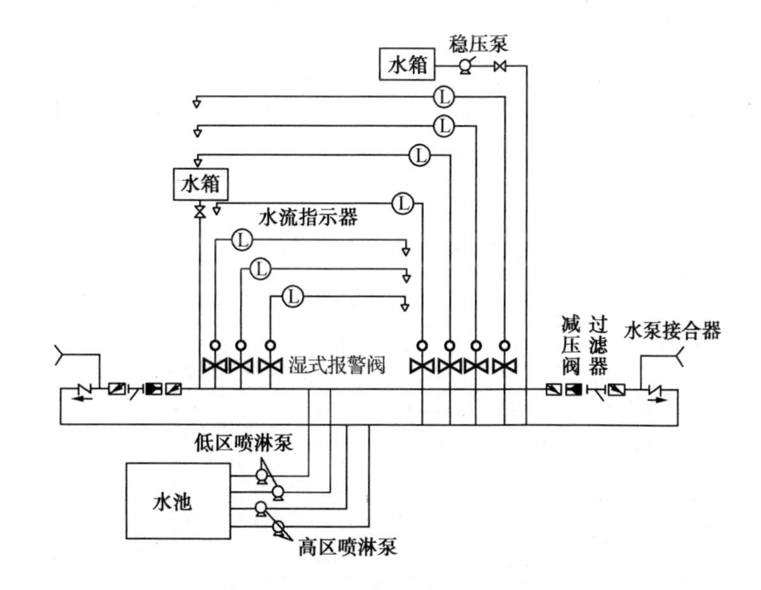

图3.7 湿式自动喷水灭火系统示意（一）

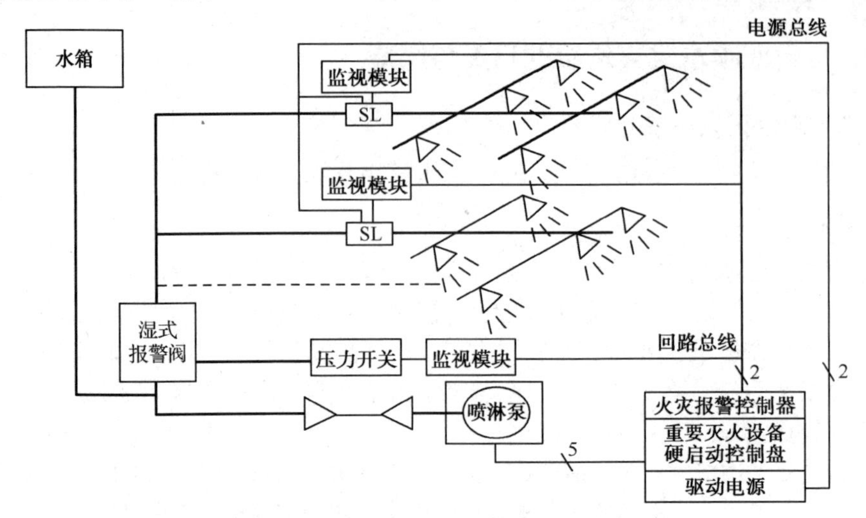

（a）湿式自动喷水灭火系统启动框图及联动喷头示意

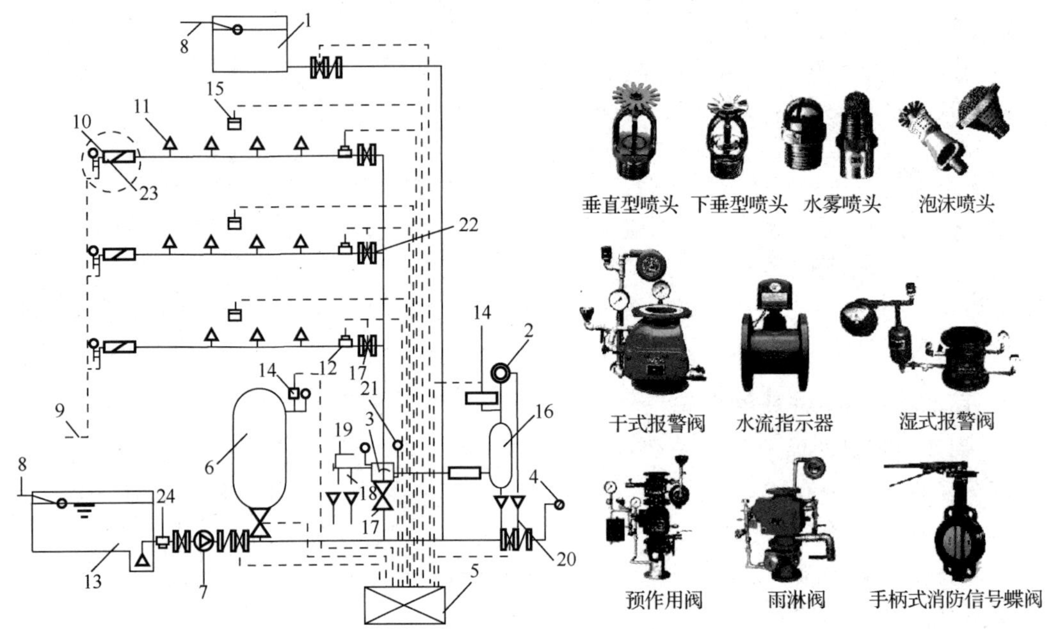

注：图中序号含义如表3.3所示。

（b）湿式自动喷水灭火系统启动原理示意　　（c）湿式自动喷水灭火系统主要部件实物

图 3.8　湿式自动喷水灭火系统示意（二）

表 3.3　湿式自动喷水灭火系统主要部件

编号	名称	用途	编号	名称	用途
1	高位水箱	存储初期灭火用水	6	压力罐	自动启闭消防水泵
2	水力警铃	发出音响报警信号	7	消防水泵	专用消防增压泵
3	湿式报警阀	系统控制阀，输出报警水流	8	进水管	水源管
4	消防水泵接合器	消防车供水口	9	排水管	末端试水装置排水
5	控制箱	接收电信号并发出指令	10	末端试水装置	实验系统功能

续表

编号	名称	用途	编号	名称	用途
11	闭式喷头	感知火灾，出水灭火	18	放水阀	试警铃阀
12	水流指示器	输出电信号，指示火灾区域	19	放水阀	检修系统时，放空用
13	水池	储存 1h 灭火用水	20	排水漏斗（或管）	排走系统的出水
14	压力开关	自动报警或自动控制	21	压力表	指示系统压力
15	感烟火灾探测器	感知火灾，自动报警	22	节流孔板	减压
16	延迟器	克服水压液动引起的误报警	23	水表	计量末端实验装置出水量
17	消防安全指示阀	显示阀门启闭状态	24	过滤器	过滤水中杂质

2）湿式自动喷水灭火系统附件

（1）水流指示器（水流开关）。水流指示器的作用是把水的流动转换成电信号报警，其电接点可直接启动消防水泵，也可接通水力警铃报警。在保护面积小的场所（如小型商店、高层公寓等），可以用水流指示器代替湿式报警阀，但应将湿式报警阀设置于主管道底部，一是可防止水污染（如和生活用水同水源），二是可配合设置水泵接合器的需要。

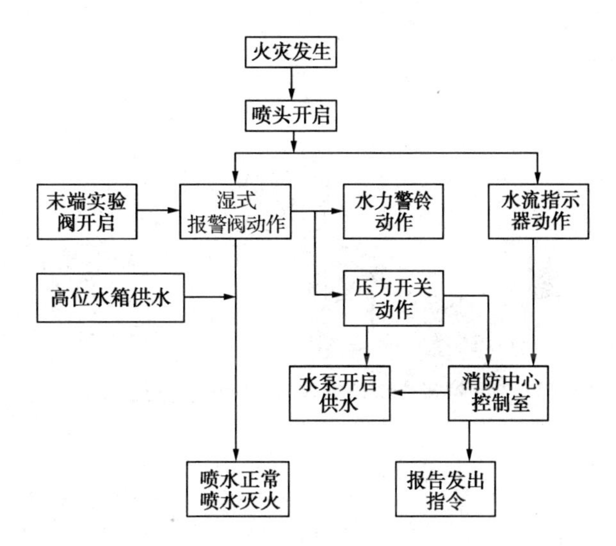

图 3.9　湿式自动喷水灭火系统主要部件相互关系框图

在多层或大型建筑的自动喷水灭火系统中，在每层或每个分区的干管或支管的始端都安装一个水流指示器。为了便于检修分区管网，水流指示器前端应装设安全信号阀。

（2）喷头。喷头可分为开启式和封闭式两种。它是自动喷水灭火系统的重要组成部分，因此，其性质、质量和安装的优劣会直接影响火灾初期灭火的成败，选择时必须注意。

（3）压力开关。ZSJY、ZSJY25 和 ZSJY50（上海消防器材厂生产）3 种压力开关的外形如图 3.10 所示。

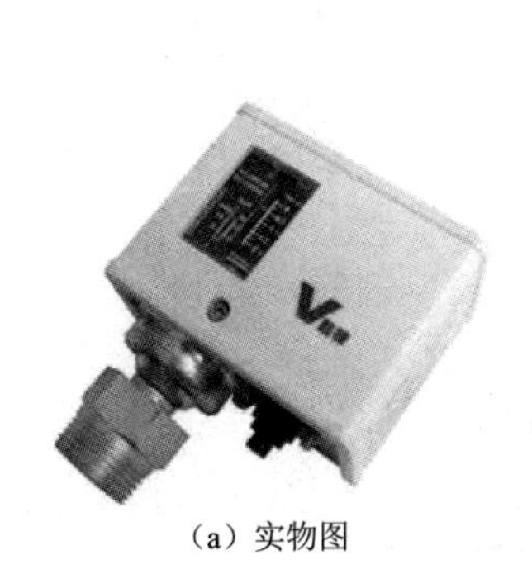

（a）实物图

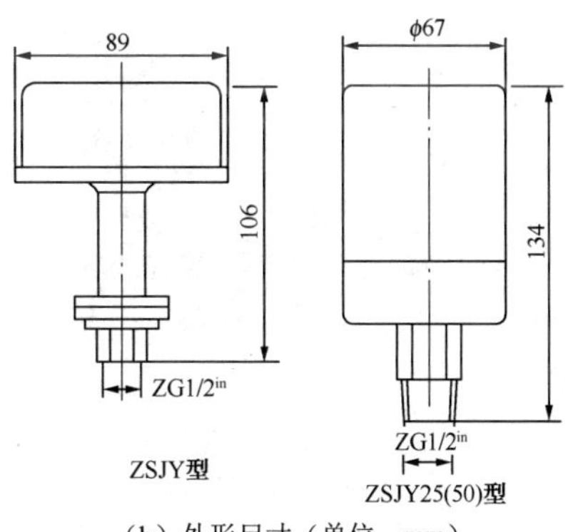

（b）外形尺寸（单位：mm）

图 3.10　压力开关

（4）湿式报警阀。湿式报警阀在湿式自动喷水灭火系统中是非常关键的，安装在总供水干管上，连接供水设备和配水管网。它必须十分灵敏，当管网中只有一个喷头喷水，破坏了阀门上、下的静止平衡压力时，就必须立即开启它，任何延迟都会延误报警，它一般采用止回阀的形式，即只允许水流向管网，不允许水流回水源。其原因是：一是防止阀门随着供水水源压力波动而开、闭，虚发警报；二是管网内水质因长期不流动而腐化变质，如果让它流回水源将产生污染。当系统开启时，湿式报警阀打开，接通水源和配水源，同时部分水流通过阀座上的环形槽，经信号管道送至水力警铃，发出报警信号。湿式报警阀的实物图及构造图如图 3.11 所示。

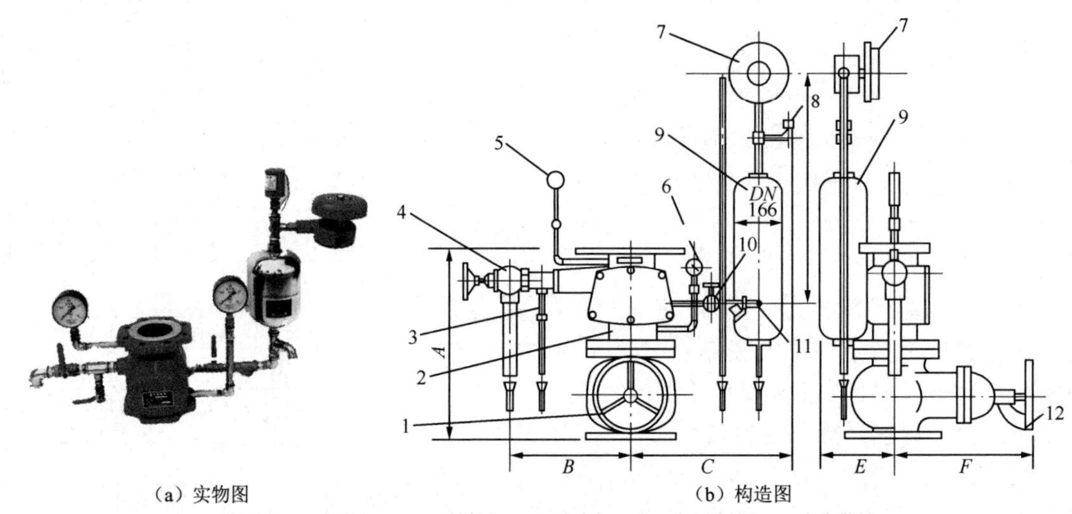

（a）实物图　　（b）构造图

1—控制阀；2—报警阀；3—试警铃阀；4—防水阀；5、6—压力表；7—水力警铃；
8—压力开关；9—延时器；10—警铃管阀门；11—滤网；12—软锁。

图 3.11　湿式报警阀的实物图及构造图

（5）末端试水装置。喷水管网的末端应设置末端试水装置，如图 3.12 所示，末端试水装置宜与水流指示器一一对应。图 3.12 中的压力表直径与喷头相同，连接管道直径不小于 20mm。

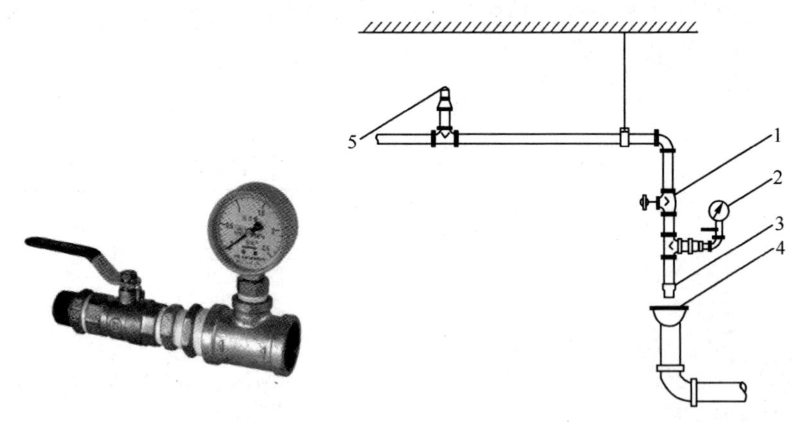

（a）实物图　　（b）安装示意图

1—截止阀；2—压力表；3—试水接头；4—排水漏斗；5—最不利点处喷头。

图 3.12　末端试水装置的实物图及安装示意图

末端试水装置的作用：对系统进行定期检查，以确定系统是否正常工作。

末端试验阀可采用电磁阀或手动阀。在设有消防控制室时，若采用电磁阀，则可直接从控制室启动试验阀，给检查带来方便。

3.3.2　自动喷水灭火系统的应用

1. 自动喷水灭火系统的控制原理

1）正常状态

在无火灾时，管网压力水由高位水箱或稳压泵提供，使管网内充满不流动的压力水，处于准工作状态。

2）火灾状态

当发生火灾时，灾区现场温度快速上升，闭式喷头中玻璃球炸裂，喷头打开喷水灭火。管网压力下降，湿式报警阀自动开启，准备输送喷淋泵（消防水泵）的消防供水。管网中设置的水流指示器感应到水流动时，发出电信号，同时压力开关检测到降低了的水压，并将水压信号送入湿式报警控制箱，启动喷淋泵，消防控制室同时接到信号，当水压超过一定值时，使喷淋泵停止运行。

从上述喷淋泵的控制过程可知，它是一个闭环控制过程，可用图 3.13 来描述。

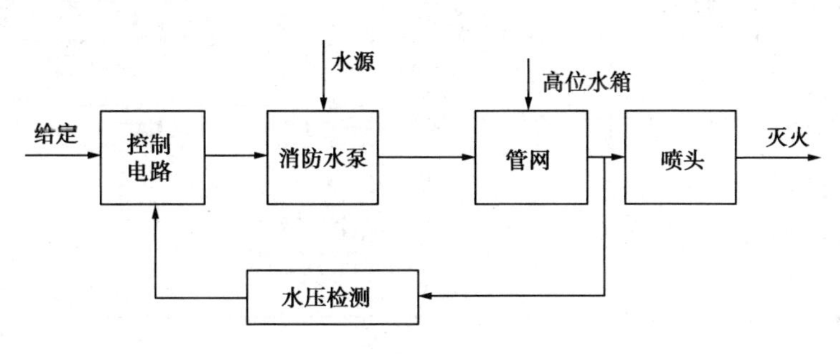

图 3.13　喷淋泵闭环控制示意

2. 全电压启动的湿式自动喷水灭火系统案例

扫一扫下载自动喷淋泵控制电路动画

1）电气线路的组成

在高层建筑及建筑群体中，每座楼宇的自动喷水灭火系统所用的泵一般为 2～3 台。使用 2 台泵时，平时管网中的压力水来自高位水箱，当喷头喷水，管道里有消防水流动时，水流指示器启动消防水泵，向管网补充压力水。平时一台泵工作，一台泵备用，当一台泵因故障停转，接触器触点不动作时，备用泵立即投入运行，两台泵可互为备用。图 3.14 为两台泵的全电压启动喷淋泵控制柜及控制电路，图中 B1，B2，…，B*n* 为区域水流指示器的电接点。如果分区较多，可有 *n* 个水流指示器及 *n* 个继电器与它配合。

使用 3 台消防水泵的自动喷水灭火系统也比较常见，3 台泵中其中 2 台为压力泵，1 台为恒压泵。恒压泵一般功率很小，在 5kW 左右，其作用是使消防管网中的水压保持在一定范围内。此系统的管网不得与自来水或高位水箱相连，管网消防用水来自消防水池，当管网中的渗漏压力降到某一数值时，恒压泵启动补压。当达到一定压力后，所接压力开关断开恒压泵控制回路，恒压泵停止运行。

2）电路的工作原理

（1）正常（1号泵工作，2号泵备用）时，将开关QS1、QS2、QS3合上，将转换开关SA置“1自，2备”位置，其SA的2、6、7号触点闭合，电源信号灯HL（n+1）亮，做好火灾下的运行准备。

假如二层着火，且火势使灾区现场温度达到热敏玻璃球发热的程度，二楼的喷头爆裂并喷出水流。由于喷水后压力降低，压力开关动作，向消防中心发出信号（此图中未画出），同时管网里有消防水流动时，水流指示器电接点B2闭合，使中间继电器KA2线圈通电，时间继电器KT2线圈通电，经延时后，中间继电器KA（n+1）线圈通电，使接触器KM1线圈通电，1号喷淋消防泵电动机M1启动运行，向管网补充压力水，信号灯HL（n+1）亮，同时警铃HA2响，信号灯HL2亮，即发出声光报警信号。

（2）1号泵故障时，2号泵自动投入灭火过程（如KM1机械卡住）。假如n层着火，n层喷头因室温达到动作值而爆裂喷水，n层水流指示器Bn闭合，中间继电器KAn线圈通电，使时间继电器KT2线圈通电，延时后KA（n+1）线圈通电，信号灯HLn亮，警铃HLn响，发出声光报警信号，同时，KM1线圈通电，但因为机械卡住其触点不动作，于是时间继电器KT1线圈通电，使备用中间继电器KA线圈通电，2号备用泵电动机M2自动投入运行，向管网补充压力水，同时，信号灯HL（n+3）亮。

（a）控制柜

（b）控制电路

图3.14　两台泵的全电压启动喷淋泵控制柜及控制电路

（3）手动强投。如果KM1机械卡住，而且KT1也损坏，则应将SA置于“手动”位置，SA的1、4号触点闭合，按下按钮SB4，使KM2通电，2号泵启动，停止时按下按钮SB3，KM2线圈断电，2号电动机停止。

当2号为工作泵，1号为备用泵时，其工作过程请读者自行分析。

（4）手动控制过程。将开关1SA、2SA置于手动"M"挡位，如果启动2号电动机M2，按下启动按钮SB3，2KA通电，使23KM线圈通电，22KM线圈也通电，电动机M2串联2TC降压启动，22KA、KT4线圈通电，经过延时，当M2的电流达到额定电流时，KT4触点闭合，使KA5线圈通电，断开23KM，接通21KM，切除2TC，M2全电压稳定运行。21KM使21KA线圈通电，HL3亮，HL4灭。停止时，按下停止按钮SB4即可。1号电动机手动控制类似，不再赘述。

（5）低压力延时启泵情况。来自消防控制室或控制模块的常开触点因压力低，压力继电器使它断开，此时，如果消防水池水位低于低水位，压力也低，来自消火栓给水泵控制电路的KA2的21～22号触点断开，喷淋泵无法启动，但是由于水位低，压力也低，使来自电接点压力表的下限电接点SP闭合，时间继电器KT1线圈通电，经过延时后，中间继电器KA2线圈通电，KA2的23～24号触点闭合，这时水位已开始升高，来自消防水泵控制电路的KA2的21～22号触点闭合，KA1通电，此时启动喷淋泵电动机就可以了，这被称为低压力延时启泵。

3．自动喷水灭火系统设计示例

自动喷水灭火系统的控制要求如下。

（1）控制系统的启、停。

（2）显示消防水泵的工作、故障状态。

（3）显示水流指示器、湿式报警阀、安全信号阀的工作状态。

（4）消防水泵的启、停。当采用总线编码模块控制时，还应在消防控制室设置手动直接控制装置。自动喷水灭火系统在消防工程中的表达示例如图3.15所示。

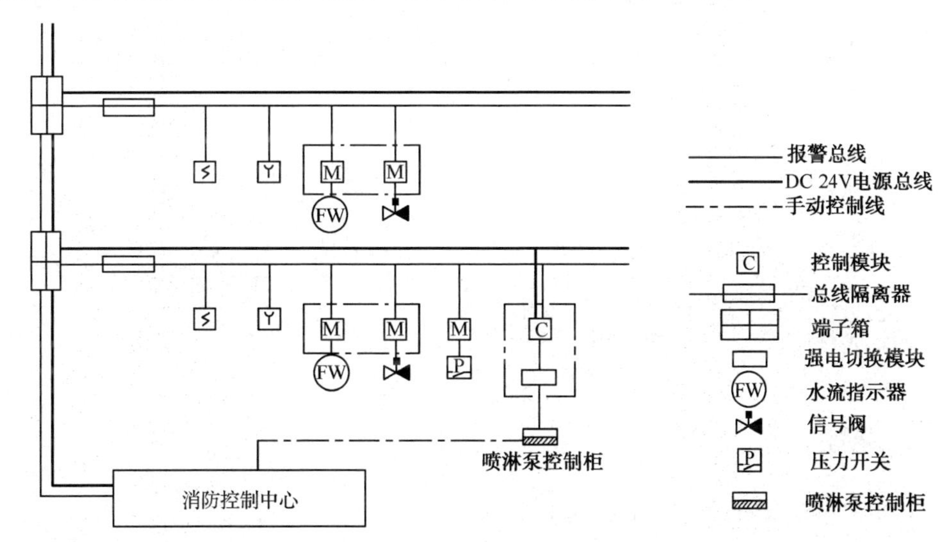

图3.15　自动喷水灭火系统在消防工程中的表达示例

3.3.3　稳压泵及其应用

1．稳压泵的组成

两台稳压泵互备自投全电压启动电路及实物分别如图3.16和图3.17所示。图3.16中来

自电接点压力表的上限电接点SP2和下限电接点SP1分别控制高压力延时停泵和低压力延时启泵。另外，来自消火栓给水泵控制电路中的KA2的31～32触点在消防水池水位过低时是断开的，以便控制低水位停泵。

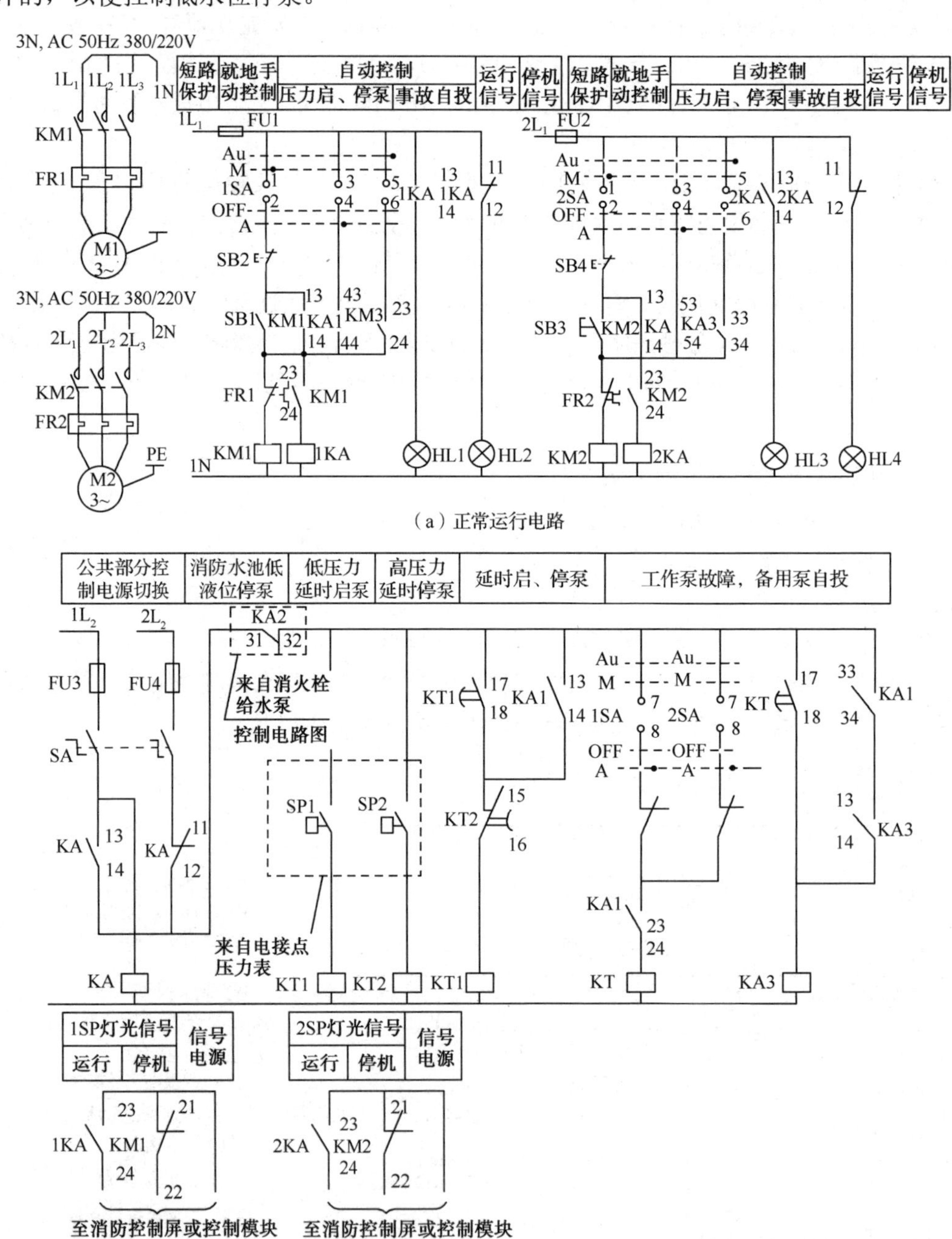

图3.16 两台稳压泵互备自投全电压启动电路

2. 稳压泵的操作过程

（1）正常状态下的操作。使 1 号为工作泵，2 号为备用泵，将选择开关 1SA 置于工作“A”位置，其 3～4、7～8 号触点闭合，将 2SA 置于自动“Au”挡位，其 5～6 号触点闭合，做好准备。稳压泵是用来稳定水的压力的，它将在电接点压力表的控制下启动和停止，以确保水的压力在设计规定的压力范围之内，达到正常供消防用水的目的。

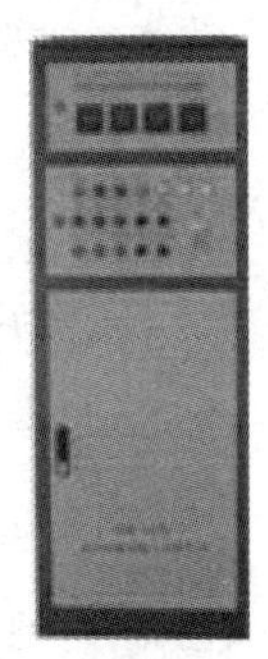

图 3.17　两台稳压泵互备自投全电压启动实物

当消防水池的压力降至电接点压力表下限值时，SP1 闭合，时间继电器 KT1 线圈通电，经延时后，其常开触点闭合，中间继电器 KA1 线圈通电，运行信号灯 HL1 亮，停泵信号灯 HL2 灭。伴随着稳压泵的运行，压力不断提高，当压力升为电接点压力表高压力值时，其上限电接点 SP2 闭合，时间继电器 KT2 通电，其触点经延时断开，KA1 断电释放，使 KM1 线圈断电，KA1 线圈断电，稳压泵停止运行，HL1 灭，HL2 亮，如此在电接点压力表控制之下，稳压泵自动间歇运行。

（2）出现故障时备用泵的投入过程。如果由于某种原因 M1 不启动，接触器 KM1 不动作，使时间继电器 KT 通电，经过延时其触点闭合，使中间继电器 KA3 通电，KM2 通电，2 号备用稳压泵 M2 自动投入运行加压，同时 2KA 通电，运行信号灯 HL3 亮，停泵信号灯 HL4 灭。随着 M2 的运行，压力不断升高，当压力达到设定的最高压力值时，SP2 闭合，时间继电器 KT2 线圈通电，经延时后其触点断开，使 KA1 线圈断电，KA1 的 22～24 触点断开，KT 断电释放，KA3 断电，KM2、1KA 均断电，M2 停止，HL3 灭，HL4 亮。

（3）备用环节故障，手动强投操作。将 1SA、2SA 置于手动“M”挡位，其 1～2 号触点闭合。若启动 M1，可按下启动按钮 SB1，KM1 线圈通电，稳压泵电动机 M1 启动，同时 1KA 通电，HL1 亮，HL2 灭，停止时按 SB2 即可。2 号泵启动及停止按 SB3 和 SB4 便可实现。

3.3.4　大空间智能型主动喷水灭火（消防炮）系统

大空间场所是指民用和工业建筑物内净空高度大于 8m，仓库建筑物内净空高度大于 12m 的场所。根据高大空间的建筑结构特点，普通消防灭火系统无法快速准确地实施灭火，运用大空间智能型主动喷水灭火系统能够有效地解决这类场所的灭火难题，也能对早期火灾起到良好的抑制作用。

消防炮是指水、泡沫混合液流量大于 16L/s，或者干粉喷射率大于 7kg/s，以射流形式喷射灭火剂的装置。其实质是将一定流量、一定压力的灭火剂（如水、泡沫混合液或干粉等）通过能量转换，将势能（压力能）转换为动能，使灭火剂以非常高的速度从炮头出口喷出，形成射流，从而扑灭一定距离以外的火灾。其典型应用场所包括会展中心、展览馆、大型商场、机场、火车站、汽车站大厅、文化中心、艺术馆、歌剧院、礼堂、体育场馆、高架厂房、物流仓库等。

扫一扫看消防炮系统教学课件

扫一扫下载大空间智能型主动喷水灭火系统 CAD 原图

1．消防炮的分类

1）按喷射介质分类

（1）水炮系统：喷射水灭火剂，适用于固体可燃物火灾场所。

（2）泡沫系统：喷射泡沫灭火剂，适用于甲、乙、丙类液体火灾和固体可燃物火灾场所。

（3）干粉系统：喷射干粉灭火剂，适用于液化石油气、天然气等可燃气体火灾场所。

2）按安装方式分类

（1）固定式系统：手柄式、手轮式。

（2）移动炮系统：搬运式、拖车式。

2．型号与命名

按照《消防炮》（GB 19156—2019）的标记进行命名，具体说明如图3.18所示。

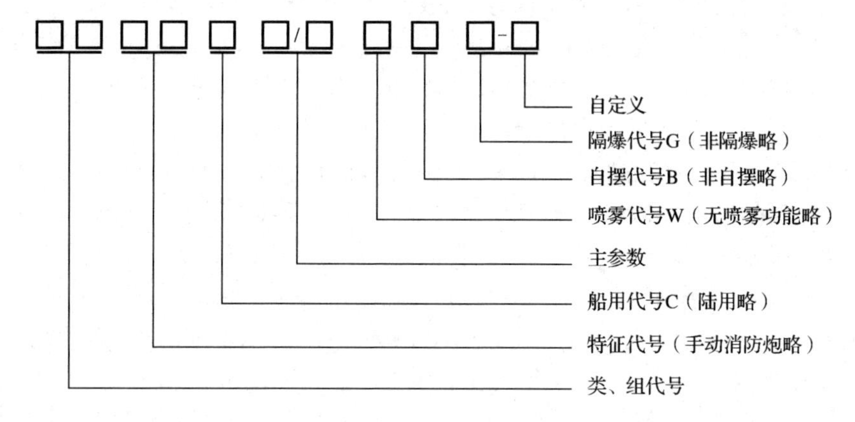

图3.18　消防炮型号的含义

1）类、组代号

PS——消防水炮；　PF——消防干粉炮；　PL——两用消防炮；

PP——消防泡沫炮；　PM——脉冲消防水炮；　PZ——组合消防炮。

2）特征代号

KD——电动控制（简称电控或电动）；　KQ——气动控制（简称气控或气动）；

KY——液动控制（简称液控或液动）；　Y——移动式。

固定式略。

3）主参数

消防炮的主参数为额定工作压力或消防干粉炮额定工作压力范围下的额定流量、单次喷射量或消防干粉炮有效喷射率，如图3.19所示。

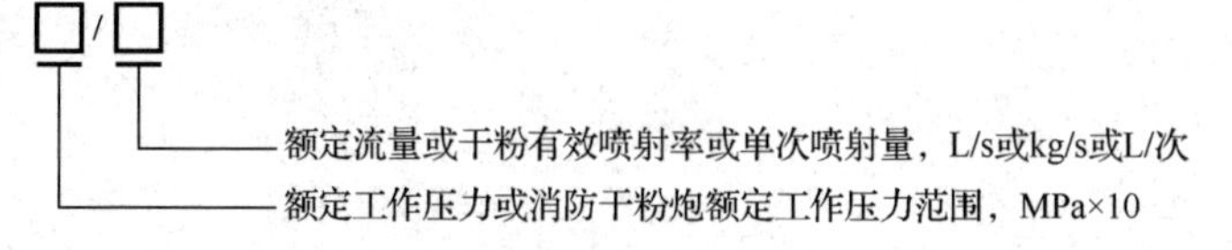

图3.19　消防炮的主参数

消防炮具有多种额定工况的，各主参数之间用“·”隔开，组合消防炮或两用消防炮应

依次标注水、泡沫混合液、干粉的工况参数，当两个参数相同时标注一次。

流量可调的消防炮，标注最大额定工况参数。

举例：PS10/40 表示喷射介质为水、额定流量为 40 L/s、额定工作压力为 1.0 MPa 的手动固定式消防水炮。

3．当代消防水炮灭火技术的特点

（1）大流量：大规模的火灾，只有大流量的灭火剂施救才能快速生效。消防炮作为主要灭火设备，其流量呈逐渐增加的趋势。

（2）远射程：指消防炮实际喷射的水平距离比较远。通常压力为 0.8MPa 时，消防水炮的射程可达 60～70m；压力为 1.6MPa 时，消防水炮的射程可达 120～130m。目前国产消防水炮射程最大可达 210m。

（3）喷射高度大：高大建筑物、大型易燃液体储罐和可燃气体储罐结构复杂，高度较高，这就要求消防炮的喷射高度能够满足其灭火需要。目前国产消防水炮最大喷射高度可达 90～100m，国外生产的消防水炮喷射高度可达 150m。

（4）远控化：随着石油化工、码头、油库、机场等易燃易爆工程的高速发展，这些场所的火灾危险性越来越高。若在这些场所配备手动操作的消防炮系统，一旦发生火灾，灭火人员很难直接进入现场操作。因此，在这类场所必须安装能远距离控制的远控消防炮系统，以保证灭火人员能在比较安全的位置控制消防炮。目前，不仅固定消防炮能够远控操作，移动消防炮也逐渐实现了远控操作。

（5）智能化：用于建筑内的消防炮，为了能实现自动探测和自动灭火的功能，智能化是消防炮发展的一种趋势。红外线自动寻的消防炮就是智能型消防炮的一种，已被广泛应用于展览馆等大型建筑中。

4．自动跟踪定位消防炮灭火系统的组成及工作原理

自动跟踪定位消防炮灭火系统是以可燃物在着火（明火或阴火）时所产生的大量红外线/紫外线辐射为目标，采用一种对火焰发出的红外线/紫外线光谱敏感的传感器，对火焰信号进行可靠的探测，再通过对信号的放大、滤波及提取处理，确认后发出控制指令。

自动跟踪定位消防炮灭火系统自动寻的火源、自动灭火、灭火后自动停止，具有定位精确、灭火效率高、保护面积大、响应速度快的特点；同时对非火灾区域所造成的损失可减至最小；另外有现场图像传输功能，使灭火过程可视化。其具有以下 3 种操作方式。

（1）自动操作：在受其保护的空间场所内，若有火源，则消防炮自动寻找火源，瞄准火源的具体位置后，启动水泵，打开电磁阀，进行射水灭火，灭火后自动停止。若有新的火源出现，则重复以上的射水灭火动作。

（2）值班室远程操作：值班室人员通过消防控制台上的监视器图像信号，及时掌握现场火灾情况。

若发现受保护空间场所内有火源，则值班室人员可通过消防炮控制台操作消防炮自动对准火源，通过控制台上的面板按键直接启动水泵，打开电磁阀，进行射水灭火。

（3）现场人员手动操作：现场人员发现火源后，可以通过消防炮现场手动盘上的面板按键直接操作消防炮对准火源，启动水泵，打开电磁阀，进行射水灭火。

1）系统组成

自动跟踪定位消防炮灭火系统由水池、消防泵组、管网、电磁阀、消防炮、控制装置及电源部分等组成。而控制装置又包括消防炮定位器、消防炮解码器、消防炮控制器、现场手动控制盘、消防泵控制盘、消防炮集中控制盘等部件。其安装示意如图3.20所示。

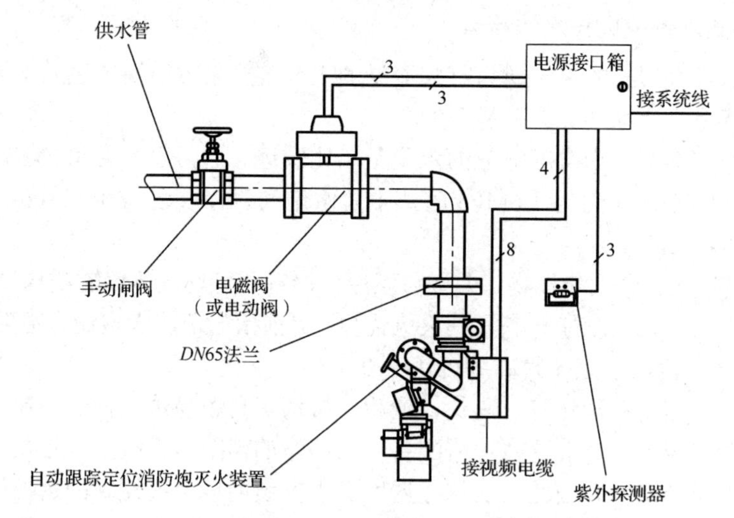

图3.20　自动跟踪定位消防炮灭火系统安装示意

2）工作原理

自动跟踪定位消防炮灭火系统实现对火灾的探测瞄准并进行准确的射水灭火，需由3个探测过程组成，分别是探测感知（Ⅰ级启动探测）、水平方向寻的定位（Ⅱ级定位探测）和垂直方向寻的定位（Ⅲ级定位探测）。

（1）探测感知原理：图3.21为多波段红外线/紫外线复合启动火灾探测器的电子原理框图，启动火灾探测器处于24h的监控状态。一旦保护区域内发生火情，即可可靠地探测感知，消防炮信号处理器对探测到的火灾信号进行处理、分析、确认后，再输出控制指令，使消防炮进入水平扫描状态。

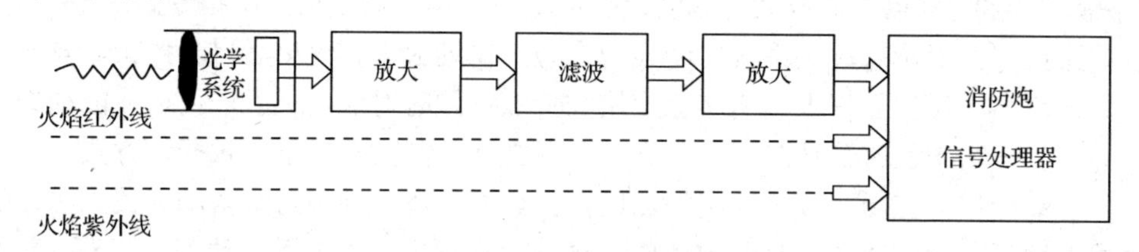

图3.21　多波段红外线/紫外线复合启动火灾探测器的电子原理框图

（2）**跟踪定位原理：**自动跟踪定位消防炮灭火系统原理框图如图3.22所示。它由X（水平）方向寻的和Y（水平）方向寻的两大部分组成。而X、Y两大部分的原理基本相同。当消防炮控制器接收到Ⅰ级启动探测信号后，就开始启动水平扫描电动机，进行水平方向扫描定位（水平回转角不小于360°），寻找火源在水平方向的位置点。确认位置后，消防炮停止水平扫描，驱动垂直扫描电动机进行垂直定位扫描。在进行完水平、垂直方向的火源定位后，消防炮控制器发出指令及火警信号，同时启动水泵，打开电磁阀，自动对准火源进行射水灭火，火源被扑灭后，消防炮控制器再发出指令停止射水。若有新的火源，消防炮将重复上述过程，待全部火源被扑灭后，系统重新回到监控状态。

总的来说，当发生火灾时，先由红、紫外火灾探测器（或图像火灾探测器）对火灾进行快速探测分析，分析确认火灾后将火灾报警信号直接传输给灭火装置的现场控制器（或通过网络通信系统传输给控制中心），然后启动自动射流灭火装置水平定位系统，进行水平扫描，确定火源的水平 X 坐标，随后进入垂直定位系统，确定火源的垂直 Y 坐标，从而实现对火源的精确定位，并打开电磁阀喷水灭火，火被扑灭后，灭火装置自动关闭电磁阀，停止灭火，并自动重复巡视一周，确认无火点后，待机监视，如火复燃，自动射流灭火装置将重新启动，循环灭火。

图 3.22　自动跟踪定位消防炮灭火系统原理框图

训练题 5　阅读第 3.3.4 节二维码中的大空间智能型主动喷水灭火系统 CAD 原图，了解其消防水炮接线步骤，画出其信号流图。

5．固定消防炮灭火系统

固定消防炮灭火系统是一种由消防水炮、管道和控制装置组成的水灭火系统，如图 3.23 所示。

当发生火灾时，由火灾探测器发出的信号经消防中心的集成控制器发出指令，由消防炮现场控制器操纵炮体上的电动机，将消防炮炮口上下左右旋转，对准火灾报警点，再打开电磁阀，从而实现定点灭火的功能。

固定消防炮灭火系统保护面积大，灭火二次破坏性小，现已在高大空间建筑、石油化工企业获得广泛推广应用。

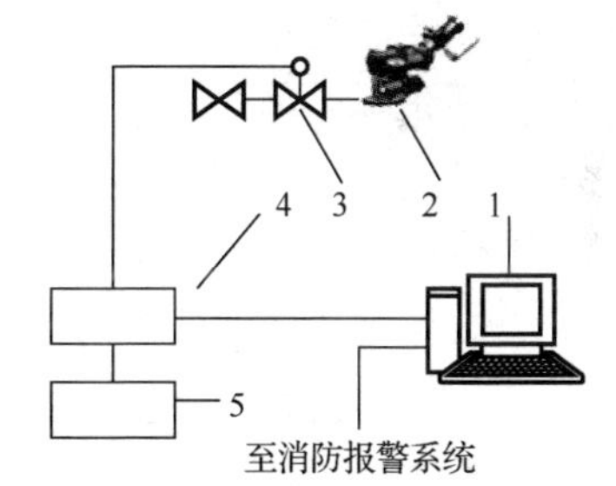

1—系统控制主机；2—消防水炮；3—电磁阀；4—现场控制器；5—手动操作盘。

图 3.23　固定消防炮灭火系统

3.3.5　消防管网监控系统

1．消防管网监控系统的组成

消防管网监控系统由消防管网监控系统控制器、末端试水装置（用于监测消防喷淋末端压力值）、消防水池水位探测器、消防管网压力探测器、消防管网反馈信息采集装置等组成。具体的系统结构示意如图 3.24 所示，其实物构造连接示意如图 3.25 所示。其图例符号及说明如表 3.4 所示。

（1）消防管网监控系统控制器如图 3.26 所示。其作用是能够方便地接入水压、水位、流量等探测器，并将其采集的数据实时显示在主机屏幕上。该设备可以通过指示灯、语音方式

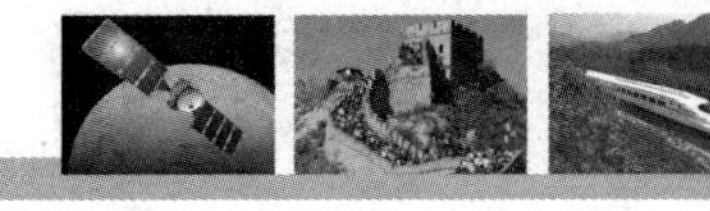

反映水系统的主要状态和异常事件，便于管理者及时发现消防水系统的隐患。

（2）末端试水装置如图3.27所示，用于监测消防喷淋末端压力值。监测最不利点处的喷头真实工作压力是否达规定值，并将数据实时上传至消防管网系统控制器，同时可以远程进行末端泄水实验并实时记录实验数据。

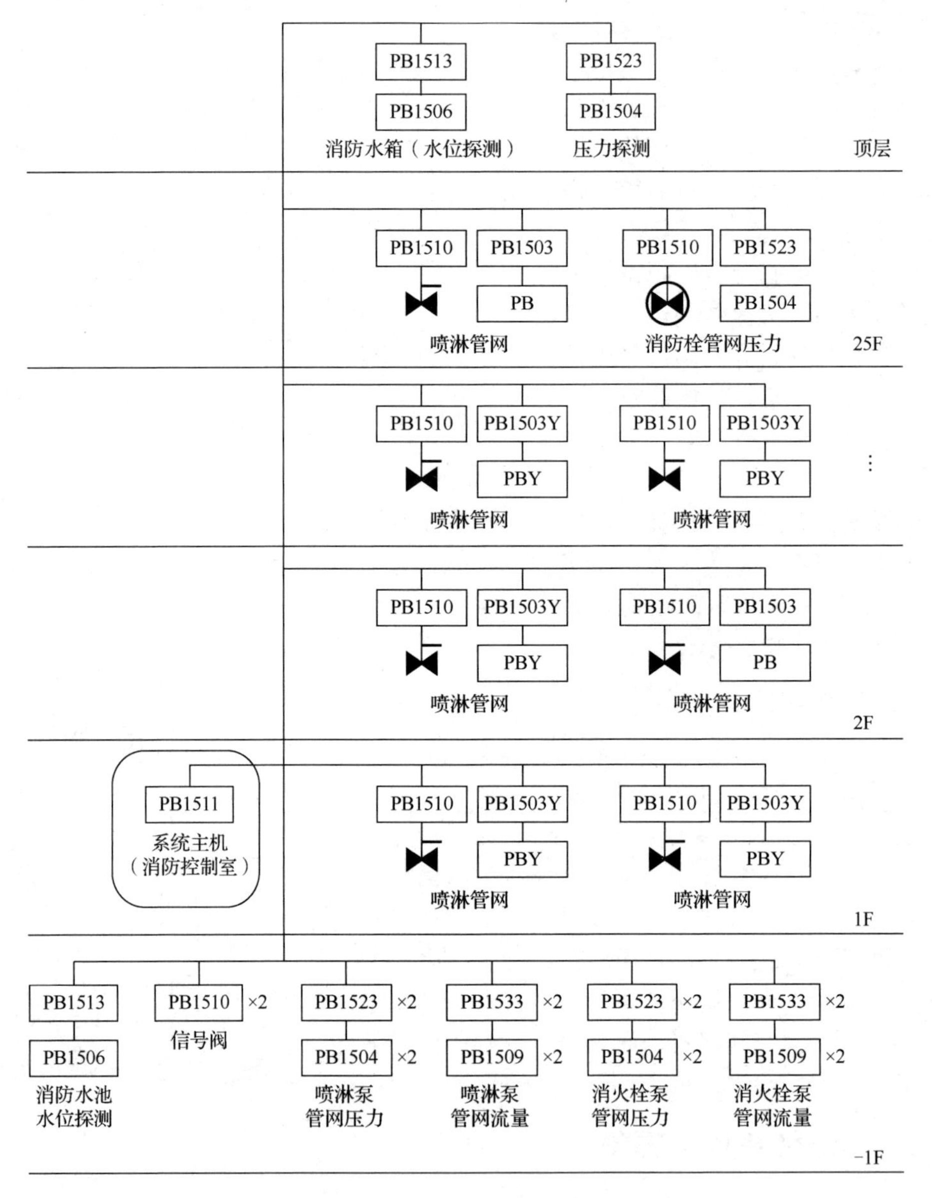

图3.24　消防管网监控系统

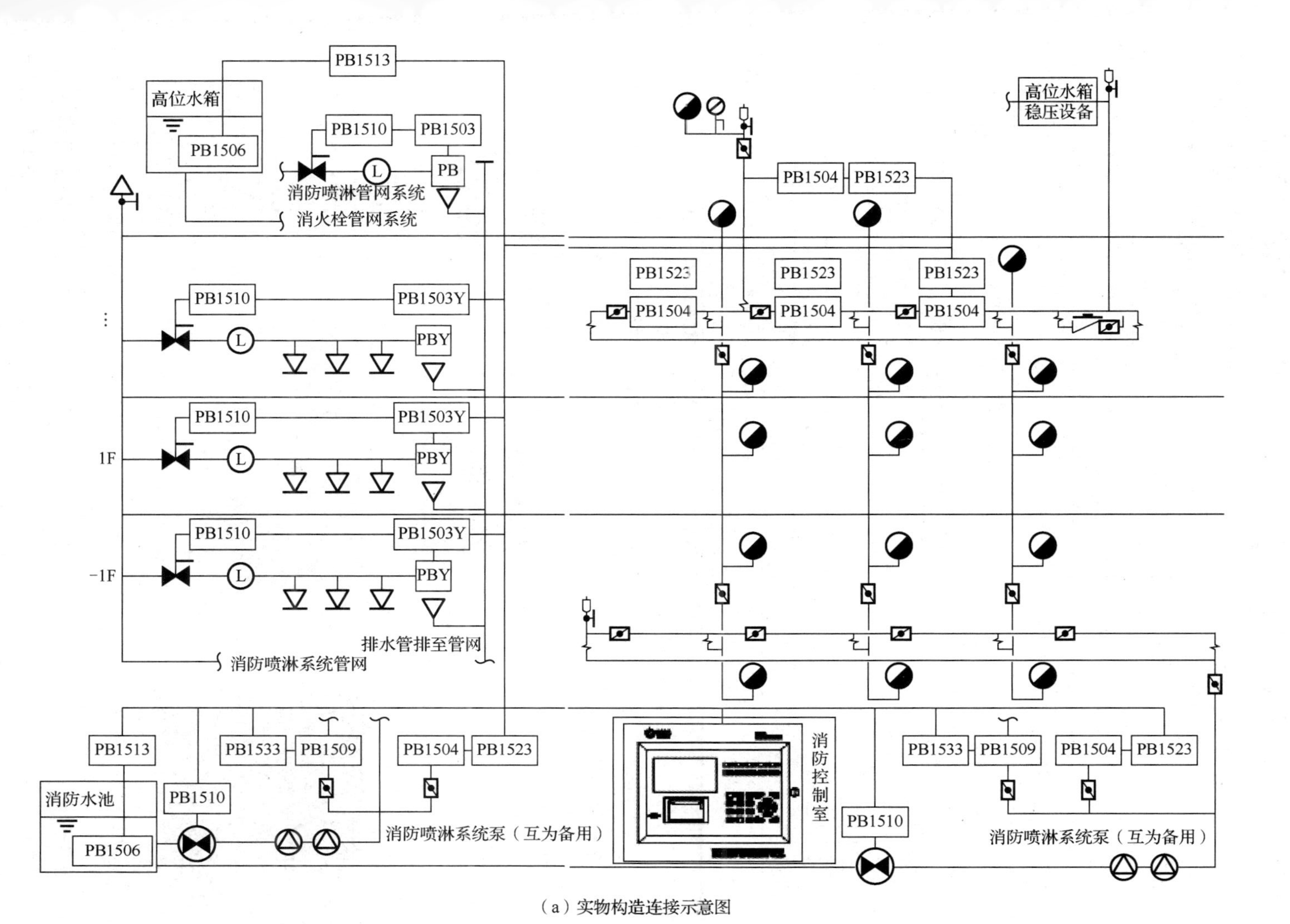

（a）实物构造连接示意图

图 3.25 消防管网实物构造连接示意

表 3.4　图例符号及说明

序号	图例	图例名称	安装方式	功能描述
1	PB1511	消防管网监控系统主机	壁挂式	用于显示被监测点的末端试水装置、管网压力、水池（水箱）水位、流量等参数
2	PB1503Y	智能末端试水显示装置（手动型）	底距地 1.5m	用于监测消防喷淋管网、消火栓管网等末端压力值，上传至主机
3	PB1503	智能末端试水显示装置（电动型）	底距地 1.5m	用于监测消防喷淋管网、消火栓管网等末端压力值，上传至主机
4	PBY	智能末端试水装置（手动型）	最不利点	用于监测消防喷淋管网、消火栓管网等末端压力值，手动型
5	PB	智能末端试水装置（电动型）	最不利点	用于监测消防喷淋管网、消火栓管网等末端压力值，电动型
6	PB1513	消防水池（箱）水位显示装置	底距地 1.5m	用于监测消防水池、消防水箱的水位信息，上传至主机
7	PB1506	消防水池（箱）水位探测器	投入式	用于监测消防水池及消防水箱的液位
8	PB1523	消防管网压力显示装置	底距地 1.5m	用于监测消防管网的压力值，并上传至主机
9	PB1504	消防管网压力探测器	转接安装	用于监测消防管网的压力
10	PB1533	消防管网流量显示装置	底距地 1.5m	用于监测消防管网的流量值，并上传至主机
11	PB1509	消防管网流量探测器	法兰安装	用于监测消防管网的流量
12	PB1510	消防管网设备信号采集装置	顶距顶 0.2m	用于采集消防管网系统监控设备信号，如信号蝶阀的启闭状态

（3）消防水池水位探测器如图 3.28 所示，用于监测消防水池、高位水箱水位信息，将数据传输至消防管网监控系统控制器。利用不锈钢外壳将核心组件封装在不锈钢壳体内，具有性能优良、稳定耐用的特点。

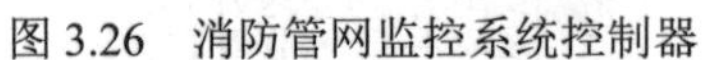

图 3.26　消防管网监控系统控制器

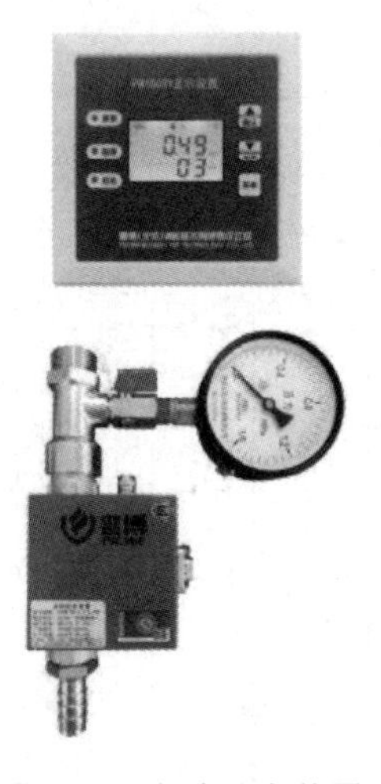

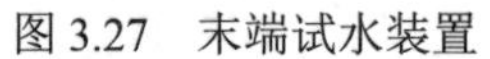

图 3.27　末端试水装置

图 3.28　消防水池水位探测器

（4）消防管网压力探测器如图 3.29 所示。采用螺纹口压力传感器，用于监测消防管网压力信息，将数据传输至消防管网监控系统控制器。其采用硅压阻原理，利用不锈钢外壳将核心组件封装在不锈钢壳体内，具有性能优良、稳定耐用的特点。

（5）消防管网反馈信息采集装置如图 3.30 所示，是用于采集消防管网中水流指示器、信号阀、压力开关和消防泵等动作信号的装置。

被监测部分发生短路或断路时，故障灯亮起，将反馈信号上传至消防管网系统控制器，并显示故障位置。

2．消防管网监控系统的设计依据及工作原理

（1）系统设计依据。《消防给水及消火栓系统技术规范》（GB 50974—2014）、《自动喷水灭火系统设计规范》（GB 50084—2017）、《作为自动喷水灭火系统　第 21 部分：末端试水装置》（GB 5135.21—2011）、《消防控制室通用技术要求》（GB 25506—2010）等规范。

（2）系统工作原理。对消火栓和喷淋水系统管网内的用水的质量（水压、水量、水位等）从水箱到末端进行全程监控，并将实时状态传至消防室内的专用主机上，当数据异常时，主机报警并显示异常位置，直至报警解除为止。

图 3.29　消防管网压力探测器

图 3.30　消防管网反馈信息采集装置

3．消防管网监控系统的特点

系统主机容量：最多可输出 4 条回路，每条回路可监测 64 点。

供电电源：系统主机采用 AC 220V 电源供电，并自带 24V 备用电源，当主电源断开后，备用电源可支撑系统正常工作 8h 以上。

线路规格：系统总线采用 NH-RVS-2×2.5mm^2 连接，供电距离为 1500m。

在实际工程设计中，要结合**消防管网监控系统**的需要选择适合于本系统的设备，以确保消防管网得到有效监控。

任务 3.4　气体灭火系统的安装与调试

气体灭火系统主要包括高低压二氧化碳、七氟丙烷、三氟甲烷、氮气、IG541、IG55 等灭火系统。气体灭火剂不导电，一般不造成二次污染，是扑救电子设备、精密仪器设备、贵重仪器和档案图书等纸质、绢质或磁介质材料信息载体的良好灭火剂。气体灭火系统在密闭的空间里有良好的灭火效果，但系统投资较高，故通常用于重要的机房、贵重设备室、珍藏室、档案库内。例如，根据《建筑设计防火规范（2018 年版）》（GB 50016—2014）的规定，下列场所应设置自动灭火系统，并宜采用气体灭火系统：

（1）国家、省级或人口超过 100 万的城市广播电视发射塔内的微波机房、分米波机房、米波机房、变配电室和不间断电源室。

（2）国际电信局、大区中心、省中心和 1 万路以上的地区中心内的长途程控交换机房、控制室和信令转接点室。

（3）2 万线以上的市话汇接局和 6 万门以上的市话端局内的程控交换机房、控制室和信令转接点室。

（4）中央及省级公安、防灾和网局级及以上的电力等调度指挥中心内的通信机房和控制室。

（5）A、B 级电子信息系统机房内的主机房和基本工作间的已记录磁（纸）介质库。

（6）中央和省级广播电视中心内建筑面积不小于 120m^2 的音像制品库房。

（7）国家、省级或藏书量超过 100 万册的图书馆内的特藏库，中央和省级档案馆内的珍藏库和非纸质档案库，大、中型博物馆内的珍品库房，一级纸绢质文物的陈列室。

3.4.1 IG541 气体灭火系统

IG541 气体灭火系统又被称为烟烙尽气体灭火系统，采用的 IG541 气体灭火剂是由大气层中的氮气（N_2）、氩气（Ar）和二氧化碳（CO_2）3 种气体以 52%、40%、8%的比例混合而成的一种灭火剂。IG541 气体灭火系统的工作压力高达 17.2MPa，因此比较适合大空间、远距离保护、大量使用。

1. IG541 气体灭火系统的组成

IG541 气体灭火系统主要由 IG541 灭火剂瓶组、氮气驱动气体瓶组、灭火剂单向阀、驱动气体单向阀、选择阀（用于组合分配系统）、减压装置、集流管、连接管、喷嘴、信号反馈装置、安全泄放装置、控制盘、检漏装置、低泄高封阀、管路管件等组成，如图 3.31 所示。

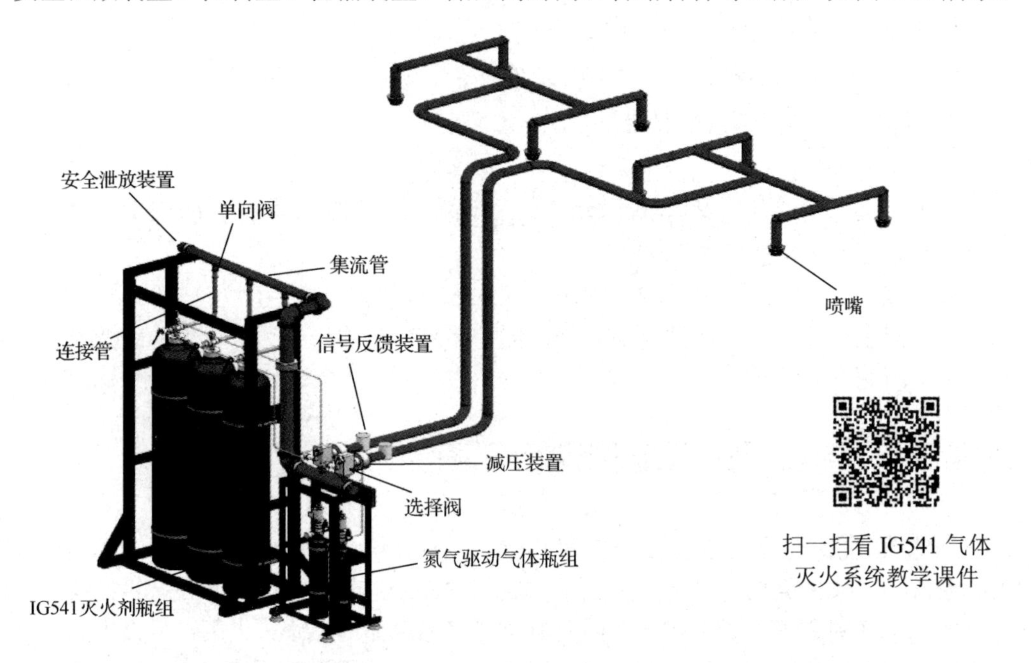

图 3.31　IG541 气体灭火系统的组成

2. IG541 气体灭火系统的工作原理

如图 3.32 所示为 IG541 气体灭火系统的工作原理，灭火机理属于物理灭火方式。当 IG541 气体喷放到着火区域时，能在短时间内降低保护区内氧气的浓度，由空气正常含氧量的 21%降到支持燃烧的 12.5%以下，产生窒息作用，使燃烧迅速终止。同时也把二氧化碳的含量提高至 2%～5%，二氧化碳含量的提高会刺激人的呼吸中枢神经，促使人体加快呼吸或深呼吸，从而增加血液中的含氧量，加速血液循环，以保证人体在低氧环境下（12.5%左右）仍能正常呼吸。这样，在气体喷放后，既能达到灭火效果，又能保证人的生命安全。

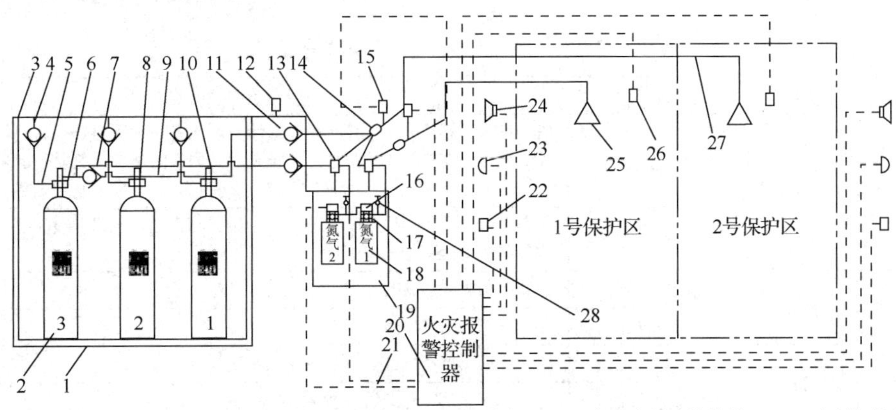

1—灭火剂瓶组框架；2—灭火剂瓶组容器；3—集流管；4、11—单向阀；5—高压金属连接软管；6—灭火剂瓶组容器阀；7—驱动气体管道；8—压力表；9—连接管；10—先导阀；12—安全泄放装置；13—选择阀；14—减压装置；15—信号反馈装置；16—电磁型驱动装置；17—驱动气体瓶组容器阀；18—驱动气体瓶组容器；19—驱动气体瓶组框架；20—火灾报警控制器；21—电气控制线路；22—手动控制盒；23—放气指示灯；24—声光报警器；25—喷嘴；26—火灾探测器；27—灭火剂输送管道；28—低泄高封阀。

图 3.32　IG541 气体灭火系统的工作原理

3．控制方式

控制方式主要有自动控制方式、电气手动紧急启动控制方式、应急机械启动控制方式和紧急停止控制方式 4 种。

（1）自动控制方式。系统须配置两种类型的火灾探测器，控制器上有控制方式选择锁，将其置于“自动”位置时，灭火控制器处于自动控制状态；当只有一种探测器发出火灾信号时，控制器即发出火警声光信号，通知有异常情况发生，并发出联动指令关闭风机、防火阀等联动设备，而不启动灭火装置释放灭火剂；当两种探测器同时发出火灾信号时，控制器即发出火警声光信号，经过 0～30s 延时后（此时防护区内人员必须全部撤离），即发出灭火指令，打开电磁阀和驱动气体瓶组容器阀，释放灭火剂，实施灭火。同时，防护区入口的放气指示灯点亮，任何人员不得进入防护区。

（2）电气手动紧急启动控制方式。当火灾发生时，经人员观察确认火灾已经发生，无论报警系统是否发出警报，无论控制器上的控制方式选择锁是在“自动”位置还是在“手动”位置，都可按下保护区外或控制器操作面板上的“紧急启动”按钮启动灭火装置实施灭火。

（3）应急机械启动控制方式用于控制器失效时。当职守人员判断为发生火灾时，应立即通知现场所有人员撤离现场，并关闭风机、防火阀等联动设备，再按以下步骤实施应急机械启动：拔掉对应区域驱动气体瓶上的启动手柄保险销，直接拍击该手柄（注意：另外一种方式是在驱动气体瓶没有压力的情况下使用，即先打开对应保护区选择阀，再逐个打开对应保护区气体瓶组上的容器阀，即刻实施灭火）。

（4）紧急停止控制方式。当气体灭火控制器发出声光报警信号并处于延时阶段时，若发现为火警误报，可立即按下“紧急停止”按钮，系统将停止打阀信号的输出，避免不必要的损失。

3.4.2　二氧化碳灭火系统

扫一扫看二氧化碳及其他灭火系统教学课件

二氧化碳在常温下无色、无臭，是一种不燃烧、不助燃的气体，便于灌装和储存，是应用较广泛的灭火剂之一。

1．二氧化碳灭火系统的分类

二氧化碳灭火系统从不同的角度有不同的分类，具体分类如表 3.5 所示。

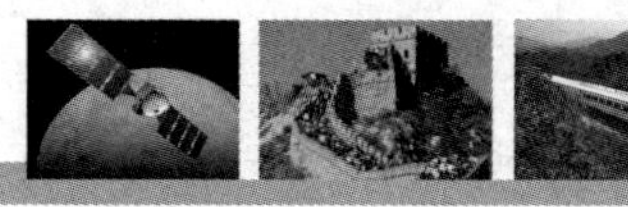

表 3.5　二氧化碳灭火系统的分类

序号	分类角度	系统名称	应用范围及特点
1	按灭火方式分	全淹没系统	用于炉灶、管道、高架停车塔、封闭机械设备、地下室、厂房、计算机机房等。它由一套存储装置组成，在规定时间内，向防护区喷射一定浓度的二氧化碳，并使其充满整个防护区空间。防护区应是一个封闭良好的空间
		局部应用系统	用在蒸气泄放口、注油变压器、浸油罐、淬火槽、轧机、喷漆棚等场所。特点是在灭火过程中不能封闭
2	按储压等级分	高压存储系统	存储压力为 5.17MPa
		低压存储系统	存储压力为 2.07MPa
3	按系统结构特点分	单元独立系统	用一套灭火剂存储装置保护一个防护区
		组合分配系统	用一套灭火剂存储装置保护多个防护区
4	按管网布置形式分	均衡系统管网	从存储容器到每个喷嘴的管道长度应大于最长管道长度的 90%；从存储容器到每个喷嘴的管道等效长度应大于管道长度的 90%（注：管道等效长度=实管长+管件的当量长度）
		非均衡系统管网	不具备均衡系统管网的条件

2．二氧化碳灭火系统的组成及自动控制

1）系统的组成

组合分配系统示意如图 3.33 所示，单元独立系统示意如图 3.34 所示。

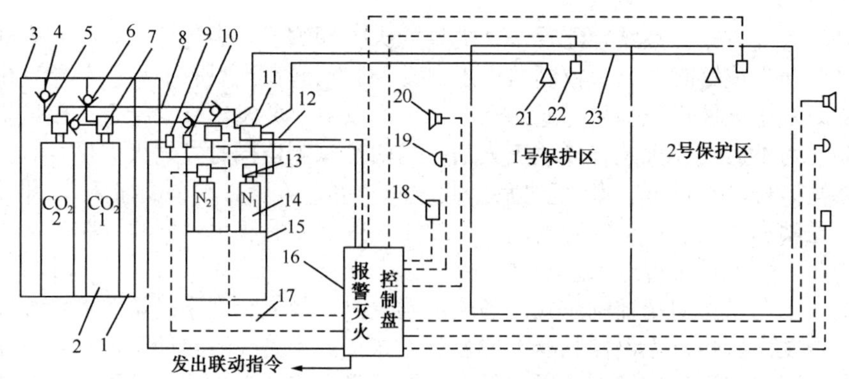

1—XT 灭火剂储瓶框架；2—灭火剂储瓶；3—集流管；4—液流单向阀；5—软管；6—气流单向阀；7—瓶头阀；8—启动管道；9—压力信号器；10—安全阀；11—选择阀；12—信号反馈线路；13—电磁阀；14—启动钢瓶；15—QXT 启动瓶框架；16—报警灭火控制盘；17—控制线路；18—手动控制盒；19—光报警器；20—声报警器；21—喷嘴；22—火灾探测器；23—灭火剂输送管道；N—钢瓶。

图 3.33　组合分配系统示意

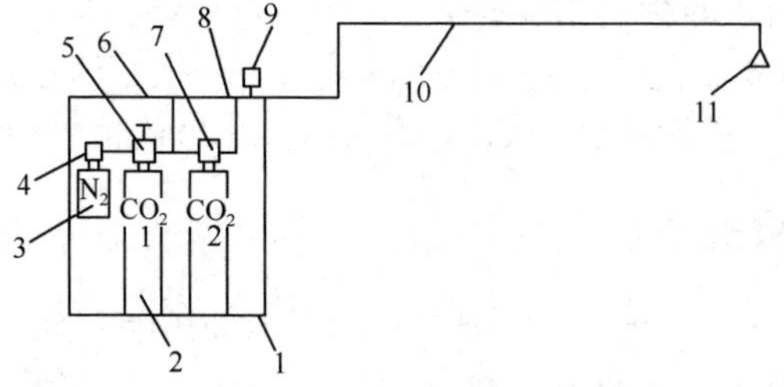

1—XT 灭火剂储瓶框架；2—灭火剂储瓶；3—启动钢瓶；4—电磁阀；5—主动瓶容器阀；6—软管；7—气动阀；8—集流管；9—压力信号器；10—灭火剂输送管道；11—喷嘴。

图 3.34　单元独立系统示意

2）系统的自动控制过程分析

这里以图 3.35 为例说明二氧化碳灭火系统的自动控制过程。控制内容有火灾报警显示、灭火介质的自动释放灭火、切断保护区内的送排风机、关闭门窗及联动控制等。

从图 3.35 可知，当保护区发生火灾时，灾区产生的烟、温或光使保护区设置的两路火灾探测器（感烟、感温）报警，两路信号为"与"关系，发至消防中心报警控制器上，驱动控制器一方面发出声、光报警，另一方面发出联动控制信号（如停空调、关防火门等），待人员撤离后再发信号关闭保护区门。从报警开始延时约 30s 后发出指令启动二氧化碳存储容器，存储的二氧化碳灭火剂通过管道输送到保护区，经喷嘴释放灭火。如果手动控制，则可按下启动按钮，其他同上。

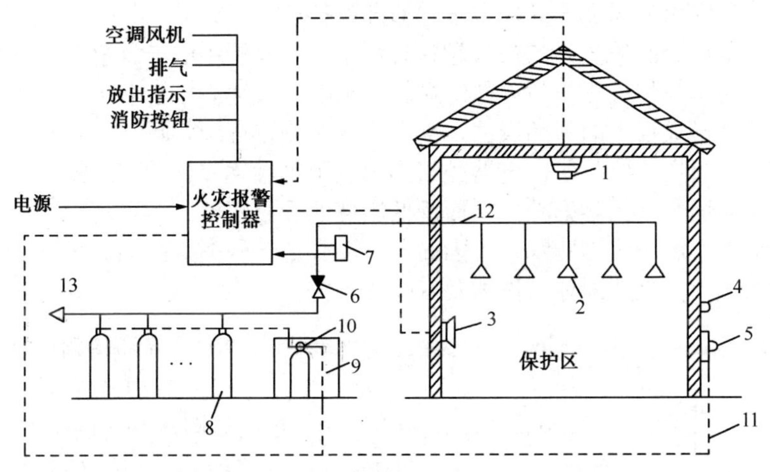

1—火灾探测器；2—喷嘴；3—报警器；4—放气指示灯； 5—手动启动按钮；6—选择阀；7—压力开关；8—二氧化碳钢瓶；9—启动气瓶；10—电磁阀；11—控制电缆；12—二氧化碳管线；13—安全阀。

图 3.35 二氧化碳灭火系统示例

扫一扫完成小任务

装有二氧化碳灭火系统的场所（如变电所或配电室），一般都在门口加装选择开关，可就地选择自动或手动操作方式。当有工作人员进入场所里面工作时，为防止出现意外事故，即避免有人在里面工作时喷出二氧化碳影响健康，必须在入室之前把开关转到手动位置，离开时关门之后复归自动位置，同时为避免无关人员乱动选择开关，宜用钥匙型转换开关。

3．二氧化碳灭火系统的特点及适用范围

1）特点

二氧化碳灭火系统具有不污染保护物体、灭火迅速、空间淹没性好等特点，但与卤代烷灭火系统相比造价高，且灭火的同时对人产生毒性危害，因此，只有较重要的场合才使用。

2）适用范围

二氧化碳可以扑灭的火灾有气体火灾、电气火灾、液体或可熔化固体火灾、固体表面火灾及部分固体的深位火灾等。二氧化碳不能扑灭的火灾有金属氧化物、活泼金属、含氧化剂的化学品等的火灾。

二氧化碳灭火系统适用于易燃、可燃性液体存储容器、易燃蒸气的排气口、可燃油油浸电力变压器、机械设备、实验设备、反应釜、淬火槽、图书档案室、精密仪器室、贵重设备室、计算机机房、电视机机房、广播机房、通信机房等。

3.4.3 其他气体灭火装置

近年来随着消防技术的发展，“气溶胶”灭火剂在国内被迅速推广，几乎所有的生产厂家都将它视为“卤代烷”灭火剂的最佳替代物，并且在国家规范中要求使用清洁灭火剂的场所得到大力推崇。气溶胶自动灭火装置和七氟丙烷自动灭火装置更显出独特的优势。下面对它们进行简单介绍。

1. 气溶胶自动灭火装置

1）特点

ZQ 气溶胶自动灭火装置是一种对大气臭氧层无损害的哈龙类灭火器材的理想替代品，是一种综合性能指标达到国内外同类产品先进水平的高科技产品。

气溶胶是直径小于 0.01μm 的固体或液体颗粒悬浮于气体介质中的一种物体，其形态呈高分散度。气溶胶灭火装置是将灭火材料以超细微粒的形态，快速弥漫于着火点周围空间的设备。众多气溶胶微粒会形成很大的封闭表面，其在迅速弥漫过程中将吸收大量热量，从而达到冷却灭火的目的；在火灾初始阶段，气溶胶喷到火场中对燃烧过程的链式反应具有很强的负催化作用，迅速对火焰进行化学抑制，从而降低燃烧的反应速度，当燃烧反应生成的热量小于扩散损失的热量时，燃烧过程即终止。因此，气溶胶是一种高效能的灭火剂，可通过全淹没及局部应用方式扑灭可燃性固体、液体及气体的火灾。

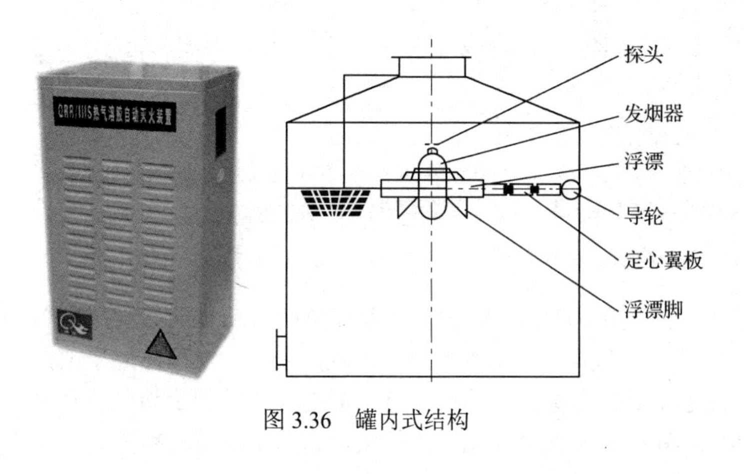

图 3.36 罐内式结构

2）装置的结构

（1）罐内式结构。罐内式结构如图 3.36 所示，主要由装有烟雾灭火剂的发烟器、扇形组合浮漂及 3 个定心翼板组成，并能随油面自由升降。油罐起火后，当油罐内的温度上升至 110℃时，发烟器顶盖的低熔点合金探头自动脱落，导火索被火焰引燃，使烟雾灭火剂产生燃烧反应，燃烧产生的气溶胶达到一定压力时，通过头盖上的喷孔冲破密封薄膜，喷射在油面上部，以稀释、覆盖和化学抑制等作用使火焰熄灭。

（2）罐外式结构。罐外式结构如图 3.37 和图 3.38 所示，主要由发烟体、导烟管、喷头、感温低熔点合金探头、导线管、保护箱、支架等组成。

当储罐着火后，罐内温度急剧上升，达到 110℃时，感温探头熔化，导火索外露，火焰点燃导火索，从而引燃发烟体内的灭火剂，产生大量含有氮气、二氧化碳、水蒸气和碱金属氧化物微粒的气溶胶，以很快的速度和压力由喷头喷出，以切割和覆盖火焰，发生一系列复杂的物理、化学反应，使燃烧的化学反应终止，火焰熄灭。

3）适用范围

（1）灭 A 类火灾。灭木垛火试验的成功，拓宽了气溶胶灭火系统的适用范围，即可用于生产、使用或存储可燃性固体物质的场所，如木制品库、纸张库、档案室、文物资料室、影像资料室、图书资料室等。

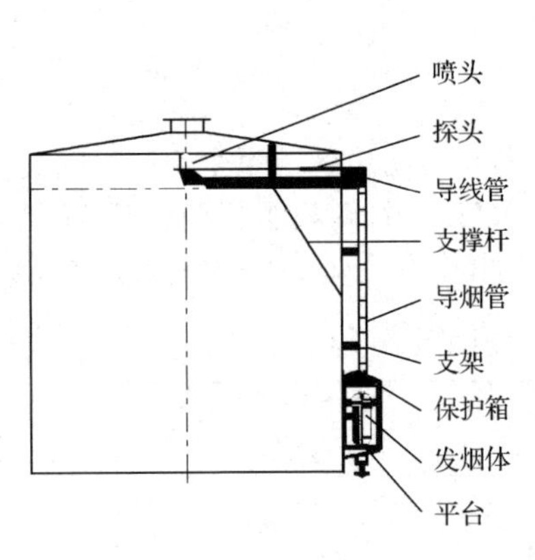

图 3.37　罐外式喷头向罐顶

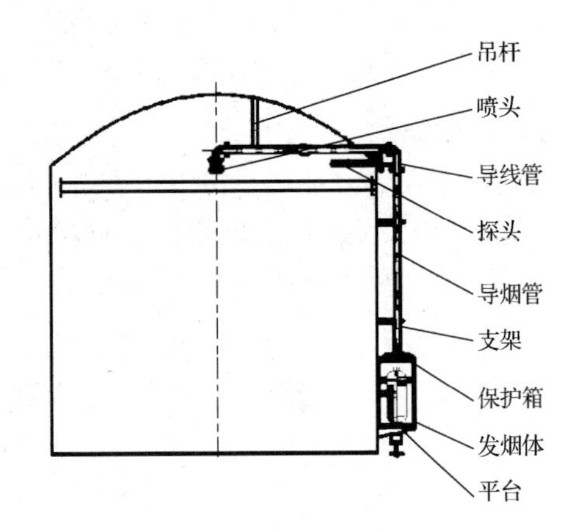

图 3.38　罐外式喷头向液面

（2）灭 B 类火灾。生产、使用或存储煤油、柴油、重油、润滑油、变压器油、动物油、植物油等各种可燃性液体场所的火灾。

（3）扑灭电气、电缆火灾。①计算机机房、通信机房、广播电视制作机房、广播发射机房等；②高压（110kV 及以下）、低压（10kV 及以下）变（配）电间、发电机房、电缆夹层、电缆井、电缆沟；③发电厂内电气控制楼、微波楼、通信楼、电子设备间、继电器室、变压器室、稳压器室、设备室、电缆隧道、柴油发电机房等。

2. 七氟丙烷自动灭火装置

七氟丙烷（FM200）自动灭火装置是一种现代化消防设备。中华人民共和国公安部于 2001 年 8 月 1 日发布了公消〔2001〕217 号《关于进一步加强哈龙替代品及其技术管理的通知》，通知中明确规定：七氟丙烷气体自动灭火系统属于全淹没系统，可以扑救 A（表面火）、B、C 类和电气火灾，可用于保护经常有人的场所。

七氟丙烷（FM200）灭火剂无色、无味、不导电、无二次污染，对臭氧层的耗损潜能值（ODP）为 0，符合环保要求，其毒副作用比卤代烷灭火剂更小，是卤代烷灭火剂较理想的替代物。七氟丙烷（FM200）灭火剂具有灭火效能高、对设备无污染、电绝缘性好、灭火迅速等优点。七氟丙烷（FM200）灭火剂释放后不含有粒子和油状物，不破坏环境，且在灭火后，及时通风，迅速排出灭火剂即可很快恢复正常。

七氟丙烷（FM200）灭火剂经试验和美国 EPA 认定其比 1301 卤代烷更为安全可靠，人体暴露于 9%的浓度（七氟丙烷一般设计浓度为 7%）中无任何危险，而七氟丙烷最大的优点是非导电性能，因而是电气设备的理想灭火剂。

七氟丙烷（FM200）灭火剂具有设计参数完整、准确、功能完善、工作可靠的特点，有自动、电气手动和机械应急手动操作 3 种方式。

图 3.39　七氟丙烷灭火系统

七氟丙烷灭火系统由火灾报警气体、灭火控制器、灭火剂瓶、瓶头阀、启动阀、选择阀、压力信号器、框架、喷嘴管道系统等组成。图 3.39 所示的七氟丙烷灭火系统可组成单元独立系统、组合分配系统和无管网装置等多种形式。七氟丙烷灭火系统只能实施对单元和多区

全淹没消防保护，适用于电子计算机机房、电信中心、图书馆、档案馆、珍品库、配电房、地下工程、海上采油平台等重点单位的消防保护。

3．应用案例

案例 1：某移动通信公司中心机房，按自然分隔分为 4 个防护区，每个防护区的面积均为 280m^2，层高为 3.0m，机房总面积为 1120m^2，总体积为 3360m^3。针对机房状况和储瓶间的面积，决定采用气溶胶或七氟丙烷（FM200）消防系统。气溶胶和七氟丙烷的指标对比如表 3.6 所示。

表 3.6　气溶胶和七氟丙烷的指标对比（一）

指标	七氟丙烷	气溶胶
系统形式	组合分配	独立式
防区面积	取最大防区面积 280 m^2	1120 m^2
灭火剂用量	600 kg	336 kg
灭火剂造价	30 万元	84 万元
工程造价	约 95 万元	约 95 万元
灭火剂有效年限	超过 50 年，但存在泄漏现象	6～8 年，有效期后须更换药剂
年维护及折旧费用	约 3 万元	超过 10 万元

案例 2：某单位配电室，面积为 100m^2，层高为 4.0m，机房总体积为 400m^3。现将气溶胶或七氟丙烷两种灭火剂的几项指标进行对比，如表 3.7 所示。

表 3.7　气溶胶和七氟丙烷的指标对比（二）

指标	七氟丙烷	气溶胶
系统形式	独立式	独立式
防区面积	100 m^2	100 m^2
灭火剂用量	260 kg	40 kg
灭火剂造价	13 万元	10 万元
工程造价	约 30 万元	约 15 万元
灭火剂有效年限	超过 50 年，但存在泄漏现象	6～8 年，有效期后须更换药剂
年维护及折旧费用	约 1.5 万元	约 1.5 万元

注：七氟丙烷灭火系统的造价除考虑灭火剂外，还要考虑瓶组、管网和报警等多项因素；而气溶胶灭火系统的造价按惯例，只需计算药剂和报警两部分。

通过以上对比可知：在第一个工程中，采用气溶胶是不恰当的；在第二个工程中，采用气溶胶有一定的优势。气溶胶对于小空间封闭火灾有很好的灭火效果，如配电室、变压器室、水泵房、交通运输工具的发动机舱、机器间、油田、油库、采油平台等及某些工业封闭空间。气溶胶灭火剂的特点也限制了它的适应场所和范围，不适当地使用可能会给社会带来更大损失，因此应确定正确的推广方向。

训练题 6　气体灭火系统模拟训练。

（1）自行设计实训程序。

（2）进行模拟实训。

（3）写出实训报告。

任务 3.5　消防灭火系统工程图的识读训练

扫一扫看消防灭火系统等工程图识读训练教学课件

◆教师活动

下载实训 7 二维码中的工程设计图（共 28 张），选择适合的工

程图纸内容→下达如表3.8所示的识读作业单→讲解相关知识→指导识图训练。

表3.8 作业单（识图训练）

名称	组成环节及特点	设计要求
消火栓灭火系统		
不同楼层水流指示器	位置	数量
自动喷水灭火系统		
压力开关	位置	数量

◆学生活动

学习相关知识→分组识图→完成作业单的填写。

教师布置任务后，进行必要的识图要求讲授，学生在分组识图后集中研讨、评价、点评。

实训3 消火栓灭火系统及自动喷水灭火系统的操作

1. 实训目的

（1）熟悉消火栓灭火系统及自动喷水灭火系统的各种设备。

（2）掌握消火栓灭火系统及自动喷水灭火系统的工作原理，以及设备的使用方法。

（3）能对消火栓灭火系统及自动喷水灭火系统进行控制和调试。

2. 实训内容与设备

（1）实训内容。

① 熟悉设备安装位置。

② 用消防按钮发出消防水泵启动信号，观察消防水泵是否启动，水枪是否喷水。

③ 观察火灾时洒水喷头是否喷水，水流开关、压力开关是否动作。

（2）实训设备：消防水泵、喷淋泵、洒水喷头、水流开关、压力开关、消防按钮、管网、水龙带、水枪、蓄水池等。

3. 实训步骤

（1）编写实训计划书。

（2）准备实训用具。

（3）认识系统设备，熟悉系统设备的安装位置。

（4）完成消火栓灭火系统启、停控制操作。

（5）完成自动喷水灭火系统启、停控制操作。

4. 实训报告

（1）实训计划书。
（2）实训工程报告。
（3）填写记录表并进行问题探讨。

5. 实训记录与分析

填写表 3.9 和表 3.10 所示的实训记录。

表 3.9　消火栓灭火系统启、停控制实训记录

序号	设备名称	火灾状态	正常状态	备注
1				
2				
3				
4				
5				

表 3.10　自动喷水灭火系统启、停控制实训记录

序号	设备名称	火灾状态	正常状态	备注
1				
2				
3				
4				
5				

6. 问题讨论

（1）在消火栓灭火系统中，若 3 楼着火，所有的消火栓中的水龙带都有水吗？为什么？
（2）当 4 楼着火时，洒水喷头是否立即喷水？为什么？是否所有喷头都喷水？为什么？

7. 技能考核

（1）系统实际操作能力。
（2）协调能力的开发。

优________ 良________ 中________ 及格________ 不及格________

知识梳理与总结

本学习情境首先对灭火系统进行概述，从而了解灭火的基本方法，接着阐述自动喷水灭火系统的几种系统，以湿式自动喷水灭火系统和大空间智能型主动喷水灭火（消防炮）系统为主，介绍系统的组成、特点及电气线路的控制；同时对室内消火栓灭火系统的组成、灭火方式及电气线路进行了详细分析，最后对IG541 气体灭火系统及二氧化碳灭火系统的组成、特点及适用场所进行了说明，另外介绍了消防管网监控系统的组成及作用，进而论述不同场所、不同特点的火灾应采用不同的灭火方式。掌握不同的灭火方式对相关的工程设计、安装、调试及维护是十分必要的。

（1）明白灭火方法并会正确选用。
（2）掌握消火栓灭火系统的安装与调试技能。
（3）能对灭火系统进行维护运行。

练习题3

一、选择题

扫一扫看练习题3参考答案

1．某档案室，室内未设吊顶和架空地板，采用柜式七氟丙烷气体灭火装置进行保护。下列部件中，不属于该档案室柜式七氟丙烷气体灭火装置组成部分的是（　　）。

A．灭火剂瓶组　　B．容器阀　　C．选择阀　　D．喷头

2．某电子设备室设置了高压二氧化碳气体灭火系统，二氧化碳气体钢瓶设置在与通风机房相邻的储瓶间内，下列关于该气体灭火系统相关装置的说法中，错误的是（　　）。

A．自动控制装置应在接到两个独立的火灾报警信号后启动

B．手动控制装置应设置在电子设备室门外，安装高度距地面1.5m

C．手动、自动控制状态的显示装置应设置在电子设备室内或门外

D．机械应急操作装置可设置在储瓶间内

3．某图书库内设置了一套七氟丙烷气体灭火系统，灭火控制器处于自动控制状态。在气体灭火控制器接收到该图书库内首个感烟火灾探测器的火灾报警信号，但尚未收到其他火灾报警信号期间，相关设施、设备动作正确的是（　　）。

A．图书库内的门窗关闭

B．延时0～30s后释放七氟丙烷灭火剂进行灭火

C．图书库入口处的气体释放警示灯点亮

D．图书库内的声光报警器动作

4．某单层甲等剧场的办公用房设有湿式自动喷水灭火系统，该系统报警阀组的组件包括（　　）。

A．报警阀　　B．防复位锁止机构

C．水力警铃　　D．压力开关　　E．泄水阀

5．某办公楼设有闭式自动喷水灭火系统，地下一层为消防水泵房，消防水泵房内设置两台喷淋泵，下列关于喷淋泵的控制说法中，正确的有（　　）。

A．喷淋泵应能手动启、停

B．喷淋泵应能自动启、停

C．喷淋泵控制柜在平时应设置在自动控制状态

D．喷淋泵控制柜应设置机械应急启泵功能

E．消防控制柜应设置专用线路连接的手动直接启泵按钮

6．下列哪个自动喷水灭火系统的设置场所，理论上可以不设置火灾探测器。（　　）

A．设置湿式系统的场所　　B．设置预作用系统的场所

C．设置自动控制雨淋系统的场所　　D．设置自动控制水幕系统的场所

7．某防护区平时有人工作，采用管网式七氟丙烷气体灭火系统进行保护，下列关于该系统的操作与控制的说法中，错误的是（　　）。

A．该系统应有不小于30s的延迟

B．该系统设置自动、手动和机械应急操作3种启动方式

C．气体灭火控制器在接收到第一个火灾探测器火灾报警信号之后，启动防护区内部

的声报警器

D．气体灭火控制器在接收到第二个火灾探测器火灾报警信号之后，发出指令关闭防护区开口封闭装置、通风机械和防火阀等设备

二、简答题

1．灭火系统的类型有哪几种？灭火的基本方法有哪几种？各有什么特点？

2．简述室内消火栓的工作原理。

3．简述自动喷水灭火系统的控制方式。

4．叙述压力开关的工作原理。

5．湿式自动喷水灭火系统主要由哪几部分组成？

6．简述水流指示器的作用及工作原理。

7．末端试水装置的作用是什么？

8．气体灭火系统主要有哪几种控制方式？

9．简述IG541气体灭火系统的工作原理。

10．简述消防炮灭火系统的工作原理。

学习情境4

消防通信指挥与防排烟系统的安装

教学导航

学习任务	任务 4.1　消防通信指挥子系统的设计与安装 任务 4.2　消防应急照明和疏散指示系统的设置与应用 任务 4.3　防排烟设备的设置与监控 任务 4.4　消防电梯联动设计应用 任务 4.5　消防应急广播及联动系统识图训练	参考学时	12
学习目标	本学习情境是本书的重要组成部分，应熟悉消防应急广播系统的构成、控制方式及设置要求；熟悉消防应急照明和疏散指示系统的分类；会进行消防应急照明和疏散指示系统的选型、设置及配电设计；明白防排烟系统的作用、分类、设置要求等；能够进行防排烟设施的控制与应用；熟悉消防电梯联动控制方式和设置规定；做到遵守规范，依法依规行事；能够进行消防应急广播及联动系统识图。具有消防通信指挥与防排烟系统设计的初步能力		
知识点与思政融入点	熟悉消防通信指挥与防排烟系统的构成、作用、控制方式及设置要求等；懂得消防通信指挥与防排烟系统设计的相关知识，培养学生**依法依规行事的行为作风**		
技能点与思政融入点	具有消防应急照明和疏散指示系统选型、设置及配电设计的能力；具有识读工程图、进行消防通信指挥与防排烟系统设计的初步能力，具有**责任感**		
教学重点	消防通信指挥与防排烟系统的构成、作用、控制方式、设置要求及工程图的识读等		
教学难点	消防通信指挥与防排烟系统设计		
教学环境、教学资源与载体	多媒体网络平台，教材、动画、PPT和视频等，一体化消防实训室，消防系统工程图纸，作业单、工作页、评价表		
教学方法与策略	项目教学法、角色扮演法、引导文法、演示法、参与型教学法、练习法、讨论法、讲授法、设计步步深入法等		
教学过程设计	给出工程图→采用设计步步深入法，边学边做		
考核与评价内容	消防应急照明和疏散指示系统的选型、设置及配电设计，防排烟设施的控制与应用，消防电梯联动控制方式和设置规定，消防应急广播及联动系统识图，消防通信指挥与防排烟系统初步设计，沟通协作能力、工作态度、任务完成情况与效果等		
评价方式	自我评价（10%）、小组评价（30%）、教师评价（60%）		
参考资料	《火灾自动报警系统设计规范》（GB 50116—2013）、《建筑设计防火规范（2018年版）》（GB 50016—2014）、《消防应急照明和疏散指示系统技术标准》（GB 51309—2018）、《消防应急照明和疏散指示系统》（GB 17945—2010）、《建筑防烟排烟系统技术标准》（GB 51251—2017），实训7二维码中的工程设计图（共28张）		

任务 4.1　消防通信指挥子系统的设计与安装

扫一扫看学习情境4教学课件

《建筑电气消防工程》工作页

姓名：　　　学号：　　　班级：　　　日期：

<table>
<tr><td>学习情境 4</td><td>消防通信指挥与防排烟系统的安装</td><td>学时</td><td></td></tr>
<tr><td>任务 4.1</td><td>消防通信指挥子系统的设计与安装</td><td>课程名称</td><td>建筑电气消防工程</td></tr>
<tr><td colspan="4">任务描述：</td></tr>
<tr><td colspan="4">熟悉消防应急广播系统的构成、控制方式及设置要求</td></tr>
<tr><td colspan="4">工作任务流程图：</td></tr>
<tr><td colspan="4">播放录像、动画→结合本书 2.5.4 节二维码中的消防工程设计图（图 1～图 6）讲授→参观校内消防通信指挥子系统并现场教学→分组研讨→提交工作页→集中评价→提交认知训练报告</td></tr>
<tr><td colspan="4">1．资讯（明确任务、资料准备）</td></tr>
<tr><td colspan="4">（1）消防应急广播系统的设置要求有哪些？
（2）消防应急广播系统由哪几个部分构成？
（3）消防通信系统的设置要求有哪些？
（4）消防通信系统由哪几个部分构成？</td></tr>
<tr><td colspan="4">2．决策（分析并确定工作方案）</td></tr>
<tr><td colspan="4">（1）分析采用什么样的方式方法了解消防通信指挥子系统的组成、分类、设置要求等，通过什么样的途径学会任务知识点，初步确定工作任务方案；
（2）小组讨论并完善工作任务方案</td></tr>
<tr><td colspan="4">3．计划（制订计划）</td></tr>
<tr><td colspan="4">制订实施工作任务的计划书；小组成员分工合理。
需要通过实物、图片搜集、动画、查找资料、参观、课件及讲授等形式完成本次任务。
（1）通过查找资料和学习，明确消防通信指挥子系统的组成、分类、设置要求等。
（2）通过录像、动画，认知消防通信指挥子系统的基本作用。
（3）通过对实训室设备或校区消防通信指挥子系统的参观，增强对消防通信指挥子系统的感性认识，为后续课程的学习打好基础</td></tr>
<tr><td colspan="4">4．实施（实施工作方案）</td></tr>
<tr><td colspan="4">（1）参观记录；　　（2）学习笔记；　　（3）研讨并填写工作页</td></tr>
<tr><td colspan="4">5．检查</td></tr>
<tr><td colspan="4">（1）以小组为单位进行讲解演示，小组成员补充优化；
（2）学生自己独立检查或小组之间交叉检查；
（3）检查学习目标是否达到，任务是否完成</td></tr>
<tr><td colspan="4">6．评估</td></tr>
<tr><td colspan="4">（1）填写学生自评和小组互评考核评价表；
（2）与教师一起评价认识过程；
（3）与教师进行深层次的交流；
（4）评估整个工作过程，是否有需要改进的方法</td></tr>
<tr><td colspan="4">指导教师评语：</td></tr>
<tr><td colspan="4">任务完成人签字：
日期：　　年　　月　　日</td></tr>
<tr><td colspan="4">指导教师签字：
日期：　　年　　月　　日</td></tr>
</table>

◆**教师活动**

结合本书 2.5.4 节二维码中的消防工程设计图（图 1～图 6），识读消防应急广播与通信部分（消防指挥子系统），查找各层广播扬声器、电话插孔、消防应急广播切换模块、报警电话分机等。

◆**学生活动**

分组查看图纸→查找器件名称、符号及在图中的位置→集中介绍查找情况并提出问题。

消防应急广播系统是消防通信指挥系统的重要子系统之一。由于火灾发生后，现场非常混乱，为了便于组织人员快速、安全地疏散及准时广播通知有关救灾的事项，同时为了提高消防系统广播功能的可靠性，集中报警系统和控制中心报警系统应设置消防应急广播系统。

4.1.1　消防应急广播系统认知与设计应用

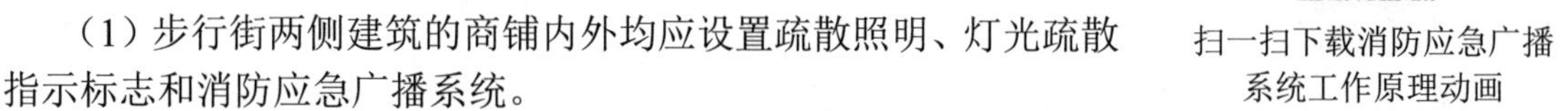

扫一扫下载消防应急广播系统工作原理动画

1．消防应急广播系统的设置要求

（1）步行街两侧建筑的商铺内外均应设置疏散照明、灯光疏散指示标志和消防应急广播系统。

（2）避难走道内应设置消火栓、消防应急照明、应急广播和消防专线电话。

（3）消防应急广播扬声器的设置，应符合下列规定：

① 在民用建筑内，扬声器应设置在走道和大厅等公共场所。每个扬声器的额定功率不应小于 3W，其数量应能保证从一个防火分区内的任何部位到最近一个扬声器的直线距离不大于 25m，走道末端与最近的扬声器的距离不应大于 12.5m。

② 在环境噪声大于 60dB 的场所设置的扬声器，在其播放范围内最远点的播放声压级应高于背景噪声 15dB。

③ 客房设置专用扬声器时，其功率不宜小于 1W。

（4）壁挂扬声器的底边距地面高度应大于 2.2m。

2．消防应急广播系统的组成和控制方式

扫一扫看总线制和总线制消防应急广播系统说明

1）消防应急广播系统的组成

消防应急广播系统分为多线制和总线制两种，一般由控制装置和广播扬声器（音响）组成。控制装置主要包括音源设备（CD 播放盘等）、广播功率放大器、分区控制器等，可以是独立的控制主机，也可以组合安装在火灾报警控制柜内。部分设备的外形如图 4.1 所示。

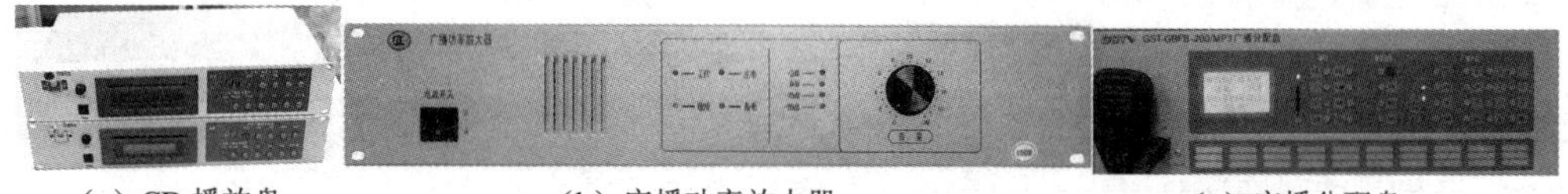

（a）CD 播放盘　（b）广播功率放大器　（c）广播分配盘

（d）广播扬声器（音响）

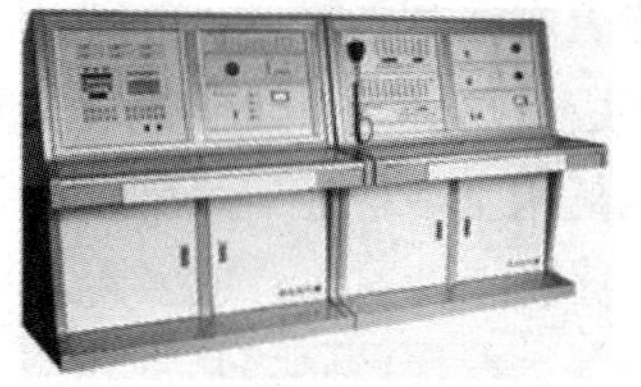

（e）广播控制柜

图 4.1　消防应急广播系统部分设备的外形示意

2）消防应急广播系统的联动控制设计

（1）集中报警系统和控制中心报警系统应设置消防应急广播。

（2）消防应急广播系统的联动控制信号应由消防联动控制器发出。当确认火灾后，应同时向全楼进行广播。

（3）消防应急广播的单次语音播放时间宜为10～30s，应与火灾声报警器分时交替工作，可采取1次火灾声报警器播放、1次或2次消防应急广播播放的交替工作方式循环播放。

（4）在消防控制室应能手动或按预设控制逻辑联动控制选择广播分区、启动或停止应急广播系统，并应能监听消防应急广播。在通过传声器进行应急广播时，应自动对广播内容进行录音。

（5）消防控制室内应能显示消防应急广播的广播分区的工作状态。

（6）消防应急广播与普通广播或背景音乐广播合用时，应具有强制切入消防应急广播的功能。

3）消防应急广播系统设计示例

（1）示例一：本示例如图4.2所示，应急广播音源设备和广播功率放大器是一体化的消防广播主机，与火灾报警控制器（联动型）组合安装在琴台机柜内。火灾发生时，火灾报警控制器发出联动控制信号，启动消防应急广播。

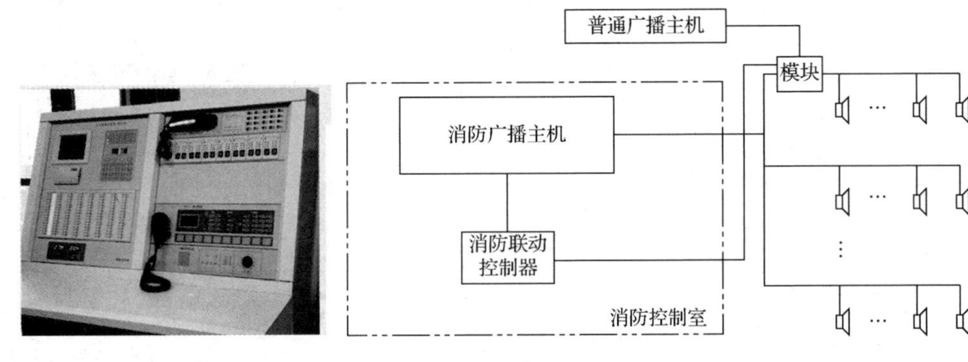

图4.2　示例一

在这种方式中，通过广播切换模块，背景音乐可以与消防应急广播共用线路和扬声器，火灾发生时，通过广播切换模块强制切入消防应急广播。系统接线图如图4.3所示。

这种形式适用于部分楼层或局部场所设置背景音乐的情况，背景音乐的音源和功率放大器都是独立的，局部共用广播线路和扬声器。

（2）示例二：本示例如图4.4所示，系统规模较大，需要多个广播功率放大器（广播功率放大器可以设置在消防控制器，也可以设置在合适的位置）。火灾发生时，火灾报警控制器（联动型）发出联动控制信号，同时启动所有的消防应急广播。

这种形式也适用于多栋建筑（建筑群）共用消防应急广播的情况，在控制中心设置广播分区控制器，每栋建筑设置一台或多台功率放大器。发生火灾时，火灾报警控制器（联动型）发出联动控制信号，分区控制器启动相应建筑的广播功率放大器，启动消防应急广播。

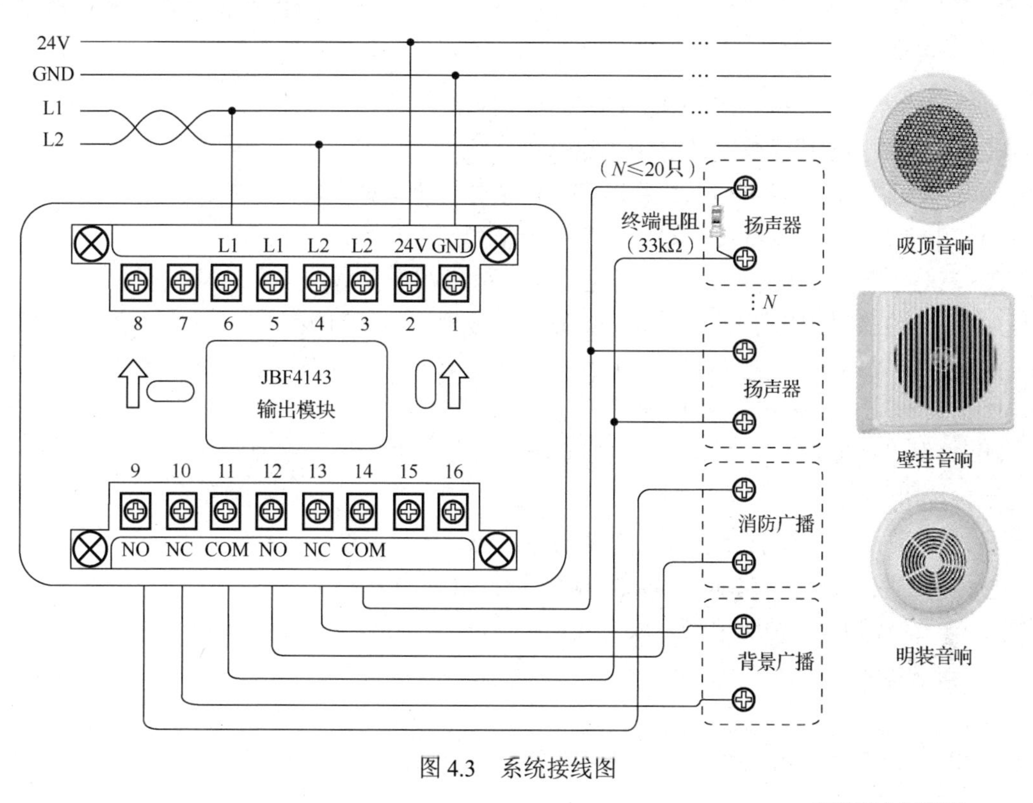

图 4.3　系统接线图

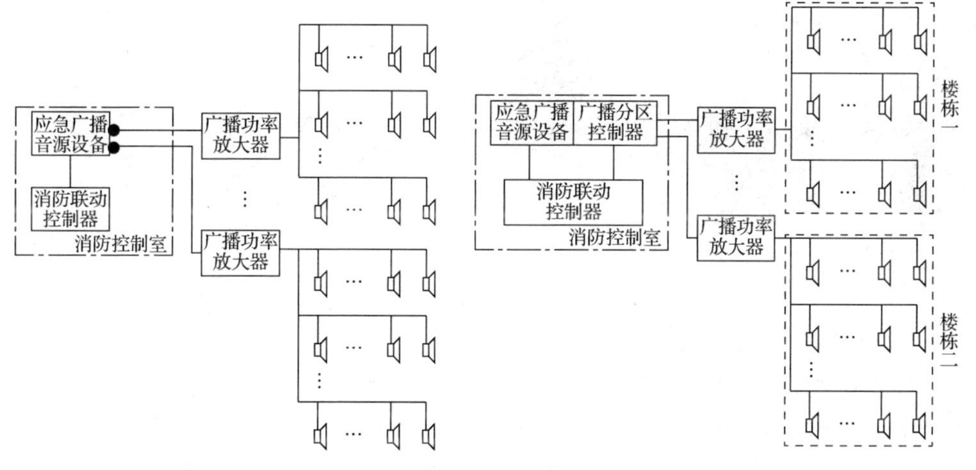

图 4.4　示例二

4.1.2　消防通信系统认知与应用

扫一扫看消防通信系统微课视频

1．系统功能

消防电话是消防通信系统的专用设备，当发生火灾时，它可以提供方便快捷的通信手段。通过专用的消防电话系统，可迅速实现对火灾的人工确认，并及时掌握火灾现场情况及其他必要的通信联络，便于指挥灭火。在重要场所可以通过消防专用电话分机（简称消防电话分机）和消防控制室进行通话；在其他场所可以用便携式电话，通过电话插孔与控制室进行通话。

2．设置要求

（1）消防专用电话网络应为独立的消防通信系统。

（2）消防控制室应设置消防专用电话总机。

（3）多线制消防专用电话系统中的每个电话分机应与总机单独连接。

（4）电话分机或电话插孔的设置，应符合下列规定：

① 消防水泵房、发电机房、变配电室、计算机网络机房、主要通风和空调机房、防排烟机房、灭火控制系统操作装置处或控制室、企业消防站、消防值班室、总调度室、消防电梯机房及其他与消防联动控制有关的且经常有人值班的机房应设置消防专用电话分机。消防专用电话分机，应固定安装在明显且便于使用的部位，并应有区别于普通电话的标志。

② 设有手动报警按钮或消火栓按钮等处，宜设置电话插孔，并宜选择带有电话插孔的手动报警按钮。

③ 各避难层应每隔 20m 设置一个消防专用电话分机或电话插孔。

④ 电话插孔在墙上安装时，其底边距地面高度宜为 1.3～1.5m。

（5）消防控制室、消防值班室或企业消防站等处，应设置可直接报警的外线电话。

3．系统组成

消防专用电话系统包括消防电话主机、固定式消防电话分机、手提式消防电话分机和消防电话插孔等部分，如图 4.5 所示，可以分为多线制和总线制两种形式。

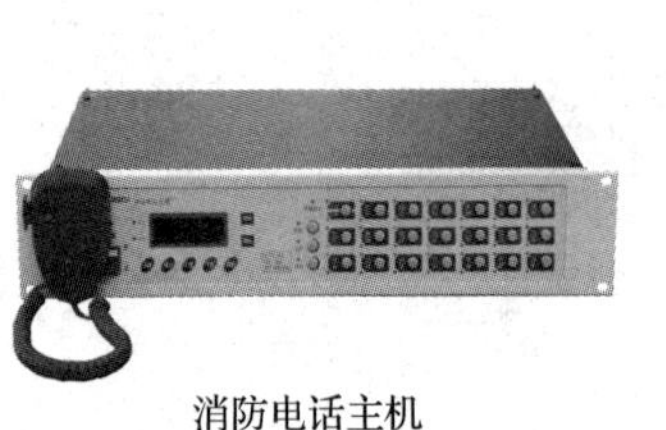
消防电话主机

固定式消防电话分机

手提式消防电话分机

消防电话插孔

图 4.5　消防专用电话系统的部分组成设备

（1）多线制消防专用电话系统：在多线制系统中，每个电话分机应与主机单独连接，与消防电话主机之间有独立的信号回路，多个消防电话插孔可以共用一个信号回路（并联）。多线制系统布线较多，仅适用于小规模系统。多线制对讲电话系统如图 4.6 所示。

（2）总线制消防专用电话系统：在总线制系统中，通常为两总线方式，总线分机（带地址编码的消防电话分机）设置在总线回路上，可以与消防电话主机直接通话。也可以在总线回路中设置总线插孔（带地址编码的电话插孔），一个总线插孔可以并接多个无地址编码的普通电话插孔。总线制对讲电话系统如图 4.7 所示。

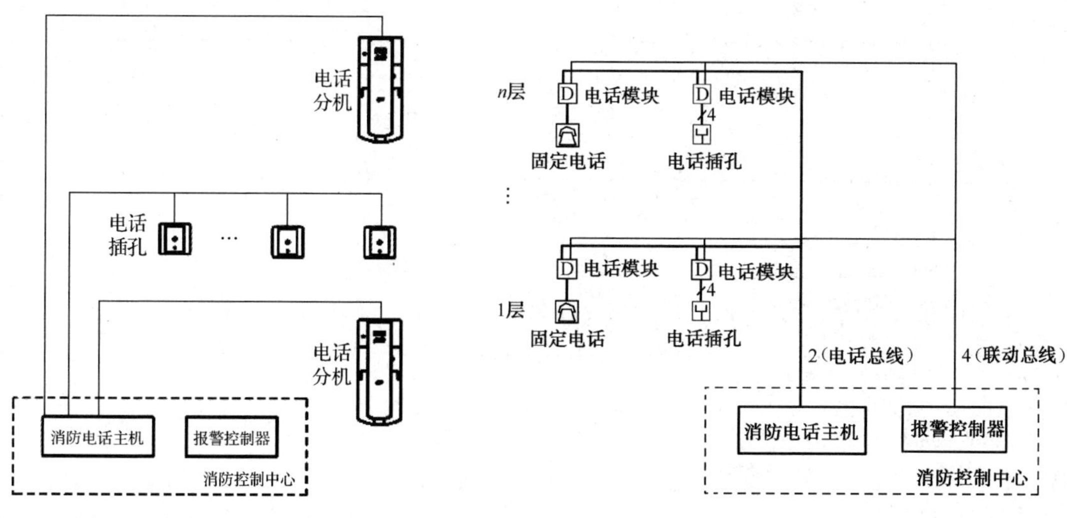

图 4.6　多线制对讲电话系统　　　　图 4.7　总线制对讲电话系统

【小提示】消防专用电话网络应为独立的消防通信系统，独立布线，不能利用一般电话线路或综合布线系统（Premises Distributed System，PDS）代替消防专用电话线路。

训练题 7　消防通信指挥子系统设备的拆装。

对消防应急广播系统、消防通信系统中的某个设备的安装进行实地考察，必要时可进行拆装，同时写出实训报告。

任务 4.2　消防应急照明和疏散指示系统的设置与应用

《建筑电气消防工程》工作页

姓名：　　　学号：　　　班级：　　　日期：

学习情境 4	消防通信指挥与防排烟系统的安装	学时	
任务 4.2	消防应急照明和疏散指示系统的设置与应用	课程名称	建筑电气消防工程
任务描述：			
熟悉消防应急照明和疏散指示系统的分类；会进行消防应急照明和疏散指示系统的选型、设置及配电设计			
工作任务流程图：			
播放录像、动画→阅览实训 7 二维码中的工程设计图（共 28 张），选择合适的工程图讲授→参观校内消防应急照明和疏散指示系统并现场教学→分组研讨→提交工作页→集中评价→提交认知训练报告			
1．资讯（明确任务、资料准备）			
（1）消防应急照明和疏散指示系统是如何分类的？各有什么特点？ （2）消防应急照明和疏散指示系统的选型原则有哪些？ （3）消防应急照明和疏散指示系统的配电设计有哪些规定？			
2．决策（分析并确定工作方案）			
（1）分析采用什么样的方式方法了解消防应急照明和疏散指示系统的组成、分类、设置要求等，通过什么样的途径学会任务知识点，初步确定工作任务方案； （2）小组讨论并完善工作任务方案			
3．计划（制订计划）			
制订实施工作任务的计划书；小组成员分工合理。 需要通过实物、图片搜集、动画、查找资料、参观、课件及讲授等形式完成本次任务。 （1）通过查找资料，学习消防应急照明和疏散指示系统的组成、分类、设置要求及配电设计等； （2）通过对实训室设备或校区消防应急照明和疏散指示系统的参观，增强对消防通信指挥子系统的感性认识，为后续课程的学习打好基础			

续表

4．实施（实施工作方案）
（1）参观记录； （2）学习笔记； （3）研讨并填写工作页
5．检查
（1）以小组为单位进行讲解演示，小组成员补充优化； （2）学生自己独立检查或小组之间交叉检查； （3）检查学习目标是否达到，任务是否完成
6．评估
（1）填写学生自评和小组互评考核评价表； （2）与教师一起评价认识过程； （3）与教师进行深层次的交流； （4）评估整个工作过程，是否有需要改进的方法
指导教师评语：
任务完成人签字： 日期：　年　月　日
指导教师签字： 日期：　年　月　日

消防应急照明和疏散指示系统是指在发生火灾时为人员疏散和在发生火灾时为仍需工作的场所提供照明和疏散指示的系统。安全疏散设计是确保生命财产安全的有效措施，是建筑防火的一项重要内容。系统的合理设计，即系统类型和系统部件的正确选择、系统部件的合理设置和安装、灯具供配电的合理设计及系统有效地维护管理，对保证系统在发生火灾时能有效为建、构筑物中的人员在疏散路径上提供必要的照度条件、提供准确的疏散导引信息，从而有效保障人员的安全疏散，都有十分重要的作用和意义。

消防应急照明和疏散指示系统由各类消防应急灯具及相关装置组成，如图4.8所示。

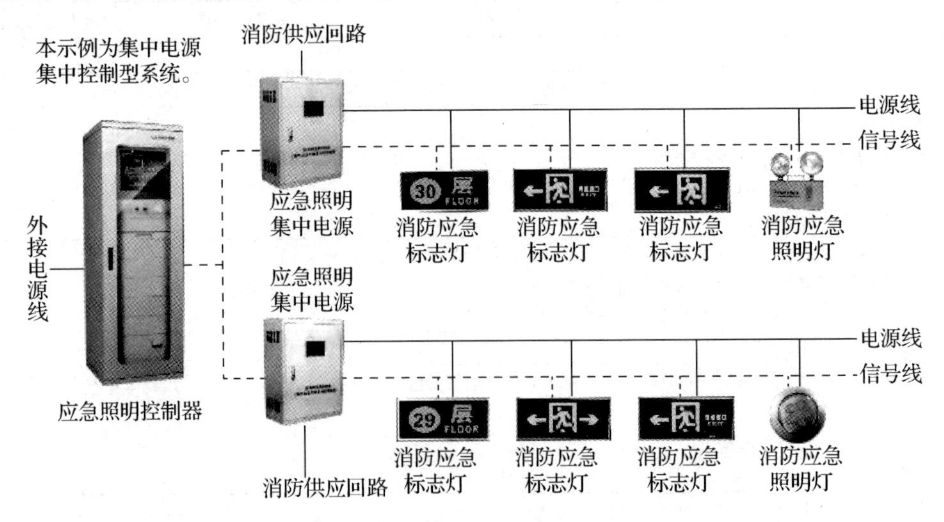

图4.8　消防应急照明和疏散指示系统的组成

消防应急灯具是指为人员疏散、消防作业提供照明和标志的各类灯具，主要包括消防应急标志灯具和消防应急照明灯具。相关装置主要是系统各类电源及控制器等，如图4.9所示。

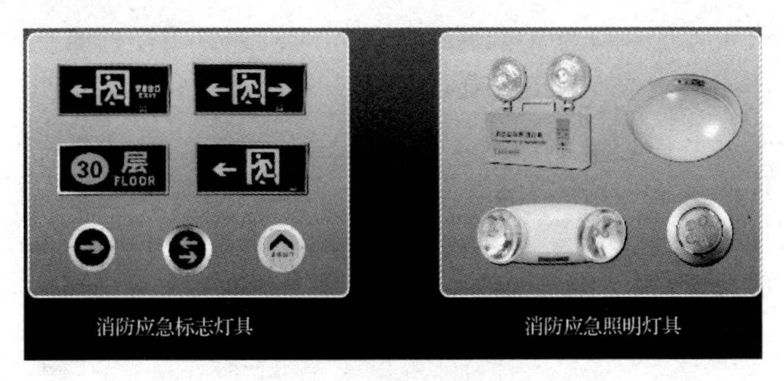

图 4.9　消防应急灯具

【小提示】应急灯具的主要功能，详见《消防应急照明和疏散指示系统技术标准》（GB 51309—2018）。

4.2.1　消防应急照明和疏散指示系统的分类及选型原则

根据消防应急灯具的控制方式，应急照明和疏散指示系统可分为集中控制型和非集中控制型（亦称集中式和分布式）。

扫一扫看集中控制型系统控制说明

扫一扫下载应急照明和疏散指示系统工作原理动画

1．集中控制型系统

集中控制型系统由应急照明控制器集中控制消防应急灯具的工作状态。

集中控制型系统设置有应急照明控制器，根据应急灯具的供电方式，可分为集中电源集中控制型和自带电源集中控制型。

【小定义】

（1）集中电源集中控制型系统：灯具采用集中电源供电方式的集中控制型系统，即灯具的蓄电池电源采用应急照明集中电源供电方式的集中控制型系统，简称集中电源集中控制型系统。

（2）自带电源集中控制型系统：灯具采用自带蓄电池供电方式的集中控制型系统，即灯具的蓄电池电源采用自带蓄电池供电方式的集中控制型系统，简称自带电源集中控制型系统。

集中电源集中控制型系统由应急照明控制器、应急照明集中电源、集中电源集中控制型消防应急灯具及相应附件组成，如图 4.10 所示，由应急照明控制器集中控制并显示应急照明集中电源及其配接的消防应急灯具工作状态。

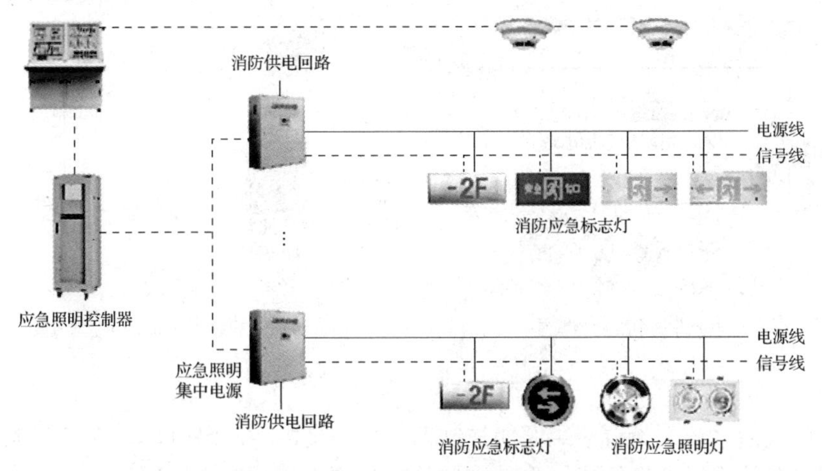

图 4.10　集中电源集中控制型系统

火灾发生时，火灾报警系统的消防联动控制器向应急照明控制器发出联动指令，应急照明控制器控制应急照明集中电源及其配接的消防应急灯具，并显示工作状态，为安全疏散和救援提供应急照明和疏散指示。

自带电源集中控制型系统由应急照明控制器、应急照明配电箱、自带电源集中控制型消防应急灯具及其附件组成，如图4.11所示，由应急照明控制器集中控制并显示应急照明配电箱及其配接的消防应急灯具工作状态。

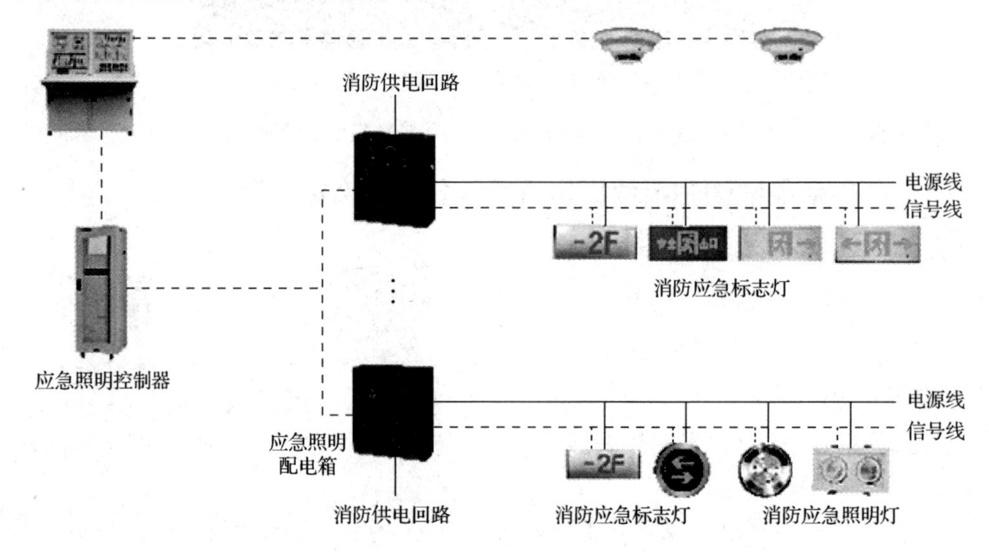

图4.11 自带电源集中控制型系统

火灾发生时，火灾报警系统的消防联动控制器向应急照明控制器发出联动指令，应急照明控制器控制应急照明配电箱及其配接的消防应急灯具，并显示工作状态，为安全疏散和救援提供应急照明和疏散指示。

扫一扫看非集中控制型系统控制说明

2. 非集中控制型系统

根据应急灯具的供电方式，系统也可分为集中电源非集中控制型[见图4.12（a）]和自带电源非集中控制型[见图4.12（b）]。

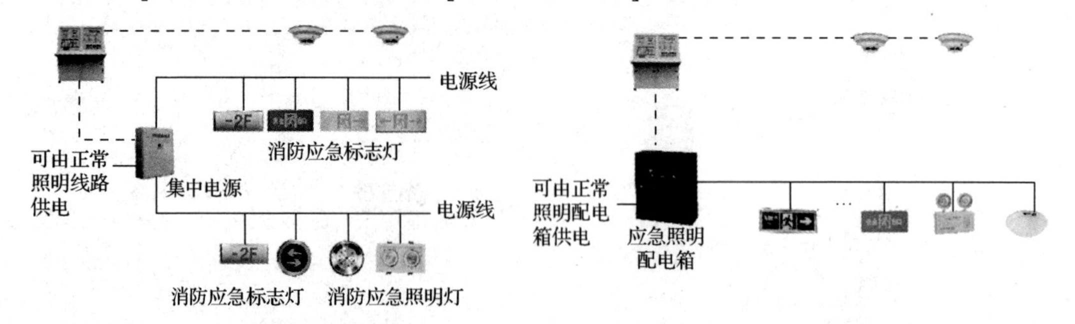

图4.12 非集中控制型系统

非集中控制型系统未设置应急照明控制器，由非集中控制型灯具、应急照明集中电源或应急照明配电箱等系统部件组成，系统中灯具的光源由灯具蓄电池电源的转换信号控制应急点亮或由红外、声音等信号感应点亮，由应急照明集中电源或应急照明配电箱分别控制其配接消防应急灯具的工作状态。

火灾发生时，火灾报警系统的消防联动控制器向应急照明集中电源或应急照明配电箱发出联动指令，由应急照明集中电源或应急照明配电箱控制消防应急灯具的工作状态，为安全疏散和救援提供应急照明和疏散指示。

3. 系统的选型原则

系统类型的选择应根据建、构筑物的规模、使用性质及日常管理及维护难易程度等因素确定，并应符合下列规定：

（1）设置消防控制室的场所应选择集中控制型系统；

（2）设置火灾自动报警系统，但未设置消防控制室的场所宜选择集中控制型系统；

（3）其他场所可选择非集中控制型系统。

4.2.2　消防应急照明和疏散指示系统的设置

1. 消防应急照明的设置

设置消防应急照明可以使人们在正常照明电源被切断后，仍然以较快的速度逃生，是保证和有效引导人员疏散的设施。因此，除建筑高度小于27m的住宅建筑外，民用建筑、厂房和丙类仓库的下列部位应设置消防应急照明。

（1）封闭楼梯间、防烟楼梯间及其前室、消防电梯间的前室或合用前室、避难走道、避难层（间）；

（2）观众厅、展览厅、多功能厅和建筑面积大于200m^{2}的营业厅、餐厅、演播室等人员密集的场所；

（3）建筑面积大于100m^{2}的地下或半地下公共活动场所；

（4）公共建筑内的疏散走道；

（5）人员密集的厂房内的生产场所及疏散走道；

（6）消防控制室、消防水泵房、自备发电机房、配电室、防排烟机房，以及发生火灾时仍需正常工作的消防设备房，应设置备用照明，其作业面的最低照度不应低于正常照明的照度。

2. 疏散指示系统的设置

（1）疏散照明灯具应设置在出口的顶部、墙面的上部或顶棚上；备用照明灯具应设置在墙面的上部或顶棚上。

（2）公共建筑、建筑高度大于54m的住宅建筑、高层厂房（库房）和甲、乙、丙类单、多层厂房，应设置灯光疏散指示标志，并应符合下列规定：

① 应设置在安全出口和人员密集场所的疏散门的正上方。

② 应设置在疏散走道及其转角处距地面高度1.0m以下的墙面或地面上。灯光疏散指示标志的间距不应大于20m；对于袋形走道，不应大于10m；在走道转角区，不应大于1.0m。

（3）下列建筑或场所应在疏散走道和主要疏散路径的地面上增设能保持视觉连续的灯光疏散指示标志或蓄光疏散指示标志：

① 总建筑面积大于8000m^{2}的展览建筑；

② 总建筑面积大于5000m^{2}的地上商店；

③ 总建筑面积大于500m^{2}的地下或半地下商店；

④ 歌舞娱乐放映游艺场所；

⑤ 座位数超过 1500 个的电影院、剧场，座位数超过 3000 个的体育馆、会堂或礼堂；

⑥ 车站、码头建筑和民用机场航站楼中建筑面积大于 3000m^2 的候车、候船厅和航站楼的公共区。

（4）建筑内设置的消防疏散指示标志和消防应急照明灯具，除应符合《建筑设计防火规范（2018 年版）》（GB 50016—2014）的规定外，还应符合国家现行标准《消防安全标志　第 1 部分：标志》（GB 13495.1—2015）和《消防应急照明和疏散指示系统》（GB 17945—2010）的规定。

4.2.3　消防应急照明和疏散指示系统的配电设计

1．一般规定

（1）系统配电应根据系统的类型、灯具的设置部位、灯具的供电方式进行设计。灯具的电源应由主电源和蓄电池电源组成，且蓄电池电源的供电方式分为集中电源供电方式和灯具自带蓄电池供电方式。灯具的供电与电源转换应符合下列规定：

① 当灯具采用集中电源供电时，灯具的主电源和蓄电池电源应由集中电源提供，灯具主电源和蓄电池电源在集中电源内部实现输出转换后应由同一配电回路为灯具供电；

② 当灯具采用自带蓄电池供电时，灯具的主电源应通过应急照明配电箱一级分配电后为灯具供电，应急照明配电箱的主电源输出断开后，灯具应自动转入自带蓄电池供电。

（2）应急照明配电箱或集中电源的输入及输出回路中不应装设剩余电流动作保护器，输出回路严禁接入系统以外的开关装置、插座及其他负载。

2．灯具配电回路的设计

（1）水平疏散区域灯具配电回路的设计应符合下列规定：

① 应按防火分区、同一防火分区的楼层、隧道区间、地铁站台和站厅等为基本单元设置配电回路；

② 除住宅建筑外，不同的防火分区、隧道区间、地铁站台和站厅不能共用同一配电回路；

③ 避难走道应单独设置配电回路；

④ 防烟楼梯间前室及合用前室内设置的灯具应由前室所在楼层的配电回路供电；

⑤ 配电室、消防控制室、消防水泵房、自备发电机房等发生火灾时仍需工作、值守的区域和相关疏散通道，应单独设置配电回路。

（2）竖向疏散区域灯具配电回路的设计应符合下列规定：

① 封闭楼梯间、防烟楼梯间、室外疏散楼梯应单独设置配电回路；

② 敞开楼梯间内设置的灯具应由灯具所在楼层或就近楼层的配电回路供电；

③ 避难层和避难层连接的下行楼梯间应单独设置配电回路。

（3）任一配电回路配接灯具的数量、范围应符合下列规定：

① 配接灯具的数量不宜超过 60 个；

② 在道路交通隧道内，配接灯具的范围不宜超过 1000m；

③ 在地铁隧道内，配接灯具的范围不应超过一个区间的 1/2。

（4）任一配电回路的额定功率、额定电流应符合下列规定：

① 配接灯具的额定功率总和不应大于配电回路额定功率的 80%；

② A 型灯具配电回路的额定电流不应大于 6A，B 型灯具配电回路的额定电流不应大于10A。

【小说明】

（1）A 型灯具是主电源和蓄电池电源的额定工作电压不大于 DC 36V 的消防应急灯具。

（2）B 型灯具是主电源和蓄电池电源的额定工作电压大于 DC 36V 或 AC 36V 的消防应急灯具。

3. 应急照明配电箱的设计

灯具采用自带蓄电池供电时，应急照明配电箱的设计应符合下列规定。

（1）应急照明配电箱的选择应符合下列规定：

① 应选择进、出线口分开设置在箱体下部的产品。

② 在隧道场所、潮湿场所，应选择防护等级不低于 IP65 的产品；在电气竖井内，应选择防护等级不低于 IP33 的产品。

（2）应急照明配电箱的设置应符合下列规定：

① 宜设置于值班室、设备机房、配电间或电气竖井内。

② 人员密集场所，每个防火分区应设置独立的应急照明配电箱；非人员密集场所，多个相邻防火分区可设置一个共用的应急照明配电箱。

③ 防烟楼梯间应设置独立的应急照明配电箱，封闭楼梯间宜设置独立的应急照明配电箱。

（3）应急照明配电箱的供电应符合下列规定：

① 在集中控制型系统中，应急照明配电箱应由消防电源的专用应急回路或所在防火分区、同一防火分区的楼层、隧道区间、地铁站台和站厅的消防电源配电箱供电；

② 在非集中控制型系统中，应急照明配电箱应由防火分区、同一防火分区的楼层、隧道区间、地铁站台和站厅的正常照明配电箱供电；

③ A 型应急照明配电箱的变压装置可设置在应急照明配电箱内或其附近。

（4）应急照明配电箱的输出回路应符合下列规定：

① A 型应急照明配电箱的输出回路不应超过 8 路，B 型应急照明配电箱的输出回路不应超过 12 路；

② 沿电气竖井垂直方向为不同楼层的灯具供电时，应急照明配电箱的每个输出回路在公共建筑中的供电范围不宜超过 8 层，在住宅建筑的供电范围不宜超过 18 层。

4. 集中电源的设计

灯具采用集中电源供电时，集中电源的设计应符合下列规定。

（1）集中电源的选择应符合下列规定：

① 应根据系统的类型及规模、灯具及其配电回路的设置情况、集中电源的设置部位及设备散热能力等因素综合选择适宜电压等级与额定输出功率的集中电源；集中电源额定输出功率不应大于 5kW；设置在电缆竖井中的集中电源额定输出功率不应大于 1kW。

② 蓄电池电源宜优先选择安全性高、不含重金属等对环境有害物质的蓄电池（组）。

③ 在隧道场所、潮湿场所，应选择防护等级不低于 IP65 的产品；在电气竖井内，应选择防护等级不低于 IP33 的产品。

（2）集中电源的设置应符合下列规定：

① 应综合考虑配电线路的供电距离、导线截面、压降损耗等因素，按防火分区的划分情况设置集中电源；灯具总功率大于 5kW 的系统，应分散设置集中电源。

② 应设置在消防控制室、低压配电室、配电间内或电气竖井内；设置在消防控制室内时，应符合《消防应急照明和疏散指示系统技术标准》（GB 51309—2018）第3.4.6条的规定；集中电源的额定输出功率不大于1kW时，可设置在电气竖井内。

③ 设置场所不应有可燃气体管道、易燃物、腐蚀性气体或蒸汽。

④ 酸性电池的设置场所不应存放带有碱性介质的物质；碱性电池的设置场所不应存放带有酸性介质的物质。

⑤ 设置场所宜通风良好，设置场所的环境温度不应超出电池标称的工作温度范围。

（3）集中电源的供电应符合下列规定：

① 在集中控制型系统中，集中设置的集中电源应由消防电源的专用应急回路供电，分散设置的集中电源应由所在防火分区、同一防火分区的楼层、隧道区间、地铁站台和站厅的消防电源配电箱供电。

② 在非集中控制型系统中，集中设置的集中电源应由正常照明线路供电，分散设置的集中电源应由所在防火分区、同一防火分区的楼层、隧道区间、地铁站台和站厅的正常照明配电箱供电。

（4）集中电源的输出回路应符合下列规定：

① 集中电源的输出回路不应超过8路；

② 沿电气竖井垂直方向为不同楼层的灯具供电时，集中电源的每个输出回路在公共建筑中的供电范围不宜超过8层，在住宅建筑的供电范围不宜超过18层。

5．应急照明和非消防电源工程联动设计示例

（1）控制要求。消防控制室在确认火灾后，应能切断有关部位的非消防电源，并接通火灾应急照明和疏散指示标志灯。

（2）应急照明要采用双电源供电，除正常电源之外，还要设置备用电源，并能够在末级应急照明配电箱处实现备电自投。

应急照明和非消防电源系统控制示意如图4.13所示，应急照明系统示意如图4.14所示，应急照明控制原理示意如图4.15所示，应急照明二次回路原理示意如图4.16所示。

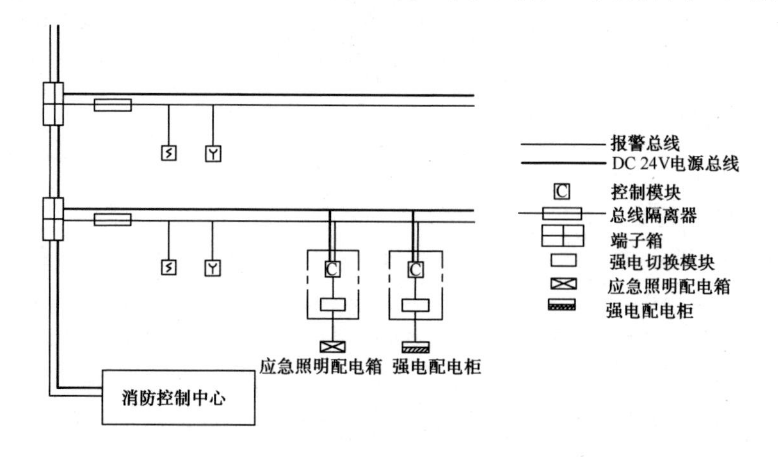

图4.13　应急照明和非消防电源系统控制示意

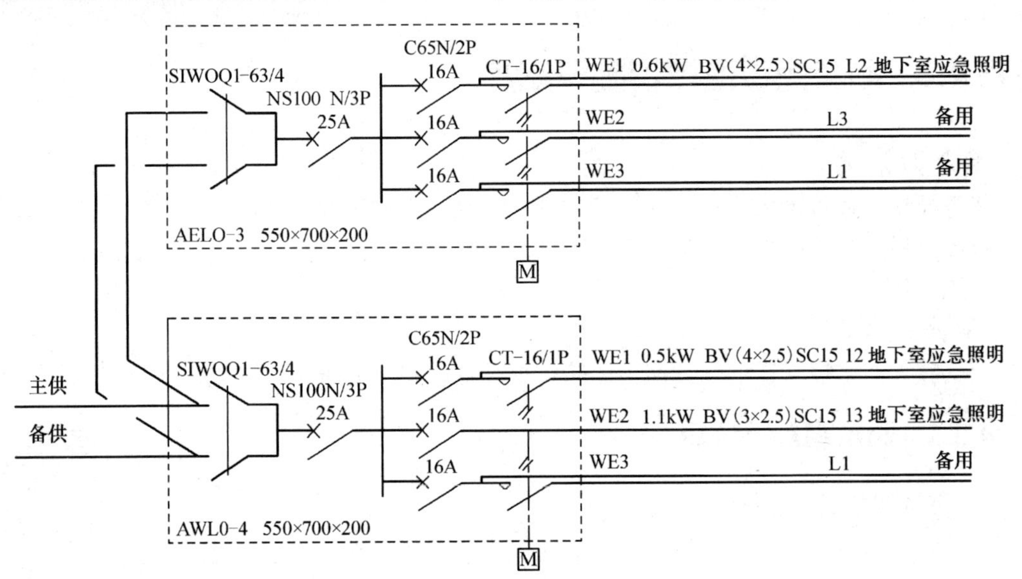

图 4.14　应急照明系统示意

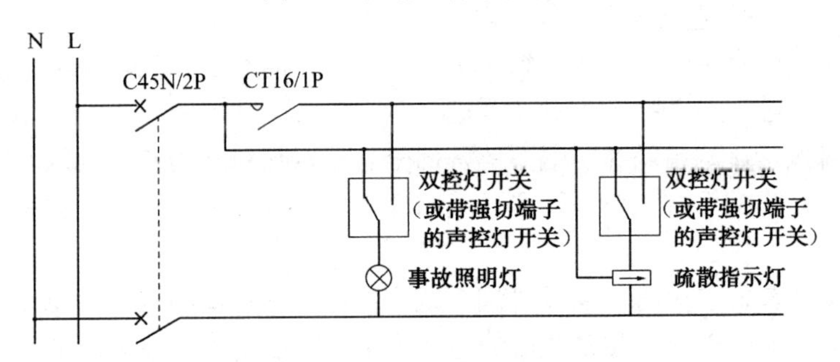

图 4.15　应急照明控制原理示意

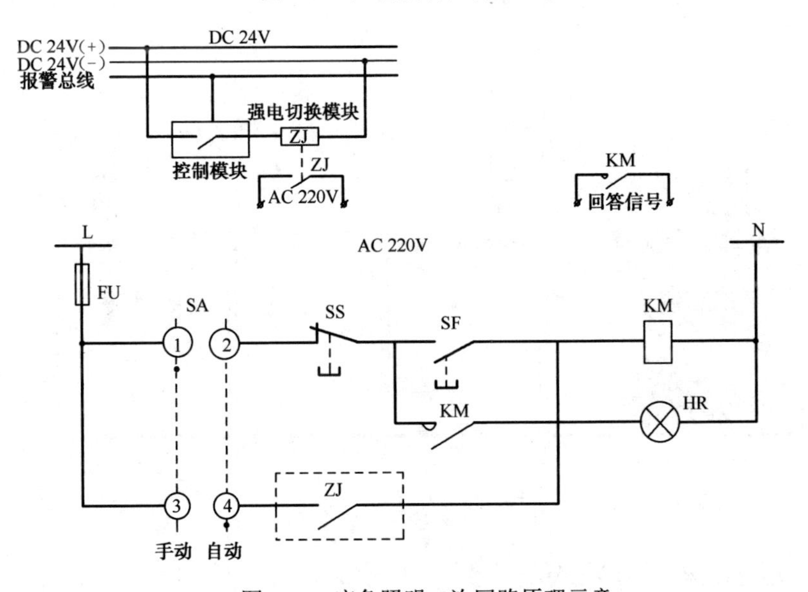

图 4.16　应急照明二次回路原理示意

任务 4.3 防排烟设备的设置与监控

◆教师活动

任务导出：播放录像、动画→阅览实训 7 二维码中的工程设计图（共 28 张），选择合适的工程图讲授→参观校内防排烟设备并现场教学→分组研讨→提交工作页→集中评价→提交认知训练报告。

◆学生活动

接受教师的讲授，详细识读图中的防排烟设备，和同学研讨，完成作业。

4.3.1 防排烟系统认知

扫一扫下载防排烟系统工作原理动画

1. 防排烟系统的作用

火灾事实说明，烟气是造成建筑火灾人员伤亡的主要因素。火灾烟气中所含一氧化碳、二氧化碳、氟化氢、氯化氢等多种有毒成分，以及高温缺氧等都会对人体造成极大的危害。防排烟系统的作用是及时排出房间、走道等空间的有害烟气，防止烟气进入楼梯间、前室等空间，保障建筑内人员的安全疏散，控制烟气蔓延，便于扑救火灾的开展。

防排烟系统包括排烟系统和防烟系统两部分，是相互独立的两个系统，排烟系统主要设置在房间和走道，防烟系统主要设置在前室和疏散楼梯等部位（避难层和避难走道也需要设置防烟系统）。

当建筑的某个部位着火时，通过排烟系统排出房间和走道的烟气，使该局部空间形成相对负压区，同时，对非着火部位及疏散通道等应采取防烟措施，以阻止烟气侵入，以利于人员的疏散和灭火救援。因此，在建筑内设置防排烟设施十分必要。防排烟系统示意如图 4.17 所示。

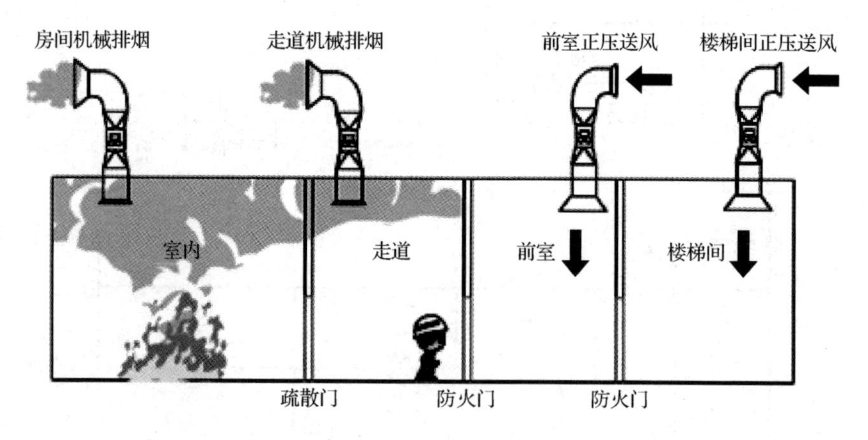

图 4.17 防排烟系统示意

2. 防烟分区与防火分区的划分

划分防烟分区与防火分区的目的不同。

防烟分区是在设置排烟系统的场所（或部位），采用挡烟垂壁、结构梁及隔墙等划分的

区域，设置防烟分区的目的在于将烟气控制在着火区（所在）的顶部空间范围内（储烟仓内），并限制烟气从储烟仓内向其他区域蔓延。

防火分区是建筑内部采用防火墙、楼板及其他防火分隔设施，分隔而成的局部空间。设置防火分区的目的，是能在一定时间内防止火灾向同一建筑的其余部分蔓延，为人员疏散、消防扑救提供有利条件。

一个防火分区可以分为多个防烟分区，防烟分区不应跨越防火分区。在如图 4.18 所示的系统中，一个防火分区划分为多个防烟分区，排烟系统以防烟分区为单位，将储烟仓中积蓄的烟气排出。

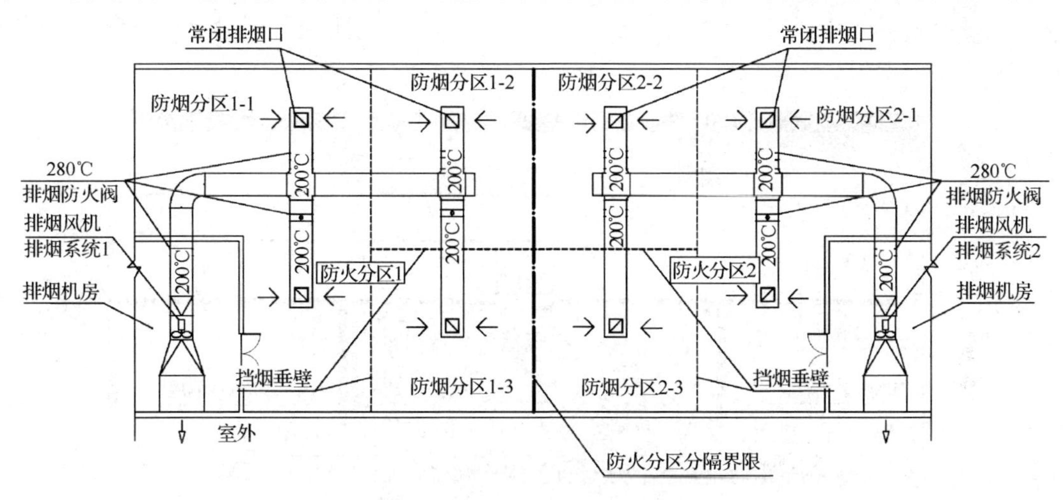

图 4.18　防烟分区与防火分区的划分

1）挡烟垂壁

挡烟垂壁作为防烟分区的防烟分隔物，是用不燃材料制成的，垂直安装在建筑顶棚、横梁或吊顶下，能在火灾时形成一定蓄烟空间的挡烟分隔设施。

挡烟垂壁按安装方式分为固定式挡烟垂壁（代号 D）和活动式挡烟垂壁（代号 H）。

挡烟垂壁按挡烟部件材料的刚度性能分为柔性挡烟垂壁（代号 R）和刚性挡烟垂壁（代号 G）。

固定式挡烟垂壁是固定安装的能满足设定挡烟高度的挡烟垂壁。固定式挡烟垂壁的主要材料有钢板、防火玻璃、不燃无机复合板、防火帘面（无机纤维织物）等。

活动式挡烟垂壁是通常采用无机纤维织物，平时收缩在滚筒内，火灾发生时可从初始位置自动运行至挡烟工作位置，并满足设定挡烟高度的挡烟垂壁。

活动式挡烟垂壁有自动控制和手动控制两种控制方式，如图 4.19 所示。

在自动控制方式下，同一防烟分区内两个独立的火灾探测器报警，或由一个火灾探测器与一个手动报警按钮报警，联动启动该防烟分区内的挡烟垂壁降落。

手动控制可以分为现场手动控制和消防控制中心远程手动控制。活动式挡烟

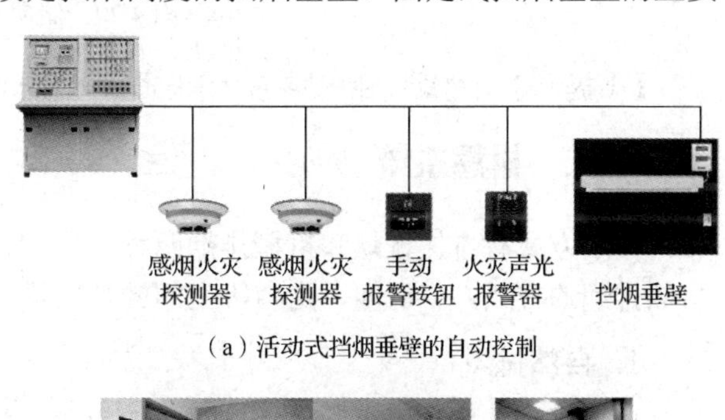

（a）活动式挡烟垂壁的自动控制

（b）活动式挡烟垂壁的手动控制

图 4.19　活动式挡烟垂壁的控制方式

垂壁应设置现场控制按钮盒，通过按钮盒控制其升降。活动式挡烟垂壁应能在消防控制室内消防联动控制器上手动控制。

2）储烟仓

储烟仓位于建筑空间顶部，是由挡烟垂壁、梁或隔墙等形成的用于蓄积火灾烟气的空间。储烟仓的高度即设计烟层厚度。只有安装了排烟设施的场所，才有储烟仓的概念。如图 4.20 所示为储烟仓示意。

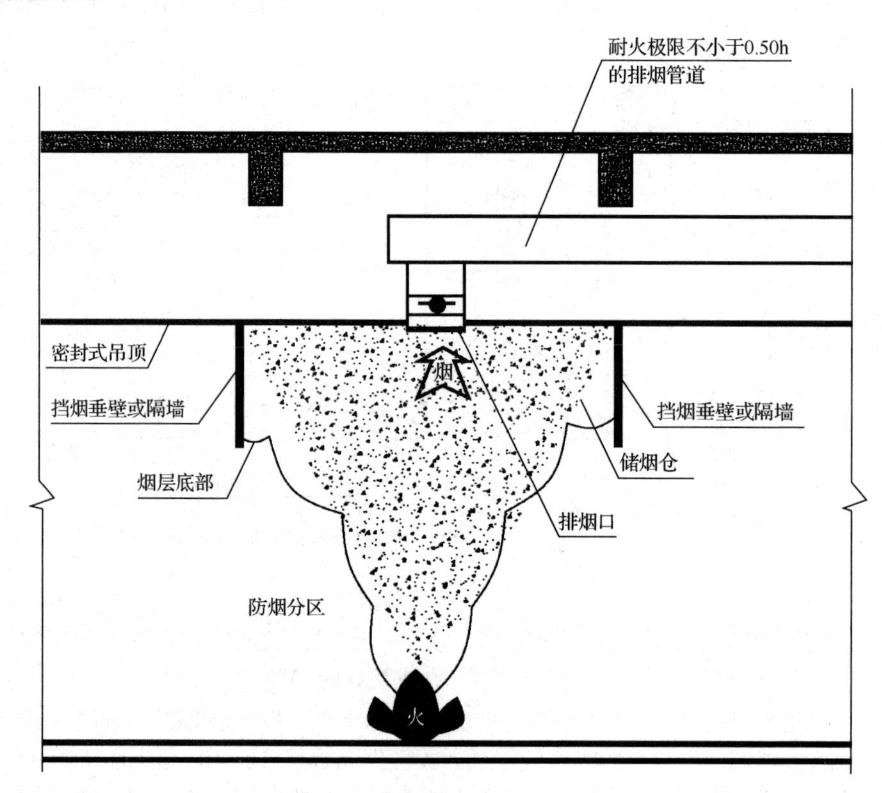

图 4.20　储烟仓示意

【小提示】《建筑防烟排烟系统技术标准》（GB 51251—2017）中对储烟仓的厚度等做了相关规定。

4.3.2　排烟系统

扫一扫看排烟方式微课视频

排烟方式有自然排烟和机械排烟两种。排烟系统实质是采用机械排烟或自然排烟的方式，将房间、走道等空间的烟气排至建筑外的系统。

1．自然排烟

自然排烟是指利用火灾热烟气流的浮力和外部风压的作用，通过建筑开口或可开启外窗将建筑内的烟气直接排至室外的排烟方式。

自然排烟有两种方式：①利用外窗或专设的排烟口排烟；②利用竖井排烟，如图 4.21 所示。其中，如图 4.21（a）所示为利用可开启的外窗进行排烟。如果外窗不能开启或无外窗，可以专设排烟口进行自然排烟。如图 4.21（b）所示为利用专设的竖井进行排烟，即相当于专设一个烟囱，各层房间设排烟风口与它连接，当某层起火有烟时，排烟风口自动或人工打开，

热烟气即可通过竖井排到室外。

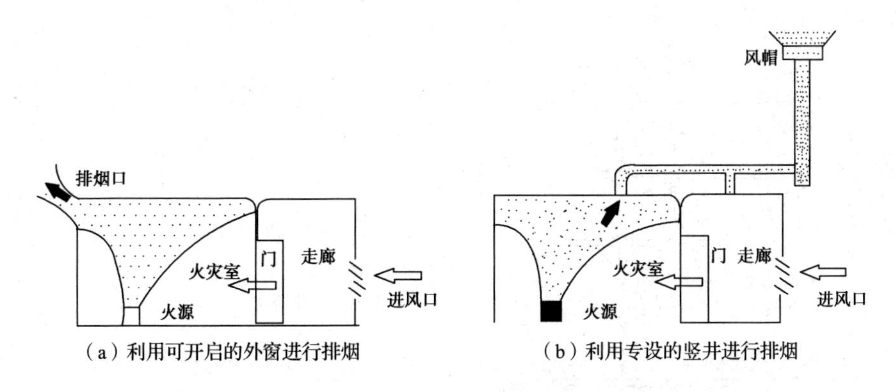

（a）利用可开启的外窗进行排烟　　（b）利用专设的竖井进行排烟

图 4.21　房间自然排烟系统示意

【小经验】自然排烟不使用动力，结构简单，运行可靠，建筑排烟系统的设计应根据建筑的使用性质、平面布局等因素，优先采用自然排烟系统。

2．机械排烟

扫一扫下载机械排烟系统动画

使用排烟风机进行强制排烟的方法被称为机械排烟。机械排烟可分为局部排烟和集中排烟两种。局部排烟方式是在每个房间内设置风机直接进行排烟；集中排烟方式是将建筑物划分为若干个防烟分区，在每个分区内设置排烟风机，通过风道排出各区内的烟气。

（1）机械排烟系统的送风方式。高层建筑在机械排烟的同时还要向房间内补充室外的新风，送风方式有以下两种。

① 机械排烟，机械送风。利用设置在建筑物最上层的排烟风机，通过设在防烟楼梯间、前室或消防电梯前室上部的排烟口及与其相连的排烟竖井排至室外，或通过房间（或走廊）上部的排烟口排至室外；由室外送风机通过竖井和设于前室（或走廊）下部的送风口向前室（或走廊）补充室外的新风。各层的排烟口及送风口的开启与排烟风机及室外送风机相连，如图 4.22 所示。

② 机械排烟，自然送风。排烟系统同①，但室外风向前室（或走廊）的补充并不依靠室外送风机，而是依靠排烟风机所造成的负压，通过自然进风竖井和进风口补充到前室（或走廊）内，如图 4.23 所示。

（2）机械排烟系统的组成。机械排烟系统由排烟风机、排烟口、排烟管道、排烟阀及排烟防火阀等机械排烟设施组成，当建筑的某部位着火时，排烟风机通过排烟管道（风道）、排烟口等，排出燃烧产生的烟气和热量。

① 排烟风机。排烟风机是机械排烟系统中用于排出烟气的固定式电动装置。排烟风机有离心式和轴流式两种类型。在排烟系统中一般采用离心式风机。

排烟风机宜设置在排烟系统的最高处，烟气出口宜朝上，并应高于加压送风机和补风机的进风口，两者的垂直距离或水平距离应符合以下规定：

排烟风机的出风口不应与送风机的进风口设在同一面上。当确实有困难时，送风机的进风口与排烟风机的出风口应分开布置，且竖向布置时，送风机的进风口应设置在排烟出口的下方，其两者边缘的最小垂直距离不应小于 6.0m；水平布置时，两者边缘的最小水平距离不应小于 20.0m。

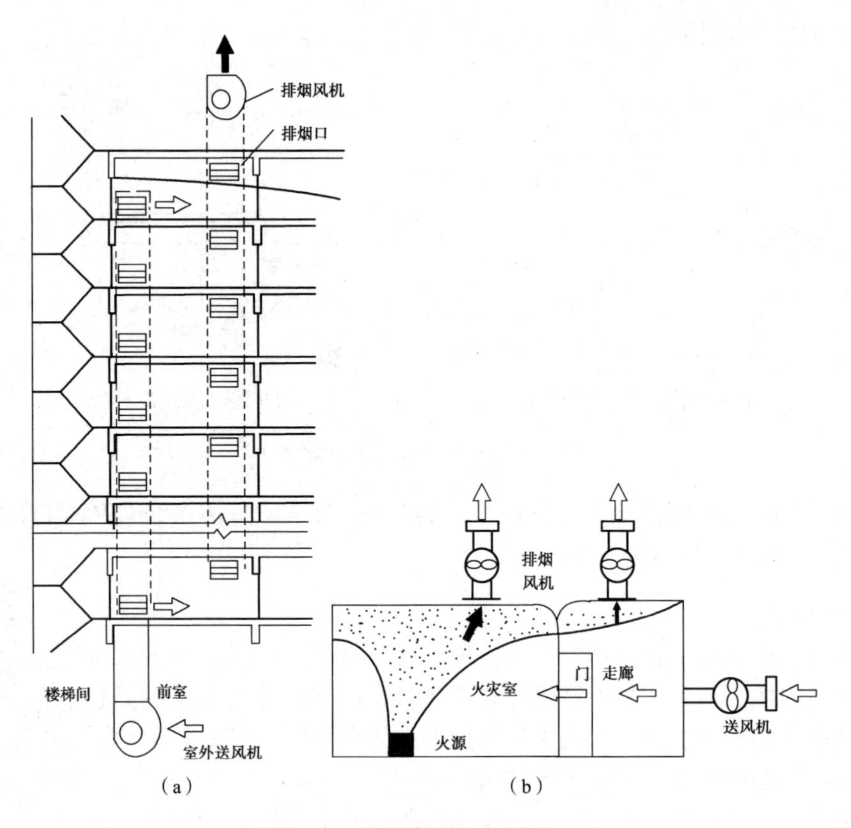

图 4.22　机械排烟，机械送风

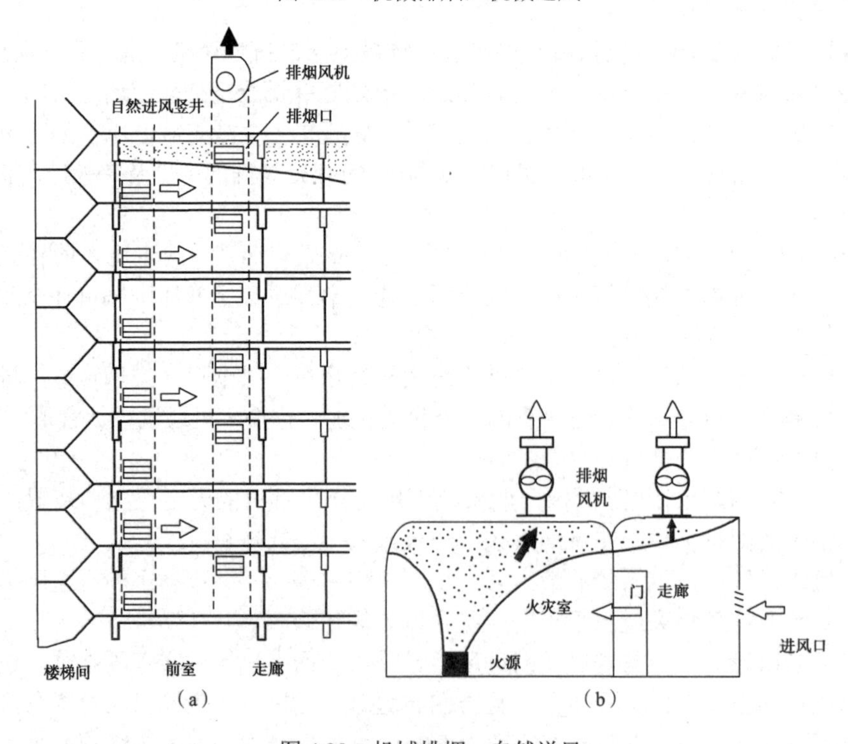

图 4.23　机械排烟，自然送风

排烟风机应设置在专用机房内，送风机房并应符合国家现行标准《建筑设计防火规范（2018 年版）》（GB 50016—2014）的规定，且风机两侧应有 600mm 以上的空间。对于排烟系统与通风空调系统共用的系统，其排烟风机与排风风机的合用机房应符合下列规定：

- 机房内应设置自动喷水灭火系统；
- 机房内不得设置用于机械加压送风的风机与管道；
- 排烟风机与排烟管道的连接部件应满足在 280℃时连续工作 30min 仍能保证其结构完整性的要求。

排烟风机应满足 280℃时连续工作 30min 的要求，排烟风机应与风机入口处的排烟防火阀联锁，当该阀关闭时，排烟风机应能停止运转。

② 排烟口。排烟口是指机械排烟系统中烟气的入口。

- 排烟口的设置应按《建筑防烟排烟系统技术标准》（GB 51251—2017）第 4.6.3 条经计算确定。
- 板式排烟口设在吊顶内且通过吊顶上部空间进行排烟。如图 4.24 所示是板式排烟口示意。

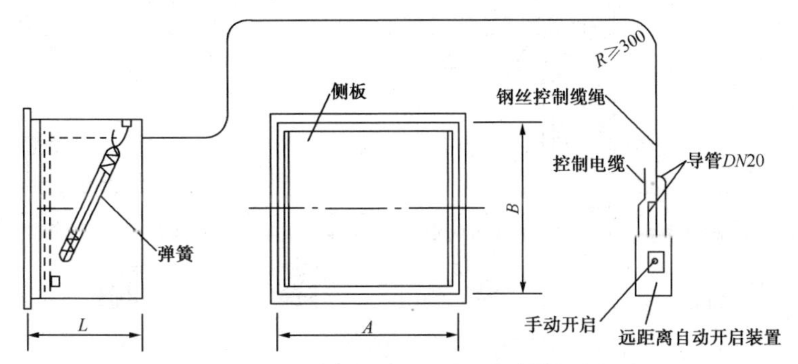

L、A、B—相应位置尺寸；R—钢丝控制缆绳半径。

图 4.24　板式排烟口示意

③ 排烟防火阀。排烟防火阀是安装在机械排烟系统管道上的阀门，平时呈开启状态，火灾时，当管道气流温度达到 280℃时，阀门因装有易熔金属温度熔断器而自动关闭，切断气流，并在一定时间内能满足漏烟量和耐火完整性要求，防止火灾蔓延。排烟防火阀一般由阀体、叶片、执行机构和温感器等部件组成。如图 4.25 所示为远距离排烟防火阀示意。

根据规范要求，排烟管道下列部位应设置排烟防火阀：垂直风管与每层水平风管交接处的水平管段上；一个排烟系统负担多个防烟分区的排烟支管上；排烟风机入口处；穿越防火分区处。排烟防火阀的设置如图 4.26 所示。

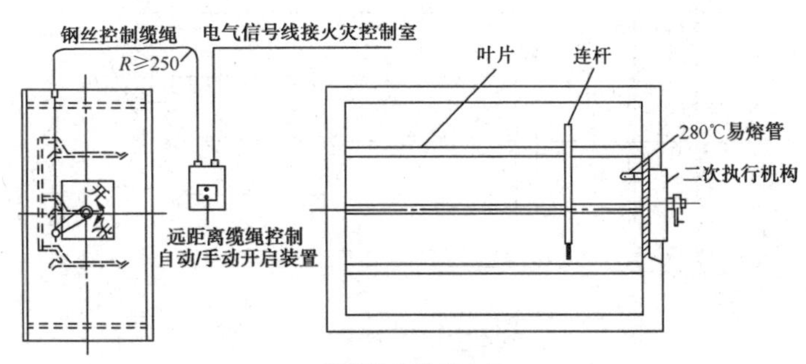

R—钢丝控制缆绳半径。

图 4.25　远距离排烟防火阀示意

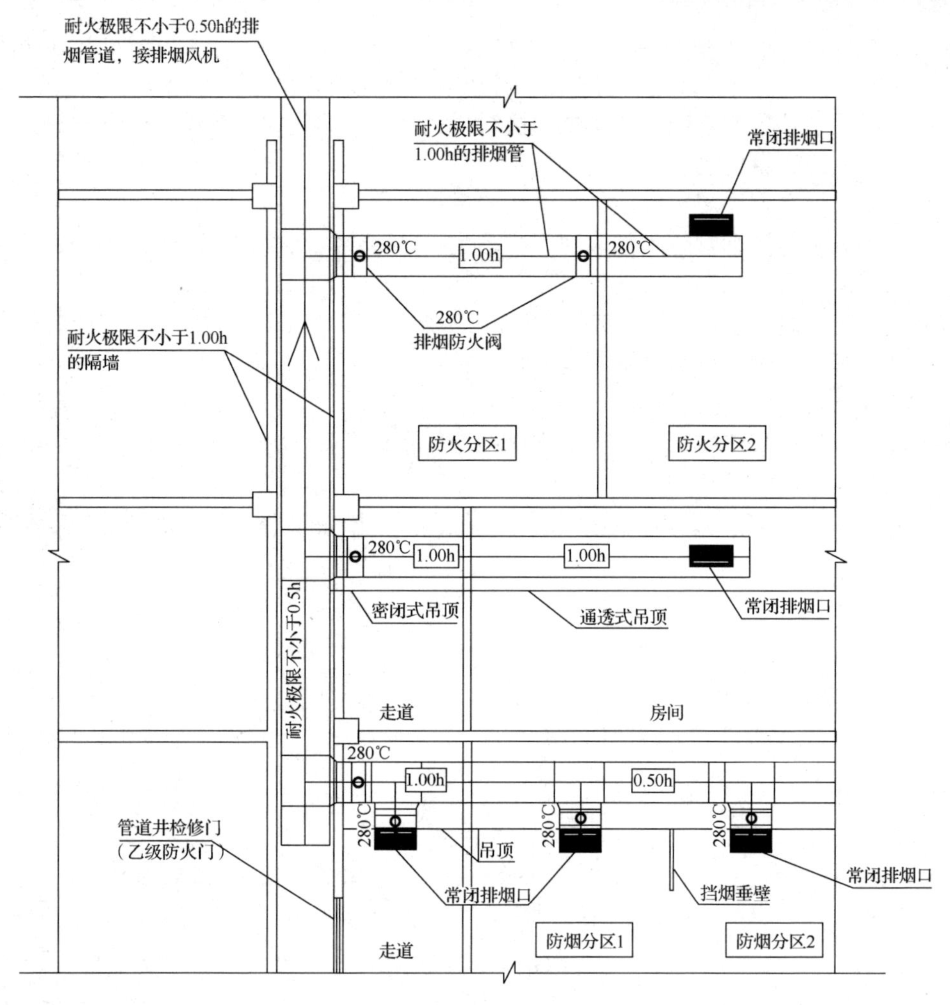

图 4.26　排烟防火阀的设置

④ 排烟阀。排烟阀安装在机械排烟系统各支管端部（烟气吸入口）处，平时呈关闭状态并满足漏风量要求；火灾时可手动和电动启闭，起排烟作用。排烟阀一般由阀体、叶片、执行机构等部件组成。

需要说明的是，排烟阀通常不会单独存在，会配套装饰口或进行装饰处理，形成成套的闭式排烟口。如图 4.27 所示为排烟阀示意，如图 4.28 所示为排烟阀安装图。

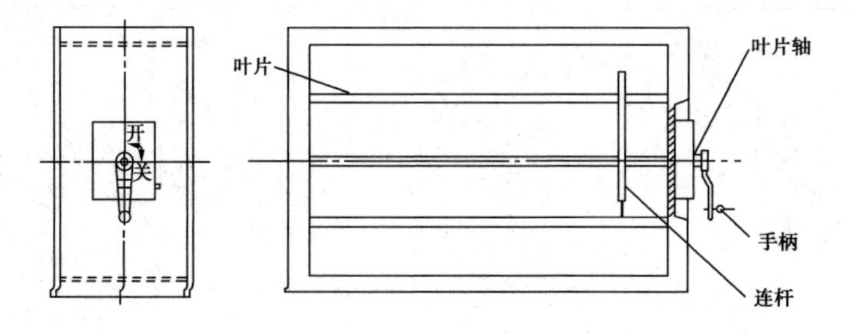

图 4.27　排烟阀示意

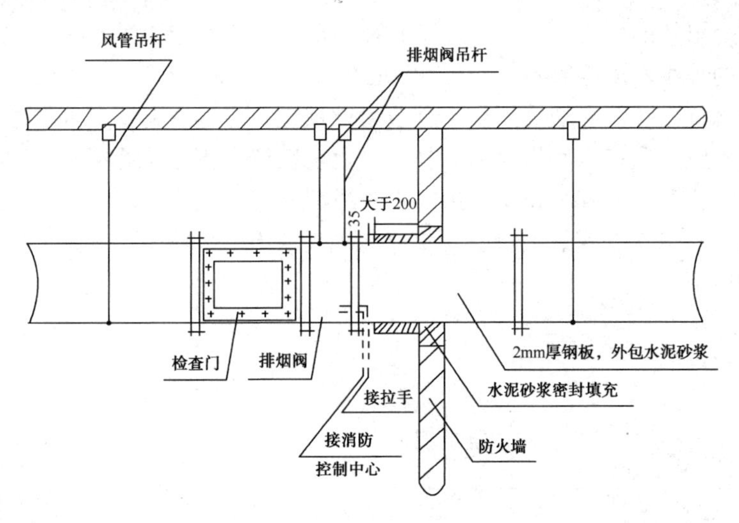

图 4.28 排烟阀安装图

4.3.3 防烟系统

防烟系统是采用自然通风方式或机械加压送风方式，阻止火灾烟气侵入楼梯间、前室、避难层（间）等空间的系统。防烟系统分为自然通风系统和机械加压送风系统。

1. 自然通风系统

自然通风系统是采用自然通风方式，防止火灾烟气在楼梯间、前室、避难层（间）等空间内积聚的系统，通常的方法是通过开启的外窗等自然通风设施，将烟气排出。

2. 机械加压送风系统

（1）机械加压送风系统的概念。机械加压送风系统是采用机械加压送风方式，阻止烟气侵入楼梯间、前室、避难层（间）、避难走道等空间的系统。火灾发生时，通过排烟系统排出房间和走道的烟气，通过机械加压送风系统向楼梯间和前室分别加压送风，确保室内走道—前室—楼梯间的压力逐级加大，有效防止烟气进入，有利于人员疏散。

送风可直接利用室外空气，不必进行任何处理。烟气则通过远离楼梯间的走廊外窗或排烟竖井排至室外。如图 4.29 所示为机械加压送风系统。

（2）机械加压送风系统的组成。根据设置部位的不同，机械加压送风系统可分为楼梯间和前室机械加压送风系统、避难层（间）机械加压送风系统和避难走道机械加压送风系统。

机械加压送风系统由加压送风机、送风道、加压送风口及余压阀等组成。它依靠加压送风机提供给建筑物内被保护部位的新鲜空气，使该部位的室内压力高于火灾压力，形成压力差，从而防止烟气侵入被保护部位。

① 加压送风机。加压送风机宜采用中、低离心式风机或轴流式风机，其设置应符合下列要求：

- 送风机的进风口应直通室外，且应采取防止烟气被吸入的措施。
- 送风机的进风口宜设在机械加压送风系统的下部。
- 送风机的进风口不应与排烟风机的出风口设在同一面上。当确实有困难时，送风机的进风口与排烟风机的出风口应分开布置，且竖向布置时，送风机的进风口应设置

在排烟出口的下方，其两者边缘的最小垂直距离不应小于 6.0m；水平布置时，两者边缘的最小水平距离不应小于 20.0m。

- 送风机宜设置在系统的下部，且应采取保证各层送风量均匀性的措施。
- 送风机应设置在专用机房内，且送风机房应符合国家现行标准《建筑设计防火规范（2018 年版）》（GB 50016—2014）的规定。
- 当送风机出风管或进风管上安装单向风阀或电动风阀时，应采取火灾时自动开启阀门的措施。

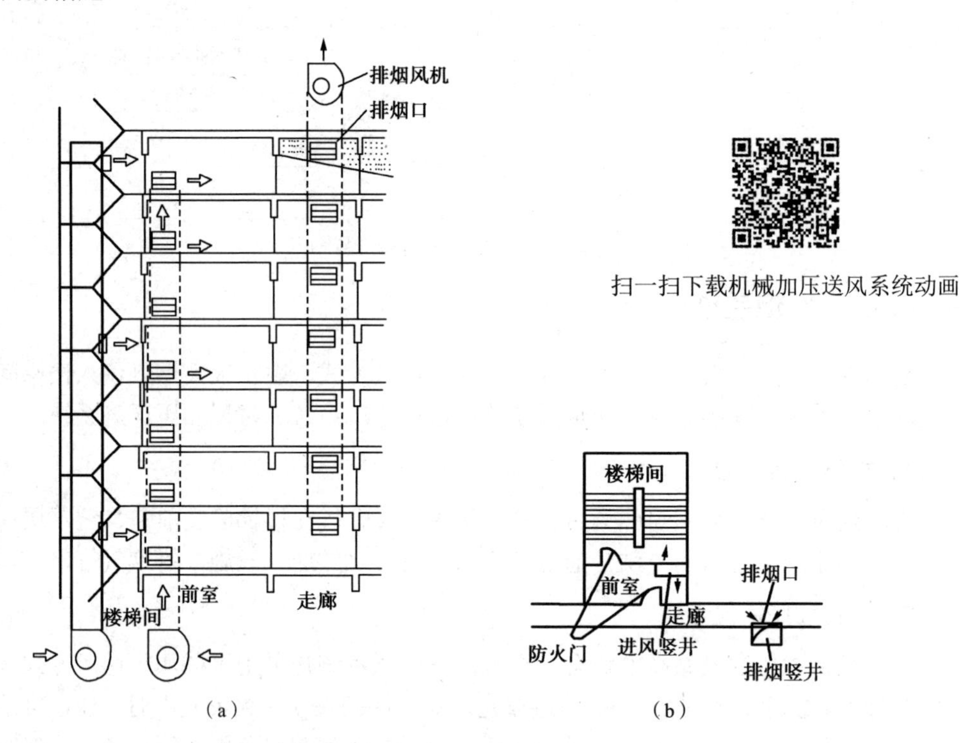

图 4.29　机械加压送风系统

② 加压送风口。楼梯间的加压送风口一般采用自垂式百叶风口或常开的百叶风口。加压送风口的设置应符合下列规定：

- 除直灌式加压送风方式外，楼梯间宜每隔 2～3 层设一个常开式百叶送风口；
- 前室应每层设一个常闭式加压送风口，并应设手动开启装置；
- 送风口的风速不宜大于 7m/s；
- 送风口不宜设置在被门挡住的部位。

③ 加压送风管道。机械加压送风系统应采用管道送风，且不应采用土建风道。送风管道应采用不燃材料制作且内壁应光滑。当送风管道内壁为金属时，设计风速不应大于 20m/s；当送风管道内壁为非金属时，设计风速不应大于 15m/s；送风管道的厚度应符合国家现行标准《通风与空调工程施工质量验收规范》（GB 50243—2016）的规定。

④ 余压阀。为保证防烟楼梯间及前室、消防电梯前室和合用前室的正压值，防止正压值过大而导致门难以被推开，在防烟楼梯间与前室，以及前室与走廊之间设置余压阀，以控制其正压间的正压差不超过 50Pa。如图 4.30 所示为余压阀的结构示意。

【小提示】根据《通风与空调工程施工质量验收规范》（GB 50243—2016）的要求，风机控制柜等消防电气控制装置不应采用变频启动方式，因此不易采用变频风机控制加压送风值，只能采用旁通管来控制加压送风正压值。

3. 防烟系统主要设置部位

建筑防烟系统的设计应根据建筑高度、使用性质等因素，采用自然通风系统和机械加压送风系统。防烟系统主要设置部位相关要求如表 4.1 所示。

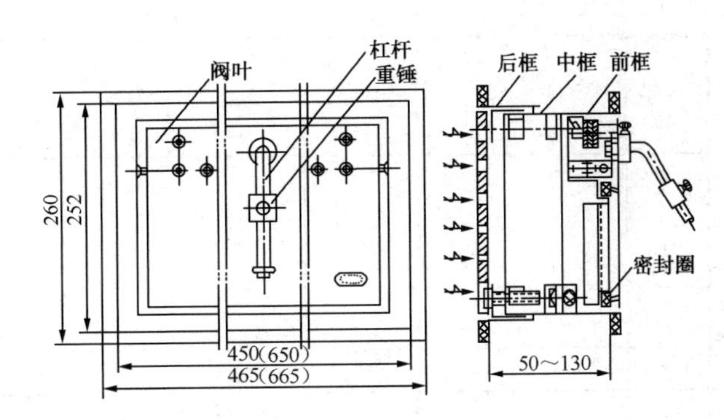

图 4.30　余压阀的结构示意

表 4.1　防烟系统主要设置部位相关要求

序号	建筑类别	有无自然排烟的条件	需要防烟的部位	其他规定	防烟系统类别
1	建筑高度超过 50m 的公共建筑、工业建筑和高度超过 100m 的住宅建筑	有或无	防烟楼梯间、独立前室、共用前室、合用前室及消防电梯前室		机械加压送风系统
2	建筑高度小于或等于 50m 的公共建筑、工业建筑和建筑高度小于或等于 100m 的住宅建筑	有	防烟楼梯间、独立前室、共用前室、合用前室（除共用前室与消防电梯前室合用外）及消防电梯前室		自然通风系统
		无			机械加压送风系统
			楼梯间	独立前室或合用前室满足下列条件之一： 1）采用全敞开的阳台或凹廊； 2）设有两个及以上不同朝向的可开启外窗，且独立前室两个外窗面积分别不小于 2.0m^2，合用前室两个外窗面积分别不小于 3.0m^2	可不设置防烟系统
			楼梯间	独立前室、共用前室及合用前室的机械加压送风口设置在前室的顶部或正对前室入口的墙面时	可采用自然通风系统
				独立前室、共用前室及合用前室的机械加压送风口未设置在前室的顶部或正对前室入口的墙面时	楼梯间应采用机械加压送风系统
		无	裙房的独立前室、共用前室及合用前室	防烟楼梯间在裙房高度以上部分采用自然通风时	机械加压送风系统
3		无	建筑地下部分防烟楼梯间前室及消防电梯前室		机械加压送风系统
4	建筑高度小于或等于 50m 的公共建筑、工业建筑和建筑高度小于或等于 100m 的住宅建筑		防烟楼梯间及其前室	当采用独立前室且其仅有一个门与走道或房间相通时	仅在楼梯间设置机械加压送风系统
5				当独立前室有多个门时	楼梯间、独立前室应分别独立设置机械加压送风系统
6				当采用合用前室时	

续表

序号	建筑类别	有无自然排烟的条件	需要防烟的部位	其他规定	防烟系统类别
7				当采用剪刀楼梯时	剪刀楼梯两个楼梯间及其前室的机械加压送风系统应分别独立设置
8		有	封闭楼梯间		自然通风系统
9		无			机械加压送风系统
10			地下、半地下建筑（室）的封闭楼梯间	不与地上楼梯间共用且地下仅为一层时	可不设置机械加压送风系统，但首层应设置有效面积不小于 $1.2m^2$ 的可开启外窗或直通室外的疏散门

【小经验】防火阀、排烟防火阀、排烟阀、排烟口、补风口、加压送风口的比较如表4.2所示。

表4.2 防排烟设备比较

比较项目	防火阀	排烟防火阀	排烟阀	排烟口	补风口	加压送风口
应用场所	1.通风、空调调节系统 2.机械加压送风系统 3.补风系统	机械排烟系统			补风系统	机械加压送风系统
平时状态	开启	开启	关闭	常闭式 常开式	常闭式 常开式	常闭式 常开式
启动方式	温控启动 70℃时自动关闭	温控启动 280℃时自动关闭	电动启动 手动启动			
结构原理	结构原理相同，仅动作温度不同		排烟口就是带有装饰口或进行过装饰处理的排烟阀		结构原理相同，与排烟口类似	
认证要求	均有强制性产品认证要求（3C）				没有强制性产品认证要求	
参考图片						

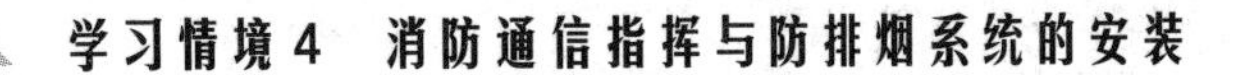

4.3.4 防排烟系统的适用范围

《建筑设计防火规范（2018年版）》（GB 50016—2014）根据我国目前的实际情况，认为设置防排烟系统的范围不是设置面越宽越好，而是既要从符合基本疏散安全要求、满足扑救活动需要、控制火灾蔓延及减少损失出发，又能以节约投资为基点，保证突出重点。

需要设置防烟、排烟设施的部位有以下几种。

（1）建筑的下列场所或部位应设置防烟设施：

① 防烟楼梯间及其前室；

② 消防电梯间前室或合用前室；

③ 避难走道的前室、避难层（间）。

建筑高度不大于50m的公共建筑、厂房、仓库和建筑高度不大于100m的住宅建筑，当其防烟楼梯间的前室或合用前室符合下列条件之一时，楼梯间可不设置防烟系统：

① 前室或合用前室采用敞开的阳台、凹廊；

② 前室或合用前室具有不同朝向的可开启外窗，且可开启外窗的面积满足自然排烟口的面积要求。

（2）厂房或仓库的下列场所或部位应设置排烟设施：

① 人员或可燃物较多的丙类生产场所，丙类厂房内建筑面积大于 $300m^2$ 且经常有人停留或可燃物较多的地上房间；

② 建筑面积大于 $5000m^2$ 的丁类生产车间；

③ 占地面积大于 $1000m^2$ 的丙类仓库；

④ 高度大于32m的高层厂房（仓库）内长度大于20m的疏散走道，其他厂房（仓库）内长度大于40m的疏散走道。

（3）民用建筑的下列场所或部位应设置排烟设施：

① 设置在一、二、三层且房间建筑面积大于 $100m^2$ 的歌舞娱乐放映游艺场所，设置在四层及以上楼层、地下或半地下的歌舞娱乐放映游艺场所；

② 中庭；

③ 公共建筑内建筑面积大于 $100m^2$ 且经常有人停留的地上房间；

④ 公共建筑内建筑面积大于 $300m^2$ 且可燃物较多的地上房间；

⑤ 建筑内长度大于20m的疏散走道。

（4）地下或半地下建筑（室）、地上建筑内的无窗房间，当总建筑面积大于 $200m^2$ 或一个房间建筑面积大于 $50m^2$，且经常有人停留或可燃物较多时，应设置排烟设施。

4.3.5 防排烟设施的控制与应用

1. 防火门的认知与使用

扫一扫下载防火门工作原理动画

扫一扫下载防火门安装动画

1）防火门的认知

防火门主要设置在必须开设洞口的防火墙、防火隔墙，重要设备用房和特殊功能用房，以及疏散楼梯间、垂直竖井等部位。

防火门可以阻挡火势蔓延和烟气扩散，有利于人员疏散。

防火门由门框、门扇和防火铰链、防火锁等防火五金配件构成，门扇以铰链为轴，可沿单一方向垂直于地面旋转（顺时针或逆时针），实现开启和关闭。

【小知识】门的开启方式有很多，有平开门、弹簧门、推拉门、折叠门、旋转门、卷帘门等。防火门均为平开门。

防火门的分类方式有很多种。

防火门按材质可以分为：木质防火门（代号为MFM）、钢质防火门（代号为GFM）、钢木质防火门（代号为 GMFM）、其他材质防火门[代号为**FM（**代表其他材质的具体表述大写拼音字母）]。

防火门按门扇数量可以分为：单扇防火门（代号为 1）、双扇防火门（代号为 2）、多扇防火门（含有两扇以上门扇的防火门，代号为门扇数量的数字表示）。

防火门按结构型式可以分为：门扇上带防火玻璃的防火门（代号为b）、防火门门框（门框双槽口代号为s，单槽口代号为d）、带亮窗防火门（代号为1）、带玻璃带亮窗防火门（代号为b1）、无玻璃防火门（代号略）。

防火门按耐火性能的分类及代号如表4.3所示。

表4.3　防火门按耐火性能的分类及代号

名称	耐火性能		代号
隔热防火门（A类）	耐火隔热性≥0.50h 耐火完整性≥0.50h		A0.50（丙级）
	耐火隔热性≥1.00h 耐火完整性≥1.00h		A1.00（乙级）
	耐火隔热性≥1.50h 耐火完整性≥1.50h		A1.50（甲级）
	耐火隔热性≥2.00h 耐火完整性≥2.00h		A2.00
	耐火隔热性≥3.00h 耐火完整性≥3.00h		A3.00
部分隔热防火门（B类）	耐火隔热性≥0.50h	耐火完整性≥1.00h	B1.00
		耐火完整性≥1.50h	B1.50
		耐火完整性≥2.00h	B2.00
		耐火完整性≥3.00h	B3.00
非隔热防火门（C类）	耐火完整性≥1.00h		C1.00
	耐火完整性≥1.50h		C1.50
	耐火完整性≥2.00h		C2.00
	耐火完整性≥3.00h		C3.00

注：1．需要说明的是，虽然防火门按照耐火性能可分为多种类型，但在《建筑设计防火规范（2018年版）》（GB 50016—2014）中，有实际应用的主要是甲级（1.5h）、乙级（1.0h）和丙级（0.5h）这3类防火门。

2．设置在建筑内经常有人通行处的防火门宜采用常开防火门。常开防火门应能在火灾时自行关闭，并应具有信号反馈的功能。

3．除允许设置常开防火门的位置外，其他位置的防火门均应采用常闭防火门。常闭防火门应在其明显位置设置“保持防火门关闭”等提示标志。

2）防火门监控系统

防火门监控系统用于显示并控制防火门的开启和关闭，主要应用于疏散通道上的防火门。

【小知识】为什么要设置防火门监控系统？

（1）防火门监控系统可以监视常闭式防火门，当防火门关闭不到位时及时报警；

（2）防火门监控系统也可以接收火灾自动报警系统的信号，联动关闭常开式防火门并反馈关闭信息。

防火门监控系统主要有监控器、监控分机、监控模块、门磁开关、一体式门磁开关、电磁释放器、电动闭门器等组成，如图 4.31 所示。对于点位较大的防火门监控系统，需要配置专用电源。

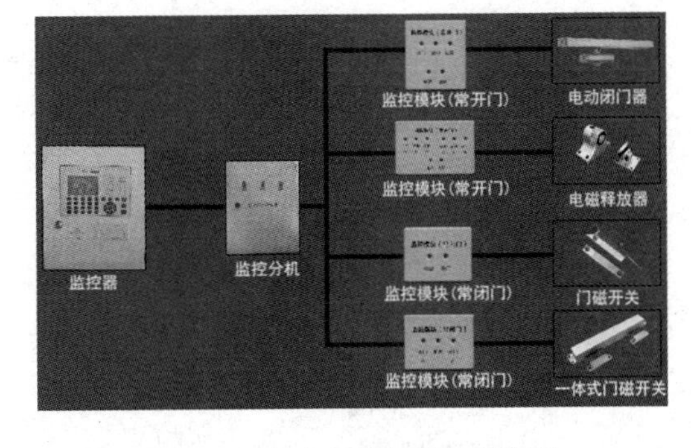

图 4.31　防火门监控系统的组成

（1）监控器。监控器有壁挂式和柜式两种，应设置在消防控制室内（或有人值班的场所）。

（2）监控分机。对于监控数量较多的系统，可以在楼层或楼栋设置监控分机（可设置在电气竖井或楼层配电间等处）。

（3）监控模块。监控模块分为常开式防火门监控模块和常闭式防火门监控模块。常开式防火门监控模块应用于常开式防火门，监控模块接收监控器的指令，通过电动闭门器或电磁释放器控制防火门的关闭，并向监控器反馈防火门的关闭状态。常闭式防火门监控模块应用于常闭式防火门，当防火门打开时，监控模块向监控器反馈开门信息。

监控模块又分为单门监控模块和双门监控模块，分别应用于单扇防火门和双扇防火门。

（4）门磁开关。门磁开关分为两部分，分别安装在门扇和门页上，用于监视防火门的开闭状态，并能通过监控模块将其状态信息反馈至防火门监控器。

（5）一体式门磁开关。它是一种将监控模块和门磁开关合二为一的产品，用于监视防火门的开闭状态，并能通过监控模块将其状态信息反馈至防火门监控器。一体式门磁开关分为单门和双门两种，分别用于单扇防火门和双扇防火门。

（6）电磁释放器。电磁释放器使防火门保持打开状态，接收到监控模块的指令后释放防火门。电磁释放器有手动开关，可以通过手动开关释放防火门。

（7）防火门电动闭门器。防火门电动闭门器使防火门保持打开状态，接收到监控模块的指令后关闭防火门，并将防火门的状态信息反馈至防火门监控器。

（8）电动闭门器。电动闭门器融合了机械闭门器、电磁释放器和门磁开关等多项功能，目前应用比较广泛。电动闭门器有手动开关，可以通过手动开关关闭。

3）防火门系统报警联动控制

防火门系统报警联动控制主要是指常开式防火门系统报警联动控制和设置有防火门监控系统的常闭式防火门系统报警联动控制。

（1）常开式防火门系统报警联动控制（见图 4.32）：常开式防火门应设置防火门监控器，能在火灾时自动关闭，应具有信号反馈的功能。

常开式防火门依靠电磁释放器或电动闭门器保持打开状态，消防报警主机在接到常开防火门所在防火分区内的两个独立火灾探测器（或一个火灾探测器与一个手动报警按钮）的报警信号后，向防火门发出关闭常开防火门的联动触发信号，防火门监控器通过监控模块启动

电磁释放器，防火门在机械闭门器的作用下自动关闭，同时通过门磁开关、监控模块，向防火门监控器反馈关闭信号。

在实际应用中，通常使用电动闭门器，电动闭门器接收监控模块的信号，关闭防火门，并反馈防火门的关闭状态。电动闭门器包含机械闭门器、电磁释放器和门磁开关的功能，安装使用更加方便。

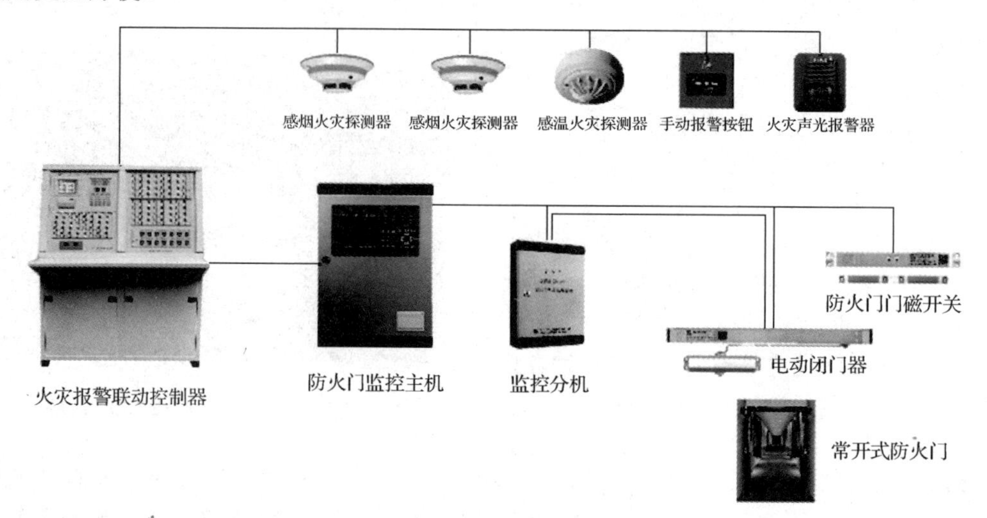

图 4.32　常开式防火门系统报警联动控制

（2）常闭式防火门系统报警联动控制：对于设置有防火监控系统的常闭式防火门（见图 4.33），各防火门的开启、关闭及故障信号，应反馈至防火门监控器；对于没有设置防火门监控系统的常闭式防火门，并不需要报警联动控制，也不存在状态信号的反馈。

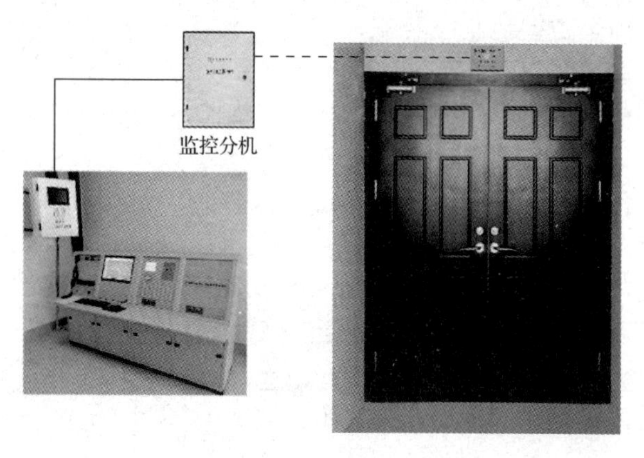

图 4.33　常闭式防火门系统报警联动控制

防火门监控器和火灾报警控制器应具备联网通信的功能。

常闭式防火门打开时，门磁开关通过监控模块向防火门监控器发出开门信号，防火门监控器收到信号以后，发出报警，防止防火门关闭不到位的情况。

在实际应用中，通常使用监控模块和一体式门磁开关，安装管理更加方便。

带推杆锁的防火门，一般自带报警输出端口，直接接入防火门监控系统的监控模块，不需要另外设置门磁开关。

【小提示】根据我国公安部《关于对防火门监控器设置问题的答复意见》（公消〔2017〕159 号），对于常闭防火门，并不强制要求设置防火门监控系统，但鼓励有条件的场所，在水平和竖向疏散路径的防火门上设置防火门监控系统。

扫一扫下载防火卷帘工作原理动画

2. 电动防火卷帘的认知与使用

1）电动防火卷帘的作用

电动防火卷帘主要应用于防火分隔的洞口及中庭等部位，当发生火灾时，防火卷帘下降封闭，可局部代替防火墙或防火隔墙。

当发生火灾时，可根据消防控制室、火灾探测器的指令或就地手动操作使防火卷帘下降至一定点，水幕同步供水（复合型卷帘可不设水幕），接收降落信号先一步下放，经延时后再二步落地，以达到人员紧急疏散，灾区隔烟、隔火，控制火灾蔓延的目的。卷帘电动机的规格一般为三相380V、0.55～2kW，具体视门体大小而定。控制电路为直流24V。

2）电动防火卷帘的组成

电动防火卷帘由帘面、卷门机、卷轴、帘面底座、导轨、包厢、控制器、手动按钮盒等组成。其中，控制器的主要功能是接收启动指令，通过驱动和控制电动机，下放或收卷帘面，接收和反馈相关信号；手动按钮盒是控制器的配套部件，通常安装在卷帘洞口的两侧（注：防火卷帘两侧均应安装手动按钮盒，当防火卷帘一侧为无人场所时，可只在有人侧安装手动按钮盒，其底边距地高度宜为1.3～1.5m），可手动控制卷帘的上升和下降，同时具备停止功能。

根据《防火卷帘》（GB 14102—2005）的定义，防火卷帘可以分为钢质防火卷帘（符号为GFJ）、无机纤维复合防火卷帘（符号为WFJ）和特级防火卷帘（符号为TFJ）。

根据性能要求，防火卷帘可以按耐风压强度（50、80、120）、帘面数量（单帘、双帘）、启闭方式（垂直卷、侧向卷、水平卷）、耐火极限（2h和3h）等进行分类。

电动防火卷帘的外形如图4.34（a）所示，其安装示意如图4.34（b）所示。

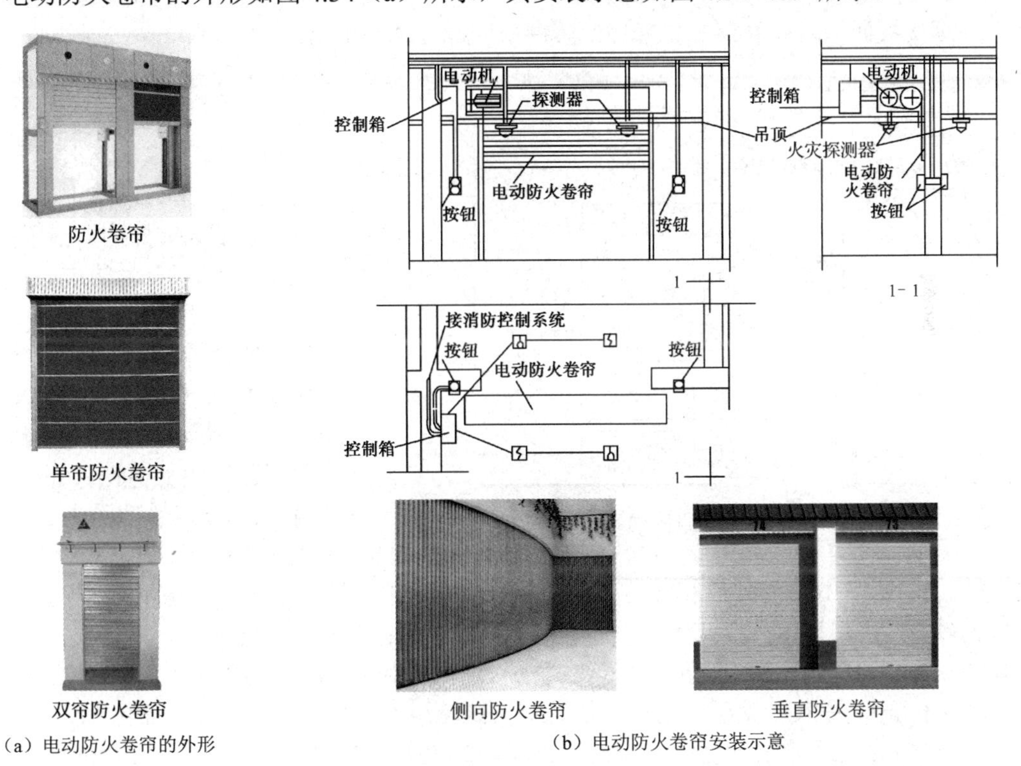

（a）电动防火卷帘的外形　（b）电动防火卷帘安装示意

图4.34　电动防火卷帘的外形及安装示意

【小提示】

（1）无机纤维复合防火卷帘已经停用。

（2）据公安部《关于加强超大城市综合体消防安全工作的指导意见》（公消〔2016〕113号）要求，在超大综合体中，严禁使用侧向或水平封闭式及折叠提升式防火卷帘。

3）防火卷帘电气联动控制过程

在没有启动的情况下，制动机构锁定电动机转轴、链轮、帘面卷轴，帘面不会上升或下降；当发生火灾时，防火卷帘的升降应由防火卷帘控制器控制。

防火卷帘的联动控制，有一步降和二步降两种方式。

（1）一步降：通常情况下，防火卷帘均采用一步降落的方式，在自动方式下，应由防火卷帘所在防火分区内任意两个独立的火灾探测器的报警信号作为防火卷帘下降的联动触发信号，联动控制防火卷帘直接下降到楼板面。

（2）二步降：根据《火灾自动报警系统设计规范》（GB 50116—2013）的要求，疏散通道及车库车辆通道上设置的防火卷帘，应采用二步降方式。需要说明的是，根据《建筑设计防火规范（2018年版）》（GB 50016—2014）的要求，在疏散通道上不应设置卷帘等设施，因此，二步降方式主要用于车库车辆通道上设置的防火卷帘。

防火卷帘的第一步下降信号，可以来自专门用于联动防火卷帘的感烟火灾探测器，也可以取自防火分区内任意两个独立的感烟火灾探测器。当任意一个探测器报警时，联动控制防火卷帘下降至距楼板1.8m处。

防火卷帘的第二步下降信号，必须来自专门用于联动防火卷帘的感温火灾探测器。在需要二步降的防火卷帘位置，防火卷帘的任一侧，距卷帘纵深0.5～5m，应设置不少于两个专门用于联动防火卷帘的感温火灾探测器。当任意一个火灾探测器报警时，应联动控制防火卷帘下降至楼板面。防火卷帘二步降控制程序框图如图4.35所示。

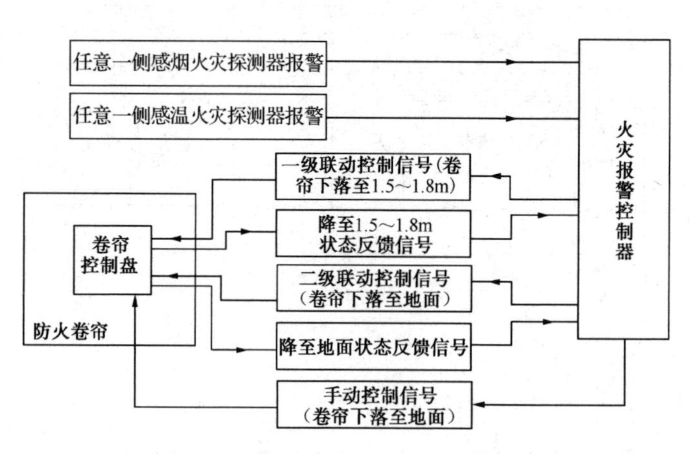

图4.35 防火卷帘二步降控制程序框图

二步降防火卷帘电气控制电路如图4.36所示。

第一步下放。当火灾初期产生烟雾时，来自消防中心的联动信号（感烟火灾探测器报警所致）使触点KA1（在消防中心控制器上的继电器因感烟报警而动作）闭合，中间继电器KA1线圈通电动作：①信号灯HL亮，发出光报警信号；②电警笛HA响，发出声报警信号；③KA1的11～12号触点闭合，给消防中心一个卷帘启动的信号（即KA1的11～12号触点与消防中心信号灯相接）；④将开关QS1的常开触点短接，全部电路通以直流电；⑤电磁铁YA线圈通电，打开锁头，为卷帘下降做准备；⑥中间继电器KA5线圈通电，将接触器KM2线圈接通，KM2触点动作，门电动机反转卷帘下降，当卷帘下降距地1.5～1.8m定点时，位置开关SQ2受碰撞动作，使KA5线圈断电，KM2线圈断电，门电动机停转，卷帘停止下放（现场中常被称为中停），这样既可隔断火灾初期的烟，也有利于灭火和人员逃生。

第二步下放。当火势增大、温度上升时，消防中心的联动信号触点2KA（安装在消防中心控制器上且与感温火灾探测器联动）闭合，使中间继电器KA2线圈通电，其触点动作，时间继电器KT线圈通电，经延时（30s）后其触点闭合，使KA5线圈通电，KM2又重新通电，门电动机反转，卷帘继续下放，当卷帘落地时，碰撞位置开关SQ3使其触点动作，中间继电器KA4线圈通电，其常闭触点断开，使KA5断电释放，又使KM2线圈断电，门电动机停

转。同时 KA4 的 3～4 号触点和 KA4 的 5～6 号触点动作，接通信号灯，将卷帘完全关闭信号（或被称为落地信号）反馈给消防中心。

卷帘上升控制：当火扑灭后，按下消防中心的卷帘卷起按钮 SB4 或现场就地卷起按钮 SB5，均可使中间继电器 KA6 线圈通电，接触器 KM1 线圈通电，门电动机正转，卷帘上升，当卷帘上升到顶端时，碰撞位置开关 SQ1 使其动作，使 KA6 断电释放，KM1 断电，门电动机停转，上升结束。

开关 QS1 用于手动开、关门，而按钮 SB6 则用于手动停止卷帘的升、降。

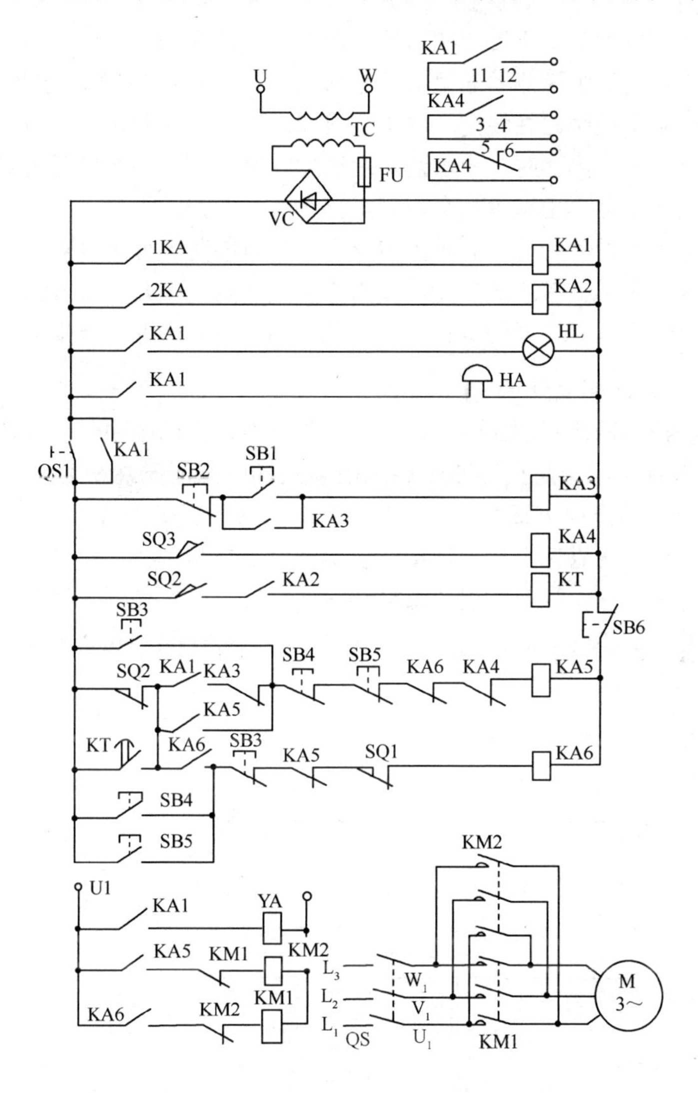

图 4.36　二步降防火卷帘电气控制电路

4）防火卷帘控制要求

在《火灾自动报警系统设计规范》（GB 50116—2013）中，对防火卷帘的联动控制设计要求如下：

（1）设置在疏散通道上的防火卷帘，主要用于防烟、人员疏散和防火分隔，因此需要采用二步降方式。防火分区内的任意两个感烟火灾探测器或任意一个专门用于联动防火卷帘的

感烟火灾探测器的报警信号联动控制防火卷帘下降至距楼板面1.8m处，是为保障防火卷帘能及时动作，既起到防烟作用，避免烟雾经此扩散，又可保证人员疏散。感温火灾探测器动作表示火已蔓延到该处，此时人员已不可能从此逃生，因此，防火卷帘下降到底，起到防火分隔作用。地下车库车辆通道上设置的防火卷帘也应按疏散通道上设置的防火卷帘的设置要求设置。要求在卷帘的任一侧离卷帘纵深0.5～5m内设置不少于两个专门用于联动防火卷帘的感温火灾探测器，是为了保障防火卷帘在火势蔓延到防护卷帘前及时动作，也是为了防止单个火灾探测器由于偶发故障而不能动作。

联动触发信号可以由火灾报警控制器连接的火灾探测器的报警信号组成，也可以由防火卷帘控制器直接连接的火灾探测器的报警信号组成。防火卷帘控制器直接连接火灾探测器时，防火卷帘可由防火卷帘控制器按规定的控制逻辑和时序联动控制防火卷帘的下降。防火卷帘控制器不直接连接火灾探测器时，应由消防联动控制器按规定的控制逻辑和时序向防火卷帘控制器发出联动控制信号，由防火卷帘控制器控制防火卷帘的下降。

（2）非疏散通道上设置的防火卷帘大多仅用于建筑的防火分隔，建筑共享大厅回廊楼层间等处设置的防火卷帘不具有疏散功能，仅用作防火分隔。因此，设置在防火卷帘所在防火分区内的两个独立的火灾探测器的报警信号即可联动控制防火卷帘一步降到楼板面。

5）防火卷帘系统控制设计示例

防火卷帘系统控制设计示例如图4.37所示。防火卷帘在商场中一般设置在自动扶梯的四周及商场的防火墙处，用于防火隔断。现以商场扶梯四周所设卷帘为例，说明其应用，如图4.38所示。感烟、感温火灾探测器布置在卷帘的四周，每樘（或一组门）设计配用一个控制模块、一个监视模块与卷帘电控箱连接，以实现自动控制，其动作过程是：感烟火灾探测器报警→控制模块动作→电控箱发出卷帘降半信号→感温火灾探测器报警→监视模块动作→通过电控箱发出卷帘二步降到底信号。防火卷帘分为中心控制方式和模块控制方式两种，其控制框图如图4.39所示。

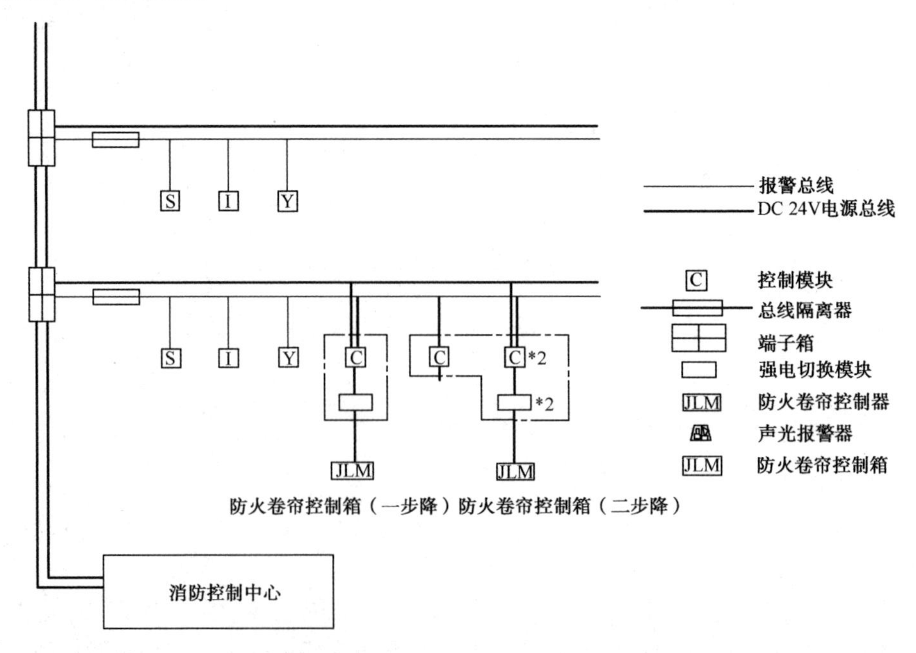

图4.37　防火卷帘系统控制设计示例

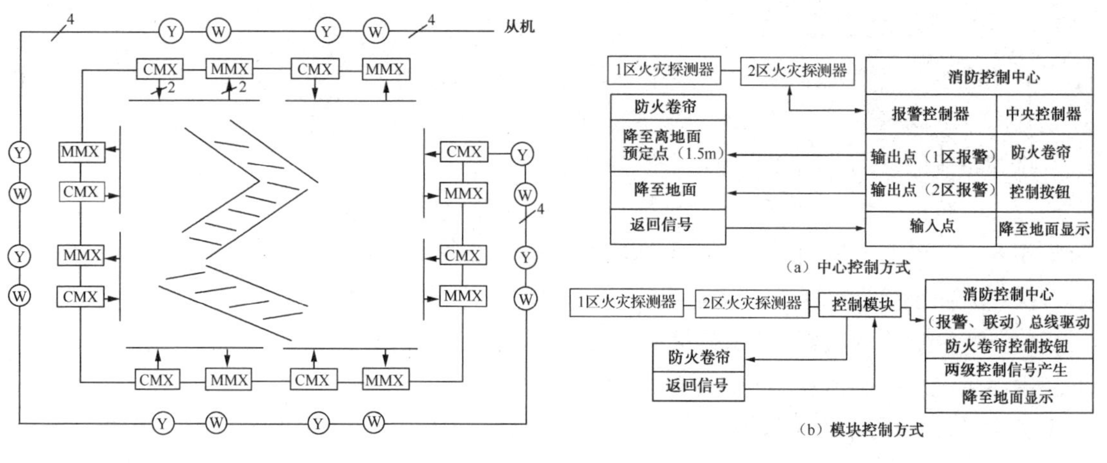

图4.38　卷帘联动示意　　　　图4.39　防火卷帘控制框图

3．正压风机的控制

送风机一般由三相异步电动机控制，其电气控制应按防排烟系统的要求进行设计，通常由消防控制中心、排烟口及就地控制组成。送风机宜设置在系统的下部。

正压风机控制示意如图4.40所示，当发生火灾时，K_X闭合，接触器KM线圈通电，直接开启相应分区楼梯间或消防电梯前室的正压风机，对各层前室都送风，使前室中的风压为正压，周围的烟雾进不了前室，以保证垂直疏散通道的安全。

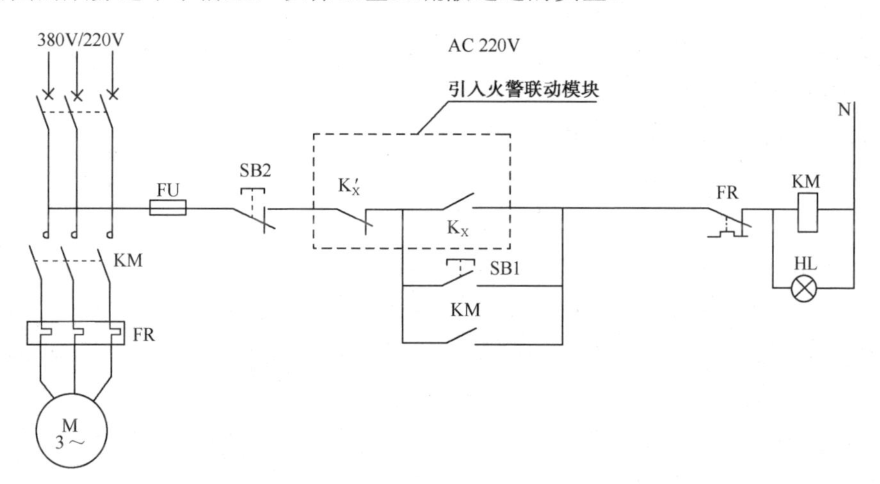

图4.40　正压风机控制示意

规范规定，应由加压送风口所在防火分区内的两个独立的火灾探测器或一个火灾探测器与一个手动报警按钮的报警信号，作为送风口开启和加压送风机启动的联动触发信号，并应由消防联动控制器联动控制相关层前室等需要加压送风场所的加压送风口开启和加压送风机启动。

除火警信号联动外，还可以通过联动模块在消防中心直接联动控制；另外设置就地启停控制按钮，以供调试及维修用，这些控制组合在一起，不分自动控制和手动控制，以免误放手动控制位置而使火警失控。火警撤销时，由火警联动模块送出K_X'停机信号，使正压风机停止。

4．排烟风机的控制

排烟风机宜设置在排烟系统的最高处，在机械排烟系统各管端部（烟气吸入口）处安装排烟阀，排烟阀平时呈关闭状态并满足漏风量要求，火灾时可手动和电动开启。

排烟系统的联动控制方式应符合下列规定：

（1）应将同一防烟分区内的两个独立的火灾探测器的报警信号，作为排烟口、排烟窗或排烟阀开启的联动触发信号，并应由消防联动控制器联动控制排烟口、排烟窗或排烟阀的开启，同时关闭该防烟分区的空调系统。

（2）应将排烟口、排烟窗或排烟阀开启的动作信号，作为排烟风机启动的联动触发信号，并应由消防联动控制器联动控制排烟风机的启动。

火灾时，与排烟阀相对应的火灾探测器探测到火灾信号，由消防控制中心确认后，送出开启排烟阀信号至相应排烟阀的火警联动模块，由它开启排烟阀，通常排烟阀的电源是直流24V。消防控制中心收到排烟阀动作信号后，就发指令给装在排烟风机附近的火警联动模块，启动排烟风机，由排烟风机的接触器KM常开辅助触点送出运行信号至排烟风机附近的火警联动模块。火警撤销时，由消防控制中心通过火警联动模块使排烟风机停转并关闭排烟阀。

同时，排烟风机会吸取高温烟雾，当烟温达到280℃时，按照防火规范应使排烟风机停转，因此在排烟风机的入口处应设置排烟防火阀。排烟防火阀平时处于开启状态，当烟温达到280℃时，排烟防火阀自动关闭，可通过触点开关（串入风机启、停回路）直接使排烟风机停转，但收不到排烟防火阀关闭的信号；也可在排烟防火阀附近设置火警联动模块，将排烟防火阀关闭的信号送到消防控制中心，消防控制中心收到此信号后，再将指令送至排烟风机火警联动模块，而后使排烟风机停转，这样消防控制中心不但能收到使排烟风机停转的信号，而且也能收到排烟防火阀的动作信号。

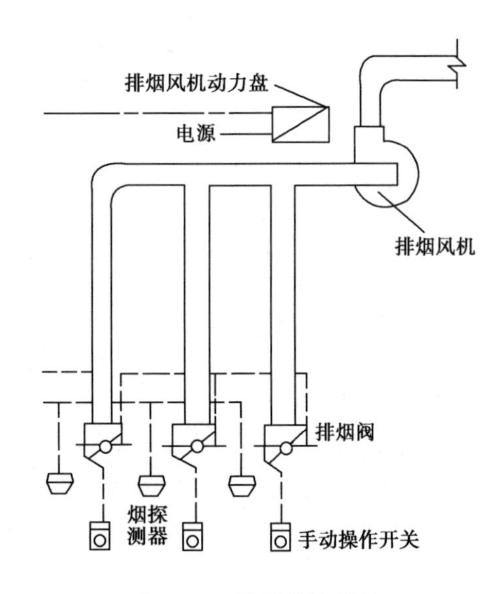

图4.41　排烟系统示意

排烟系统示意如图4.41所示，其控制原理如图4.42所示，就地控制启、停与火警控制启、停是合在一起的，排烟阀直接由火警联动模块控制，每个火警联动模块控制一个排烟阀。发生火灾时，消防控制中心收到排烟阀的动作信号，即发出K_X闭合指令，使KM线圈通电自锁。火警撤销时，发出K'_X闭合指令使风机停转。当烟温达到280℃时，排烟防火阀关闭后，KM线圈断电，使风机停转。

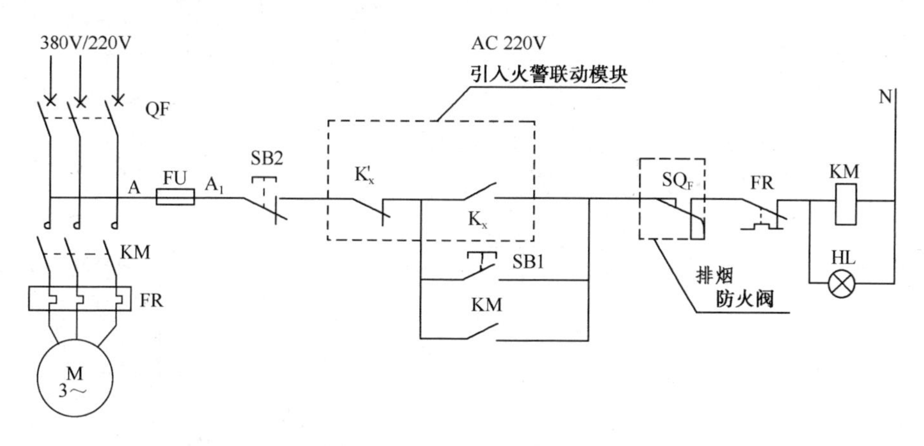

图 4.42　排烟风机控制原理

5. 排风与排烟共用风机控制

这种风机大部分用在地下室、大型商场等场所，平时用于排风，火警时用于排烟。

装在风道上的阀门有两种型式：一种是空调排风用的风阀，与排烟阀是分开的。平时，排风的风阀是常开型的，排烟阀是常闭型的，每天由 BA 系统按时启、停风机进行排风，但风阀不动；火警时，由消防联动指令关闭全部风阀，按失火部位开启相应的排烟阀，再由指令开启风机，进行排烟；火警撤销时，由指令使风机停转，再由人工到现场手动开启排风阀，手动关闭排烟阀，恢复到可以由 BA 系统指令排风或再次接收火警信号的控制。另一种是空调排风用的风阀与排烟阀是合一的，平时是常开的，可由 BA 系统按指令启、停风机，做排风用；火警时，由消防控制中心发指令使阀门全关，再由各个阀门前的感烟火灾探测器送出火警信号，开启相应的阀门，同时由指令开启风机，进行排烟；火警撤销时，由消防控制中心发指令使风机停转，同时开启所有风阀。由于风阀的启、停及信号全部集中在消防控制中心，所以将阀门全开的信号送入控制回路，以防风机开启，部分阀门未开，达不到排风的要求。

排风、排烟风机的进口也应设置防火阀，280℃自熔关闭，关阀信号送到消防控制中心，再由消防控制中心发指令使风机停转。防排烟系统控制示意如图 4.43 所示，加压风机控制原理（未画手动直接控制环节）如图 4.44 所示。

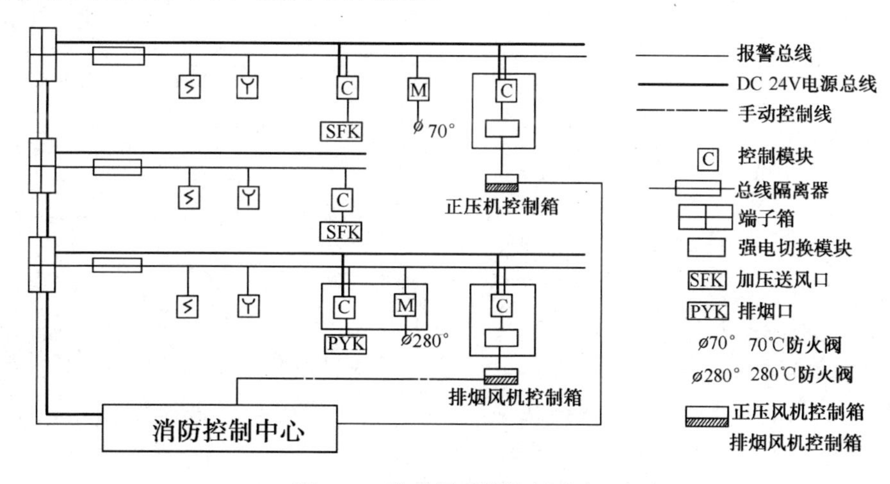

图 4.43　防排烟系统控制示意

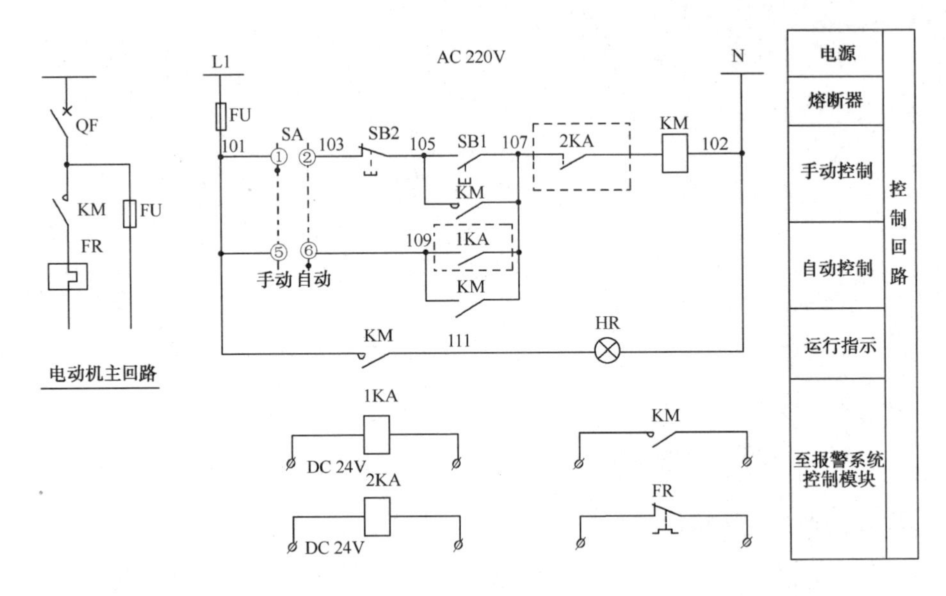

图 4.44　加压风机控制原理（未画手动直接控制环节）

4.3.6　防排烟设备的监控

发生火灾时及在火势发展过程中，要正确控制和监视防排烟设备的动作顺序，使建筑物内达到理想的防排烟效果，以保证人员的安全疏散和消防人员的顺利扑救，因此对防排烟设备的控制和监视具有重要意义。

对于建筑物内的小型防排烟设备，因平时没有监视人员，所以不可能集中控制，一般是在发生火灾时在火场附近进行局部操作；对于大型防排烟设备，一般均设有消防控制中心来对其进行控制和监视。所谓的“消防控制中心”就是一般的“防灾中心”，常将其设在建筑的疏散层或疏散层邻近的上一层或下一层。

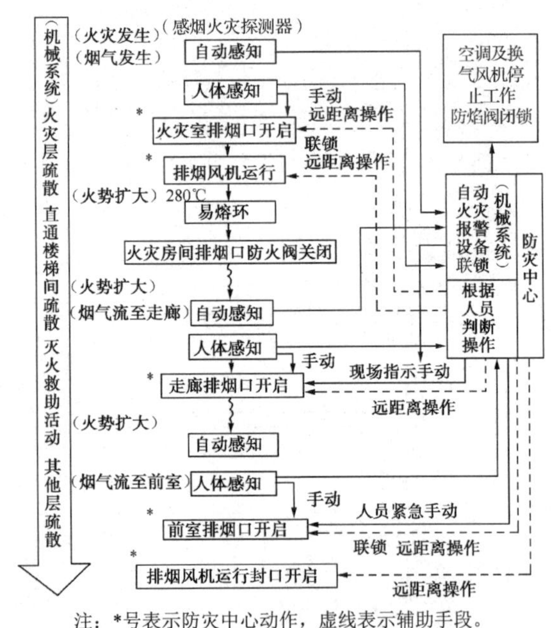

图 4.45　排烟系统原理图

图 4.45 是具有紧急疏散楼梯及前室的高层楼房的排烟系统原理图。图 4.45 中左侧纵轴表示火灾发生后火势逐渐扩大至各层的活动状况，并依次表示了排烟系统的操作方式。

首先，火灾发生时被感烟火灾探测器感知，并在防灾中心显示火灾所在分区。以手动操作为原则将排烟口开启，排烟风机与排烟口的操作联锁启动，人员开始疏散。

火势扩大后，排烟风道中的阀门在烟温达到 280℃时关闭，停止排烟（防止烟温过高引起火灾）。这时，火灾层的人员全部疏散完毕。

如果建筑物不能由防火门或防火卷帘构成防火分区，火势扩大，烟气扩散到走廊中来，对此，和火灾房间一样，被感烟火灾探测器感知，防灾中心仍能随时掌握情况。这时打开走廊的排烟口（房间和走廊的排烟设备一般分别设置，即使火灾房间的排烟设备停止工作，走廊的排烟设备也能运行）。

若火势继续扩大，烟温达到 280℃时，防烟阀关闭，烟气流入作为重要疏散通道的楼梯间前室。这里的感烟火灾探测器动作使防灾中心掌握烟气的流入状态。从而，在防灾中心，依靠远距离操作或防灾人员到现场紧急手动开启排烟口。排烟口开启的同时，进风口也随时开启。

防排烟系统不同于一般的通风空调系统，该系统在平时处于一种几乎不用的状态。

但是，为了使防排烟设备处于良好的工作状况，平时应加强对建筑物内防火设备和控制仪表的维修和管理工作，还必须对有关工作人员进行必要的训练，以便在失火时能及时开展疏散和扑救工作。

任务 4.4　消防电梯联动设计应用

电梯是高层建筑纵向交通的工具，而消防电梯则是在发生火灾时供消防人员扑救火灾和营救人员用的。发生火灾时，由于电源供电已无保障，所以无特殊情况不用客梯组织疏散。消防电梯控制一定要保证安全可靠。

4.4.1　消防电梯联动控制方式

消防控制中心在确认火灾后，应能控制电梯全部停于 1 层，并接收其反馈信号。非消防电梯停于 1 层放人后，将其电源切断。电梯的控制有两种方式：一种是将所有电梯控制的副盘显示设在消防控制中心，消防值班人员可随时直接操作；另一种是消防控制中心自行设计电梯控制装置（一般是通过消防控制模块实现），发生火灾时，消防值班人员通过控制装置，向电梯机房发出火灾信号和强制电梯全部停于 1 层的指令。在一些大型公共建筑中，利用消防电梯前的感烟火灾探测器直接联动控制电梯，这也是一种控制方式，但是必须注意感烟火灾探测器误报的危险性，最好还是通过消防中心进行控制。

消防电梯在火灾状态下应能在消防控制室和 1 层电梯门厅处明显的位置设有控制归底的按钮。在进行消防电梯联动控制系统设计时，常用总线或多线控制模块来完成此项功能，如图 4.46 所示。

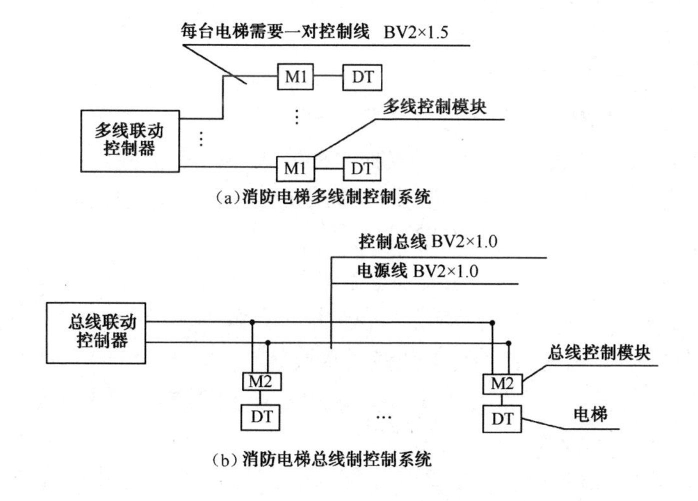

(a)消防电梯多线制控制系统

(b)消防电梯总线制控制系统

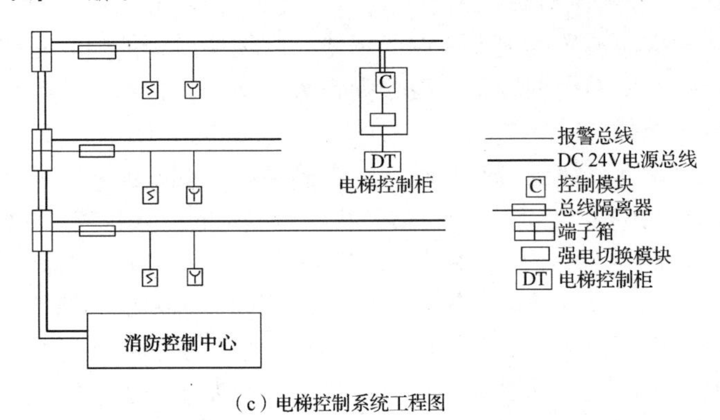

（c）电梯控制系统工程图

图 4.46　消防电梯控制系统示意

4.4.2　消防电梯的设置规定

1．设置场所

（1）建筑高度大于 33m 的住宅建筑；

（2）一类高层公共建筑和建筑高度大于 32m 的二类高层公共建筑，5 层及以上且总建筑面积大于 3000m^2（包括设置在其他建筑内 5 层及以上楼层）的老年人照料设施；

（3）设置消防电梯的建筑的地下或半地下室，埋深大于 10m 且总建筑面积大于 3000m^2 的其他地下或半地下建筑（室）。

2．消防电梯的设置数量

（1）消防电梯应分别设置在不同的防火分区内，且每个防火分区不应少于 1 台。

（2）建筑高度大于 32m 且设置电梯的高层厂房（仓库），每个防火分区内宜设置 1 台消防电梯，但符合下列条件的建筑可不设置消防电梯：

① 建筑高度大于 32m 且设置电梯，任一层工作平台上的人数不超过 2 人的高层塔架；

② 局部建筑高度大于 32m，且局部高出部分的每层建筑面积不大于 50m^2 的丁、戊类厂房。

（3）符合消防电梯要求的客梯或货梯可兼作消防电梯。

3．消防电梯的设置规定

（1）应能每层停靠。

（2）电梯的载重量不应小于 800kg。

（3）电梯从首层至顶层的运行时间不宜大于 60s。

（4）电梯的动力与控制电缆、电线、控制面板应采取防水措施。

（5）在首层的消防电梯入口处应设置供消防队员专用的操作按钮。

（6）电梯轿厢的内部装修应采用不燃材料。

（7）电梯轿厢内部应设置专用消防对讲电话。

（8）消防电梯的井底应设置排水设施，排水井的容量不应小于 2m^3，排水泵的排水量不应小于 10L/s。消防电梯间前室的门口宜设置挡水设施。

（9）消防电梯井、机房与相邻电梯井、机房之间应设置耐火极限不低于 2.00h 的防火隔墙，隔墙上的门应采用甲级防火门。

（10）除设置在仓库连廊、冷库穿堂或谷物筒仓工作塔内的消防电梯外，消防电梯应设置前室，并应符合下列规定：

① 前室宜靠外墙设置，并应在首层直通室外或经过长度不大于 30m 的通道通向室外。

② 前室的使用面积不应小于 $6.0m^2$，前室的短边不应小于 2.4m；与防烟楼梯间合用的前室，其使用面积还应符合《建筑设计防火规范（2018 年版）》（GB 50016—2014）第 5.5.28 条和第 6.4.3 条的规定。

③ 除前室的出入口、前室内设置的正压送风口和《建筑设计防火规范（2018 年版）》（GB 50016—2014）第 5.5.27 条规定的户门外，前室内不应开设其他门、窗、洞口。

④ 前室或合用前室的门应采用乙级防火门，不应设置卷帘。

训练题 8　消防设备调试训练。

（1）对一个已竣工的消防控制室进行实地考察，同时写出实训报告。

（2）对一个消防报警主机进行实地考察，并对其相关功能进行了解，若条件允许则可进行相关操作。

（3）进行分系统调试，做好记录。

（4）了解报警控制器的一般调试过程，同时要熟悉一般联动编程关系。

（5）写出实训报告。

任务 4.5　消防应急广播及联动系统识图训练

本任务以某省医院消防设计为例进行说明，请结合实训 7 二维码中的工程设计图（共 28 张），选择合适的工程图识读后填写如表 4.4 所示的作业单。

表 4.4　作业单

<table>
<tr><td colspan="4">所设计系统名称</td></tr>
<tr><td colspan="2"></td><td></td><td></td></tr>
<tr><td colspan="4">各层设备</td></tr>
<tr><td colspan="2">名称</td><td>数量</td><td>安装情况</td></tr>
<tr><td rowspan="3">1 层</td><td></td><td></td><td></td></tr>
<tr><td></td><td></td><td></td></tr>
<tr><td></td><td></td><td></td></tr>
<tr><td rowspan="5">8 层</td><td></td><td></td><td></td></tr>
<tr><td></td><td></td><td></td></tr>
<tr><td></td><td></td><td></td></tr>
<tr><td></td><td></td><td></td></tr>
<tr><td></td><td></td><td></td></tr>
<tr><td rowspan="5">11 层</td><td></td><td></td><td></td></tr>
<tr><td></td><td></td><td></td></tr>
<tr><td></td><td></td><td></td></tr>
<tr><td></td><td></td><td></td></tr>
<tr><td></td><td></td><td></td></tr>
<tr><td colspan="4">管线选择及敷设</td></tr>
<tr><td colspan="3">广播设备管线</td><td></td></tr>
<tr><td colspan="3">其他管线</td><td></td></tr>
</table>

实训4　防火卷帘及防排烟设施控制

1. 实训目的

（1）熟悉防火卷帘及防排烟设施控制设备的安装位置。
（2）会进行防火卷帘的二步降操作。
（3）具有排烟风机的控制操作能力。

2. 实训内容

（1）向感烟火灾探测器吹烟，观察防火卷帘是否下降，降到什么程度。
（2）向感温火灾探测器吹热风，观察防火卷帘是否下降、是否落地。
（3）向感烟火灾探测器吹烟，观察排烟阀是否打开，排烟风机是否动作。

3. 实训设备

防火卷帘及防排烟设施等。

4. 实训步骤

（1）编写实训计划书。
（2）准备实训器材。
（3）熟悉系统设备的安装位置。
（4）进行防火卷帘升降控制。
（5）进行防排烟设施启、停控制。

5. 实训记录与分析

填写如表4.5和表4.6所示的实训记录。

表4.5　防火卷帘实训记录

序号	设备名称	火灾状态	正常状态	备注
1				
2				
3				
4				
5				
6				

表4.6　防排烟设施启、停控制实训记录

序号	设备名称	火灾状态	正常状态	备注
1				
2				
3				
4				
5				

6. 问题讨论

（1）防火卷帘的二步降是如何实现的？
（2）排烟风机如何启动？

7. 技能考核

（1）控制操作能力。
（2）分析问题、解决问题的能力。

优________　良________　中________　及格________　不及格________

实训 5　消防应急广播与通信设备的安装操作

1．实训目的

（1）熟悉消防应急广播设备、通信设备的安装位置及作用。

（2）会对消防应急广播系统进行操作控制。

（3）会使用火警通信设备。

2．实训设备

广播扬声器、广播功率放大器、广播通信控制柜、消防电话总机、消防电话分机、电话插孔、消防电话专用模块等。

3．实训步骤

（1）编写实训计划书。

（2）准备实训设备。

（3）熟悉消防应急广播设备、通信设备的安装位置。

（4）消防应急广播系统操作控制训练。

（5）火警通信系统演示训练。

4．实训记录与分析

填写如表 4.7 所示的实训记录。

表 4.7　消防应急广播与通信设备的安装与操作实训记录

序号	设备名称	安装位置	在系统中所起的作用	系统操作情况

5．问题讨论

（1）如果二楼着火，那么应如何进行广播？

（2）背景音乐与事故广播如何切换？

6．技能考核

（1）安装技巧及熟练程度。

（2）对各种设备的应用能力。

优________ 良________ 中________ 及格________ 不及格________

实训6 火灾事故照明与疏散指示标志的安装操作

1．实训目的

（1）熟悉火灾事故照明与疏散指示标志设备的安装位置及数量要求。

（2）具有火灾事故照明与疏散指示标志的运行操作能力。

2．实训设备

事故照明灯具、事故照明配电箱、疏散指示标志灯等。

3．实训步骤

（1）编写实训计划书。

（2）准备实训设备。

（3）熟悉火灾事故照明与疏散指示标志设备的安装位置。

（4）火灾事故照明系统的投入运行与切换操作控制训练。

（5）疏散引导系统演示训练。

4．实训记录与分析

填写如表4.8所示的实训记录。

表4.8 火灾事故照明与疏散指示标志的安装与操作实训记录

<table>
<tr><th>序号</th><th>设备名称</th><th>安装位置</th><th>在系统中所起的作用</th><th>系统操作情况</th></tr>
<tr><td></td><td></td><td></td><td></td><td rowspan="5">① 火灾事故照明系统</td></tr>
<tr><td></td><td></td><td></td><td></td></tr>
<tr><td></td><td></td><td></td><td></td></tr>
<tr><td></td><td></td><td></td><td></td></tr>
<tr><td></td><td></td><td></td><td></td></tr>
<tr><td></td><td></td><td></td><td></td><td rowspan="6">② 疏散引导系统</td></tr>
<tr><td></td><td></td><td></td><td></td></tr>
<tr><td></td><td></td><td></td><td></td></tr>
<tr><td></td><td></td><td></td><td></td></tr>
<tr><td></td><td></td><td></td><td></td></tr>
<tr><td></td><td></td><td></td><td></td></tr>
</table>

5．问题讨论

（1）疏散指示标志在本学院哪些地方设置？有何特点？

（2）火灾事故照明设置在哪些场所？

6．技能考核

（1）安装技巧及熟练程度。

（2）对各种设备的应用能力。

优________ 良________ 中________ 及格________ 不及格________

知识梳理与总结

本学习情境首先对消防通信指挥与防排烟系统进行了概述，然后较详细地阐述了消防应急广播系统的构成、控制方式及设置要求；对消防应急照明和疏散指示系统的分类、选型、设置及配电设计进行了说明；也介绍了防排烟系统的作用、分类、设置要求等；同时，对消防电梯联动控制方式和设置规定也进行了简要说明。

总之，本学习情境的内容是火灾情况下确保人员有组织地逃生，防止人员伤亡及减少财产损失的重要组成部分。

（1）具有消防通信指挥系统的设置、安装与调试能力。

（2）具有疏散指示标志的设置与安装能力。

（3）具有防排烟系统设计的初步能力。

（4）明白消防电梯的设置要求。

练习题4

扫一扫看练习题4参考答案

选择题

1．下列场所或部位中，可不独立设置应急照明配电箱的是（　　）。

A．商场营业厅的防火分区　　B．办公楼的敞开楼梯间

C．住宅建筑的防烟楼梯间　　D．病房楼的防火分区

2．下列建筑中，应设置消防电梯的是（　　）。

A．建筑高度为30m，每层层高为3m，建筑面积为1500m^{2}的住宅建筑

B．建筑高度为30m，每层层高为5m，建筑面积为3000m^{2}的企业办公楼

C．埋深为9m，每层层高为4.5m，总建筑面积为6000m^{2}的独立建造的地下服装仓库

D．建筑高度为30m，每层层高为5m，建筑面积为2000m^{2}的石材批发商场

3．下列关于消防联动控制器对机械排烟系统的控制及其显示功能的说法中，错误的是（　　）。

A．消防联动控制器应直接手动远程控制排烟风机的启动

B．消防联动控制器应显示排烟口开启的动作反馈信号

C．消防联动控制器应显示排烟防火阀关闭的反馈信号

D．消防联动控制器应直接手动远程控制排烟阀的开启

4．下列关于加压送风系统控制的说法中，正确的有（　　）。

A．加压送风机应能现场手动启动

B．加压送风机应能通过火灾自动报警系统自动启动

C．加压送风机应能在消防控制室手动启动

D．防火分区内确认火灾后，应能在20s内联动开启加压送风机

E．系统中任一常闭加压送风口开启时，加压送风机应能自动启动

5．下列建筑中，必须要设置消防电梯的是（　　）。

A．埋深为10m且总建筑面积为3000m^{2}的地下3层商场

B．建筑高度为27m（层高3m）的独立建造的老年人照料设施

C．建筑高度为32m的沥青加工厂房

D．建筑高度为32m的写字楼建筑

6．某高层办公建筑每层划分为一个防火分区，某防烟楼梯间和前室均设有机械加压送风系统。第三层的两个感烟火灾探测器发出火灾报警信号后，下列消防联动控制器的控制功能中，符合规范要求的是（　　）。

A．联动控制第二层、三层、四层前室送风口开启

B．前室送风口开启后，联动控制前室加压送风机的启动

C．联动控制该建筑楼梯间所有送风口的开启

D．能手动控制前室、楼梯间送风口的开启

7．集中控制型消防应急照明和疏散指示系统灯具采用集中电源供电方式时，正确的做法是（　　）。

A．应急照明集中电源仅为灯具提供电池电源

B．应急照明控制器直接控制灯具的应急启动

C．应急照明集中电源不直接联锁控制消防应急灯具的工作状态

D．应急照明控制器通过应急照明集中电源连接灯具

8．下列对于某博物馆疏散通道上设置的防火卷帘的消防联动控制设计的说法中，符合规范要求的是（　　）。

A．防火分区内任意两个独立的感烟火灾探测器或任意一个专门用于联动防火卷帘的感烟火灾探测器的报警信号作为防火卷帘下降的后续联动触发信号

B．任意一个专门用于联动防火卷帘感烟火灾探测器的报警信号作为防火卷帘下降的首个触发信号，联动控制防火卷帘下降至距楼板面1.8m处

C．任意一个专门用于联动防火卷帘的感烟火灾探测器的报警信号作为防火卷帘下降的后续联动触发信号，联动控制防火卷帘下降至楼板面

D．手动控制方式，应由防火卷帘两侧设置的手动控制按钮控制防火卷帘的升降，并应能在消防控制室内的消防联动控制器上手动控制防火卷帘的降落

9．下列民用建筑中不需要设置排烟设施的是（　　）。

A．设置在三层、建筑面积为100m^{2}的歌舞娱乐放映游艺场所

B．设置在四层、面积为30m^{2}的网咖

C．建筑内长度为30m的疏散走道

D．地上建筑面积为100m^{2}的中庭

10．根据《火灾自动报警系统设计规范》（GB 50116—2013），在排烟系统的联动控制中，以下可以作为排烟口、排烟窗或排烟阀开启的联动触发信号的是（　　）。

A．同一防烟分区内的两个独立的感烟火灾探测器的报警信号

B．同一防火分区内的两个独立的感温火灾探测器的报警信号

C．同一防烟分区内的一个感烟火灾探测器与一个感温火灾探测器的报警信号

D．同一防火分区内的一个感烟火灾探测器与一个手动报警按钮的报警信号

E．同一防烟分区内的两个手动报警按钮的报警信号

11．机械加压送风系统的构成包括（　　）。

A．挡烟垂壁　　B．送风口　　C．吸风口

D．送风机　　E．送风管道

12．下列关于消防应急照明和疏散指示系统联动控制的说法中，正确的是（　　）。

A．确认火灾后，同时启动全楼疏散通道的消防应急照明和疏散指示系统，系统全部投入应急状态的启动时间不大于5s

B．消防联动控制器应具有切断火灾区域及相关区域的非消防电源的功能

C．火灾时不应切掉的非消防电源有：生活给水泵、安全防范系统设施及自动扶梯

D．火灾时可以立即切掉的非消防电源有：自动扶梯、排污泵及正常照明等

13．下列关于火灾警报和消防应急广播系统的联动控制设计，符合规范要求的是（　　）。

A．火灾声报警器设置带有语音提示功能时，应同时设置语音同步器

B．火灾声光报警器可以由火灾报警控制器或消防联动控制器控制

C．同一建筑内所有火灾声报警器可以同时启动和停止

D．所有火灾报警系统都应设置消防应急广播

E．消防控制室应能手动或按预设控制逻辑联动控制选择广播分区、启动或停止应急广播系统

14．应急照明控制器的主电源由消防电源供电，应急照明控制器的备用电源至少使控制器在主电源中断后工作（　　）h。

A．1　　B．2　　C．3　　D．4

15．某商场内疏散通道上设有防火卷帘，下列关于联动控制设计的说法中，错误的是（　　）。

A．防火分区内任意一个专门用于联动防火卷帘的感温火灾探测器的报警信号作为防火卷帘下降的触发信号，联动控制防火卷帘下降到楼板面

B．防火分区内任意一个专门用于联动防火卷帘的感烟火灾探测器的报警信号作为防火卷帘下降的首个触发信号

C．防火分区内任意两个独立的感温火灾探测器的报警信号作为防火卷帘下降联动触发信号，联动控制防火卷帘下降到楼板面

D．防火分区内任意两个独立的感烟火灾探测器的报警信号作为防火卷帘下降的首个触发信号

16．某建筑高度为105m的民用建筑，其消防应急照明备用电源的连续供电时间不应低于（　　）min。

A．90　　B．60　　C．30　　D．15

17．下列关于应急照明控制器设计的描述中，正确的是（　　）。

A．应急照明控制器在消防控制室墙面上设置时，靠近门轴的侧面距墙不应小于1.0m

B．当系统内仅一台应急照明控制器时，必须设置于消防控制室内

C．每台应急照明控制器直接控制的各类设备总数不应大于2400个

D．应急照明控制器的备用电源至少使控制器在主电源中断后工作3h

18．以下消防应急照明和疏散指示系统的形式中不包括（　　）。

A．自带电源非集中控制型系统　　B．自带电源集中控制型系统

C．非集中电源集中控制型系统　　D．集中电源非集中控制型系统

19．在建筑中，应设置消防专用电话分机的是（　　）。

A．生活水泵房　B．电梯前室　C．各避难间　D．电梯竖井

20．下列关于消防电话的描述中，正确的是（　　）。

A．设有手动报警按钮或消火栓按钮等的地方，应设置电话插孔

B．各避难层应每隔30m设置一个消防专用电话分机或电话插孔

C．在消防水泵房、备用发电机房、变配电室、通风及排烟合用机房均需设置消防专用电话分机

D．电话插孔在墙上安装时，其底边距地面高度宜为1.1～1.3m

学习情境 5

建筑电气消防工程综合实训

教学导航

学习任务	任务 5.1　下达综合训练任务　　任务 5.2　策划工作过程及相关设计知识 任务 5.3　消防工程案例分析　　任务 5.4　消防工程设计实施 任务 5.5　消防系统的调试、验收及维护 任务 5.6　消防资质考试辅导与模拟训练	参考学时	12 学时 +2 周
学习目标	明白消防电的设计知识；会编写设计实训规划；能进行消防工程设计；懂得图纸会审的方法；能进行系统接地；能对系统进行布线与配管；具有进行消防工程设计及图纸会审的能力；会编写施工方案并提出主材；能进行系统安装；能对系统进行调试；具有消防工程结算能力；具有独立完成系统接地、布线与配管的能力；具有对实训项目进行正确评价的能力		
知识点与思政融入点	学会编写设计实训规划，养成细致全面的**“规划能力”**；能进行消防工程设计；懂得图纸会审的方法；能进行系统接地；能对系统进行布线与配管；**懂得产品样本选择时的责任**		
技能点与思政融入点	能完成设计实训规划的编写；具有进行消防工程设计的能力，具有**“匠心制作的工匠精神”**；具有消防供电选择、安装及调试能力，树立良好的**“职业操守”**；具有验收和维护能力，树立**“质量意识”**和**“家国情怀”**；具有图纸会审的能力；具有系统设备接地、布线与配管的能力；具有对实训项目进行正确评价的能力；树立**“谁设计谁负责的责任感和担当”**观念		
教学重点	系统图设计		
教学难点	消防系统的设计方案确定		
教学环境、教学资源与载体	招标投标函、工程图纸、消防规范、条例、书中相关内容、手册、产品样本及评价表		
教学方法与策略	讲授及参与型、项目教学法，案例教学法、实践教学及角色扮演法		
教学过程设计	给出相关要求与工程图，教师在布置任务时就进行角色扮演，下招标函，并进行知识学习引导；结合项目分组学习讨论及实施；编写实训规划书，结合课件讲授，采用设计步步深入法→边学边做→跟踪指导，阶段性学生集中汇报与研讨、学生点评、教师指导。最后通过技术招标投标大会进行综合评价		
考核与评价内容	计划书的编写情况、图纸的设计质量、消防系统工程图的识读能力，消防系统的设计能力及效果、语言表达能力、沟通协作能力、工作态度、任务完成情况与效果		
评价方式	自我评价（10%）、小组评价（30%）、教师评价（60%）		
参考资料	《火灾自动报警系统设计规范》（GB 50116—2013）、《火灾自动报警系统施工及验收标准》（GB 50166—2019）、《民用建筑电气设计标准》（GB 51348—2019）、《建筑设计防火规范（2018 年版）》（GB 50016—2014）、《自动喷水灭火系统设计规范》（GB 50084—2017）、《建筑防烟排烟系统技术标准》（GB 51251—2017）、《自动喷水灭火系统施工及验收规范》（GB 50261—2017）、《气体灭火系统施工及验收规范》（GB 50263—2007）、《建筑电气工程施工质量验收规范》（GB 50303—2015）、《防火卷帘、防火门、防火窗施工及验收规范》（GB 50877—2014）、《电气装置安装工程接地装置施工及验收规范》（GB 50169—2016）、《消防应急照明和疏散指示系统技术标准》（GB 51309—2018）、《电气装置安装工程 电缆线路施工及验收标准》（GB 50168—2018）等		

任务 5.1　下达综合训练任务

下面要进行课程设计训练，为了模拟工程，在训练任务下达开始就以实际的工程招标投标的形式将学生分组，各组学生分别代表不同的设计公司或设计集团，通过角色扮演完成设计，在此过程中，教师根据学生所缺的相关设计知识进行讲授，以便于学生更好地完成设计任务。

扫一扫看学习情境 5 教学课件

设计任务招标邀请函如表 5.1 所示。

表 5.1　某市国土资源局办公楼消防设计招标邀请函

邀请厂商	国土资源局	项目名称	某市国土资源局办公楼消防设计
投标地点	国土资源局	投标时间	2023 年 9 月 6 日 9:00 截止
招标内容	**1．工程概述** （1）工程规模。 建设单位：某市国土资源局。 工程名称：某市国土资源局办公大楼消防设计。 工程规模：本工程为某市国土资源局办公楼，总建筑面积 10 000m²。地下 1 层，地上 12 层，主要为办公室、餐厅、车库等；建筑总高度为 44.4m，属二级保护对象，各层均为钢筋混凝土现浇楼板。建筑结构图 3 张，平面图 7 张，分别为地下室平面图、一层平面图、二层平面图、三～十层平面图、十一层平面图、十二层平面图、设备层平面图。请扫二维码下载后打印阅览。 工程主要功能：1～2 层为商业用房，3～10 层、12 层为办公用房，11 层为洗浴用房，地下层为设备用房、库房。 （2）水暖给出条件。压力开关、水流指示器、防火阀、送风口、排烟口均在图中标示出。 （3）电力照明给出条件。喷淋泵、消防泵、空调、排烟机、通风机配电箱均给出，同时提供的图中已画出应给条件。 请贵公司根据招标要求，在完全了解并同意下列条件后，参与竞标，请按时正式提交投标文件，并加盖密封章。 **2．招标投标要求** （1）相关要求。 ① 管理要求：该楼与周围的综合楼构成整个商业区，实行统一管理，并把管理单位放在该建筑物内。 ② 建设单位要求：在满足规范的情况下，力求经济合理。 （2）投标资格条件。拥有消防工程设计许可证一级以上（含一级），具有消防设施安装许可证，投标人应是符合上述条件的独立企业法人。 （3）施工工期：从施工进场到交付使用应跟随建筑进度，确保按时完工。 （4）施工地点：北方某新区。 （5）投标格式。 第 1 部分：资质文件。第 2 部分：报价（略）。第 3 部分：设计图纸。第 4 部分：施工部分。 第 5 部分：售后服务承诺。 （6）答疑时间：2023 年 9 月 20 日下午 15:30 截止。 （7）由本公司专业技术人员评标。 （8）说明：不论投标结果如何，投标人的文件均不退回，且不对未中标者做任何解释。 （9）技术咨询：王二一、赵三五，联系电话为 0451-84388888。 **3．上交成果及内容** （1）投标函　（2）训练计划书 （3）方案确定　（4）计算书 （5）设计说明　（6）系统图 （7）平面图　（8）局部图 （9）安装调试　（10）检测与验收 （11）致谢及建议　（12）投标演讲 PPT 扫一扫下载某国土资源局办公楼工程设计 CAD 图		

1. 实训目的

消防工程综合实训是在学习了《建筑电气消防工程》后进行的能力训练。通过项目训练，掌握完成消防工程工作全过程的技能。

（1）明白消防系统供电的特点。

（2）具有正确进行消防布线与接地的能力。

（3）具有消防设备的安装和指导施工的能力。

（4）知道火灾自动报警及联动控制系统施工时应该符合哪些规定、验收前系统的调试内容、检测验收时所包含的项目、交付使用后要进行的维护与保养知识。

（5）掌握验收条件及维护方法。

（6）具有独立调试和维护的能力。

（7）正确运用消防设计原则和程序。

（8）学会根据具体工程查阅相关规范，确定工程类别、防火等级等。

（9）按规范要求设计出完整的火灾自动报警及联动控制系统的施工图。

2. 实训要求

（1）学习设计及消防供电、接地、布线等要求并将其应用到本实训中，做到学用结合。

（2）根据已知条件，依据《建筑设计防火规范（2018 年版）》（GB 50016—2014）、《火灾自动报警系统设计规范》（GB 50116—2013）、《火灾自动报警系统施工及验收标准》（GB 50166—2019）、《自动喷水灭火系统施工及验收规范》（GB 50261—2017）、《电气装置安装工程　接地装置施工及验收规范》（GB 50169—2016）及厂家产品样本等进行消防设计，并进行安装、调试、验收等方面的综合训练。

3. 实训步骤

（1）编写实训计划书。

（2）准备实训用具。

（3）各环节的实施。

① 确定设计方案，选产品样本。

② 准备资料、规范、手册等。

③ 绘制施工图、火灾自动报警系统施工图及火灾自动报警与消防联动控制系统（包括火灾自动报警与消防联动控制系统、消防广播系统、消防专用电话系统）图、火灾自动报警与消防控制平面布置图等。

a. 系统图。采用国家标准图例绘制各种设备与元器件，并与系统连接，采用标准的文字符号标注设备与元器件的编号、型号规格、各类线路编号、导线型号、根数、管材、管径、敷设方式等。

b. 平面布置图。采用国家标准图例绘制火灾自动报警与消防联动控制系统各类设备、器件的平面布置、必要的文字符号标注及各类系统的线路走向、编号、根数、型号规格、敷设方式等。

根据已知条件，遵守消防法规并依据相关规范进行消防设计。

④ 元器件、管线的选择与计算。

⑤ 编制设计说明和施工图用表：编制图纸目录、有关设计说明、图例符号表及主要器

材表等。设计计算说明书包括：火灾自动报警设计、方案选择、设备选择、消防联动控制、系统供电、报警线路选择及敷设方式选择与要求；火灾报警控制器、消防联动控制器、消防广播、消防专用电话等的控制和动作要求；火灾探测器数量、火灾报警控制器容量、扩音机及扬声器容量、消防专用电话总机容量等的计算。

⑥ 模拟安装与实际调试训练。根据设计施工图，结合实训进行实际安装，然后进行调试。

⑦ 验收与保养训练。

⑧ 总结工作过程并进行评价。

4．实训时间安排

本实训时间为 2 周（折合学时为 60 学时），时间分配如表 5.2 所示。

表 5.2　实训时间分配

序号	内容	时间/学时	天
1	了解有关技术资料，查找、收集有关工具和设计规范	3	0.5
2	确定设计方案与选择设备	6	1
3	绘制施工图与系统图	30	5
4	编写设计说明、施工用表，整理计算书	6	1
5	安装	9	1.5
6	调试	3	0.5
7	评价阶段	3	0.5
合计		60	10

5．实训指导

指导教师应在课程设计前提供设计任务书、指导书及时间进程。指导教师应引导学生对工程项目进行分析，正确确定方案；指导学生选择必要的参考书、设计手册和工程规范；帮助学生理清设计程序，合理安排时间，掌握设计进度。设计中应培养学生独立思考、分析问题和解决实际问题的能力。对设计中的关键问题，教师应做必要的讲解和提示。课程设计应配备足够的指导力量，每位指导教师指导的学生人数不宜超过 25 人。

扫一扫看消防工程综合训练任务与指导书

6．实训成果（投标书内容）

（1）设计图纸及说明。

（2）安装、调试记录（见表 5.3 和表 5.4）。

表 5.3　消防设备安装记录

序号	设备名称	安装方法	安装位置	在系统中所起的作用

表 5.4　消防系统调试记录

序号	系统名称	启动调试情况	停止调试情况	相关说明

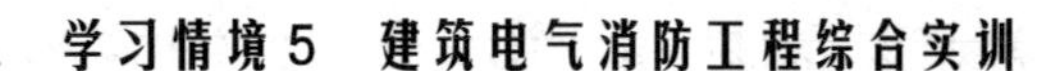

（3）按招标邀请函的要求编写全部展示的内容。

7．考核方法

（1）设计答辩。通过质疑或答辩方式，考核学生在本次课程设计中对所学课程综合知识的掌握情况和设计的广度、深度和水平。

（2）图纸质量。考核课程设计质量：设计图纸应严格按国家标准执行，图纸内容表达完整、图面整洁、线条清晰、视图布局合理，文字说明简明扼要、文体规范、表达准确。

（3）设计方案。设计方案合理、安全、经济，设备、元器件与材料选型合适，符合国家现行规范要求。

（4）安装、调试与验收状况考核。

（5）设计纪律。考核学生在课程设计过程中的态度、出勤状况、作风和纪律等方面的表现。

（6）成绩评定。根据以上几方面的综合成绩（自评、互评、教师评价及专家评价），由指导教师按等级记分制（优、良、及格、不及格）单独记入学生成绩册。

任务 5.2 策划工作过程及相关设计知识

扫一扫看消防工程实训过程的综合评价

扫一扫看消防工程实训评分标准

5.2.1 策划训练工作过程

◆ **教师活动**

指导学生完成实训工作过程的策划书→讲授相关设计知识。

◆ **学生活动**

学习小组分工，研讨实训工作过程，编制实训工作计划。

5.2.2 消防系统设计的基本原则和内容

消防系统设计一般包括两大部分内容：一是系统图设计，二是平面图设计。

1．系统图设计

（1）火灾自动报警与联动控制系统设计的形式有以下 3 种，可根据实际情况选择。

① 区域系统。

② 集中系统。

③ 控制中心系统。

（2）系统供电。火灾自动报警系统应设有主电源和直流备用电源，应独立形成消防、防灾供电系统，同时要保障供电的可靠性。

（3）系统接地。系统接地装置可采用专用接地装置或共用接地装置。

2．平面图设计

平面图设计一般包括两大部分内容：一是火灾自动报警系统；二是消防联动控制系统。具体设计内容如表 5.5 所示。

表 5.5　火灾自动报警平面图设计的内容

设备名称	内容
报警设备	火灾自动报警控制器、火灾探测器、手动报警按钮、紧急报警设备
通信设备	应急通信设备、对讲电话、应急电话等
广播	火灾事故广播设备、火灾报警装置
灭火设备	喷水灭火系统的控制、室内消火栓灭火系统的控制、泡沫、卤代烷、二氧化碳等、管网灭火系统的控制等
消防联动设备	防火门、防火卷帘的控制，防排烟风机、排烟阀控制、空调通风设施的紧急停止，电梯控制监视，非消防电源的断电控制
避难设施	应急照明装置、火灾疏散指示标志

如果一个建筑物内的火灾自动报警系统设计合理，那么就能及早发现和通报火灾，防止和减少火灾危害，保证人身和财产安全。设计质量主要从以下几个方面进行评价。

（1）满足国家标准《火灾自动报警系统设计规范》（GB 50116—2013）及《建筑设计防火规范（2018 年版）》（GB 50016—2014）的要求。

（2）满足消防功能的要求。

（3）技术先进，施工、维护及管理方便。

（4）设计图纸资料齐全，准确无误。

（5）投资合理，即性价比高。

3．消防系统的设计原则

消防系统设计的最基本原则就是应符合现行的建筑设计消防法规的要求。积极采用先进的防火技术，协调并合理设计消防系统与经济的关系，做到“防患于未然”。

必须遵循国家有关方针、政策，针对保护对象的特点，做到安全适用、技术先进、经济合理，因此在进行消防工程设计时，要遵循下列原则。

（1）熟练掌握国家标准、规范、法规等，对规范中的正面词及反面词的含义领悟准确，保证做到依法设计。

（2）详细了解建筑的使用功能、保护对象及有关消防监督部门的审批意见。

（3）掌握所设计建筑物相关专业的标准、规范等，如车库、卷帘、防排烟、人防等，以便综合考虑后着手进行系统设计。

我国消防法规大致分为 5 类，即建筑设计防火规范、系统设计规范、设备制造标准、安全施工验收规范及行政管理法规。设计者只有掌握了这五大类的消防法规，在设计中才能做到应用自如、准确无误。

在执行法规遇到矛盾时，应按以下几点进行。

（1）行业标准服从国家标准。

（2）从安全方面采用高标准。

（3）报请主管部门解决，包括公安部、建设部等主管部门。

5.2.3　程序设计

程序设计一般分为两个阶段：第一阶段为初步设计（即方案设计），第二阶段为施工图设计。

1．初步设计

（1）确定设计依据。相关规范；建筑的规模、功能、防火等级、消防管理的形式；所有土建及其他工种的初步设计图纸；采用厂家的产品样本。

（2）确定方案。由以上内容进行初步概算，通过比较和选择，决定消防系统采用的形式，确定合理的设计方案，这一阶段是第二阶段的基础、核心。设计方案的确定是设计成败的关键所在，一项优秀设计不仅要注意工程图纸的精心绘制，更要重视方案的设计、比较和选择。

2．施工图设计

（1）计算。包括火灾探测器的数量、手动报警按钮数量、消防广播数量、楼层显示器、短路隔离器、中继器、支路数、回路数及控制器容量的计算。

（2）绘制施工图。

① 平面图。平面图中包括火灾探测器、手动报警按钮、消防广播、消防电话、非消防电源、消火栓按钮、防排烟机、防火阀、水流指示器、压力开关、各种阀等设备，以及这些设备之间的线路走向。

② 系统图。根据厂家产品样本所给系统图并结合平面图中的实际情况绘制系统图，要求分层清楚，设备符号与平面图一致，设备数量与平面图一致。

③ 绘制其他一些施工详图。绘制消防控制室设备布置图及有关非标准设备的尺寸及布置图等。

④ 设计说明。说明内容有：设计依据，材料表、图例符号及补充图纸表述不清楚的部分。

5.2.4　设计方法

1．设计方案的确定

火灾自动报警与消防联动控制系统的设计方案应根据建筑物的类别、防火等级、功能要求、消防管理及相关专业的配合确定，因此，必须掌握以下资料。

（1）建筑物类别和防火等级。

（2）土建图纸：防火分区的划分、防火卷帘樘数及位置、电动防火门、电梯。

（3）强电施工图中的配电箱（非消防用电的配电箱）。

（4）通风与空调专业给出的防排烟机、防火阀。

（5）给水排水专业给出的消火栓位置、水流指示器、压力开关及相关阀体。

总之，建筑物的消防设计是各专业密切配合的产物，应在总的防火规范指导下各专业密切配合，共同完成任务。设计项目与电气专业配合的内容如表5.6所示。

表5.6　设计项目与电气专业配合的内容

序号	设计项目	电气专业配合内容
1	建筑物高度	确定电气防火设计范围
2	建筑防火分类	确定电气消防设计内容和供电方案
3	防火分区	确定区域报警范围、选用火灾探测器的种类
4	防烟分区	确定防排烟系统的控制方案
5	建筑物内用途	确定火灾探测器的形式类别和安装位置
6	构造耐火极限	确定各电气设备的设置部位

续表

序号	设计项目	电气专业配合内容
7	室内装修	选择火灾探测器的形式类别、安装方法
8	家具	确定保护方式、采用火灾探测器的类型
9	屋架	确定屋架的探测方法和灭火方式
10	疏散时间	确定紧急和疏散标志、事故照明时间
11	疏散路线	确定事故照明位置和疏散通路方向
12	疏散出口	确定标志灯位置、指示出口方向
13	疏散楼梯	确定标志灯位置、指示出口方向
14	排烟风机	确定控制系统与联锁装置
15	排烟口	确定排烟风机联锁系统
16	排烟阀	确定排烟风机联锁系统
17	防火卷帘	确定火灾探测器的联动方式
18	电动安全门	确定火灾探测器的联动方式
19	送回风口	确定火灾探测器的位置
20	空调系统	确定有关设备的运行显示及控制
21	消火栓	确定人工报警方式与消防泵联锁控制
22	喷淋灭火系统	确定动作显示方式
23	气体灭火系统	确定人工报警方式、安全启动和运行显示方式
24	消防水泵	确定供电方式及控制系统
25	水箱	确定报警及控制方式
26	电梯机房及电梯井	确定供电方式、火灾探测器的安装位置
27	竖井	确定使用性能，采取隔离火源的各种措施，必要时放置火灾探测器
28	垃圾道	设置火灾探测器
29	管道竖井	根据井的结构及性质采取隔断火源的各种措施，必要时设置火灾探测器
30	水平运输带	穿越不同防火区，采取封闭措施

为了使设计更加规范化，且又不限制技术的发展，消防规范对系统的基本功能规定了很多原则，工程设计人员可在符合这些基本原则的条件下，根据工程规模和联动控制的复杂程度，选择检验合格且质量上乘的厂家产品，组成合理、可靠的火灾自动报警与消防联动系统。

2．消防控制中心的确定及消防联动设计要求

1）消防控制系统的设计

消防控制系统应包括以下部分：

（1）火灾自动报警控制系统。

（2）灭火系统。

（3）防排烟及空调系统。

（4）防火卷帘、水幕、电动防火门。

（5）电梯。

（6）非消防电源的断电控制。

（7）火灾应急广播及消防专用通信系统。

（8）火灾应急照明与疏散指示标志。

2）消防控制室

（1）消防控制室应设置在建筑物的第1层，距通往室外出、入口应不大于20m。

（2）消防控制室的使用面积不宜小于15m²。

（3）不应将消防控制室设于厕所及锅炉房、浴室、汽车库、变压器室等的隔壁和上、下层相对应的房间。

（4）消防控制室外的门应向疏散方向开启，且入口处应设置明显的标志。

（5）消防控制室的布置应符合有关要求。

（6）消防控制室内不应穿过与消防控制室无关的电气线路及其他管道，不装设与其无关的其他设备。

（7）消防控制室应设在内部和外部的消防人员能容易找到并可以接近的房间部位，并应设在交通方便和火灾发生时不易延燃的部位。

（8）消防控制室宜与防火监控、广播、通信设施等用房相邻近。

（9）消防控制室的送、回风管在其穿墙处应设防火阀。

（10）消防控制室应具有接收火灾报警，发出火灾信号和安全疏散指令，控制各种消防联动控制设备及显示电源运行情况等功能。

3）消防联动控制系统

消防联动控制系统应根据工程规模、管理体制、功能要求合理确定控制方式，一般可采取如下措施。

（1）集中控制（适用于单体建筑物）。

（2）分散与集中相结合（适用于大型建筑物）。

无论采用哪种控制方式，都应将被控对象执行机构的动作信号送至消防控制室。

4）消防联动控制设备的功能

（1）消防联动控制设备对消火栓灭火系统应具有如下控制显示功能。

控制消防水泵的启、停；显示消防水泵的工作、故障状态；显示消火栓按钮的工作部位。

（2）消防联动控制设备对自动喷水灭火系统宜有下列控制监测功能。

系统的控制阀、报警阀及水流指示器的开启状态；水箱、水池的水位；干式喷水灭火系统的最高和最低气压；预作用喷水灭火系统的最低气压；报警阀和水流指示器的动作情况。

在消防控制室宜设置相应的模拟信号盘，接收水流指示器和压力报警阀上压力开关的报警信号，显示其报警部位，值班人员可按报警信号启动水泵，也可由总管上的压力开关直接控制水泵的启动。在配水支管上装的闸阀，在工作状态下是开启的，当维修或其他原因使闸阀关闭时，在控制室应有显示闸阀开关状态的装置，以提醒值班人员注意使闸阀复原。因此，应选用带开关点的闸阀或选用明杆闸阀加装微动开关，以便将闸阀的工作状态反映到控制室。

（3）消防联动控制设备对泡沫和干粉灭火系统应有下列控制和显示功能。

控制系统的启、停；显示系统的工作状态。

（4）消防联动控制设备对管网气体灭火系统应有下列控制及显示功能。

气体灭火系统防护区的报警，喷放及防火门（帘）、通风空调等设备的状态信号应送到消防控制室；显示系统的手动及自动工作状态；被保护场所主要出、入口处应设置手动紧急控制按钮，并应有防误操作措施和特殊标志；组合分配系统及单元控制系统宜在防护区外的适当部位设置气体灭火控制盘；在报警、喷射各阶段，控制室应有相应的声、光报警信号，并能手动切除声、光信号；主要出、入口上方应设气体灭火剂喷放指示标志灯；在延时阶段，应关闭有关部位的防火阀，自动关闭防火门、窗，停止通风空调系统；被保护对象内应设有在释放气体前30s内人员疏散的声报警器。

（5）电动防火卷帘、电动防火门。

① 消防控制设备对防火卷帘的控制应符合下列要求。

- 防火卷帘两侧应设置火灾探测器及其报警装置，且两侧应设置手动报警按钮。
- 防火卷帘下放的动作程序应为：感烟火灾探测器动作后，卷帘进行第一步下放（距地面1.5～1.8m）；感温火灾探测器动作后，卷帘进行第二步下放（即归底）；感烟、感温火灾探测器的报警信号及防火卷帘的关闭信号应送至消防控制室。
- 当电动防火卷帘采用水幕保护时，水幕电磁阀的开启宜用感温火灾探测器与水幕管网有关的水流指示器组成控制电路控制。

② 消防联动控制设备对防火门的控制应符合下列要求。

- 防火门任一侧的火灾探测器报警后，防火门应自动关闭。
- 防火门的关闭信号应送到消防控制室。

（6）火灾报警后，消防控制设备对防烟、排烟设施应有下列控制和显示功能。

控制防烟垂壁等防烟设施停止有关部位的空调送风，关闭电动防火阀，并接收其反馈信号；启动有关部位的排烟阀、送风阀、排烟风机、送风机等，并接收其反馈信号；设在排烟风机入口处的防火阀动作后应联动停止排烟风机消防控制室，应能对防烟、排烟风机（包括正压送风机）进行应急控制。

5）非消防电源断电及电梯应急控制

（1）火灾确认后，应能在消防控制室或配电所（室）手动切除相关区域的非消防电源。

（2）火灾确认后，根据火情强制所有电梯依次停于首层，并切断其电源，但消防电梯除外。

6）消防控制室的功能

火灾确认后，消防控制室对联动控制对象应能实现下列功能：

（1）接通火灾事故照明和疏散指示灯。

（2）接通火灾事故广播输出分路，应按疏散顺序控制。

3. 系统设备的设计及设置

系统设备的设计及设置，要充分考虑我国国情和实际工程的使用性质，常住人员、流动人员和保护对象现场实际状况等因素，进行综合判断。

1）系统参数兼容性要求

火灾自动报警系统中的系统设备及与其连接的各类设备之间的接口和通信协议的兼容性应符合《火灾自动报警系统组件兼容性要求》（GB 22134—2008）的有关规定。

2）火灾报警控制器和消防联动控制器的容量设计

（1）火灾报警控制器的容量设计。任意一台火灾报警控制器所连接的火灾探测器、手动报警按钮和模块等设备总数和地址总数，均不应超过3200点，其中每一总线回路连接设备的总数不宜超过200点，且应留有不少于额定容量10%的余量。

（2）消防联动控制器的容量设计。任意一台消防联动控制器地址总数或火灾报警控制器（联动型）所控制的各类模块总数不应超过1600点，每一联动总线回路连接设备的总数不宜超过100点，且应留有不少于额定容量10%的余量。

3）总线短路隔离器的参数设计

系统总线上应设置总线短路隔离器，每个总线短路隔离器保护的火灾探测器、手动报警按钮和模块等消防设备的总数不应超过32点；总线穿越防火分区时，应在穿越处设置总线短路隔离器。

4）火灾报警控制器和消防联动控制器的设置

火灾报警控制器和消防联动控制器，应设置在消防控制室内或有人员值班的房间或场所。火灾报警控制器和消防联动控制器安装在墙上时，其主显示屏高度宜为1.5～1.8m，其靠近门轴的侧面距墙不应小于0.5m，正面操作距离不应小于1.2m。集中报警系统和控制中心报警系统中的区域火灾报警控制器满足下列条件时，可设置在无人员值班的场所：

（1）本区域内不需要手动控制的消防联动设备。

（2）本火灾报警控制器的所有信息在集中火灾报警控制器上均有显示，且能接收集中火灾报警控制器的联动控制信号，并自动启动相应的消防设备。

（3）设置的场所只有值班人员可以进入。

5）火灾探测器的设置

选择火灾探测器主要考虑其保护面积和保护半径，前面课程中主要介绍了感烟火灾探测器和感温火灾探测器的选择，虽然不同火灾探测器的适用场所不同，但选择方法基本一致，这里不再赘述。

4．平面图中设备的选择、布置及管线计算

1）设备选择及布置

（1）火灾探测器的选择及布置。根据房间的使用功能及层高确定火灾探测器的种类，测量出平面图中所计算房间的地面面积，再考虑是否为重点保护建筑，还要看房顶坡度是多少，然后按$N \geq \frac{S}{kA}$分别计算出每个探测区域内的火灾探测器的数量，最后进行布置。

（2）火灾自动报警装置的选择及布置。规范中规定火灾自动报警系统应有自动和手动两种触发装置。自动触发器件有压力开关、水流指示器、火灾探测器等；手动触发器件有手动报警按钮、消火栓报警按钮等。探测区域内的每个防火分区至少设置一个手动报警按钮。

（3）手动报警按钮的设置与安装。

手动报警按钮的安装场所：各楼层的电梯间、电梯前室主要通道等经常有人通过的地方；大厅、过厅、主要公共活动场所的出入口；餐厅、多功能厅等处的主要出入口。手动报警按钮的布线宜独立设置；手动报警按钮的数量应按一个防火分区内的任何位置到最近一个手动报警按钮的距离不大于25m来考虑；手动报警按钮在墙上安装的底边距地高度为1.3～1.5m，按钮盒应具有明显的标志和防误动作的保护措施。

（4）其他附件的选择及布置。

模块：由所确定的厂家产品的系统确定型号，墙上安装，距顶棚0.3m。

短路隔离器：与厂家产品配套选用，墙上安装，距顶棚0.2～0.5m。

总线驱动器：与厂家产品配套选用，根据需要确定数量，墙上安装，底边距地 2～2.5m。

中继器：由所用产品实际确定，现场墙上安装，距地 1.5m。

（5）火灾事故广播与消防专用电话设置。

① 火灾事故广播及报警装置：火灾报警装置（包括警灯、警笛、警铃等）是在发生火灾时发出警报的装置；火灾事故广播是发生火灾时（或意外事故时）指挥现场人员进行疏散的设备；两种设备各有所长，火灾发生初期交替使用，效果较好。

火灾报警装置的设置范围和技术条件：按国家规范规定，设置区域报警系统的建筑，应设置火灾报警装置；设置集中和控制中心报警系统的建筑，宜设置火灾报警装置；在报警区域内，每个防火分区应至少安装一个火灾报警装置，其安装位置，宜设在各楼层走廊靠近楼梯出口处。

为了保证安全，火灾报警装置应在确认火灾后，由消防中心按疏散顺序统一向有关区域发出警报。在环境噪声大于 60dB 的场所设置火灾报警装置时，其声压级应高于背景噪声 15dB。

火灾事故广播与其他广播合用时应符合以下要求：火灾时，应能在消防控制室将火灾疏散层的扬声器和公共广播扩音机强制转入火灾应急广播状态；消防控制室应能监控用于火灾应急广播时的扩音机的工作状态，并能开启扩音机进行广播；火灾应急广播设置备用扩音机，其容量不应小于火灾应急广播扬声器最大容量总和的 1.5 倍；床头控制柜设有扬声器时，应有强制切换到应急广播的功能。

② 消防专用电话：安装消防专用电话十分重要，它对能否及时报警、消防指挥系统是否畅通起着关键的作用。为保证消防报警和灭火指挥畅通，相关规范对消防专用电话都有明确的规定。

最后根据以上设备选择列出材料表。

2）消防系统的接地

为了保证消防系统正常工作，对系统的接地应按本学习情境后续的规定执行。

3）布线及配管

布线及配管应按本学习情境后续的规定执行。

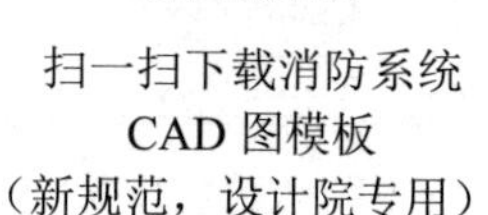

扫一扫下载消防系统 CAD 图模板（新规范，设计院专用）

扫一扫下载电气火灾监控系统 CAD 图模板（新规范）

5．画出系统图及施工详图

设备、管线选好且在平面图中标注后，根据厂家产品样本，再结合平面图画出系统图，可以扫二维码下载消防系统 CAD 图模板，根据设计院专用的新规范系统图模板画出消防系统图，以及扫二维码下载电气火灾监控系统 CAD 图模板，根据新规范系统图模板画出电气火灾监控系统图，然后进行相应的标注（如每处导线根数及走向、每个设备的数量、所对应的层数等）。施工详图主要是对非标准产品或消防控制室而言的，如非标准控制柜（控制琴台）的外形、尺寸及布置图等；消防控制室设备布置图，应标明设备位置及各部分的距离。

6．平面图设计示例

采用步步深入法：设备选择、布置→布线标注线条数→标注回路等→完善图面。

（1）火灾探测器、手动报警按钮等的布置如图 5.1 所示。

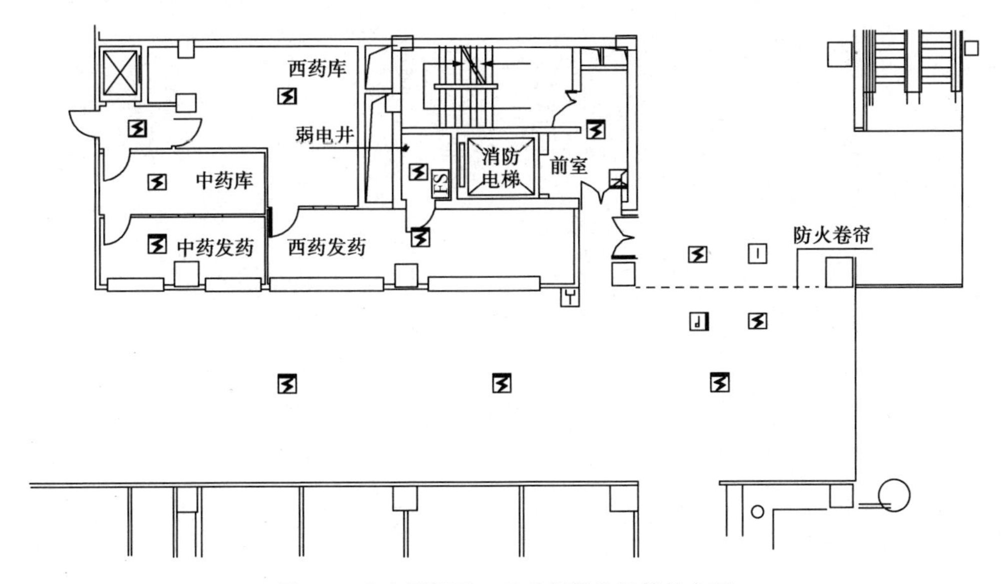

图 5.1　火灾探测器、手动报警按钮等的布置

（2）火灾探测器、手动报警按钮等的布线如图 5.2 所示。

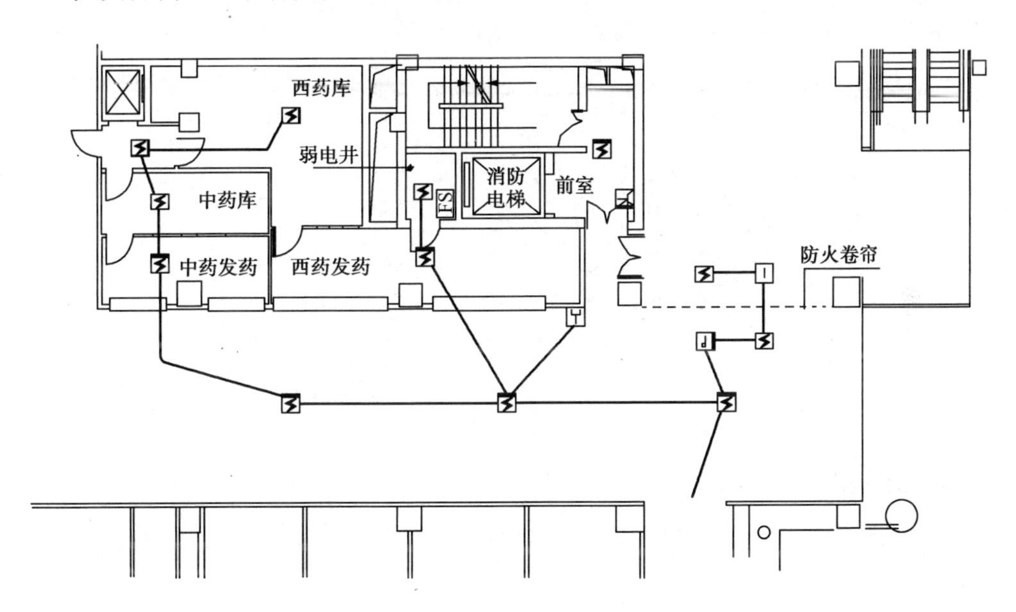

图 5.2　火灾探测器、手动报警按钮等的布线

（3）消火栓按钮、水流指示器、防火卷帘等联动元器件的布置及布线如图 5.3 所示。

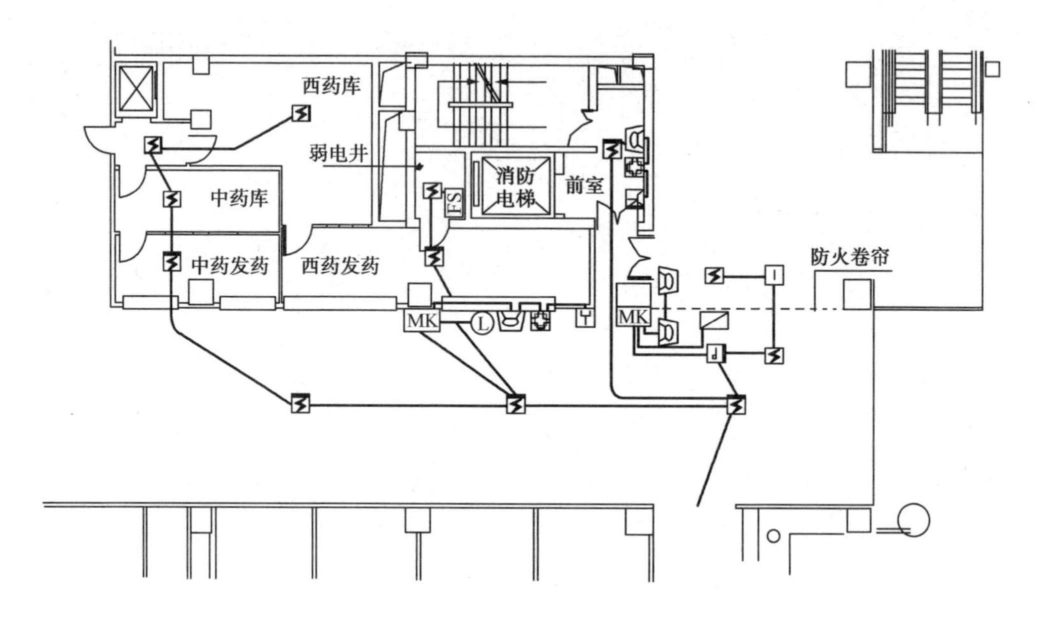

图 5.3　消火栓按钮、水流指示器、防火卷帘等的布置及布线

（4）消防广播、火警通信等的布置及布线如图 5.4 所示。

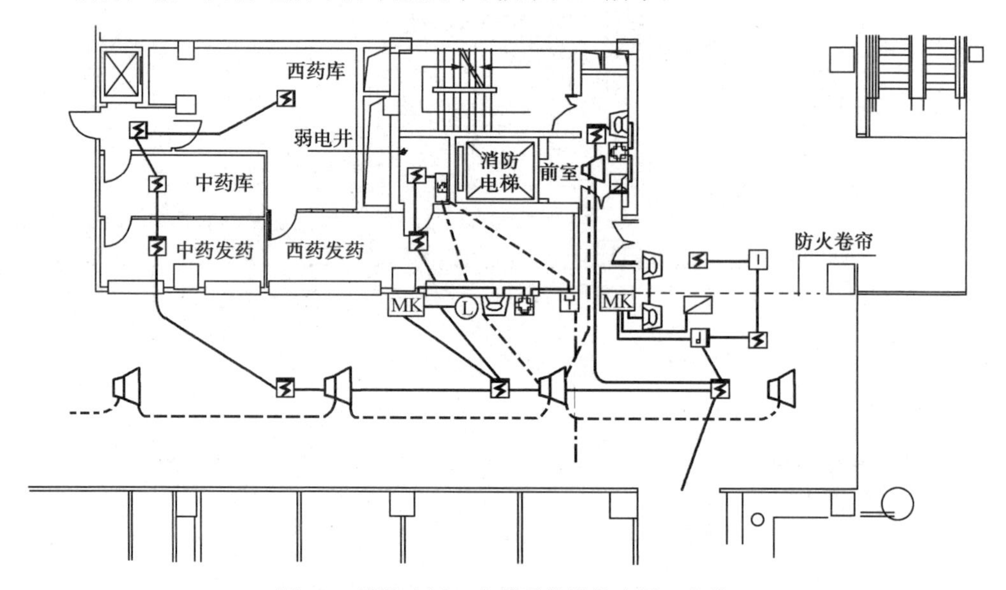

图 5.4　消防广播、火警通信等的布置及布线

（5）标注线条数、回路等，完善图面，如图 5.5 所示。

7．系统图设计示例

系统图设计示例如图 5.4～图 5.6 及本书 2.5.4 节二维码中的消防工程设计图（图 2 火灾自动报警系统图）所示。

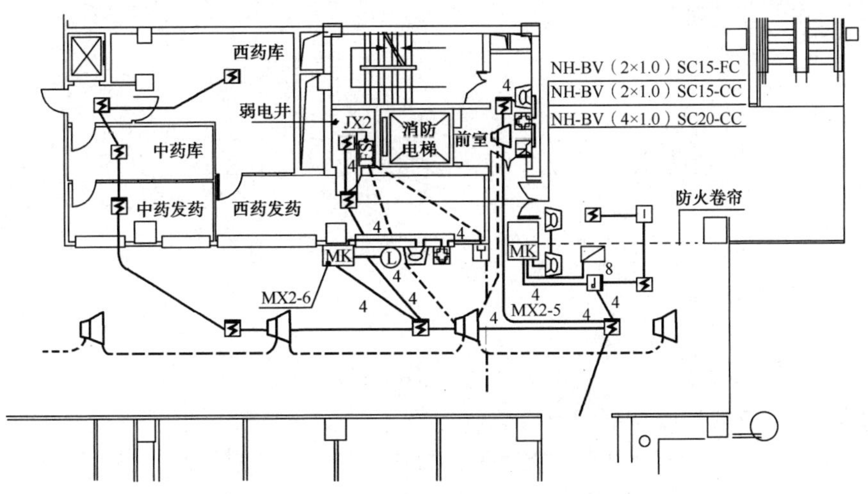

图 5.5　标注线条数、回路等，完善图面

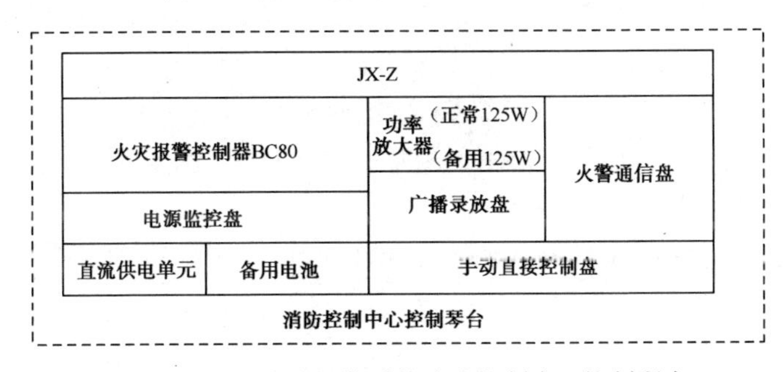

图 5.6　火灾自动报警系统消防控制中心控制琴台

8. 编写设计说明

根据《建筑设计防火规范（2018 年版）》（GB 50016—2014）、《自动喷水灭火系统设计规范》（GB 50084—2017）、《火灾自动报警系统设计规范》（GB 50116—2013）、《建筑防烟排烟系统技术标准》（GB 51251—2017）、《民用建筑电气设计标准》（GB 51348—2019）要求增加的图纸设计说明有：

（1）设计依据。

（2）厂家产品。

（3）各系统设计说明。

（4）布线与接地。

（5）电源等。

【小技巧】在进行电气消防工程设计时，电气消防系统图可直接套用新规范消防系统图模板 V3.4（设计院专用），电气火灾监控系统图可套用电气火灾监控系统图模板（新规范）V2.7，将实际设计内容直接植入，给设计带来极大方便。

任务 5.3　消防工程案例分析

扫一扫看消防工程案例分析教学课件

5.3.1　接收任务

由领导总工派发任务，初步了解设计概况。根据《建筑设计防火规范（2018 年版）》（GB 50016—2014）中的要求，不少于 200 床位的医院门诊楼、病房楼和手术部等应做火灾自动报

警系统。结合本建筑实际情况，需设计火灾自动报警系统。

1．工程概况

1）建筑规模

项目为某省医院消防工程设计，总建筑面积为 43 861.20m^2，其中地上建筑面积为 31 465.36m^2，地下建筑面积为 12 395.84m^2；地上 12 层，地下 2 层，建筑高度 53.80m，±0.000 相当于绝对标高 6.00m；日门诊量为 700 人次/日，床位数为 400 床。

2）主要功能布局

地下 2 层：药库、设备用房等。

地下 1 层：设备用房、平时汽车库（战时物资库）。

隔震层：设备管线转换、隔震垫安装空间等。

1 层：急诊、急救、体验中心、放射线、外科、内科、住院大厅、门诊大厅。

2 层：五官、生殖病房、病理科、检验科、功能检查、生殖科、妇产科、碎石科。

3 层：康复理疗病房、康复门诊、内镜中心、门诊手术、中心供应、综合门诊、口腔科、国医堂。

4 层：信息中心、行政办公、手术部 CU、配液中心。

5 层（设备层）：设备管线转换、洁净空间等。

6～12 层：主要为病房区。

3）项目建筑防火分类

一类高层，建筑耐火等级：地上一级，地下一级；汽车库防火类别为Ⅱ类，地下车库停车 155 辆。

4）结构形式

框架剪力墙结构；抗震设防烈度为 8 度（0.2g）。

5）使用年限

本工程设计合理使用年限为 50 年。

扫一扫下载建筑类专业工程图 PDF 文件

扫一扫下载建筑类专业工程图 CAD 原图

2．熟悉建筑图纸

在接收任务后，建筑类专业的请扫右侧的二维码下载建筑类专业工程图 PDF 文件进行阅览，或下载使用 CAD 原图；水暖类专业的请扫右侧的二维码下载水暖类专业工程图 PDF 文件进行阅览，或下载使用 CAD 原图。

扫一扫下载水暖类专业工程图 PDF 文件

扫一扫下载水暖类专业工程图 CAD 原图

请大家结合建筑工程概况熟悉图纸。根据《火灾自动报警系统设计规范》（GB 50116—2013）确定设计方案，并选择合适的产品样本，这两件事确定必须有**“家国情怀”**，才能确定出符合要求的最优方案和产品。确定各功能区的火灾探测器的类型，确定各区域所需的设计消防探测设备。

5.3.2 初步设计

以上准备工作完成后，可开始设计图纸。

1．点位设置

根据规范要求结合建筑属性，设计火灾探测器、手动报警按钮（带电话插孔）、声光报警器、广播、消防电话、区域显示器等点位。

按照规范要求，本项目各点位布置如下。

（1）火灾探测器的探测半径：感烟火灾探测器的探测半径为5.8m（室内高度小于12m，不考虑梁格布置时），感温火灾探测器的探测半径为3.6m（室内高度小于12m，不考虑梁格布置时）。

（2）手动报警按钮（带电话插孔）：每个防火分区应至少设置一个手动报警按钮。从一个防火分区内的任何位置到最邻近的手动报警按钮的步行距离不应大于30m。手动报警按钮宜设置在疏散通道或出入口处。手动报警按钮应设置在明显和便于操作的部位。当采用壁挂方式安装时，其底边距地高度宜为1.3～1.5m，且应有明显的标志。

（3）火灾声光报警器：火灾声光报警器应设置在每个楼层的楼梯口、消防电梯前室、建筑内部拐角等处的明显部位，且不宜与安全出口指示标志灯具设置在同一面墙上。每个报警区域内应均匀设置火灾声光报警器，其声压级不应小于60dB；在环境噪声大于60dB的场所，其声压级应高于背景噪声15dB。当火灾声光报警器采用壁挂方式安装时，其底边距地面高度应大于2.2m。

（4）扬声器：建筑内的扬声器应设置在走道和大厅等公共场所。每个扬声器的额定功率不应小于3W，其数量应能保证从一个防火分区内的任何部位到最近一个扬声器的直线距离不大于25m，走道末端与最近的扬声器的距离不应大于12.5m。在环境噪声大于60dB的场所设置的扬声器，在其播放范围内最远点的播放声压级应高于背景噪声15dB。壁挂扬声器的底边距地面高度应大于2.2m。

（5）消防控制室应设置消防专用电话总机。多线制消防专用电话系统中的每个电话分机应与总机单独连接。电话分机或电话插孔的设置，应符合下列规定：

① 消防水泵房、发电机房、变配电室、计算机网络机房、主要通风和空调机房、防排烟机房、灭火控制系统操作装置处或控制室、企业消防站、消防值班室、总调度室、消防电梯机房及其他与消防联动控制有关的且经常有人值班的机房应设置消防专用电话分机。消防专用电话分机，应固定安装在明显且便于使用的部位，并应有区别于普通电话的标志。

② 设有手动报警按钮或消火栓按钮等处，宜设置电话插孔，并宜选择带有电话插孔的手动报警按钮。

③ 各避难层应每隔20m设置一个消防专用电话分机或电话插孔。

④ 电话插孔在墙上安装时，其底边距地面高度宜为1.3～1.5m。

（6）外线电话：消防控制室、消防值班室或企业消防站等处，应设置可直接报警的外线电话。

（7）每个报警区域：每个报警区域宜设置一台区域显示器（火灾显示盘），当一个报警区域包括多个楼层时，宜在每个楼层设置一台仅显示本楼层的区域显示器。区域显示器应设置在出入口等明显便于操作的部位。当采用壁挂方式安装时，其底边距地面高度宜为1.3～1.5m。

（8）与水类专业配合：根据水类专业条件，平面图中需要落消火栓报警按钮、水流指示器、信号蝶阀。根据暖通条件，落防排烟风机阀门、排烟口、正压送风口等。根据水暖条件联动消防水泵、消防风机等需消防时使用的设备。

结合以上内容，设计点位，具体见实训 7 二维码中的一层平面图。

2．特殊位置点位设置

（1）本项目为医院项目，一层大厅位置为挑空，挑空区域为 18.4m（长）×16.3m（宽）×14m（高），此位置无法设置普通感应火灾探测器，需设置线性光束火灾探测器（一般为红外对射）。现根据规范要求，在距地 6m 和距顶 0.5m 处分别设置红外对射火灾探测器。根据水类专业条件，此位置设置水炮，电气专业配合联动。大厅挑空处图纸如图 5.7 所示，完整图见实训 7 二维码中的工程设计图（二层火灾报警平面图）。

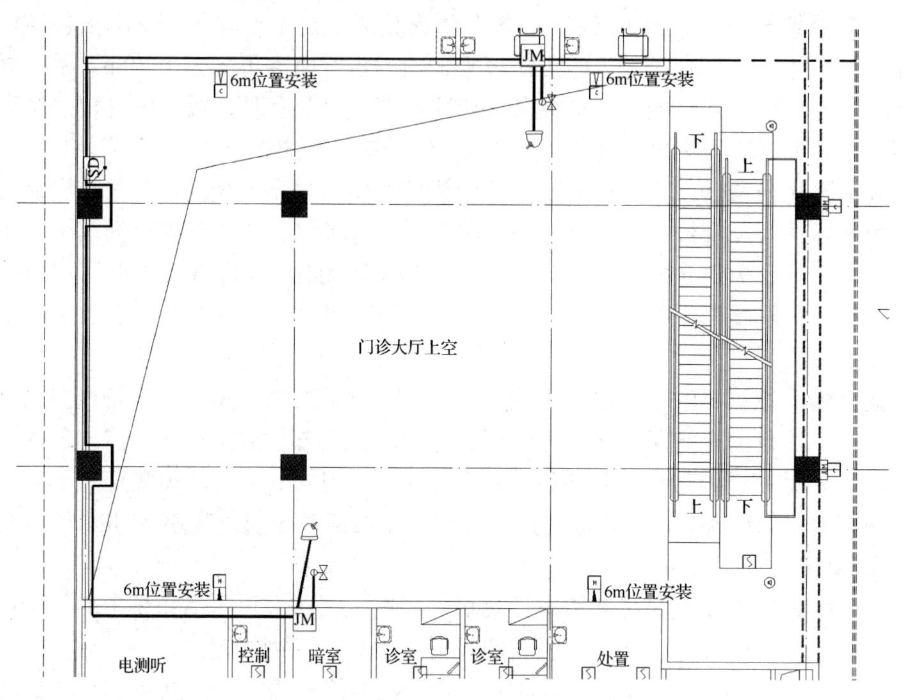

图 5.7　大厅挑空处图纸

（2）地下一层为电气房间配电室，面积约为 300m^2，水类专业根据规范要求，需设置气体灭火系统，水类专业选用七氟丙烷气体灭火系统，电气专业配合消防联动，变配电室图如图 5.8 所示，完整图见实训 7 二维码中的工程设计图（地下一层火灾报警平面图）。

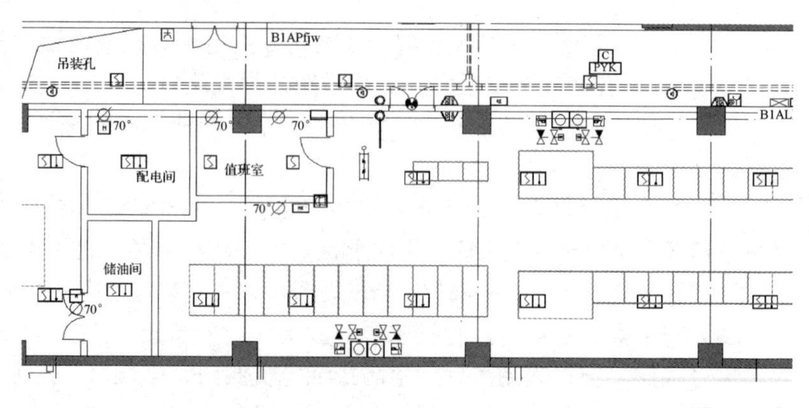

图 5.8　变

（3）电气专业配电箱也需联动，按照规范要求，消防联动控制器应具有切断火灾区域及相关区域非消防电源的功能。因此，设计火灾自动报警系统人员需与电气专业设计强电人员配合，确定火灾时哪些配电箱的电源需切除，哪些风机配电箱需联动。

5.3.3　连线并整理图纸

1．线路连线（布线）

点位完成后，可以进行连线，火灾自动报警系统按二总线制设计。任一台火灾报警控制器所连接的火灾探测器、手动报警按钮和模块等设备总数和地址总数，均不超过 3200 点，其中每一总线回路连接设备的总数不超过 200 点；任一台消防联动控制器地址总数或火灾报警控制器（联动型）所控制的各类模块总数不超过 1600 点，每一联动总线回路连接设备的总数不超过 100 点，系统总线上应设置总线短路隔离器，每个总线短路隔离器保护的火灾探测器、手动报警按钮和模块等消防设备的总数不超过 32 点，总线穿越防火分区时，在穿越处设置总线短路隔离器。模块设置在配电（控制）柜（箱）体外，就近集中设置在独立模块箱内。本报警区域内的模块不应控制其他报警区域的设备。对系统图和各平面图均进行连线。

2．管线选择及敷设方式

根据线路实际情况选择线路中各部分及不同系统的管线。

1）消防控制室管线选择

根据规范，消防控制室管线选择有如下要求：

（1）火灾自动报警系统的传输线路应采用金属管、可挠（金属）电气导管、B1 级以上的刚性塑料管或封闭式线槽保护。

（2）火灾自动报警系统的供电线路、消防联动控制线路应采用耐火铜芯电线电缆，报警总线、消防应急广播和消防专用电话等传输线路应采用阻燃或阻燃耐火电线电缆。

（3）线路暗敷设时，应采用金属管、可挠（金属）电气导管或 B1 级以上的刚性塑料管保护，并应敷设在不燃烧体的结构层内，且保护层厚度不宜小于 30mm；线路明敷设时，应采用金属管、可挠（金属）电气导管或金属封闭线槽保护。矿物绝缘类不燃性电缆可直接明敷。

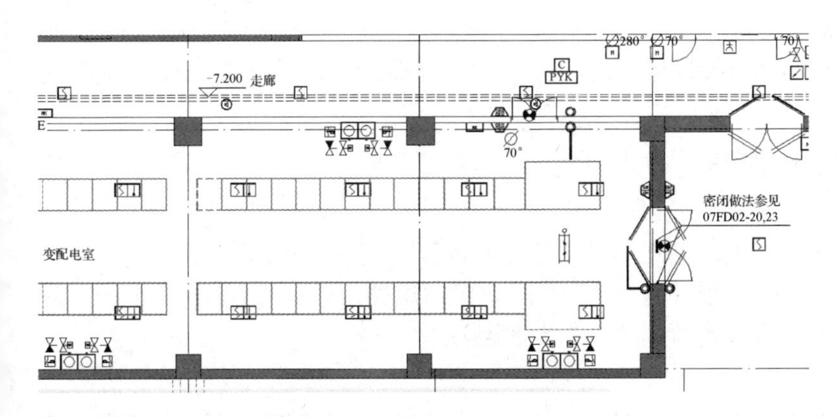

配电室图

（4）火灾自动报警系统用的电缆竖井，宜与电力、照明用的低压配电线路电缆竖井分别设置。受条件限制必须合用时，应将火灾自动报警系统用的电缆和电力、照明用的低压配电线路电缆分别布置在竖井的两侧。

（5）不同电压等级的线缆不应穿入同一根保护管内，当合用一线槽时，线槽内应有隔板分隔。

（6）采用穿管水平敷设时，除报警总线外，不同防火分区的线路不应穿入同一根管内。

（7）在人员密集场所疏散通道采用的火灾自动报警系统的报警总线，应选择燃烧性能B1级的电线、电缆；消防联动总线及联动控制线应选择耐火铜芯电线、电缆。电线、电缆的燃烧性能应符合国家现行标准《电缆及光缆燃烧性能分级》（GB 31247—2014）的规定。

2）线路敷设及选择

结合本工程实际情况，线路敷设及选择应符合下列要求：

（1）消防线路穿管沿墙、底板、顶板暗敷设，管外保护层厚度不低于30mm，明敷设时需刷防火涂料，涂层厚度应满足耐火要求。

（2）水平及干线系统采用2.5mm^{2}的线缆，接线箱后的支线采用1.5mm^{2}的线缆。

（3）消防专用线槽采用防火型金属线槽，除广播线路外，各消防支线均可借用消防线槽就近敷设。线路引出时必须在线槽外设置接线盒。未注明的线槽均在梁下0.1m安装，现场施工时可适当调整。未注明的消防专用线槽的规格均为200mm×100mm。

（4）短路隔离器箱内安装，当总线穿越防火分区时，应在穿越处设置总线短路隔离器。

3）系统线路选择

本工程平面图中报警、广播总线选用WDZN-RYS-2×1.5-SC15，消防电话主总线选用WDZN-RYYP-2×1.5-SC15，电源干线选用WDZN-BYJ-2×4-SC15，支线选用WDZN-BYJ-2×2.5-SC15（支线），消防联动控制线选用WDZN-KYJ-7×1.5-SC25。穿SC15管，暗敷设时，敷设在不燃烧体结构内，且保护层厚度不小于30mm。其所用线槽均为防火桥架，耐火等级不低于1.00h。明敷管线应做防火处理。

4）接地线

（1）火灾自动报警系统接地装置的接地电阻值应符合下列规定：采用共用接地装置时，接地电阻值不应大于1Ω；采用专用接地装置时，接地电阻值不应大于4Ω。

（2）消防控制室内的电气和电子设备的金属外壳、机柜、机架和金属管、槽等，应采用等电位连接。

（3）由消防控制室接地板引至各消防电子设备的专用接地线应选用铜芯绝缘导线，其线芯截面面积不应小于4mm^2。

（4）消防控制室接地板与建筑接地体之间，应采用线芯截面面积不小于25mm^{2}的铜芯绝缘导线连接。

3. 标注管线、编写设计说明等

1）标注管线

当选择管线及敷设方式后，要对图纸的系统图及平面图一一进行管线及敷设方式标注，标注后，再编写设计说明，然后对设计进行全面整理，最后出图，可参见实训7二维码中的工程设计图（9张设计说明、10张系统图及9张平面图）。

2）编写设计说明内容

（1）设计依据。相关规范；建筑的规模、功能、防火等级、消防管理的形式；所有土建

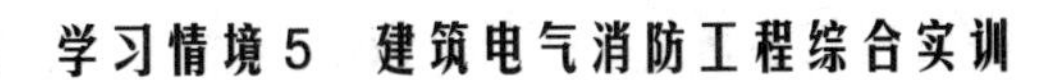

及其他工种的初步设计图纸；采用厂家的产品样本。

（2）设计范围。通过比较和选择，决定消防系统采用的形式，确定合理的设计方案，这一阶段是第二阶段的基础、核心。

（3）火灾自动报警及联动系统。

火灾自动报警控制系统；灭火系统；防排烟及空调系统；防火卷帘、水幕、电动防火门；电梯；非消防电源的断电控制；火灾应急广播及消防专用通信系统；火灾应急照明与疏散指示标志；消防控制室。

本案例的分析内容是从事建筑消防系统设计工作的具体做法，只有通过不断实践，才能不断提升设计技能。

实训 7　某省医院消防系统工程设计图识读

1．工程概况

本实训是在“任务 5.3 消防工程案例分析”的基础上进行的。该项目为某省医院消防工程设计，总建筑面积为 43 861.20m²，其中地上建筑面积为 31 465.36m²，地下建筑面积为 12 395.84m²；地上 12 层，地下 2 层，建筑高度为 53.80m。主要功能布局已在任务 5.3 中进行介绍。

管理要求：该楼实行统一管理，并把管理单位放在该建筑物内。

建设单位要求：在满足规范的情况下，力求经济合理。

本工程采用深圳市泰和安科技有限公司的产品。

2．设计内容

本工程设计图有设计说明、图例符号、图纸目录及管线图例（9 张），控制系统图（10 张），平面布置图（9 张）。

1）设计说明

本工程的设计说明请扫二维码下载设计说明 PDF 文件进行阅览，或下载使用其 CAD 原图。共 9 张图，包括：强电设计说明（2 张），弱电设计说明（2 张），图例，电气控制箱控制要求表，人防电气设计说明、设备材料表、电力负荷计算表，消防控制关系表，室内布线安装总说明。

扫一扫下载设计说明 PDF 文件

扫一扫下载设计说明 CAD 原图

2）火灾报警及联动控制系统图

火灾报警及联动控制系统图简称系统图，请扫二维码下载系统图 PDF 文件进行阅览，或下载使用其 CAD 原图。共 10 张图，分别为：火灾自动报警系统图（4 张）、消防设备电源监控系统图、自动跟踪定位射流灭火装置电系统图、变配电火灾漏电监控系统图、防火门监控系统图、智能照明系统图、智能消防疏散指示系统图。要求按样本标注支路数、回路数及容量。

扫一扫下载系统图 PDF 文件

扫一扫下载系统图 CAD 原图

3）平面图

平面图中表述了各种设备的位置及线路走向，请扫二维码下载平面图 PDF 文件进行阅览，或下载使用其 CAD

扫一扫下载平面图 PDF 文件

扫一扫下载平面图 CAD 原图

原图。共9张图，分别为：地下2层火灾报警平面图，地下1层火灾报警平面图，隔震层火灾报警平面图，1层火灾报警平面图，2层火灾报警平面图，3层火灾报警平面图，4层火灾报警平面图，5层（设备层）火灾报警平面图，6层、7～12层、机房及顶层火警报警平面图。

3．工程识读步骤

1）分组识读

给每个小组下达不同楼层任务，小组人员自己分工策划。

2）设计说明

全体通读设计说明，逐条逐句读懂、弄清设计依据、多少系统，布线、接地及消防中心所在位置等。

3）从系统图到平面图的识读

先看系统图，对应自己组所分楼层看系统图中都有什么设备[如火灾探测器、手动报警按钮（带电话插孔）、声光报警器、广播、消防电话、区域显示器等]、数量（与平面图对照）、线制，当系统图与平面图中的设备数量不符时，一定有误，需要提出修改，这同时也是在图纸会审。然后看各种消防设备的安装位置、系统图与平面图的标准及管线规格与敷设方式等。

特殊位置点位火灾探测器的设置：本项目为医院项目，一层大厅位置为挑空，挑空区域为18.4m（长）×16.3m（宽）×14m（高），此位置无法设置普通感应火灾探测器，需设置线性光束火灾探测器。

4）识图（审图）总结

（1）各组将识图结果汇总，派出代表汇报识图情况。

（2）教师对各组识图结果进行审查，并进行集中点评。对图中要点和应注意问题、识图技巧与经验加以分享。

任务5.4　消防工程设计实施

通过对消防系统供电、施工（安装、布线与接地）等内容的学习，完成相关任务。

从消防供电入手，介绍其特点、供电方式，接着详细分析消防设备的安装，最后对系统的布线与接地的相关方法、规定及要求进行阐述。

扫一扫看火灾自动报警系统设计教学课件

扫一扫看建筑工程火灾报警施工图识读微课视频

◆教师活动

公布定期检查制度，如表5.7所示，便于学生按时完成相关内容。

表5.7　定期检查制度

序号	检查内容	评价与指导	阶段
1	检查资料准备情况及实训计划的可行性	可行性借鉴与评价	1
2	设计方案与产品选择的合理性	方案指导	2
3	绘制施工图与系统图	质量监控指导	3
4	编写设计说明书等成果整理阶段的指导	整理指导	4
5	安装与调试检查	指导与评价	5
6	评价阶段		6

◆学生活动

分组讨论设计方案→进行设计分工→确定设计进度→根据设计情况及时研讨和向指导教师请教。

设计实施阶段，在组长的带领下，根据设计要求，在满足规范的前提下确定方案，画平面图、系统图，选择设备，编写设计说明。教师注意引导和指导学生较好地完成设计任务。

为了设计实施顺利进行，先进行消防设计案例的识读。

5.4.1　消防系统的供电选择及电源监控系统设计

扫一扫看消防系统供电、安装、布线与接地选择教学课件

1．消防系统的供电选择

建筑物中火灾自动报警及消防设备联动控制系统的工作特点是连续、不间断。为了保证消防系统的供电可靠性及配线的灵活性，根据《建筑设计防火规范（2018 年版）》（GB 50016—2014），消防供电应满足下列要求。

下列建筑物的消防用电应按一级负荷供电：建筑高度大于 50m 的乙、丙类厂房和丙类仓库；一类高层民用建筑。

下列建筑物、储罐（区）和堆场的消防用电应按二级负荷供电：室外消防用水量大于 30L/s 的厂房（仓库）；室外消防用水量大于 35L/s 的可燃材料堆场、可燃气体储罐（区）和甲、乙类液体储罐（区）；筒仓；二类高层民用建筑；座位数超过 1500 个的电影院、剧场，座位数超过 3000 个的体育馆，任一层建筑面积大于 3000m^2 的商店和展览建筑，省（市）级及以上的广播电视、电信和财贸金融建筑，室外消防用水量大于 25L/s 的其他公共建筑。

（1）火灾自动报警系统应设有主电源和直流备用电源。

（2）火灾自动报警系统的主电源应采用消防电源，直流备用电源宜采用火灾报警控制器专用蓄电池。当直流电源采用消防系统集中设置的蓄电池时，火灾报警控制器应采用单独的供电回路，并能保证消防系统处于最大负荷状态下且不影响报警器的正常工作。

（3）火灾自动报警系统中的 CRT 显示器、消防通信设备、计算机管理系统、火灾广播等的交流电源应由 UPS 装置供电，其容量应按火灾报警器在监视状态下工作 24h 后，再加上同时有两个分路报火警 30min 用电量之和来计算。

（4）消防控制室、消防水泵、消防电梯、防排烟设施、自动灭火装置、火灾自动报警系统、火灾应急照明和电动防火卷帘、门窗、阀门等消防用电设备，一类建筑应按现行国家电力设计规范规定的一类负荷要求供电；二类建筑的上述消防用电设备，应按二级负荷的双回线要求供电。

（5）消防用电设备的两个电源或双回路线路，应在最末一级配电箱处自动切换。

（6）对容量较大或较集中的消防用电设施（如消防电梯、消防水泵等）应自配电室采用放射式供电。

（7）对于火灾应急照明、消防联动控制设备、报警控制器等设施，若采用分散供电，在各层（或最多不超过 4 层）应设置专用消防配电箱。

（8）消防联动控制装置的直流操作电压，应为 24V。

（9）消防用电设备的电源不应装设漏电保护开关。

（10）消防用电的自备应急发电设备，应设有自动启动装置，并能在15s内供电，当由市电转换到柴油发电机电源时，自动装置应执行先停后送程序，并应保证一定的时间间隔。

（11）在设有消防控制室的民用建筑工程中，消防用电设备的两个独立电源（或双回路线路），宜在下列场所的配电箱处自动切换。

① 消防控制室。

② 消防电梯机房。

③ 防排烟设备机房。

④ 火灾应急照明配电箱。

⑤ 各楼层配电箱。

⑥ 消防水泵房。

2．消防设备供电系统

消防设备供电系统应能充分保证设备的工作性能，在发生火灾时能充分发挥消防设备的功能，将火灾损失降到最小。这就要求对电力负荷集中的高层建筑或一、二级电力负荷（消防负荷），采用单电源或双电源的双回路供电方式，用两个10kV电源进线和两台变压器构成消防主供电电源。

1）一类建筑消防供电系统

一类建筑（一级消防负荷）的供电系统如图5.9所示。如图5.9（a）所示为采用不同电网构成双电源，两台变压器互为备用，单母线分段提供消防设备用电源；如图5.9（b）所示为采用同一电网双回路供电，两台变压器备用，单母线分段，设置柴油发电机组作为应急电源向消防设备供电，与主供电电源互为备用，满足一级负荷要求。

2）二类建筑消防供电系统

二类建筑（二级消防负荷）的供电系统如图5.10所示。如图5.10（a）所示为由外部引来的一路低压电源与本部门电源（自备柴油发电机组）互为备用，供给消防设备电源；如图5.10（b）所示为双回路供电，可满足二级负荷要求。

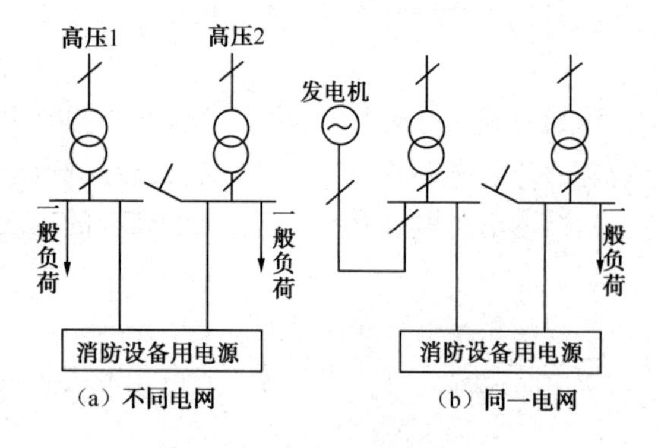

图5.9　一类建筑消防供电系统

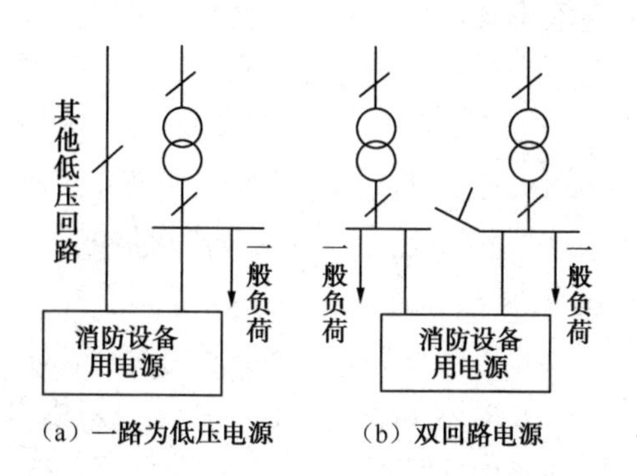

图5.10　二类建筑消防供电系统

3．备用电源的自动投入

备用电源的自动投入装置（BZT）可使两路供电互为备用，也可用于主供电电源与应急电源（如柴油发电机组）的连接和应急电源的自动投入。

1）备用电源自动投入装置的组成

如图5.11所示，备用电源自动投入装置由两台变压器、3个交流接触器（KM1、KM2、KM3）、断路器（QF）、手动开关（SA1、SA2、SA3）组成。

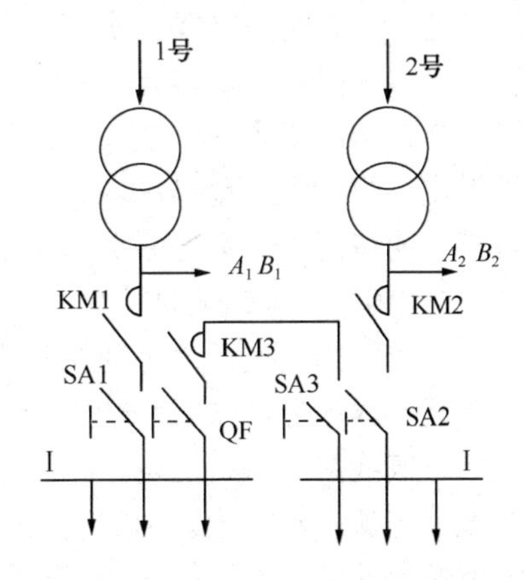

图5.11　备用电源自动投入装置接线

2）备用电源自动投入原理

正常时，两台变压器单独运行，断路器QF处于闭合状态，将SA1、SA2先合上后，再合上SA3，接触器KM1、KM2线圈通电闭合；KM3线圈断电，触点释放。若母线失压（或1号回路断电），KM1失电断开，KM3线圈通电，其常开触点闭合，使母线通过Ⅱ段母线接受2号回路电源供电，以实现自动切换。

应当指出：两路电源在消防电梯、消防泵等设备端实现切换（末端切换）常采用备用电源自动投入装置，双电源自动投入控制线路在学习情境3中已介绍过。

4．电气火灾监控系统的构成

电气火灾监控系统主要由剩余电流式电气火灾监控探测器、测温式电气火灾监控探测器、隔离器、电气火灾监控设备及电气火灾监控图形显示系统等构成。电气火灾监控系统图请扫二维码阅览。

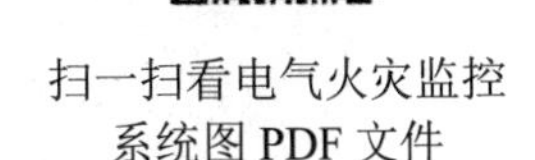

扫一扫看电气火灾监控系统图PDF文件

剩余电流式电气火灾监控探测器检测配出供电线路的剩余电流，当剩余电流达到报警设定值时，通过总线将报警信息传送给电气火灾监控设备。

隔离器是保护系统总线正常工作的重要产品，当发生总线电流超过隔离器动作电流或总线短路故障时，隔离器动作，切断短路故障所在的总线支路，从而保护系统其他部分正常运行。

电气火灾监控设备是电气火灾监控系统的核心，它主要为探测器总线通信电路供电，能接收来自电气火灾监控探测器的报警信号，发出声、光报警信号和控制信号，指示报警部位，记录并保存报警信息。

电气火灾监控图形显示系统是图形显示装置，采用大屏幕图形化显示供电线路剩余电流数值、报警故障信息、历史事件记录等各种信息。

5．电气火灾监控系统的工作原理

1）电气火灾监控系统的探测原理

电气火灾的发生可能是由多种因素造成的，其中相当部分是由供电线路绝缘老化及连接处接触不良造成的。一般电气火灾监控系统主要探测供电线路的剩余电流和温度的变化，对应有剩余电流式电气火灾监控探测器和测温式电气火灾监控探测器。电气火灾监控系统可以长期不间断地实时监测供电线路剩余电流和温度的变化，随时掌握电气线路或电气设备绝缘

性能的变化趋势，当剩余电流过大或温度异常变化超过报警限值时，立即报警并指出报警部位，以便及时排除故障点，对电气火灾起到预警作用。可以说电气火灾监控系统真正做到防微杜渐、防患于未然，是一种电气火灾预防的手段，是作用于电气火灾发生前的一种实时监控系统，得到了大量推广。剩余电流式探测器的传感器为剩余电流互感器，在线路与电气设备正常的情况下（假定不考虑不平衡电流，无接地故障，且不考虑线路、电气设备正常工作的泄漏电流），理论上 A、B、C、N 各相电流的矢量和等于零，剩余电流互感器二次绕组无电压信号输出。当发生绝缘下降或接地故障时的各相电流的矢量和不为零，故障电流使剩余电流互感器的环形铁心中产生磁通，二次绕组感应电压并输出电压信号，从而测出剩余电流。考虑电气线路的不平衡电流、线路和电气设备的正常泄漏电流，实际的电气线路都存在正常的剩余电流，只有检测到的剩余电流达到报警值时才报警。感温火灾探测器以工业级热敏电阻为传感元件，通过检测传感器的阻值变化实现其固定位置（线路接驳处或电缆）的温度测量，且当达到报警设定值时进行报警。

2）电气火灾监控系统的报警原理

电气火灾监控设备与多个火灾探测器通过二总线构成一个完整的数字化总线通信系统。电气火灾监控设备通过二总线与火灾探测器连接，通过现场总线向火灾探测器发出巡检命令，接收火灾探测器的状态信息（报警、故障、剩余电流/温度值）。当电气火灾监控设备监测到异常信息时，进行声光报警并显示相应信息和信息类型。电气火灾监控设备还可通过 RS-232 串行通信接口将信息传给图形显示系统，图形显示各种信息，并将信息数据储存在其数据库中，以备日后查询。

3）系统的主要功能

（1）报警功能：检测探测保护供电线路的剩余电流/温度，并传送到电气火灾监控设备，当达到报警设定值时进行报警，并显示报警地址。

（2）报故障功能：当发生火灾探测器故障、总线故障、电源故障等时，电气火灾监控设备报出故障并显示地址、故障类型。

（3）可在线更改火灾探测器的编码地址和设置剩余电流报警值功能。

（4）可图形显示系统保护供电线路的运行状态，具有报警记录功能，具有“黑匣子”功能。

（5）联网功能，可配置 RS-485 或 CAN 接口，组成电气火灾监控系统网络。

4）电气火灾监控系统的特点

（1）火灾监控系统的探测器和监控设备采用无极性两线制连接方式，布线简便。

（2）监控系统通信采用数字化无损冲突技术和电子编码技术，报警响应快，调试简便。

（3）监控设备采用多 CPU 并行工作，容量大，可靠性高。监控设备有壁挂式和柜式结构，供不同用户选择。

（4）监控设备和图形显示系统具备多级密码，操作权限分级。

（5）监控设备具备联网功能，可以实现 32 台监控设备间的信息传递和显示。

（6）图形显示系统具备和通用消防图形系统集成的功能，并提供与远程监控中心的通信接口。

（7）监控探测器内置高性能 CPU，采用智能算法和把关定时器（俗称“看门狗”）技术，具备在线自检测和校正功能，可以检测探测线圈的短路、断路，并对一定范围内的异常进行

自校正。

（8）监控探测器可以实现50～1000mA范围的报警剩余电流设置，通过电子编码器和电气火灾监控设备都可以实现探测器修改地址编码和报警电流等设置，方便工程师调试和维护。

6．电气火灾监控系统的设计

1）电气火灾监控系统的设计内容

设计分为两部分。一部分为系统设计，选择保护对象，确定探测总点数；设置探测器、隔离器，确定探测器、隔离器的数量；根据探测总点数和监控设备安装位置确定电气火灾监控设备的选型，系统布线，完成系统图。另一部分为配电盘设计。由于探测器和隔离器等设备安装在配电盘中，在考虑探测器和隔离器等设备选型和安装时，应与配电盘的配电系统一起设计，设计选型探测器，如需要设计选型脱扣断路器，探测器和隔离器的安装、布线，完成配电盘设计。

2）保护对象选择分级

为对配电系统进行有效监控，准确判断出故障线路地址，及时发现隐患部位，减少故障停电影响范围，应根据配电级数的分级和线路发生火灾的危险性确定探测器的保护级数，探测保护级数一般采用二级。对配电级数多或重要又火灾危险大的部位应设第三级探测保护，不宜超过三级。探测器一级保护应设置在配电室低压开关柜的各路配出供电线路上，探测器二级保护应设置在配电下一级配电箱（如楼层总配电箱）各路配出供电线路上，探测器三级保护应设置在负荷端配电箱的配出供电线路上。

3）确定探测总点数

根据建筑的具体配电系统情况和确定的探测保护分级即可确定出需探测的配电供电线路总路数，每路供电线路需一个探测点数，可确定探测总点数。

4）探测器的设置及选型

一般根据需探测保护的配电供电线路的额定电流（参考断路器额定电流）来确定探测器的型号。单路剩余电流探测器每个只能配接一个互感器，DH-GSTN5600系列探测器可以最多配接10个剩余电流互感器。探测保护的配出供电线路的L1、L2、L3、N线穿过剩余电流互感器，PE线不得穿过剩余电流互感器，剩余电流互感器安装处以后的N线不得再重复接地。剩余电流互感器过线电流、过线电压应满足探测保护配出供电线路额定电流和额定电压的要求。探测器的型号与剩余电流互感器的参数关系可以从产品手册表中查得。

（1）探测器的设置。在配电系统内需探测保护的配出供电线路上，需探测保护的配出供电线路的路数就是需设置的探测器的数量。根据确定的保护对象范围，可确定配电系统中需安装探测器的配电室低压开关柜和配电箱的编号和安装位置。

（2）配电室低压开关柜探测器的设置。探测器设置在配电室低压开关柜的各配出供电线路上，每路配出供电线路断路器的输出侧安装一个探测器，配电室低压开关柜配出供电线路的路数就是需设置探测器的数量。

（3）配电箱探测器的设置。探测器设置在配电箱各配出供电线路上，每路配出供电线路断路器的输出侧安装一个探测器，配电箱配出供电线路的路数就是需设置探测器的数量。

（4）额定剩余电流报警设定值。在设计电气火灾监控系统时，额定剩余电流报警设定值按照配出供电线路额定工作电流的千分之一来估算，一般一级保护为800mA，二级保护为

400mA。探测器额定剩余电流报警设定值可在50～1000mA范围内现场设置，在实际工程调试时由于配出供电线路负荷、线路绝缘、运行环境不同，配出供电线路正常运行时的泄漏电流也不同，应根据配出供电线路实际测量的泄漏电流数值调整探测器的额定剩余电流报警设定值，调整的结果不应小于探测保护配出供电线路正常运行时的泄漏电流最大值的2倍，并使之与探测保护配出供电线路相适宜。

（5）安装和布线。探测器、隔离器一般安装在低压开关柜和配电盘内，在设计低压开关柜和配电盘的配电系统时，应统一考虑探测器的设计选型、安装和布线。

5）隔离器的设置

当发生总线电流超过隔离动作电流或总线短路故障时，隔离器动作，切断总线的故障支路。在总线分支处应设置隔离器，原则上每个隔离器带探测器的数量不超过15个。

6）电气火灾监控设备的设置

（1）电气火灾监控设备应设置在消防控制室内；在有消防控制室且将电气火灾监控设备的报警信息和故障信息传输给消防控制室时，电气火灾监控设备可以设置在保护区域附近其他场所。

（2）电气火灾监控设备的安装设置应符合火灾报警控制器的安装位置的设置要求，采用消防电源供电。

（3）应根据所需探测器的总数选择电气火灾监控设备的容量，根据安装电气火灾监控设备的空间和操作方式选择壁挂或立柜安装方式，结合容量和安装方式要求确定电气火灾监控设备的型号。

（4）GST-DH9000为壁挂式，无占地面积，适合安装在空间比较紧凑的地方；GST-DH9000/G1为立柜式，GST-DH9000/T为琴台式，操作方便、可扩展空间大，最大容量为2048点，即最大可监控2048路配电供电线路。

（5）当需图形显示电气火灾监控系统的信息时，设置电气火灾监控图形显示系统。

7）系统布线

（1）探测器与电气火灾监控设备之间采用无极性二总线连接，最大通信距离小于1500m，二总线布线采用截面面积不小于1.0mm^{2}的阻燃RVS双绞线。低压开关柜和配电箱外总线布线需采用金属管敷设，以免与其他线路相互干扰。

（2）电气火灾监控设备与电气火灾监控图形显示系统的连线采用3芯RS-232通信电缆。

7. 消防设备电源监控系统的应用设计

1）消防设备电源监控系统的组成

GST-N系列消防设备电源监控系统主要由消防设备电源状态监控器（以下简称监控器）及不同类型的电压、电压/电流传感器（以下简称传感器）组成，其系统示意如图5.12所示。采用先进的二总线技术，传感器的供电由监控器提供，同时完成通信功能，简化了工程布线。同时监控器可以通过扩展回路来方便地增加检测传感器的数量。对于需要多台监控器的工程，监控器间可以通过CAN网络联网，组成一个监视系统。监控器具有图形显示装置接口，可接入图形显示装置。

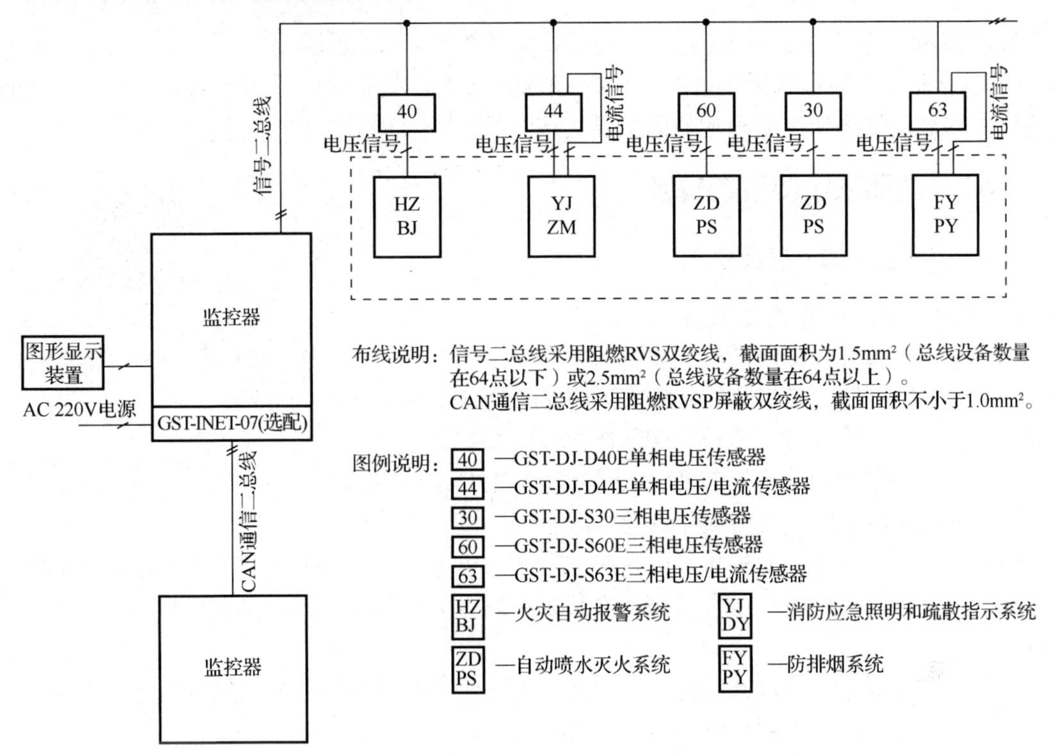

图 5.12 GST-N 系列消防设备电源监控系统示意

2）消防设备电源监控系统各设备的作用及系统原理

（1）消防设备电源监控器（主机）的作用：能接收来自消防设备电源监控传感器（监控模块）的报警信号，发出声光报警信号和控制信号，指示报警部位，记录并保存报警信息。

（2）消防设备电源监控中继器（以下简称中继器）的作用：适用于监控器（主机）和现场传感器（监控模块）通信距离较远的系统。中继器不但可以增加系统的通信距离，而且可以为连接的现场传感器（监控模块）供电，解决由于距离而产生的通信信号和电源输出的衰减。中继器通过通信总线将连接现场模块及中继器的电源信息传送到监控器（主机）。

（3）消防设备电源监控传感器（监控模块）的作用：主要监测消防设备电源的电压信号、电流信号及开关状态等参数变化。（注：监控电流时，需装电流互感器。）

消防设备电源监控系统用于监控消防设备电源的工作状态，在电源发生过电压、欠电压、过电流、缺相、中断供电等故障时能发出报警信号。

3）设计说明

（1）系统由一台或几台监控器、不同类型的传感器组成，监控不同消防设备的电源工作状态。根据不同消防设备使用的电源及监控要求，选择单相电压、单相电压/电流、三相电压和三相电压/电流传感器。

（2）监控器根据监控容量的不同分为 GST-DJ-N500 和 GST-DJ-N900 两种型号。当监控点在 508 点以下时，选用 GST-DJ-N500 型；当监控点大于 508 点且小于 1270 点时，选用 GST-DJ-N900 型；当监控点大于 1270 点时，可使用多台监控器组成联网监控系统，同时需增加选配的 GST-INET-07 联网板。

（3）通信总线为 24V 无极性二总线，采用阻燃 RVS 双绞线，截面面积为 1.5mm^2（总线

设备数量为 64 点以下）或 2.5mm^2（总线设备数量在 64 点以上）。

（4）CAN 网络通信线采用阻燃 RVSP 屏蔽双绞线，截面面积不小于 1.0mm^2，并使屏蔽层接地，图显连接线使用随机配备的图显连接线缆。

5.4.2 消防系统的设备安装

扫一扫看模拟演示火灾自动报警系统设备安装教学课件

1．火灾探测器的安装及要求

1）常用火灾探测器的安装

以下是常用火灾探测器的安装要求：

（1）火灾探测器的底座应固定牢固，其导线连接必须可靠压接或焊接。当采用焊接时，应使用带防腐剂的助焊剂。

（2）火灾探测器的确认灯应面向人员观察的主要入口方向。

（3）火灾探测器的导线应采用红蓝导线。

（4）火灾探测器底座的外接导线，应留有不小于 15cm 的余量，入端处应有明显标志。

（5）火灾探测器底座穿线宜封堵，安装完毕的火灾探测器底座应采取保护措施（以防进水或污染）。

（6）火灾探测器在即将调试时才可安装，在安装前妥善保管，并应采取防尘、防腐、防潮措施。火灾探测器的安装示意如图 5.13 所示。

接线盒可采用 86H50 型标准预埋盒，其结构尺寸如图 5.14 所示。

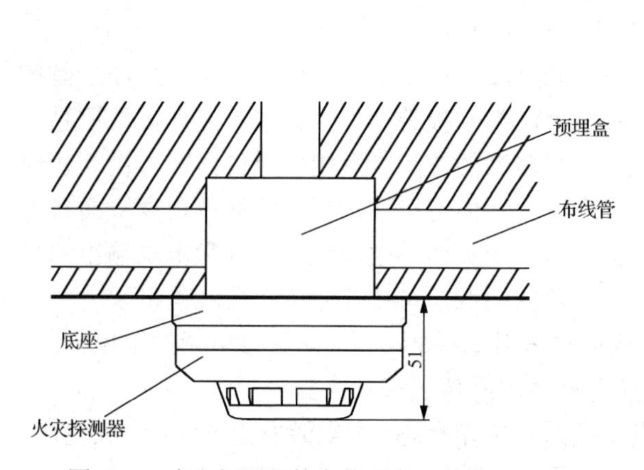

图 5.13 火灾探测器的安装示意（单位：mm）

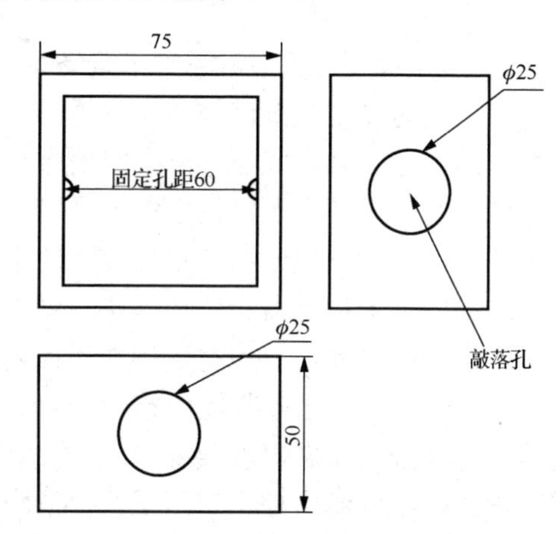

图 5.14 86H50 型标准预埋盒的结构尺寸（单位：mm）

火灾探测器通用底座的外形示意如图 5.15 所示。底座上有 4 个导体片，导体片上带接线端子，底座上不设定位卡，便于调整火灾探测器报警指示灯的方向。预埋管内的火灾探测器总线分别接在任意对角的两个接线端子上（不分极性），另一对导体片用来辅助固定火灾探测器。

待底座安装牢固后，将火灾探测器底部正对底座顺时针旋转，即可将火灾探测器安装在底座上。

2）线型感温火灾探测器的安装

（1）线型感温火灾探测器适用于垂直或水平电缆桥架、可燃性气体、容器管道、电气装置（配电柜、变压器）等的探测防护，如图 5.16 所示。

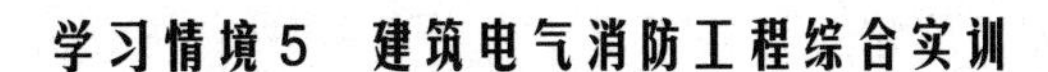

（2）线型感温火灾探测器的安装不应妨碍例行的检查及运动部件的动作。

（3）用于电气装置时应保证安全距离。

（4）应根据不同的环境温度来选择不同规格的感温火灾探测器。

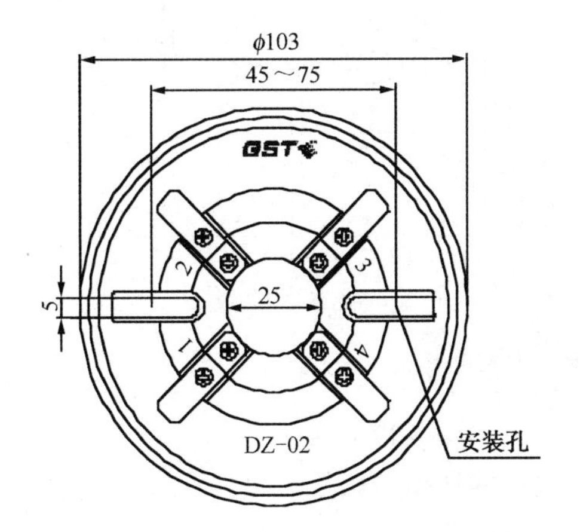

图 5.15 火灾探测器通用底座的外形示意（单位：mm）

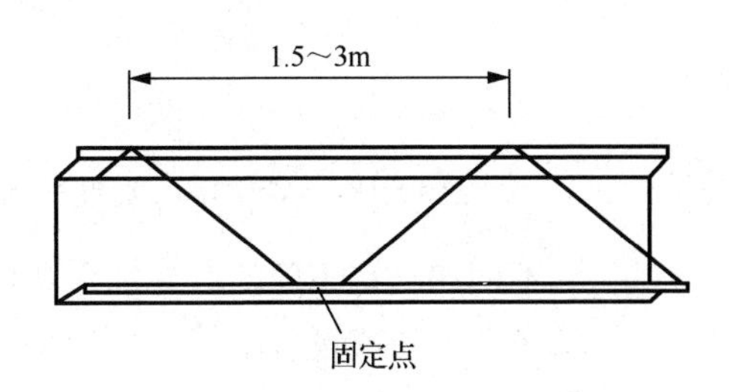

图 5.16 线型感温火灾探测器的安装

3）红外光束线型火灾探测器（光束感烟火灾探测器）的安装

红外光束线型火灾探测器的安装如图 5.17 所示。其安装主要有以下规定：

（1）将发射器与接收器相对安装在保护空间的两端且在同一水平直线上。

（2）相邻两面轴线间的水平距离应不大于 14m。

（3）当建筑物净高 $h \leqslant 5$m 时，红外光束线型火灾探测器到顶棚的距离 $h_2=h-h_1 \leqslant 30$cm，如图 5.18（a）所示（顶棚为平顶棚 H 面）。

（4）当 5m$\leqslant$建筑物净高 $h \leqslant 8$m 时，红外光束线型火灾探测器到顶棚的距离为 30cm$\leqslant h_2 \leqslant$150cm。

（5）当建筑物净高 $h>8$m 时，红外光束线型火灾探测器须分层安装，一般 h 在 8～14m 时分两层安装，如图 5.18（b）所示；h 在 14～20m 时，分 3 层安装。（图 5.18 中 S 为距离。）

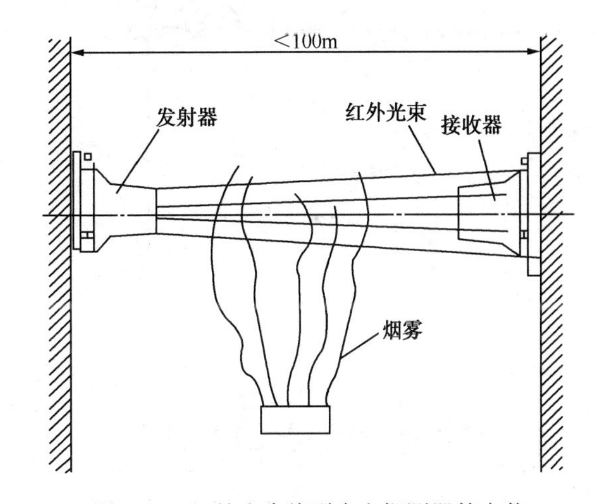

图 5.17 红外光束线型火灾探测器的安装

（6）红外光束线型火灾探测器的安装位置要远离强磁场。

（7）红外光束线型火灾探测器的安装位置要避免日光直射。

（8）红外光束线型火灾探测器的使用环境不应有灰尘滞留。

（9）应在红外光束线型火灾探测器相对面空间避开固定遮挡物和流动遮挡物。

（10）红外光束线型火灾探测器的底座一定要安装牢固，不能松动。

4）火焰探测器的安装

（1）火焰探测器适用于封闭区域内易燃性液体、固体等的存储加工场所。

（2）火焰探测器与顶棚、墙体及调整螺栓的固定应牢固，以保证透镜对准防护区域。

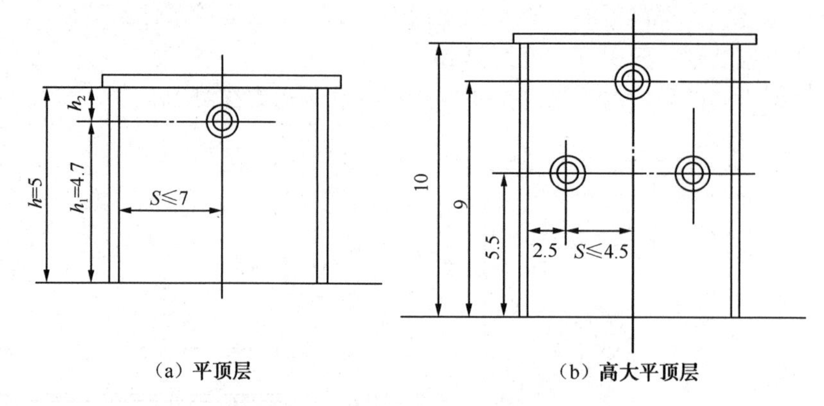

图 5.18　同层间高度时红外光束线型火灾探测器的安装方式（单位：m）

（3）不同产品有不同的有效视角和监视距离，如图 5.19 所示。

（4）在有货物或设备阻挡火焰探测器“视线”的场所，火焰探测器通过接收火灾辐射光源而动作，如图 5.20 所示。

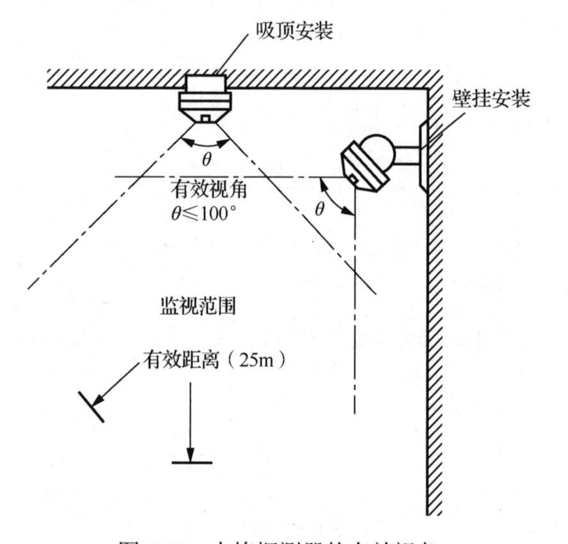

图 5.19　火焰探测器的有效视角

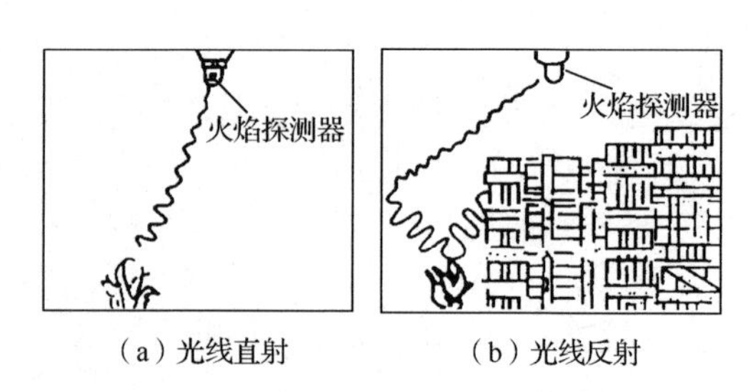

图 5.20　火焰探测器受光线作用的示意

5）可燃性气体探测器的安装

（1）可燃性气体探测器应安装在墙面上，距煤气灶 4m 以内，距地面应为 30cm，如图 5.21（a）所示。

（2）当梁高大于 0.6m 时，可燃性气体探测器应安装在有煤气灶的梁的一侧，如图 5.21（b）所示。

（3）可燃性气体探测器应安装在距煤气灶 8m 以内的屋顶板上，当屋内有排气口时，可燃性气体探测器允许装在排气口附近，但是位置应距煤气灶 8m 以上，如图 5.21（c）所示。

（4）在室内梁上安装可燃性气体探测器时，可燃性气体探测器与顶棚的距离应在 0.3m 以内，如图 5.21（d）所示。

本书所列举的火灾探测器的安装方式是实际中常见的，具体的工程现场情况千变万化，不可能一一列举出来，安装时应根据安装规范要求灵活掌握。

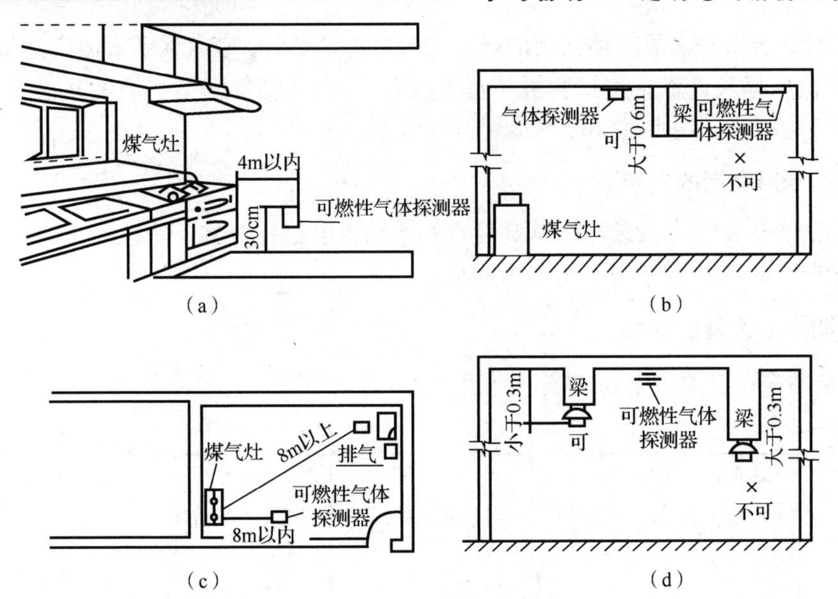

图 5.21 可燃性气体探测器的安装

2．手动报警按钮的安装

（1）手动报警按钮的安装高度为距地 1.5m。

（2）手动报警按钮，应安装牢固并不得倾斜。

（3）手动报警按钮的外接导线，应留有不小于 10 cm 的余量，且在其端部有明显标志。

手动报警按钮底盒背面和底部各有一个敲落孔，可明装，也可暗装。明装时可将底盒装在 86H50 预埋盒上，暗装时可将底盒埋入墙内的 YM-02C 型专用预埋盒中。

按《火灾自动报警系统施工及验收标准》(GB 50166—2019）要求，手动报警按钮旁应设计消防电话插孔，考虑到现场实际安装调试的方便性，将手动报警按钮与消防电话插座设计成一体，构成一体式手动报警按钮。按钮采用拔插式结构，可电子编码，安装简单、方便。

手动报警按钮（带消防电话插座）的安装方法与消防按钮的安装方法相同。

3．消火栓报警按钮的安装

（1）编码型消火栓报警按钮，可直接接入控制器总线，占一个地址编码。

（2）在墙上安装时，底边距地面 1.3～1.5m，距消火栓箱 200mm。

（3）应安装牢固且不得倾斜。

（4）消火栓报警按钮的外接导线，应留有不小于 15cm 的余量。

按《火灾自动报警系统施工及验收标准》(GB 50166—2019）要求，消火栓报警按钮通常安装在消火栓箱外，新型的报警按钮采用电子编码技术，安装方式为拔插式设计，安装调试简单、方便；具有 DC 24V 有源输出和现场设备无源回答输入，采用三线制与设备连接。报警按钮上的有机玻璃片被按下后可用专用工具复位。其外形尺寸及结构与手动报警按钮相同，安装方法也相同。

4．消防广播设备的安装

（1）事故广播扬声器的间距不超过 25m。

（2）广播线路单独敷设在金属管内。

（3）当背景音乐与事故广播共用的扬声器有音量调节时，应有保证事故广播音量的措施。

（4）事故广播应设置备用扩音机（功率放大器），其容量应不小于火灾事故广播扬声器的3层（区）扬声器容量的总和。

5．消防专用电话的安装

（1）消防电话在墙上安装时，其高度宜和手动报警按钮一致，距地面1.5m。

（2）消防电话的位置应有消防专用标记。

6．消防中心设备的安装

1）消防报警控制室设备的布置（见图5.22）

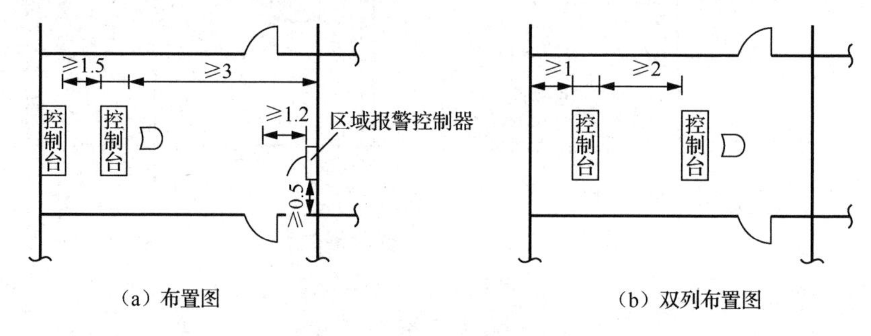

图5.22　消防报警控制室设备布置示意图（单位：m）

（1）壁挂式设备靠近门轴的侧面距离应不小于0.5m。

（2）控制盘的排列长度大于4m时，控制盘两端应设置宽度不小于1m的通道。

2）火灾报警控制器的安装

（1）火灾报警控制器在墙上安装时，其底边距地（楼）面的高度应不小于1.5m。

（2）控制器应安装牢固，不得倾斜；安装在轻质墙上时，应采取加固措施。

（3）引入控制器的电缆导线须符合下列要求：

① 配线整齐，避免交叉并应固定牢固。

② 电缆芯线和所配导线的端部，均应标明编号，并与图纸一致，字迹清晰不易褪色。

③ 端子板的每个接线端，接线不得超过两根。

④ 电缆芯和导线，应留不小于20cm的余量。

⑤ 导线应绑扎成束。

⑥ 在进线管处应封堵。

（4）控制器的主电源引入线，应直接与消防电源连接，严禁使用电源插头，主电源应有明显标志。

（5）控制器的接地应牢固，并有明显标志。

3）消防控制设备的安装

（1）在安装前，应对消防控制设备进行功能检查，不合格者不得安装。

（2）消防控制设备的外接导线，当采用金属软管做套管时，其长度不宜大于2m，且应采用管卡固定，其固定点间距不应大于0.5m；金属软管与消防控制设备的接线盒（箱），应采用锁紧螺母固定，并应根据配管规定接地。

（3）消防控制设备外接导线和端部，应有明显标志。

（4）消防控制设备盘（柜）内不同电压等级、不同电流类的端子，应分开并有明显标志。

5.4.3 消防系统的布线与接地选择

火灾自动报警系统的布线包括供电线路、信号传输线路和控制线路，这些线路是火灾自动报警系统完成报警和控制功能的重要设施，特别是在火灾条件下，线路的可靠性是火灾自动报警系统能够保持长时间工作的先决条件。

1. 布线及配管

布线及配管要遵照如表5.8和表5.9所示的规定。

表5.8 铜芯绝缘导线和铜芯电缆线芯的最小截面面积

序号	类别	线芯的最小截面面积/mm^2
1	穿管敷设的绝缘导线	1.0
2	线槽内敷设的绝缘导线	0.75
3	多芯电缆	0.50

表5.9 火灾自动报警系统的线芯最小截面面积

类别	线芯最小截面面积/mm^2	备注
穿管敷设的绝缘导线	0.50	
线槽内敷设的绝缘导线		
多芯电缆		
由火灾探测器到区域报警器	0.75	多股铜芯耐热线
由区域报警器到集中报警器	1.00	单股铜芯线
水流指示器控制线	1.00	
湿式报警阀及信号阀	1.00	
排烟防火电源线	1.50	控制线截面面积大于1.00m^2
电动卷帘电源线	2.50	控制线截面面积大于1.50m^2
消火栓控制按钮线	1.50	

（1）火灾自动报警系统的传输线路和50V以下供电的控制线路，应采用电压等级不低于交流300V/500V的铜芯绝缘导线或铜芯电缆。采用交流220V/380V的供电和控制线路，应采用电压等级不低于交流450V/750V的铜芯绝缘导线或铜芯电缆。

火灾自动报警系统的供电线路、消防联动控制线路应采用耐火铜芯电线电缆，报警总线、消防应急广播和消防专用电话等传输线路应采用阻燃或阻燃耐火电线电缆。

火灾自动报警系统传输线路的线芯截面选择，除应满足自动报警装置技术条件的要求外，还应满足机械强度的要求。铜芯绝缘导线和铜芯电缆线芯的最小截面面积，不应小于表5.8中的规定。

（2）火灾自动报警系统的供电线路和传输线路设置在室外时，应埋地敷设；火灾自动报警系统的供电线路和传输线路设置在地（水）下隧道或相对湿度大于90%的场所时，线路及接线处应做防水处理。

（3）采用无线通信方式的系统设计，应符合下列规定：无线通信模块的设置间距不应大于额定通信距离的75%；无线通信模块应设置在明显部位，且应有明显标志。

（4）室内布线。

① 火灾自动报警系统的传输线路应采用金属管、可挠（金属）电气导管、B1 级以上的刚性塑料管或封闭式线槽保护。

② 火灾自动报警系统的供电线路、消防联动控制线路应采用耐火铜芯电线电缆，报警总线、消防应急广播和消防专用电话等传输线路应采用阻燃或阻燃耐火电线电缆。

③ 线路暗敷设时，应采用金属管、可挠（金属）电气导管或 B1 级以上的刚性塑料管保护，并应敷设在不燃烧体的结构层内，且保护层厚度不宜小于 30mm；线路明敷设时，应采用金属管、可挠（金属）电气导管或金属封闭线槽保护。矿物绝缘类不燃性电缆可直接明敷。

④ 火灾自动报警系统用的电缆竖井，宜与电力、照明用的低压配电线路电缆竖井分别设置。受条件限制必须合用时，应将火灾自动报警系统用的电缆和电力、照明用的低压配电线路电缆分别布置在竖井的两侧。

⑤ 不同电压等级的线缆不应穿入同一根保护管内，当合用同一线槽时，线槽内应有隔板分隔。

⑥ 采用穿管水平敷设时，除报警总线外，不同防火分区的线路不应穿入同一根管内。

⑦ 从接线盒、线槽等处引到火灾探测器底座盒、控制设备盒、扬声器箱的线路，均应加金属保护管保护。

⑧ 火灾探测器的传输线路，宜选择不同颜色的绝缘导线或电缆。正极“+”线应为红色，负极“-”线应为蓝色或黑色。在同一工程中，相同用途导线的颜色应一致，接线端子应有标号。

2．消防系统的接地

为了保证消防系统正常工作，对系统的接地规定如下。

（1）火灾自动报警系统应在消防控制室设置专用接地板，接地装置的接地电阻值应符合下列要求：当采用专用接地装置时，接地电阻值不大于 4Ω；当采用共用接地装置时，接地电阻值不应大于 1Ω。

（2）火灾自动报警系统应设专用接地干线，由消防控制室引至接地体。

（3）消防控制室接地板与建筑接地体之间，应采用线芯截面面积不小于 $25mm^2$ 的铜芯绝缘导线连接。

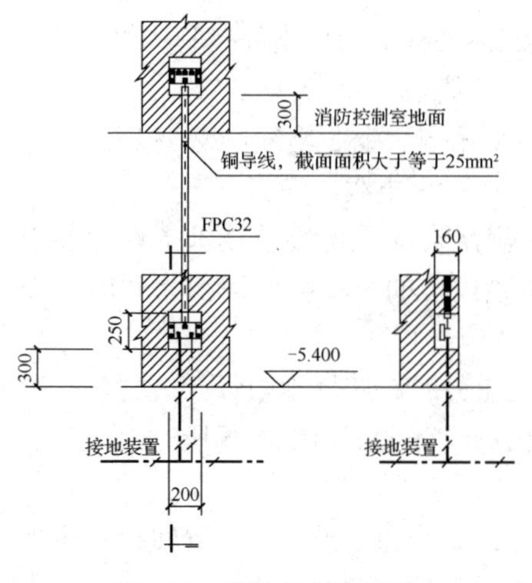

图 5.23　消防控制室接地

（4）由消防控制室接地板引至各消防电子设备的专用接地线应选用铜芯塑料绝缘导线，其芯线截面面积应不小于 $4mm^2$。

（5）消防控制室内的电气和电子设备的金属外壳、机柜、机架和金属管、槽等，应采用等电位连接。

（6）区域报警系统和集中报警系统中各消防电子设备的接地也应符合上述（1）～（5）条的要求。

消防控制室接地如图 5.23 所示。

消防系统的安装，包含许多内容，是消防工程施工的主要部分，为了从业需要，必须加强训练，详见后面的实训 8 和实训 9，按要求完成训练任务。

任务 5.5　消防系统的调试、验收及维护

扫一扫看消防系统的调试验收及维护教学课件

◆教师活动

结合实训 7 二维码中的工程设计图（9 张设计说明、10 张系统图及 9 张平面图）和实训室设备，下达调试验收和维护任务→讲授课件→结合实际进行学习引导。

◆学生活动

根据实训项目→学习下列内容→完成相关训练。

5.5.1　消防系统的开通调试

消防系统（火灾自动报警与消防联动系统）施工完毕，须经过调试和验收，并办理竣工验收和消防许可手续，方可投入运行。

消防系统的调试是对相关施工工程及产品质量的再次检验，并使其达到系统设计功能。依据技术标准的有关规定及相关技术资料进行。

调试前要做的一项重要工作是编写消防调试工作方案，包括 3 个方面：调试准备、消防子系统调试、消防系统联合调试。这项工作是确保调试顺利完成的关键，必须认真写好。

消防系统在安装完成后即进入系统调试阶段。根据其性质又可将该阶段分为以下两个阶段。

第一阶段，即各子系统单独调试。按照国家有关消防规范分别对各子系统（如通风、排烟、消防水系统）的性能、指标和参数进行调整，通过模拟火灾方式实际测量其系统参数，直至达到规范及使用的要求为止。

第二阶段，在各子系统已经完成自身系统调试工作并达到规范及使用的要求后，以自动报警联动系统为中心，按照规范及使用要求进行消防系统自动功能整体调试（如外部设备定义、联动编程等）。

1. 一般规定与调试准备

1）一般规定

消防系统调试的一般规定如下。

（1）火灾自动报警系统的调试，应在建筑内部装修和系统施工结束后进行。

（2）火灾自动报警系统调试前应具有国家有关标准和规范所列文件及调试所必需的其他文件。具体包括：火灾自动报警系统框图、系统设备布置平面图、设备外部接线图、设备安装尺寸图及其他必要的技术文件；竣工图、设计变更文字记录和实际施工图、安装验收单、施工记录（包括隐蔽工程验收记录）、检验记录（包括绝缘电阻、接地电阻的测试记录等）；设备的使用说明书、调试程序或规程等。

（3）调试负责人必须由有资格的专业技术人员担任，所有参加调试的人员应职责明确，并应按照调试程序进行工作。

2）调试前的准备

消防系统调试的准备工作如下。

（1）调试前应按设计要求查验设备的规格、型号、数量、备品、备件和技术资料等是否

备齐。

（2）应按《火灾自动报警系统施工及验收标准》（GB 50166—2019）的要求检查系统的施工质量。对属于施工中出现的问题，应会同有关单位协商解决，并有文字记录。

（3）应按《火灾自动报警系统施工及验收标准》（GB 50166—2019）和有关标准的要求检查系统线路，对于错线、开路、虚焊和短路等故障应进行及时处理。

2．系统调试

消防系统调试，应先对火灾探测器、区域火灾报警控制器、集中火灾报警控制器、火灾报警装置和消防联动控制设备等逐个进行单机检查，通电和功能正常后方可进行系统调试。

1）火灾自动报警系统调试

（1）火灾探测器报警功能测试。用便携式火灾探测器试验器向火灾探测器施加火灾模拟信号，观察火灾报警情况；手动造成火灾探测器连线短路或断路，观察故障报警情况。在发生火灾的情况下，火灾探测器应输出火警信号并启动火灾探测器确认灯，火灾报警控制器能接收到火灾报警信号并发出声、光报警信号；在出现故障的情况下，火灾探测器应输出故障信号，火灾报警控制器能在100s内发出与火灾报警信号有明显区别的声、光故障信号。

（2）手动火灾报警功能测试。启动手动报警按钮，按钮处应有可见光指示并输出火灾报警信号，火灾报警控制器接收到火警信号后，发出声、光报警信号。

（3）火灾报警控制器报警音响测试。在额定工作电压下，距音响器件中心1m处用声级计检测，音响声压级应达到85～115dB。

2）火灾事故广播、消防通信、消防电梯

（1）广播音响试验。在扬声器播放范围最远点，用声级计先测背景噪声声压级，再测火灾事故广播声压级，火灾事故广播声压级应高出背景噪声声压级15dB。

（2）强行切换功能测试（火灾事故广播与广播音响合用的系统）。在消防控制室人为模拟火警状态，应能在消防控制室将火灾疏散层的扬声器和广播音响强制转换为火灾事故广播状态。

（3）选层广播功能测试。在消防控制室任选3个相邻楼层或区域进行火灾事故广播，应能将火灾事故广播控制在选定楼层或区域内。

（4）消防控制室与设备间的通话试验。在消防控制室对每个设备间进行通话试验，对讲功能应正常，语音清楚。

（5）消防控制室与电话插孔通话试验。用对讲电话插孔与消防控制室进行通话试验，通话功能应正常，语音清晰。

（6）讯响器功能试验。人为设置一个火警信号，并用声级计测报警音响。讯响器应能正常报警，音响应大于背景噪声。

（7）消防电梯联动功能试验。电梯的电气调试需要通过对其远程端子的控制，使电梯能立即降到底层，在此期间任何呼梯命令均无效，同时当其降落到底层后，相应的电信号回答端子导通，可通过万用表实测，以便确认。

3）火灾应急照明及安全疏散指示

（1）火灾应急照明及疏散指示灯的应急转换功能测试。模拟交流电源供电故障，应能顺利转换为应急电源工作，转换时间不大于5s。

（2）应急工作时间及充、放电功能测试。转入应急状态后，用时钟记录应急工作时间，用数字万用表测量工作电压。应急工作时间应不小于 90min，灯具电池放电终止电压应不低于额定电压的 80%，并有过充电、过放电保护。

（3）应急照明照度测试。在应急状态下使应急照明灯打开 20min，用照度计在通道中心线任一点及消防控制室和发生火灾后仍需工作的房间测其照度。应急疏散照明的照度应大于 0.5lx，消防控制室的照度应大于 150lx，消防泵房、防排烟机房、自备发电机房的照度应相同。

4）消防联动设备的调试

（1）消火栓水灭火系统的调试。管道、消火栓设备安装完成，系统可先单独自检调试是否符合要求，包括水源测试，消防水泵、稳压泵、稳压灌性能试验，室内、外消防栓功能试验，系统联动试验等内容，检查系统的各种联动功能是否符合设计及规范要求。通过压力表、压力控制器等检测仪表，对室内、外消火栓，消火栓配套水泵进行测试；需启动消防水泵，或通过消防车从水泵接合器处向室内管网供水、加压，验证室内的消火栓的流量、充实水柱长度、保护面积等功能是否能够满足设计和规范要求，并使该系统的任何一个消火栓达到设计要求的灭火功能，验证消防水箱是否有保证火灾初期 10min 供水能力等。消火栓水灭火系统经水压试验、严密性试验验证功能正常后，方可进行消防水泵的调试。

系统联动试验包括：揿按消火栓箱上的消防按钮后，观察是否在 5min 内启动消防水泵，所有动作信号在联动台上显示。

① 手动启、停调试。先用设备现场控制按钮手动启动消防水泵，运行后观察启动信号灯，应正常指示，水泵运行平稳，水压应满足设计及设置要求。水泵工作正常后，通过停止按钮手动停止消防水泵的运行。

② 自动启动调试。将消防水泵控制转入自动联动控制状态（即将功能转换开关切换至“自动”状态。通过短接导线短接联动控制过程的自动控制接线端子，即模拟联动控制信号），分别启动主泵和备用泵，并测试水泵运行反馈信号接线端子是否有反馈信号输出。

③ 双电源自动切换装置实施自动切换，测量备用电源相序是否与主电源相序相同。利用备用电源切换时，消防水泵应在 1.5min 内投入正常运行。

（2）自动喷水灭火系统的调试。包括水源测试，喷淋泵、稳压泵、稳压灌性能试验，对系统的每个末端进行放水功能试验、系统联动试验等内容，检查系统的各种联动功能是否符合设计及规范要求，对管道系统压力进行整定。

自动喷水灭火系统在水压试验、严密性试验及管道冲洗正常后，方可进行喷淋泵的调试。

① 手动启、停试验。用设备现场控制按钮手动启、停喷淋泵的操作过程及要求与消防泵相同。

② 放水启动调试。在试水（放水）装置处放水或启动一个喷头，管道内喷淋水流动，当湿式报警阀进口水压（约大于 0.14MPa）与流量（约大于 60L/min）符合设计及产品动作要求时，湿式报警阀应及时启动，水力警铃应发出报警铃声，压力（水压）开关应及时动作，输出联动控制信号。

③ 联动控制的调试。对末端进行放水后，观察是否在 5min 内启动的喷淋泵，并使该系统的任何一个信号返回消防控制中心，消防水箱是否有保证火灾初期 10min 供水能力等。

采用专用测试仪或其他方式，对火灾探测器或火灾报警系统发出水喷淋联动控制的模拟

信号，火灾报警控制器应发出声、光报警信号，并及时启动喷淋泵，使自动喷水灭火系统自动投入运行。

④ 备用电源切换试验。主泵运行时切断主电源；备用电源自动投入时，喷淋泵应在 1.5min 内投入正常运行。

上述调试工作应在建设单位和消防监督部门有关人员在场的情况下进行，并应及时填写试验记录。

（3）防排烟系统的调试。经手动调试，排烟阀（口）及风机运行正常后，方可进行防排烟系统联动控制的调试。

① 排烟阀（口）的调试。手动操作及调试排烟阀（口）的动作，应灵活、无卡阻现象；有条件时，采用电气操作控制，应工作正常；打开与关闭过程无异常现象。

② 风机的调试。用设备现场控制按钮手动启、停防排烟系统的各类风机，操作及运行应正常。

③ 联动控制的调试。在防排烟分区的感烟火灾探测器处模拟火灾信号，排烟阀（口）应及时动作，并反馈动作信号，排烟阀动作后应自动启动相关的排烟风机和正压风机，同时自动停运相关范围的空调系统风机及其他送、排风机，反馈其动作信号。

（4）防火卷帘的调试。在手动调试防火卷帘装置正常后，方可进行电动和联动控制的调试。防火卷帘的调试主要分 3 个部分进行：机械部分调试（限位装置、手动速降装置和手动提升装置）、电动部分调试（现场手动启、停按钮升、降、停试验）、自动功能调试（将在联动调试时进行）。

① 机械部分调试。

限位调整：在防火卷帘安装结束后，首先要进行的是机械部分的调整，设定限位（一步降、二步降的停止位置）位置；二步降落的防火卷帘的一步降位置应在距地面 1.8m 处，降落到地面位置应保证帘板底边与地面最大间距不大于 20mm。

手动速放装置试验：通过手动速放装置拉链下放防火卷帘，帘板下降顺畅，速度均匀，一步停降到底。

手动提升装置试验：通过手动拉链拉起防火卷帘，拉起全程应顺利，停止后防火卷帘应当靠其自重下降到底。

② 电动部分调试。通过防火卷帘两侧安装的手动按钮升、停、降防火卷帘，防火卷帘应能在任意位置通过停止按钮停止。

③ 自动功能调试。卷帘的自动控制方式分为有源启动和无源启动两种。无源启动的卷帘可利用短路线分别短接中限位和下限位的远程控制端子，观察其下落是否顺畅，悬停的位置是否准确，同时用万用表实测中限位和下限位电信号的无源回答端子是否导通；有源启动方式的卷帘在自动方式调试时需要 24V 电源（可用 24V 电池代替）为其远程控制端子供电以启动卷帘，观察其下落是否顺畅，悬停的位置是否准确，同时用万用表实测中限位和下限位的电信号的无源回答端子，观察其是否导通。

5）空调机、发电机的调试

（1）空调机的调试。从消防电气角度来说，在发生火情时，为避免火焰和烟气通过空调系统进入其他空间，需要立即停止空调的运行。一般情况下，除要求通过总线制控制外，有时还需要通过多线制直接控制，以便更可靠地使空调停止运行。具体调试方法同送风机。

（2）发电机的调试。发电机的调试主要是看其在市电停止后能否立即自动发电，同时要求其启动回答信号能反馈到消防报警控制器上，该回答信号可通过万用表实测其电信号回答端子获得。

3．火灾自动报警及联动系统的调试——整机调试

在上述各子系统的分步调试结束后，就可以进行最后的火灾自动报警及消防联动系统的调试了，这也是整个消防系统调试的最后，也是最关键的步骤。

调试前的重要检查工作项目：一是用具，二是安全。调试过程中使用的仪器、仪表、机具如表5.10所示。

表5.10　调试过程中使用的仪器、仪表、机具

名称	规格	单位	数量
电流表	0～500A，0.5级	个	1
电压表	0～400V，0.5级	个	1
电气秒表	0.5级	个	1
绝缘电阻表	500V/1000MΩ	个	1
开尔文电桥	QJ23A级	个	1
压力表	0.4级	个	1
压力校验器	271.01、271.11型	套	1
接地电阻测量仪	ZC-8型	套	1

调试前的检查项目如下：检查各个设备的安装质量，包括设备接线、屏箱内接线有无错误、遗漏、松动，标志是否正确、齐全；测试回路是否正常，检测有无短路、接地、开路现象；检查交直流回路，强、弱电回路不能混淆，不能共管、共槽、共线束；检查柜内外仪表、组件有无损坏、错漏；检查水系统的仪表、阀门组件是否按规定打开、有无损坏；检查报警、联动设备水泵、风机等电源是否正常；检查排水设施是否正常。

火灾自动报警及消防联动系统的调试流程大致为：外部设备（火灾探测器和模块）编码、各类线路的测量、报警控制器内部线路的连接、设备注册、外部设备定义、手动消防启动盘的定义、联动公式的编写、报警和联动试验。以下是针对各步骤的具体说明。

（1）外部设备（火灾探测器和模块）编码。按照图纸中相应设备的编码，通过电子编码器或手动拨码方式对外部设备（火灾探测器和模块）进行编码，同时对所编码设备的编码号、设备种类及位置信息进行书面记录，以防出错。原则上外部设备不允许重码。

（2）各类线路的测量。各外部设备（火灾探测器和模块）接线编码完毕，须把各回路导线汇总到消防控制中心，通过万用表测量各报警回路和电源回路的线间及对地电阻阻值是否符合规范的绝缘要求（报警和联动总线的绝缘电阻不小于20MΩ），符合要求后接到报警控制器相应端子上。测量消防专用接地线对地电阻是否符合要求，测量合格后接到报警控制器专用接地端子上。有条件的可采用绝缘电阻表对未接设备的线路进行绝缘测试，同时要对控制器内部的备用电源和交流电源［测量电压范围不应超出 220×(1+10%)V］进行安装接线，以便做好开机调试前的最后准备工作。

（3）设备注册。线路连接完毕，打开消防报警控制器，对外部设备（火灾探测器和模块）进行在线注册，并通过注册表上的外部设备数量及其具体编码来判断线路上设备的连接情况，以便指导施工人员对错误接线进行更正。

（4）外部设备的定义。根据现场施工人员提供的针对每个编码设备的具体信息，向报警主机内输入相关数据，这其中包括设备的类型（如感烟、感温、手报等）、对应设备的编码、对应设备具体位置的汉字注释等。

（5）手动消防启动盘的定义。手动消防启动盘是厂家为了方便对消防联动设备的控制，在主机上单独添加的一些手动按钮，因为其数量巨大，所以需要单独调试。该项调试完成后

即可方便地对外部消防设备进行手动控制。

（6）联动程序的编写。为实现火灾发生时整个消防系统中各子系统的自动联动，需要依据消防规范并结合现场实际情况向报警控制器内编写相应的联动公式。因为涉及的联动公式数量较多而且相对复杂，所以需要单独调试。此项工作完成后就可以实现相关设备的联动控制。

（7）报警和联动试验。以上各步分别完成后就可以进行最终的报警和联动试验。首先可以按照实际的防火分区均匀地挑选 10%的报警设备（火灾探测器和手报等）进行报警试验，观察能否按照以下要求准确无误地报警。具体要求是：①火灾探测器报警、手报被按下，报警信息反馈到火灾报警控制器上；②消报被按下，动作信息被反馈到火灾报警控制器上。

一切正常后，可通过手动消防启动盘和远程启动盘（也被称为多线制控制盘）有针对性地启动相关的联动设备，看这些联动设备能否正常动作，同时观察动作设备的回答信号能否正确地反馈到火灾报警控制器上。

最后把火灾报警控制器上的自动功能打开，分别在相应的防火分区内做报警试验，观察出现报警信息后其相应防火分区内的相应联动设备是否动作，动作后其动作回答信号能否显示到火灾报警控制器上。具体的联动要求如下。

① 火灾探测器报警信号“或”手动报警按钮报警信号—相应区域的讯响器报警。

② 消火栓报警按钮按下—消火栓报警按钮动作信号反馈到控制器上—启动消火栓灭火系统消防泵—消防泵启动信号反馈到控制器上。

③ 压力开关动作—压力开关动作信号反馈到控制器上—启动喷淋泵—喷淋泵启动信号反馈到控制器上。

④ 火灾探测器报警信号“或”手动报警按钮报警信号—打开本层及相邻层正压送风阀—正压送风阀打开信号反馈到控制器上—启动正压送风机—正压送风机启动信号反馈到控制器上。

⑤ 火灾探测器报警信号“或”手动报警按钮报警信号—打开本层及相邻层排烟阀—排烟阀打开信号反馈到控制器上—启动排烟机—排烟机启动信号反馈到控制器上。

⑥ 排烟机、正压送风机或空调机入口处的防火阀关闭—防火阀关闭信号反馈到控制器上—停止相应区域的排烟机、正压送风机或空调机。

⑦ 火灾探测器报警信号“或”手动报警按钮报警信号—打开本层及相邻层消防广播。

⑧ 火灾探测器报警信号“或”手动报警按钮报警信号—相应区域的防火、防烟分割的卷帘降到底—卷帘动作信号反馈到控制器上。

⑨ 疏散用卷帘附近的感烟火灾探测器报警—卷帘一步降—卷帘一步降动作信号反馈到控制器上。

⑩ 疏散用卷帘附近的感温火灾探测器报警—卷帘二步降—卷帘二步降动作信号反馈到控制器上；手动报警按钮“或”两个火灾探测器报警信号“与”—切断非消防电源同时迫降消防电梯到一层—切断和迫降信号反馈到控制器上。

以上就是对一般情况下联动关系的介绍，在实际调试中遇到特殊情况时要以消防规范和实际情况为原则进行适当的调整。在完成上述内容后，可进行系统验收交工的工作。

5.5.2 消防系统的检测验收

1．验收条件及交工技术保证资料

消防工程的验收分为两个步骤：第一个步骤是在消防工程开工之初对消防工程进行的审

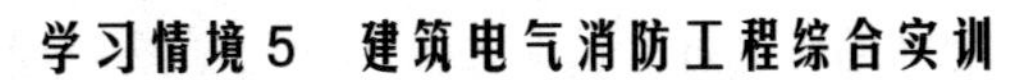

核、审批，第二个步骤是当消防工程竣工后进行的消防验收。以下是对进行这两个步骤时所需条件及办理时限的详细说明，同时附上所需的主要表格以供参考。

1）新建、改建、扩建及用途变更的建筑工程项目审核、审批条件

建设单位应当到当地公安消防机构领取并填写《建筑消防设计防火审核申报表》，设有自动消防设施的工程，还应领取并填写《自动消防设施设计防火审核申报表》，并报送以下资料。

（1）建设单位上级或主管部门批准的工程立项、审查、批复等文件。

（2）建设单位申请报告（见二维码建筑消防设计防火审核申报表）。

扫一扫看建筑消防设计防火审核申报表

（3）设计单位消防设计专篇（说明）。

（4）工程总平面图、建筑设计施工图。

（5）消防设施系统、灭火器配置设计图纸及说明。

（6）与防火设计有关的采暖通风、防烟、排烟、防爆、变配电设计图及说明。

（7）审核中需要涉及的其他图纸资料及说明。

（8）重点工程项目申请办理基础工程提前开工应报送的消防设计专篇、总平面布局及书面申请报告等材料。

（9）建设单位应将报送的图纸资料装订成册（规格为A4纸大小）。

2）建筑工程消防验收条件

建筑工程消防验收由申请消防验收的单位到当地公安消防机构领取并填写《建筑工程消防验收申报表》两份（二维码），并报送以下资料。

扫一扫看建筑工程消防验收申报表

（1）公安消防机构下发的《建筑工程消防设计审核意见书》复印件。

（2）防火专篇。

（3）室内、室外消防给水管网和消防电源的竣工资料。

（4）具有法定资格的监理单位出具的《建筑消防设施质量监理报告》。

（5）具有法定资格的检测单位出具的《建筑消防设施检测报告》（只有室内消火栓且无消防水泵房系统的建筑不做要求）。

（6）主要建筑防火材料、构件和消防产品合格证明。

（7）电气设施消防安全检测报告。

（8）建设单位应将报送的图纸资料装订成册（规格为A4纸大小）。

3）办理时限

（1）建筑防火审批时限。一般工程在7个工作日内，重点工程及设置建筑自动消防设施的建筑工程在10个工作日内，工程复杂需要组织专家论证的在15个工作日内签发《建筑工程消防设计审核意见书》。

（2）建筑工程验收时限。在5个工作日内对建筑工程进行现场验收，并在5个工作日内下发《建筑工程消防验收意见书》。

4）消防系统交工技术保证资料

消防系统交工技术保证资料是消防系统交工检测验收中的重要部分，也是保证消防设施

质量的一种有效手段，现将常用的有关保证资料内容加以列举，供有关人员使用、参考。

（1）消防监督部门的建审意见书。

（2）图纸会审记录。

（3）设计变更。

（4）竣工图纸。

（5）系统竣工表。

（6）主要消防设备的型式检验报告。

型式检验报告是国家或省级消防检测部门对该设备出具的产品质量、性能达到国家有关标准，准许在我国使用的技术文件。无论是国内产品还是进口产品，均应通过此类的检测并获得通过后方可在工程中使用，同时省外的产品还应具备使用所在地消防部门发布的“消防产品登记备案证”。

需要上述文件的设备主要有以下几种。

火灾自动报警设备（包括火灾探测器、控制器等）；室内外消火栓；各种喷头、报警阀、水流指示器等；气压稳压设备；消防水泵；防火门、防火卷帘；防火阀；水泵结合器；疏散指示灯；其他灭火设备（如二氧化碳等）。

（7）主要设备及材料的合格证。除上述设备外，各种管材、电线、电缆等及难燃、不燃材料应有有关检测报告，钢材应有材质化验单等。

（8）隐蔽工程验收记录。隐蔽工程验收记录是对已经隐蔽检测但又无法观察的部分进行评定的主要依据之一。隐蔽工程验收记录应有施工单位、建设单位的代表签字及上述单位的公章方可生效。主要隐蔽工程验收记录如下：

自动报警系统管路敷设隐蔽工程验收记录；消防供电、消防通信管路隐蔽工程验收记录；消防管网隐蔽工程验收记录（包括水系统、气体、泡沫等系统）；接地装置隐蔽工程验收记录；系统调试报告（包括火灾自动报警系统、水系统、气体、泡沫、二氧化碳等系统）；绝缘电阻测试记录；接地电阻测试记录；消防管网水冲洗记录（包括自动喷水灭火系统、气体、泡沫、二氧化碳等系统）；管道系统试压记录（包括自动喷水灭火系统、气体、泡沫、二氧化碳等系统）；接地装置安装记录；电动门及防火卷帘安装记录；电动门及防火卷帘调试记录；消防广播系统调试记录；风机安装记录；水泵安装记录；风机、水泵运行记录；自动喷水灭火系统联动试验记录；消防电梯安装记录；防排烟系统调试及联动试验、试运行记录；气体灭火联动试验记录；气体灭火管网冲洗、试压记录；泡沫液储罐的强度和严密性试验记录；阀门的强度和严密性试验记录。

2．项目验收的具体内容

系统的检测和验收应根据国家现行的有关法规，由具有对消防系统检测资质的中介机构进行系统性能检测，在取得检测数据报告后，向当地消防主管部门提请验收，验收合格后方可投入使用。

以下就几种常见的系统的检测和验收的内容加以整理和说明。

1）室内消火栓的检测验收

（1）消火栓设置位置的检测。消火栓的设置位置应能满足发生火灾时，可从两个消火栓同时到达起火点，检测时通过对设计图纸的核对及现场测量进行评定。

（2）最不利点消火栓的充实水柱的测量。充实水柱应在消防泵启动正常、系统内存留的

气体被放尽后测量，在实际测量有困难时，可以采用目测方法，即从水枪出口处算起至90%水柱穿过32cm圆孔为止的长度。

（3）消火栓静压测量。消火栓栓口的静水压力应不大于0.80MPa，出水压力应不大于0.50MPa。

高位水箱的设置高度，应能保证最不利点消火栓栓口的静水压力，当建筑物不超过100m时，应不低于0.07MPa；当建筑物高度超过100m时，应不低于0.15MPa；当设有稳压和增压设施时，应符合设计要求。

对于静压的测量应在消防泵未启动状态下进行。

（4）消火栓手动报警按钮的检测。消火栓手动报警按钮应在被按下后启动消防泵，按钮本身应有可见光显示，表明已经启动，消防控制室应显示按下的消火栓报警按钮的位置。

（5）消火栓安装质量的检测。消火栓安装质量的检测主要是箱体安装应牢固，暗装的消火栓箱的四周及背面与墙体之间不应有空隙，消火栓口的出水方向应向下或与设置消火栓的墙面相垂直，消火栓口中心距地面的高度宜为1.1m。

2）防火门的检测验收

对防火门的检测除进行有关型式检测报告、合格证等检查外，还应进行下列项目的检查。

（1）核对耐火等级。将实际安装的防火门的耐火等级同设计要求相对比，看是否满足设计要求。

（2）检查防火门的开启方向。安装在疏散通道上的防火门应向疏散方向开启，并且关闭后应能从任何一侧手动开启；安装在疏散通道上的防火门必须有自动关闭功能。

（3）钢质防火门关闭后严密性的检查。门扇应与门框贴合，其搭接量不小于10mm；门扇与门框之间及两侧缝隙不大于4mm；双扇门中缝不大于4mm；门扇底面与地面缝隙不大于20mm。

3）防火卷帘的检测验收

（1）防火卷帘的安装部位、耐火及防烟等级应符合设计要求；防火卷帘上方应有箱体或其他能阻止火灾蔓延的防火保护措施。

（2）电动防火卷帘的供电电源应为消防电源；供电和控制导线截面面积、绝缘电阻、线路敷设和保护管材质应符合规范要求。防火卷帘供电装置的过电流保护整定值应符合设计要求。

（3）电动防火卷帘应在两侧（人员无法操作一侧除外）分别设置手动按钮控制电动防火卷帘的升、降、停，并应有在防火卷帘下降关闭后提升该防火卷帘的功能，且该防火卷帘提升到位后应能自动恢复到原关闭状态。

（4）带自动报警控制系统的电动防火卷帘应设有自动关闭控制装置，用于疏散通道上的防火卷帘应有由火灾探测器控制两步下降或下降到1.5～1.8m后延时下降到底的功能；用于只起到防火分隔作用的卷帘应一步下降到底，手动速放装置，防火卷帘手动速放装置的臂力不大于50N；消防控制室应有强制电动防火卷帘下降的功能（应急操作装置）并显示其状态；安装在疏散通道上的防火卷帘的启闭装置应能在火灾断电后手动机械提升已下降关闭的防火卷帘，并且该防火卷帘能依靠其自重重新恢复到原关闭状态。手动防火卷帘手动下放牵引力不大于150N。

（5）帘板嵌入导轨（每侧）深度如表5.11所示。

（6）防火卷帘下降速度如表 5.12 所示。

表 5.11　帘板嵌入导轨深度（单位：mm）

门洞宽度 B	每端嵌入长度
B＜3000	大于 45
3000≤B＜5000	大于 50
5000≤B＜9000	大于 60

表 5.12　防火卷帘下降速度

洞口高度	下降速度/（m/min）
洞口高度在 2m 以内	2～6
洞口高度为 2～5m	2.5～6.5
洞口高度在 5m 以上	3～9

（7）防火卷帘的重复定位精度应小于 20mm。

（8）防火卷帘座板与地面的间隙不大于 20mm，帘板与底座的连接点间距不大于 300mm。

（9）防火卷帘导轨预埋钢件间距不大于 600mm。

（10）防火卷帘的启闭装置处应有明显的操作标志，便于人员操作、维护。

（11）防火卷帘的导轨的垂直度不大于 5mm/m，全长不大于 20mm。

（12）防火卷帘两导轨中心线的平行度不大于 10mm。

（13）防火卷帘座板升降时两端高低差不大于 30mm。

（14）导轨的顶部应制成圆弧形或喇叭口形，且圆弧形或喇叭口形应超过洞口以上至少 75mm。

（15）防火卷帘运行时的平均噪声如表 5.13 所示。

表 5.13　防火卷帘运行时的平均噪声

卷门机功率 W/kW	平均噪声/dB	卷门机功率 W/kW	平均噪声/dB
W≤0.4	≤50	W＞1.5	≤70
0.4＜W≤1.5	≤60		

（16）防火卷帘的手动按钮安装高度宜为 1.5m 且不应加锁。

（17）防火卷帘的检测方法有如下几种。

① 按照产品的合格证及型式检测报告的耐火极限进行核对。

② 分别使用双电源的任一路做现场手动升、降、停实验。

③ 模拟火灾信号做联动实验，核对联动程序。

④ 观察消防控制室返回的信号。

⑤ 检测消防控制室中的强降到底功能。

⑥ 做现场手动速放下降实验。

⑦ 按照断路器的脱扣值对比电动防火卷帘的工作电流值。

⑧ 用测量秒表测量时间后换算为速度；用弹簧测力计测量臂力和牵引力。

⑨ 检测导轨的垂直度。从导轨的上部吊下线坠到底部，分别用钢直尺测量上部及下部垂线至导轨的距离，其差值为导轨全长的垂直度，按照上述方法每隔 1m 测一次数据，取其最大差值为每米导轨的垂直度，以上测量应分别对导轨在帘板平面方向和垂直方向进行测量，测量结果取最大值。

⑩ 两导轨中心线的平行度测量。在两导轨上部轴线上取两平行点，分别用线坠垂下，测量下部水平位置上各垂线与轨道纵向的水平距离，同侧偏移时取其中的最大距离，异侧偏移时取其两导轨的偏移距离之和为中心线偏移度。

⑪ 利用声级计测量距离防火卷帘 1m 远、高度为 1.5m 处防火卷帘运行时的噪声，测量

3 次，取其平均值。

4）消防电梯的检测验收

消防电梯的检测验收主要包括下列内容。

（1）载重量。消防电梯的载重量应不小于 800kg。

（2）运行时间。消防电梯从 1 层运行到顶层的时间应不大于 1min。

（3）消防电梯轿厢内应设消防专用电话。

（4）消防控制室应具有消防电梯强行下降功能，并且显示其工作状态。

（5）消防电梯前室应采取挡水措施，电梯井底应设排水设备。

5）发电机的检测验收

发电机的检测验收的主要项目有如下几种。

（1）发电机的发电容量应满足消防用电量的要求。

（2）发电机自动启动时间应不大于 30s；手动启动时间应不大于 1min。

（3）发电机的供电线路应有防止市电倒送装置，且发电机的相序与市电相序应一致。

6）疏散指示灯的检测验收

（1）疏散指示灯的指示方向应与实际疏散方向一致，在墙上安装时，安装高度应在 1m 以下且间距不宜大于 20m，人防工程不宜大于 10m。

（2）疏散指示灯的照度应不小于 0.5lx，人防工程不低于 1lx。

（3）疏散指示灯采用蓄电池作为备用电源时，其应急工作时间应不小于 20min，建筑物高度超过 100m 时其应急工作时间应不小于 30min。

（4）疏散指示灯的主、备电源切换时间应不大于 5s。

7）火灾应急广播的检测验收

（1）扬声器的功率应不小于 3W，在环境噪声大于 60dB 的场所，在其播放范围内最远处的播放声压应高于背景 15dB。

（2）火灾广播接通顺序如下。

① 当 2 层及 2 层以上楼层发生火灾时，宜先接通火灾层及其相邻的上、下层。

② 当 1 层发生火灾时，宜先接通本层、2 层及地下各层。

③ 当地下室发生火灾时，宜先接通地下各层及 1 层。当 1 层与 2 层有大共享空间时，应包括 2 层。

8）火灾探测器的检测验收

（1）火灾探测器应能输出火警信号且报警控制器所显示的位置应与该火灾探测器的安装位置一致。

（2）火灾探测器的安装质量应符合下列要求。

① 实际安装的火灾探测器的数量、安装位置、灵敏度等应符合设计要求。

② 火灾探测器周围 0.5m 内不应有遮挡物，火灾探测器中心距墙壁、梁边的水平距离应不小于 0.5m。

③ 火灾探测器中心至空调送风口边缘的水平距离应不小于 1.5m，距多孔送风顶棚孔口的水平距离不小于 0.5m。

④ 火灾探测器距离照明灯具的水平净距离不小于 0.2m，感温火灾探测器距离高温光源

（碘钨灯，100 W 以上的白炽灯）的净距离不小于 0.5m。

⑤ 火灾探测器距离电风扇的净距离不小于 1.5m，距离自动喷水灭火系统的喷头不小于 0.3m。

⑥ 对防火卷帘、电动防火门起联动作用的火灾探测器应安装在距离防火卷帘、防火门 1～2m 的适当位置。

⑦ 火灾探测器在宽度小于 3m 的内走廊顶棚上设置时，宜居中布置，感温火灾探测器安装间距应不超过 10m，感烟火灾探测器的安装间距应不超过 15m，火灾探测器距离端墙的距离应不大于火灾探测器安装间距的一半。

⑧ 火灾探测器的保护半径及梁对火灾探测器的影响应满足规范要求。

⑨ 火灾探测器的确认灯应面向便于人员观察的主要入口方向。

⑩ 火灾探测器倾斜安装时，倾斜角应不大于 45°。

⑪ 火灾探测器底座的外接导线应留有不小于 15cm 的余量。

9）报警（联动）控制器的检测验收

（1）报警控制器的功能检测。

① 能够直接或间接地接收来自火灾探测器及其他火灾报警触发器件的火灾报警信号并发出声光报警信号，指示火灾发生的部位，并予以保持；光报警信号在火灾报警控制器复位之前应不能手动消除，声报警信号应能手动消除，但再次有火灾报警信号输入时，应能再次启动。

② 火灾报警自检功能。火灾报警控制器应能对其面板上的所有指示灯、显示器进行功能检查。

③ 消音、复位功能。通过消音键消音，通过复位键整机复位。

④ 故障报警功能。火灾报警控制器内部、火灾报警控制器与火灾探测器、火灾报警控制器与火灾报警信号作用的部件间发生故障时，应能在 100s 内发出与火灾报警信号有明显区别的声光故障信号。

（2）报警控制器安装质量的检查。

① 报警控制器应有保护接地且接地标志应明显。

② 报警控制器的主电源应为消防电源且引入线应直接与消防电源连接，严禁使用电源插头。

③ 工作接地电阻值应小于 4Ω；当采用联合接地时，接地电阻值应小于 1Ω。

④ 当采用联合接地时，应用专用接地干线由消防控制室引至接地体。专用接地干线应用铜芯绝缘导线或电缆，其芯线截面面积应不小于 16mm^2。

⑤ 由消防控制室接地板引至各消防设备的接地线，应选用铜芯绝缘软线，其芯线截面面积应不小于 4mm^2。集中火灾报警控制器的安装尺寸为：当设备单列布置时，其正面操作距离应不小于 1.5m；当设备双列布置时，其正面操作距离应不小于 2m；当其中一侧靠墙安装时，另一侧距墙应不小于 1m；需要从后面检修时，其后面板距墙应不小于 1m，在值班人员经常工作的一面，距墙应不小于 3m。

⑥ 区域控制器的安装尺寸：安装在墙上时，其底边距地面的高度应不小于 1.5m，且应操作方便；靠近门轴的侧面距墙应不小于 0.5m；正面操作距离应不小于 1.2m。

⑦ 盘、柜内配线清晰、整齐，绑扎成束，避免交叉；导线线号清晰，导线预留长度不小于 20cm。报警线路连接导线线号清晰，端子板的每个端子其接线不得超过两根。

10）湿式报警阀组的检测验收

（1）湿式报警阀。

① 湿式报警阀的铭牌、规格、型号及水流方向应符合设计要求，其组件应完好无损。

② 应在湿式报警阀前后的管道中顺利充满水。过滤器应安装在延迟器前。

③ 安装湿式报警阀组的室内地面应有排水措施。

④ 湿式报警阀中心至地面的高度宜为 1.2m，侧面距墙 0.5m，正面距墙 1.2m。

（2）延迟器。

① 延迟器应安装在湿式报警阀与压力开关之间。

② 延迟器最大排水时间应不超过 5min。

（3）水力警铃。

① 末端放水后，应在 5～90s 内发出报警声响，在距离水力警铃 3m 处声压应不小于 70dB。

② 水力警铃应设在公共通道、有人的室内或值班室里。水力警铃不应发生误报警。

③ 水力警铃的启动压力应不小于 0.05MPa。

④ 水力警铃应安装检修、测试用阀门。水力警铃应安装在湿式报警阀附近，与湿式报警阀连接的管道应采用镀锌钢管，当管径为 15mm 时，长度不大于 6m；当管径为 20mm 时，长度不大于 20m。

（4）压力开关。

① 压力开关应安装在延迟器与水力警铃之间，安装应牢固可靠，能正确传送信号。

② 压力开关在 5～90s 内动作，并向控制器发出动作信号。

（5）湿式报警阀组的功能。

① 试验时，当末端试水装置放水后，在 90s 内湿式报警阀应及时动作，水力警铃发出报警信号，压力开关输出报警信号。

② 压力开关（或压力开关的输出信号与水流指示器的输出信号以“与”的关系）输出信号应能自动启动消防泵。

③ 关闭湿式报警阀时，水力警铃应停止报警，同时压力开关应停止动作；报警阀上、下压力表指示正常；延迟器最大排水时间不大于 5min。

（6）水流指示器。

① 水流指示器的安装方向应符合要求；输出的报警信号应正常。

② 水流指示器应安装在分区配水干管上，应竖直安装在水平管道上侧，其前后直管段的长度应保持 5 倍管径。

③ 水流指示器应完好，有永久性标志，信号阀安装在水流指示器前的管道上，其间距为 300mm。

（7）末端试水装置。

① 每个防火分区或楼层的最末端应设置末端试水装置，并应有排水设施。末端试水装置的组件包括试验阀、连接管、压力表和排水管。

② 连接管和排水管的直径应不小于 25mm。

③ 最不利点处末端试验放水阀打开，以 0.94～1.5L/s 的流量放水，压力表读数值应不小于 0.049MPa。

11）正压送风系统的检测验收

（1）机械加压送风机应采用消防电源，高层建筑风机应能在末端自动切换，启动后运转正常。

（2）机械加压送风机的铭牌标志应清晰，风量、风压符合设计要求。

（3）加压送风口的风速应不大于 7m/s。

（4）加压送风口安装应牢固可靠，手动及控制室开启送风口正常，手动复位正常。

（5）机械正压送风余压值：防烟楼梯间内为 40～50Pa；前室、合用前室、消防电梯前室、封闭避难层为 25～30Pa。

12）机械排烟系统的检测验收

（1）排烟风机应采用消防电源，并能在末端自动切换，启动后运转正常。

（2）排烟防火阀应设在排烟风机的入口处及排烟支管上穿过防火墙处。

（3）排烟风机的铭牌应显示清晰，水风压、风量符合设计要求，轴流风机应采用消防高温轴流风机，在 280℃下应连续工作 30min。

（4）排烟口的风速不大于 10m/s。

（5）排烟口的安装应牢固可靠，平时关闭，并应设置手动和自动开启装置。

（6）排烟管道的保温层、隔热层必须采用不燃材料制作。

（7）排烟防火阀平时处于开启状态，手动、自动关闭时动作正常，并应向消防控制室发出排烟防火阀关闭的信号，手动能复位。

（8）排烟口应设在顶棚或靠近顶棚的墙上，且附近安全出口烟走道方向相邻边缘之间的最小水平距离应不小于 1.5m，设在顶棚上的排烟口，距可燃物或可燃物件的距离应不小于 1m。

5.5.3 消防系统的使用、维护及保养

因为消防系统相对庞大和复杂，同时也因为该系统在建筑内的地位非常重要，所以其系统的维修与保养难度较大且非常重要。因此，在消防系统经检测验收合格交付使用后，用户最好委托具有相应资质的消防物业管理公司进行维护保养。具体的维护保养方法如下。

1．一般规定

（1）火灾自动报警系统必须经当地消防监督机构检查合格后方可使用，任何单位和个人不得擅自决定使用。

（2）使用单位应有专人负责系统的管理、操作和维护，无关人员不得随意接触。

（3）对于火灾自动报警系统，应建立完整的值班制度，值班人员应认真填写系统运行日检登记表（值班记录表）、火灾探测器日检登记表和季（年）检登记表。

（4）系统的操作维护人员应由经过专门培训，并经消防监督机构组织考试合格的专门人员担任。值班人员应熟悉掌握本系统的工作原理及操作规程，应清楚地了解本单位报警区域或探测区域的划分和火灾自动报警系统的报警部位号。

（5）系统正式启用时，使用单位必须具备下列文件资料。

① 系统竣工图及设备技术资料和使用说明书。

② 调试开通报告、竣工报告、竣工验收情况表。

③ 操作使用规程。

④ 值班员职责。

⑤ 记录和维护图表。

（6）使用单位应建立系统的技术档案，将上述所列的文件资料及其他资料归档保存，其中试验记录表至少应保存5年。

（7）火灾自动报警系统应保持连续正常运行，不得随意中断运行，一旦中断，必须及时做好记录并通报当地消防监督机构。

（8）为了保证火灾自动报警系统的连续正常运行和可靠性，使用单位应根据本单位的具体情况制订出具体的定期检查试验程序，并依照程序对系统进行定期的检查试验。在任何试验中，都要做好准备和安排，以防发生不应有的损失。

2. 重点部位的说明

（1）火灾探测器的维护及保养。火灾探测器每隔1年检测一次，每隔3年应清洗一次，其中感烟火灾探测器可在厂家的指导下自行清洗，离子感烟火灾探测器因其具有一定的辐射且清洗难度大，所以必须委托专业的清洗公司进行清洗。

（2）对于火灾报警控制器，在其使用、维护及保养过程中要注意以下几点。

① 当火灾报警控制器报总线故障时，一般是信号线线间短路或对地电阻太低，此时应关闭火灾报警控制器，并通知相应的消防安装公司对信号线路进行检修。

② 当火灾报警控制器电源部分报输出故障时，一般是24V电源线线间短路或对地电阻太低，此时应关闭火灾报警控制器的电源部分，并通知相应的消防安装公司对电源线进行检修。

③ 当火灾报警控制器的广播主机和电话主机报过电流故障时，应关闭相应的广播和电话主机，并通知相应的消防安装公司对广播和电话线路进行检修。

④ 当火灾报警控制器报备电故障时，一般是电池因过放电而导致损坏，应尽早通知火灾报警控制器厂家对电池进行更换。

⑤ 当火灾报警控制器发生异常的声、光指示或气味等情况时，应立即关闭火灾报警控制器电源，并尽快通知厂家进行检修。

⑥ 当使用备电供电时，应注意供电时间不应超过8h；若超过8h，应关闭火灾报警控制器的备电开关，待主电恢复后再打开，以防蓄电池损坏。

⑦ 当现场设备（包括火灾探测器或模块等）出现故障时应及时维修；若因特殊原因不能及时排除故障，应将其隔离，待故障排除后再利用释放功能将设备恢复。

⑧ 用户应认真做好值班记录，若发生报警，应先按下火灾报警控制器上的“消音”键并迅速确认火情，酌情处理完毕做好执行记录，最后按“复位”键清除；若确认为误报警，在记录完毕可针对误报警的火灾探测器或模块进行处理，必要时通知厂家进行维修。

（3）消防水泵的保养。

① 消防水泵的一级保养一般每周进行一次，其内容如表5.14所示。

表5.14　消防水泵一级保养内容

序号	保养部位	保养内容和要求	序号	保养部位	保养内容和要求
1	消防泵体	① 擦拭泵体外表，达到清洁无油垢。 ② 紧固各部位螺栓	4	润滑	检查润滑油是否适量、保持油质良好
2	联轴器	检查联轴器，更换损坏的橡胶圈，确保其可靠工作	5	阀门	① 检查手轮转动是否灵活。 ② 检查填料是否过期，必要时应更换
3	填料、压盖	① 调节压盖，使其松紧适度。 ② 检查填料是否发硬，必要时更换	6	电器	① 检查电动机的接线、接地状况。 ② 检查电动机的绝缘状况。 ③ 检查电动机的启动控制装置

② 二级保养一般每年进行一次，其内容如表5.15所示。

表5.15 消防水泵二级保养内容

序号	保养部位	保养内容和要求	序号	保养部位	保养内容和要求
1	消防泵体	拆检泵体，更换已经损坏的零件	4	磨水环	调整磨水环间隙
2	联轴器	检修联轴器，调整损坏零件	5	润滑	清洗轴承，更换润滑油
3	填料、压盖	更换填料，调节压盖	6	电器	① 拆检电动机，清洗轴承，更换润滑油。 ② 检修各开关接点、触点，使它们接触良好

（4）自动喷水灭火系统的维修与保养。

① 自动喷水灭火系统的日常检查内容如下：

自动喷水灭火系统的水箱水位是否达到设计水位；水源通向系统的阀门是否打开；稳压泵进、出口端阀门是否打开；稳压系统是否正常工作；报警阀前端阀门是否全开；报警阀上的压力表是否正常；报警阀上的排水阀是否关严。

② 湿式报警阀的保养内容如表5.16所示。

表5.16 湿式报警阀的保养内容

序号	保养部位	保养内容与要求	序号	保养部位	保养内容与要求
1	阀体	① 清理阀体内污垢。 ② 紧固压板螺钉。 ③ 清理铰接轴。 ④ 检查阀瓣密封盘是否老化	3	阀外管道	清理全部附件管道
			4	单流阀	检查并清理旁路单流阀，保证其逆止功能正常
2	压力表	校核压力表，保证其计量准确	5	过滤器	清理过滤器

（5）防排烟系统。

① 防排烟系统的日常检查主要是对系统各部件的外观检查，每日开启一次风机，观察风机的运行情况是否正常。

② 定期检查。一般每隔3个月检查一次，主要是对风机的联动启动的检查，风口的风速测量，封闭楼梯间余压值的测量，风机的保养、润滑及传动带的松紧程度的检查等。

（6）消防电梯。消防电梯应每隔1个月进行一次强降试验及井道排水泵的启动，并进行排水泵的保养、润滑、电气部分的检查。

（7）防火卷帘。防火分区的卷帘，每天下班后要降半；所有卷帘应每周进行一次联动试验；每月进行一次机械部分的保养、润滑；每年进行一次整体保养。

5.5.4 施工与调试的配合及消防报警设备的选择技巧

一般情况下，电气消防工程主要分为设备的选择、各设备的安装和火灾报警系统的调试3个阶段。前两个阶段一般由安装公司完成，后一个阶段一般由相应设备的厂家完成。因为火灾报警设备是消防报警系统的核心，火灾的探测和各消防子系统的协调控制均由它来完成，其地位至关重要，所以该设备的选择及施工与调试的配合自然很关键。设备选择科学，施工与调试配合默契，则整个工程进度就快，出错概率小，排错容易，工程的质量高而且稳定可

靠，后期维护方便；相反，则会在施工及以后的使用中问题多多，甚至导致整个系统瘫痪。在此提出一些建议，以供参考。具体说明如下。

（1）先尽量选用无极性信号二总线的设备，电源也最好是无极性的，这样可大大降低安装难度并减少出错的可能性，而且提高工作效率。

（2）尽量选用底座和设备分离的报警产品（包括火灾探测器和模块），因为一般底座的价格相对较低，而且体积小，所以供货比较快，甚至备货充足，所以工程进度受供货周期的影响小，同时因为外部设备的线均接在底座上，所以当设备损坏后，只需用好设备替代就可以了，避免了重新接线的麻烦，实际施工中会方便很多。

（3）因为在整个消防报警系统中感烟火灾探测器的数量所占的比例相对较大且分布较广，同时也担负着主要的火灾探测任务，所以对感烟火灾探测器的选择相对要重要得多。建议尽量使用光电感烟火灾探测器，因为离子感烟火灾探测器具有探测范围窄、稳定性差、误报率高、放射源污染环境和后期维护费用高、难度大等缺点，所以已渐渐被淘汰（欧洲国家已基本停止使用）。

（4）尽量选用采用十进制电子编码的外部设备，现在有些厂家已能实现部分外部设备的电子编码，有些（如 GST 系统产品）则能实现所有外部设备的十进制电子编码。尽量不选用通过拨码开关或短路环以二、三进制方式编码的设备。因为十进制电子编码既方便易学、不用进行数制转换、编码效率高且不易出错，又避免了因拨码开关或短路环拨不到位或接触不良而产生的错码的可能性，同时因为电子编码设备取消了拨码开关和短路环，所以避免了由此处进水或进灰的可能性，使系统更耐用。

（5）外部设备编码应尽可能遵循以下一些规则：同一回路的设备编码不能重复，不同回路的编码可以重复；每一回路的编码顺序要有规律，或者以设备类型为顺序依次编码（如感烟、感温、手报、消防、声光报警器、模块等），或者以场所和楼层为顺序依次编码（如 1 层大厅、1 层走廊、1 层会议室、2 层大厅、2 层走廊、2 层会议室等）。切不可毫无规律乱编码，否则将会给后期的调试工作带来很大的麻烦，如调试效率低、出错的可能性大且不易排错，严重时可能不得不重新编码。

（6）现场施工人员要以所选报警设备每个回路所带的总点数为依据，合理、清晰并有层次地布线，切忌只图一时方便毫无规律地把所有线路全部互连。可一个回路带一个或几个连续的防火分区，但尽量避免一个防火分区被几个回路瓜分，同时这几个回路又分别连接到其他防火分区上，因为相互关系混乱，所以会给后期的调试和查线带来很大的隐患。每个回路要有 10%左右的预留量。

（7）因为弱电系统对线路的电气参数要求相对较高，所以在施工中要严格按照要求控制各线路的线间和对地电阻，以便使系统稳定、可靠地运行，否则整个系统将会出现很多意想不到的奇怪问题。

（8）因为施工方接触现场早且时间长，所以对现场实际情况相对熟悉，而厂家的调试人员则相反，所以为了双方能够配合默契以便提高工作效率，除了要向调试人员详细介绍现场情况，还应把编码、设备类型、位置信息等的对应关系以表格的形式提供给调试人员，这点很重要。表 5.17 为可供参考的表格格式，具体可根据现场实际情况进行删改。

表 5.17　编码、设备类型、位置信息

编码	设备类型	位置信息	备注
1	感烟火灾探测器	1层大厅	
2	感温火灾探测器	1层大厅	
3	手动报警按钮	1层走廊	
4	消火栓报警按钮	2层走廊	
5	声光讯响器	2层大厅	
6	水流指示器	2层大厅	
7	卷帘	2层大厅	中位
8	卷帘	2层大厅	下位

任务 5.6　消防资质考试辅导与模拟训练

本任务主要针对全国消防相关资质考试、注册消防工程师考试、二级建造师考试所涉及的一些知识及从事电气消防工程所必备的知识进行训练，共分为5个部分，主要应掌握如下内容：

（1）消防系统的基础知识；

（2）建筑防火基础知识；

（3）消防电气基础知识；

（4）火灾自动报警系统设计和施工要求；

（5）资质考试模拟训练。

5.6.1　相关知识

扫一扫看消防资质考试辅导参考答案

1．消防系统的基础知识

（1）火灾的定义是什么？

（2）燃烧的必备条件有哪些？

（3）火灾是怎么分类的？

（4）灭火基本方法有几种？

（5）闪燃、阴燃、爆燃、爆炸的定义是什么？

（6）简述自燃及自燃点的定义。

（7）简述爆炸极限的定义。

（8）可燃液体的燃烧特点是什么？

（9）可燃固体的燃烧特点是什么？

（10）常见燃烧产物的种类及其毒性有哪些？

（11）热传播有几种途径，分别是什么？

（12）甲、乙、丙类液体的概念是什么？

2．建筑防火基础知识

（1）耐火极限的概念是什么？

（2）建筑构件不燃烧体、难燃烧体、燃烧体的概念是什么？
（3）《建筑设计防火规范》的适用范围是什么？
（4）什么是安全出口？
（5）防火分区的定义及划分原则是什么？
（6）防烟分区的概念及划分原则是什么？
（7）挡烟垂壁的概念是什么？
（8）高层民用建筑裙房的概念是什么？
（9）建筑物耐火等级的概念是什么？
（10）生产、储存的火灾危险性如何分类？
（11）什么是防火间距？
（12）建筑物中庭的防火技术措施有哪些？
（13）烟气的产生、危害及在建筑物中的蔓延规律有哪些？
（14）防火门种类及分级有哪些？
（15）防火卷帘有哪些种类？
（16）防火阀的种类及防火要求有哪些？
（17）避难层、避难间有哪些要求？
（18）消防电梯的基本要求有哪些？

3．消防电气基础知识

（1）消防供电负荷等级有哪些要求？
（2）消防配电线路的防火要求有哪些？
（3）一般配电线路的防火要求有哪些？
（4）照明设计的防火要求包括哪些内容？
（5）火灾事故照明应设置有哪些场所？

4．火灾自动报警系统设计和施工要求相关知识

（1）哪些场所应设置火灾自动报警系统？
（2）火灾自动报警系统有哪几种类型？简述各自的组成。
（3）火灾事故广播设置在哪些场所？
（4）报警区域和探测区域的定义是什么？
（5）报警区域和探测区域如何划分？
（6）区域报警系统的设计要求有哪些？
（7）集中报警系统的设计要求有哪些？
（8）控制中心报警系统的设计要求有哪些？
（9）什么是火灾探测器布置间距、保护面积和保护半径？
（10）选择火灾探测器类型的基本原则是什么？
（11）手动报警按钮的布置要求有哪些？
（12）火灾事故广播的设计要求有哪些？
（13）消防控制室的设计要求有哪些？
（14）消防控制设备应具备的控制和显示功能有哪些？
（15）火灾报警系统的供电要求有哪些？

（16）消防控制设备的工作接地要求有哪些？

（17）报警传输线路的导线截面有什么要求？

（18）报警传输线路的室内布线有什么要求？

（19）火灾自动报警系统有哪些检测方法？

（20）调试火灾报警控制器应该进行哪些功能检验？

（21）点型火灾探测器的安装位置要求有哪些？

（22）火灾自动报警系统投入运行前应具备哪些条件？

5.6.2 资质考试模拟训练

一、单选题（共44分，每小题2分）

第一套：

1．属于二类防火的是（　　）。

A．建筑高度为43m的科研楼　　B．27层的普通住宅

C．100m以上的高层建筑　　D．省级邮政楼

2．水灭火系统包括消火栓灭火系统和（　　）。

A．自动喷淋灭火系统　　B．应急疏散系统

C．消防广播系统　　D．通风系统

3．某50m的建筑，房高为2.8m，室内有两道梁，高分别为0.62m和0.2m，应划为（　　）探测区域。

A．一个　　B．两个　　C．三个　　D．四个

4．一类建筑每个防火分区的建筑面积为（　　）m^2。

A．2000　　B．1500　　C．1000　　D．2500

5．特级保护对象宜采用（　　）。

A．控制中心报警系统　　B．集中报警系统

C．区域报警系统　　D．通用报警系统

6．（　　）火灾探测器报警防火门关闭。

A．一个　　B．两个　　C．三个　　D．四个

7．《建筑设计防火规范》规定防火墙的耐火极限不应小于（　　）h。

A．4.4　　B．3.3　　C．4.3　　D．3.4

8．除规范另有规定外，未设自动灭火系统的多层民用建筑中，一、二级耐火等级建筑防火分区每层最大允许面积为（　　）m^2。

A．1500　　B．2000　　C．2500　　D．500

9．高层居住建筑消防电梯与防烟楼梯间合用前室，其合用前室的面积不应小于（　　）m^2。

A．4.5　　B．6　　C．10　　D．15

10．一类高层民用建筑与耐火等级为一、二级的丁、戊类厂（库）房的防火间距不应小于（　　）m。

A．25　　B．20　　C．15　　D．18

11．《建筑设计防火规范》规定，剧院、电影院、礼堂的观众厅容纳人数不超过2000人时，每个安全出口的平均疏散人数不应超过（　　）人。

A．200　　B．250　　C．400　　D．700

12．一类高层民用建筑自备发电设备，应设有自动启动装置，并能在（　　）s内供电。

A．20　　B．30　　C．45　　D．60

13．房间高度在5m以下时，感烟火灾探测器在（　　）时可以不考虑梁高的影响。

A．梁高小于300mm　　B．梁高小于200mm

C．梁高大于200mm，小于500mm　　D．梁高小于500mm

14．消防验收的主持者是（　　）。

A．建设单位　　B．监理单位　　C．设计单位　　D．公安消防部门

15．安全出口的疏散门应（　　）。

A．自由开启　　B．向外开启　　C．向内开启　　D．关闭

16．在火灾事故死亡人员中，大多数人的死因是（　　）。

A．直接被火烧死　　B．吸入有毒烟雾或窒息而死

C．跳楼摔死　　D．吓死

17．使用灭火器扑救火灾时，要对准火焰（　　）喷射。

A．上部　　B．中部　　C．根部　　D．顶部

18．扑救带电物体火灾可以选用（　　）。

A．泡沫灭火器　　B．二氧化碳灭火器

C．水　　D．雨淋灭火

19．火灾时，灾区防火卷帘的一步降、二步降启动指令是由（　　）发出的。

A．感烟、感温火灾探测器　　B．按钮、手报

C．两个位置开关　　D．两个模块

20．当遇到火灾时，要迅速向（　　）逃生。

A．着火的反方向　　B．人多的方向

C．安全出口方向　　D．电梯方向

21．集中报警系统和控制中心报警系统应设置（　　）广播。

A．正常背景音乐　　B．消防应急

C．普通背景音乐　　D．扬声器

22．走道内扬声器的布置应满足扬声器的间距不超过（　　）m。

A．15　　B．25　　C．30　　D．50

第二套：

1．属于二类防火的是（　　）。

A．建筑高度为51m的科研楼　　B．建筑高度为26m的普通住宅

C．国家级电信楼　　D．省级邮政楼

2．二级保护对象宜采用（　　）。

A．区域报警系统　　B．集中报警系统

C．通用报警系统　　D．控制中心报警系统

3．火灾探测器安装位置的正下方及周围（　　）内不应有遮挡物。

A．0.5m　　B．1m　　C．1.5m　　D．2m

4．每个防烟分区的建筑面积不宜超过（　　）m^2。

A．500　　B．1000　　C．1500　　D．2000

5．（　　）火灾探测器报警，防火卷帘一步降。

A．感温　　B．感光　　C．感烟　　D．火燃

6．消防验收的操作指挥者是（　　）。

A．公安消防部门　B．监理单位　C．设计单位　D．建设单位

7．挡烟垂壁是指用不燃材料制成，从顶棚下垂不小于（　　）mm 的固定或活动的挡烟设施。

A．400　　B．500　　C．800　　D．1000

8．高层民用建筑的电梯井（　　）独立设置，井内（　　）敷设可燃气体和甲、乙、丙类液体管道，并（　　）敷设与电梯无关的电缆、电线。（　　）

A．必须，不应，不宜　　B．必须，严禁，不宜

C．应，严禁，不应　　D．宜，不应，不宜

9．灭火后，灾区防火卷帘的停止指令是由（　　）发出的。

A．火灾探测器　B．按钮、手报　C．位置开关　D．扬声器

10．甲、乙类厂房与民用建筑之间的防火间距不应小于（　　）m。

A．25　　B．30　　C．40　　D．50

11．《建筑设计防火规范》规定走道疏散标志灯的间距不应大于（　　）m。

A．10　　B．20　　C．30　　D．40

12．消防电梯的载重量不应低于（　　）kg。

A．1000　　B．800　　C．500　　D．1500

13．任何单位、（　　）都有参加有组织的灭火工作的义务。

A．公民　　B．少年儿童　　C．成年公民　　D．事业单位

14．应急广播的客房设置专用扬声器时，其功率不宜小于（　　）W。

A．0.5　　B．1　　C．1.5　　D．3

15．公安消防队、专职消防队扑救火灾、应急救援（　　）。

A．只收灭火器材药剂耗损费用　　B．收取所有费用

C．不得收取任何费用　　D．收取部分费用

16．公共场所发生火灾时，该公共场所的现场工作人员应（　　）。

A．迅速撤离　　B．抢救贵重物品

C．组织引导在场群众疏散　　D．迅速逃离

17．防火分隔设施的作用是（　　）。

A．迅速跑出，分割防火区域　　B．分隔防火空间，阻止火势蔓延

C．阻断火势，便于疏散　　D．便于救灾

18．当打开房门闻到燃气气味时，要迅速（　　）以防止引起火灾。

A．打开燃气灶具查找漏气部位　　B．打开灯查找漏气部位

C．打开门窗通风　　D．打开空调

19．排烟阀应用于排烟系统的风管上，平时处于关闭状态，火灾发生时，（　　）发出火警信号，排烟阀开启，通过排烟口进行排烟。

A．火灾探测器发信号，排烟阀开启　B．产生烟雾，排烟阀开启

C．大量的烟雾促使排烟阀开启　　D．火灾发生排烟阀开启

20．我国的消防宣传活动日是（　　）

A．11 月 9 日　　B．10 月 19 日　　C．9 月 11 日　　D．1 月 19 日

21．走道内扬声器的布置应满足在转弯处（　　）。

A．设置扬声器　　B．大于25m设置扬声器

C．12.5m设置　　D．大于50m设置扬声器

22．在相对封闭的房间里发生火灾时（　　）。

A．不能随便开启门窗　　B．只能开窗

C．只能开门　　D．打开风扇

第三套：

1．属于一类防火的是（　　）。

A．建筑高度为40m的实验楼　　B．28层的普通住宅

C．8层的教学楼　　D．17层的住宅楼

2．管路长度超过8m时，有（　　）应加一个接线盒。

A．有两个弯　　B．有一个弯　　C．有三个弯　　D．无弯

3．某69m的建筑，房高为3m，室内有两道梁，高分别为0.63m和0.11m，应划为（　　）探测区域。

A．一个　　B．两个　　C．三个　　D．四个

4．一类建筑每个防火分区的建筑面积为（　　）。

A．1500m^2　　B．1000m^2　　C．500m^2　　D．250m^2

5．火灾探测器至墙（梁）边的水平距离不应小于（　　）。

A．0.5m　　B．安装间距的一半

C．1m　　D．1.5m

6．一级保护对象宜采用（　　）。

A．区域报警系统　　B．集中报警系统

C．控制中心报警系统　　D．通用系统

7．消防工程的验收应由（　　）组织向公安消防机构申报。

A．建设单位　　B．监理单位　　C．施工单位　　D．设计单位

8．消防工程应严格按照经（　　）审核批准的设计图纸进行施工。

A．建设单位　　B．设计单位　　C．监理公司　　D．消防部门

9．两座高层民用建筑相邻较高一面外墙为防火墙时，其防火间距（　　）。

A．不宜小于4m　　B．不宜小于3.5m

C．不宜小于2m　　D．可不限

10．公共场所广播扬声器的容量是（　　）。

A．3W　　B．8W　　C．1W　　D．1.5W

11．消防用电设备应采用专用的供电回路，其配电设备应设有明显标志。其配电线路和控制线路宜按（　　）划分。

A．防火分区　　B．防烟分区　　C．楼层　　D．供电级别

12．一类高层民用建筑的耐火等级（　　）。

A．应为一级　　B．不应低于二级

C．不应低于三级　　D．不应低于四级

13．消防广播扬声器在内走道设置时，走道内最后一个扬声器至走道末端的距离不应大于（　　）。

A．13.5m　　B．12.5m　　C．8.5m　　D．5.5m

14．公安消防机构进行消防审核、验收等监督检查（　　）收取费用。

A．可以　　B．不得　　C．必须　　D．一定

15．防排烟系统的作用是（　　）。

A．阻火、隔火、排烟　　B．烟气控制

C．打开排烟口　　D．启动排烟风机

16．消防车、消防艇，以及消防器材、装备和设施，（　　）用于与消防和抢险救援无关的事项。

A．不得　　B．可以　　C．必须　　D．应该

17．电器起火时，要先（　　）。

A．打家里电话报警　　B．切断电源

C．用灭火器灭火　　D．打开窗户

18．衣服着火时，需（　　）。

A．扑在地上打滚　　B．用手拍身上的火

C．快速奔跑　　D．用湿被盖上

19．火灾发生时，应马上（　　）。

A．沿防封闭楼梯朝楼下跑　　B．乘电梯逃走

C．跳下窗　　D．用绳子绑住从窗户下去

20．发现燃气泄漏，要迅速关阀门，打开门窗，不能（　　）。

A．使用明火、触动电器开关或拨打电话

B．运动

C．逃离

D．疏散

21．当打开房间闻到煤气气味时，要迅速（　　）。

A．打开灯寻找漏气部位　　B．点火查看

C．打开门窗通风　　D．开灯看看

22．在进行建筑内部装修时，建筑内的消火栓（　　）。

A．不应被装饰物遮掩　　B．可以移动消火栓箱的位置

C．安装箱子遮挡　　D．用装饰材料覆盖

二、多选题（共16分，每小题2分）

第一套：

1．下列场所应单独划分探测区域的是（　　）。

A．敞开、封闭楼梯间　　B．防烟楼梯前室

C．配电室前室　　D．内走道

2．火灾确定后，消防控制设备对联动控制对象应有的功能为（　　）。

A．切断有关部门的非消防电源　　B．关闭有关部位的排烟口

C．接通火灾事故照明灯　　D．发出电梯强降首层信号

3．能隔断或阻挡烟气的有（　　）。

A．挡烟隔墙　　B．挡烟垂壁　　C．挡烟壁　　D．变压器等设备

4．灭火的基本原理可分为（　　）

A．冷却　　B．窒息　　C．隔离　　D．化学抑制

5．热传播的主要途径有（　　）。

A．热传播　B．热对流　C．热传导　D．热辐射

6．消防工程包括：水灭火系统、干粉灭火系统、泡沫灭火系统、气体灭火系统、（　）等。

A．火灾自动报警系统　B．防排烟系统

C．应急疏散系统　D．消防广播系统

E．通风系统

7．下列关于应急照明灯的说法中，正确的是（　）。

A．平时与电源断开　B．24小时充电

C．断电时会亮

8．举办大型群众性活动，承办单位应当依法向公安机关申请安全许可，制定灭火和应急疏散预案并组织演练，明确消防安全管理人员，保持消防设施和消防器材配置齐全、完好有效，保证（　）符合消防技术标准和管理规定。

A．疏散通道　B．安全出口

C．疏散指示标志和应急照明　D．消防车通道

第二套：

1．建筑物的耐火等级分为（　）。

A．一级　B．两级　C．四级　D．一、二、三、四级

2．消防控制室的消防通信设备应符合（　）。

A．消防控制室与值班室设对讲电话　B．消防控制室与经理室设对讲电话

C．消防控制室与配电室设对讲电话　D．消防控制室与区域报警控制处设对讲电话

3．消火栓灭火系统由消火栓、（　）及管网组成。

A．洒水喷头　B．报警阀组　C．水泵　D．水箱

4．引发火灾的原因有（　）

A．烟头　B．人为纵火

C．电器电线引发火灾　D．生活用火

5．燃烧的3个必要条件是（　）。

A．可燃物　B．助燃物　C．荧光灯、蜡烛等　D．火源

6．机械排烟系统由（　）组成。

A．防烟垂壁、排烟口　B．排烟道、排烟阀

C．防火门　D．排烟防火阀及排烟风机

7．室内消火栓栓口的出水方向应（　）。

A．向下　B．向左　C．向右　D．与设消火栓的墙面垂直

8．灭火器的设置要求有（　）。

A．应设在便于人们取用的地点　B．铭牌必须朝外

C．应设置稳固　D．不得影响安全疏散且应设置在明显的地点

实训8　消防设备的安装

1．实训目的

（1）熟悉火灾自动报警系统各种设备的安装位置。

（2）学会安装方法，会安装火灾自动报警设备。

（3）能进行火灾自动报警系统报警操作。

2．实训内容及设备

（1）实训内容。

① 识别设备。

② 对火灾探测器、手动报警开关、声光报警器、模块、总线隔离器、区域火灾报警控制器、区域显示器等进行正确安装。

③ 检查与验收。

（2）实训设备。

① 火灾探测器、手动报警开关、声光报警器。

② 模块、总线隔离器等。

③ 区域火灾报警控制器、区域显示器、集中火灾报警控制器。

④ 电子手持编码器。

3．实训步骤

（1）检查各种设备的状态是否良好。

（2）在断电情况下，查对接线，并经指导教师检查后方可进行操作。

4．报告内容

（1）描述所识别的各种电器的特点及用途。

（2）写出安装的详细过程。

5．实训记录与分析

填写如表5.18所示的实训记录。

表5.18　火灾自动报警系统实训记录

序号	系统设备名称	设备作用	安装位置	安装方法

6．问题讨论

（1）火灾探测器如何安装？

（2）安装手动报警按钮时应考虑哪些因素？

7．技能考核

（1）安装方法、技巧运用。

（2）设备安装能力。

优________　良________　中________　及格________　不及格________

实训9　消防中心设备的安装

1．实训目的

对消防中心设备能施工、会操作。

2．设备

自行设计并选取。

3．实训步骤。

（1）模拟安装。
（2）做好消防中心接地的考虑。
（3）满足布线的要求。
（4）写出训练报告。

实训10 消防系统维护

1．实训目的

能对消防系统设备进行简单维护与保养。

2．实训设备

选择现有的消防中心设备。

3．实训步骤

（1）故障设置（教师或学生互设）。
（2）分组编写实训计划。
（3）排除故障训练实施。
（4）验收评价。

知识梳理与总结

本学习情境按工作过程分为7部分内容，即下达训练任务→策划工程过程并学习相关设计知识→消防工程案例分析→消防工程设计实施→消防系统供电、安装、布线与接地选择→消防系统的调试、验收及维护综合实训过程的评价。从设计知识入手，结合实训需要，叙述了消防系统供电、安装、布线与接地要求及选择，为系统设计提供了可靠保证。设计后的安装、调试训练更接近工程实际，室内消火栓、自动喷水灭火、防排烟、防火卷帘、火灾报警及联动系统的调试，目的是检验施工质量并为验收打好基础；说明了验收所包含的内容、程序及方法；概括了消防系统的具体使用、维护及保养的内容及其相关注意事项；同时根据作者的经验，阐述了设备选择技巧及与调试的配合技巧。培养学生具有**“匠心制作的工匠精神”**，树立**“质量意识”**，在设计中具有**“家国情怀”**。

（1）消防设计能力。
（2）安装调试能力。
（3）验收及维护运行能力。
（4）规划能力和职业操守。

练习题 5

扫一扫看练习题 5
参考答案

简答题

1．简述消防设计的内容。
2．叙述消防系统的设计原则。
3．消防系统的设计程序是什么？
4．系统图、平面图表示了哪些内容？
5．叙述消防系统接地装置的安装要求。
6．简述室内消火栓灭火系统的检测与验收步骤。
7．消防系统的维护保养有哪些内容？
8．消防系统调试前应做哪些准备工作？
9．消防系统调试的内容有哪些？
10．简述建筑工程消防验收条件。
11．简述消防设计接受任务过程。
12．消防系统的初步设计包括哪些内容？
13．连线整理图纸包括哪些？